中国高等学校计算机科学与技术专业（应用型）规划教材

数据库技术与应用

SQL Server 2016

吴秀丽 杜彦华 丁文英 冯爱兰 编著

清华大学出版社

北京

内容简介

本书在基础理论部分详细介绍了数据库的基础理论知识，在应用部分介绍了微软公司的最新的数据库管理系统 SQL Server 2016，最后总结了数据库技术的发展前沿。本书用生活中常见的案例贯穿，强调理论和实践的结合，同时突出学科发展的特点。

全书共分 5 篇 12 章：第一篇为基础知识篇（第 1～5 章），介绍数据库的基础理论知识；第二篇为数据库设计技术篇（第 6～7 章），介绍数据库设计的理论；第三篇为数据库安全篇（第 8 章），介绍数据库安全保护技术；第四篇为应用篇（第 9～11 章），介绍 SQL Server 2016 数据库管理系统；第五篇为发展篇（第 12 章），介绍数据库技术的最新进展情况。

本书是作者多年来教学经验的总结，融入了大量的教学案例，实用性很强，可作为普通高等院校数据库技术及应用课程的教材，也可作为相关技术人员的参考用书，同时还可作为各类水平考试（包括全国计算机等级考试）的辅导用书。

图书在版编目（CIP）数据

数据库技术与应用：SQL Server 2016/吴秀丽等编著. —北京：清华大学出版社，2018（2023.9重印）
（中国高等学校计算机科学与技术专业（应用型）规划教材）
ISBN 978-7-302-49625-0

Ⅰ. ①数… Ⅱ. ①吴… Ⅲ. ①关系数据库系统－高等学校－教材 Ⅳ. ①TP311.132.3

中国版本图书馆 CIP 数据核字（2018）第 031776 号

责任编辑：谢 琛 李 晔
封面设计：常雪影
责任校对：时翠兰
责任印制：宋 林

出版发行：清华大学出版社
网　　址：http://www.tup.com.cn，http://www.wqbook.com
地　　址：北京清华大学学研大厦 A 座　　**邮　　编**：100084
社 总 机：010-83470000　　**邮　　购**：010-62786544
投稿与读者服务：010-62776969，c-service@tup.tsinghua.edu.cn
质量反馈：010-62772015，zhiliang@tup.tsinghua.edu.cn
课件下载：http://www.tup.com.cn，010-83470236
印 装 者：三河市君旺印务有限公司
经　　销：全国新华书店
开　　本：185mm×260mm　　**印　　张**：22　　**字　　数**：498 千字
版　　次：2018 年 7 月第 1 版　　**印　　次**：2023 年 9 月第 3 次印刷
印　　数：2001～2100
定　　价：59.00 元

产品编号：076319-01

前言

21世纪是信息的世纪，数据库技术作为一种信息管理技术，几乎应用到了所有的信息技术领域。越来越多的学校将数据库课程设置为必修课程，教育部考试中心每年举行的全国计算机等级考试中都专门设置了“数据库工程师”的等级考试，由此可见数据库技术的重要地位。

本书按照普通高等学校数据库教学大纲的要求，详细地介绍数据库系统结构、数据模型、关系数据库设计理论和规范化理论等数据库基本原理。同时，在应用环节，介绍了微软公司的最新数据库管理系统 Microsoft SQL Server 2016。详细介绍了该软件的安装和配置，如何建立表、索引和视图，如何使用存储过程和触发器，以及数据库的安全保护问题。最后，结合大数据技术，介绍了数据库的最新发展技术和发展趋势。

本书以培养综合型人才为目标，摒弃传统教材知识点设置按部就班、理论讲解枯燥无味的弊端，全书用一个现实生活中的案例贯穿，使学生在解决实际问题的过程中学到数据库的原理和技术。通过本书的学习，学生可以了解数据库的发展简史，明确数据库在各行各业信息化管理工作中的重要地位，掌握数据库的基本原理，熟悉利用数据库进行数据管理的基本技术，具备从事信息管理的基本素质，从而能够从事IT行业相关岗位的管理工作。

本书建议讲授时数为32学时，实验时数为16学时。具体每章教学时间分配见下表。

章　节	内　　容	讲授学时	实验学时
第1章	数据库系统概述	2	0
第2章	数据模型	4	0
第3章	关系数据库	4	0
第4章	关系数据库标准语言 SQL	6	2
第5章	SQL 语言高级功能	4	2
第6章	数据库设计理论	4	0
第7章	数据库规范化理论	2	0
第8章	数据库的安全性策略	4	0
第9章	典型关系数据库管理系统 SQL Server 2016 介绍	0	2

续表

章　节	内　　容	讲授学时	实验学时
第 10 章	SQL Server 2016 的 SQL 编程技术	0	8
第 11 章	SQL Server 2016 的数据库保护技术	0	2
第 12 章	数据库技术的新进展	2	0
合　计		32	16

其中,带“*”号的 5.5 节、7.3 节、7.4.5 节和 7.6 节可不作讲授内容,供有余力的同学自学。

本书的第 1～11 章由吴秀丽编写,第 12 章由杜彦华编写。全书由吴秀丽统稿。

本书适合于普通高等院校“数据库技术与应用”课程的通用教材,也适合于从事信息管理和计算机软件开发人员参考,同时,本书也可以用作教育部考试中心计算机等级考试的参考书。

在本书的编写过程中参考了大量的相关文献资料,在此谨向相关专家学者表示诚挚的谢意。

由于编者水平有限,加之时间仓促,虽然对全书进行了反复修改完善,但仍难免有不妥之处,恳请读者批评指正。

作　者

2018 年 3 月

目录

基础知识篇

数据库设计技术篇

数据库安全篇

应 用 篇

发 展 篇

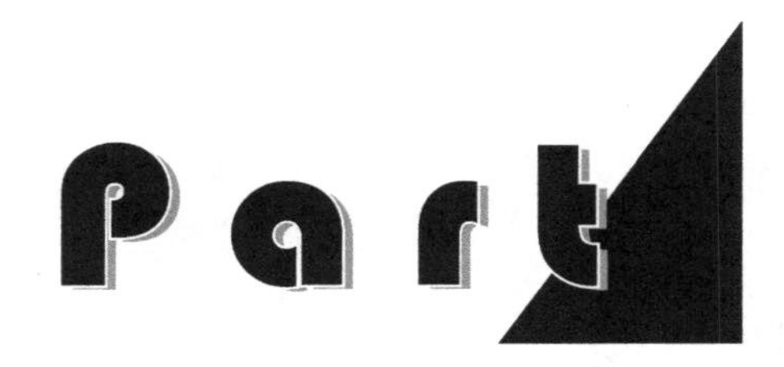

基础知识篇

Chapter 1

第1章 数据库系统概述

21世纪是信息的世纪，信息资源成为人们生活中不可或缺的重要部分。对于企业而言，信息资源获取的多与少、信息资源管理的好与坏，直接决定着企业是否能在激烈的竞争中立于不败之地。那么，面对瞬息万变的信息，企业如何才能高效科学地管理和利用信息呢？数据库技术就是一种专门用于处理数据和信息的技术，越来越多的企业开始利用数据库技术处理企业的各种数据。随着企业数据量的急剧增长和内容的瞬息万变，建立一个满足信息处理要求且行之有效的数据管理系统已成为一个企业生存和发展的重要条件。数据库技术作为一种行之有效的数据管理技术，已经得到了广泛应用。

本章主要介绍数据库系统的一些基本概念和常用术语，是后面各章节的基础。

1.1 数据管理技术的发展

数据管理是指对数据进行分类、组织、编码、存储、检索和维护的工作。所谓数据管理技术，就是指数据管理过程中所采用的技术。数据管理的历史可以追溯到远古时代。原始人的结绳、垒石记数便是数据处理的雏形。随着社会的日益发展，科学技术不断进步，专门处理数据和信息的信息科学也随之诞生。这个过程，基本上可以划分为三个阶段，即人工管理阶段、文件系统阶段和数据库系统阶段。

1. 人工管理阶段

在计算机出现之前，人类对数据的管理都是采用手工方式，人们将数据分类保存在相关的表格中，这些表格均是以纸质的形式存放，信息发生变化需要更新时，也只能在纸质表格上手工操作，这个阶段有时也被称为“纸上办公时代”。即使在1946年世界上第一台计算机出现后的十多年里，由于计算机技术作为新技术，软硬件方面极不完善，计算机无法在数据管理中发挥作用，数据管理依然采用手工方式，数据不能保存在计算机中，只能以纸质的形式放在文件柜里。这种原始的数据处理方式效率低下，存储的数据物理上相互独立，也无法实现永久保存，逻辑上也不能共享。

2. 文件系统阶段

随着计算机软硬件技术的不断发展，计算机的外部存储器出现了磁盘、磁带等直接存取设备，软件方面有了各种高级编程语言和基于“文件系统”的操作系统，计算机开始进入数据处理领域。在文件系统中，数据根据其内容、结构和用途被组织成相互独立的文件，人们编写不同的应用程序来读取或修改数据。文件系统管理的数据可以长期保存在计算机里，用户通过操作系统访问数据文件。文件系统阶段程序和数据文件之间的对应关系如图 1-1 所示。

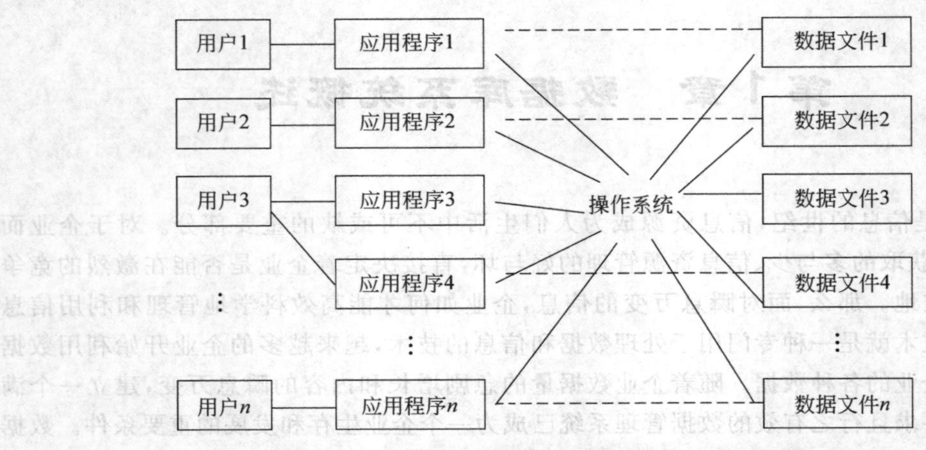

图 1-1　文件系统阶段程序和数据文件之间的关系

这种处理方式在数据量低、读取频率低、单用户操作时，尚没有凸显其弊端。一旦在数据量增加、多个用户需要频繁读取数据时，文件系统的弊端就凸显出来了。概括来讲，这些弊端主要表现为以下几个方面。

1）数据冗余度大

在文件系统里，一个文件对应一个应用程序。而一个实际组织机构中的所有应用程序，其处理的业务之间往往有交叉，这部分业务数据就被重复地存储在各个文件里，这些数据的重复存储、各自管理，不但浪费存储空间，也常常给数据的修改和维护带来很大困难。例如，在超市数据管理中，管理供应商的文件和管理超市上架商品的文件中都有商品信息，如果供应商供货的商品信息发生了变化，那么需要同时在多个涉及商品信息的文件中进行修改，而且修改过程中很容易出现人为的错误，这样会导致同一数据在不同地方表现为不同的形式，造成数据的不一致。

2）数据独立性差

文件系统中的每一个文件是为某一特定应用目的服务的，所以一旦文件的结构发生变化，应用程序也必须进行相应修改。随着应用环境和需求的变化，文件的结构需要频繁修改，例如扩充某些字段的长度，改变某些字段的表示格式等。另一方面，应用程序的改变，也将引起文件结构的改变，例如应用程序改用不同的高级语言实现等。可见，文件系统中应用程序和数据之间缺乏独立性。

3）数据不规范

由于数据缺乏统一管理，不同的应用程序输出的数据结构也是不同的，数据的编码格式、命名方法等不容易做到规范化、标准化。相同的数据在不同的文件中由于应用目的不同而出现差异，造成不一致现象的发生。

4）数据的分离和孤立

由于文件系统的文件为特定的应用服务，每个服务都是相对独立的。一旦需要的信息分别来自几个文件时，就需要分别提取这些相关信息，而且还要保持这些数据的同步性。这是具有较大难度的操作。

5）数据的安全性差

以文件格式存放的数据，无法在数据的安全和保密方面采取有效的措施，非法用户能很轻易地获取或破坏这些数据。对于一些敏感数据，如企业财务数据、国家安全信息等，文件系统不能保证其安全性。

3. 数据库系统阶段

针对文件系统的这些弊端，在 20 世纪 60 年代末以“统一管理”和“共享数据”为目标的数据库技术应运而生。从第一代的网状数据库和层次数据库，到第二代的关系数据库，直到现在的第三代的面向对象的数据库，多年来，数据库技术一直是计算机科学技术领域中最为活跃的领域之一，也是计算机科学的重要分支。

在数据库系统中，数据不再针对某一应用目的，而是从全局出发，面向整个组织或系统，具有整体的结构，可以被多个用户或应用程序共享使用。数据共享可以大大减少数据冗余，节约存储空间，同时还能够避免数据之间的不相容性与不一致性，从而实现数据的规范化与标准化。

数据库系统是通过一个称为数据库管理系统（Database Management System，DBMS）的软件统一管理数据的。DBMS 可以自动管理数据，用户不必关心数据存储和其他实现的细节，可以在更高的抽象级别上观察和访问数据。数据结构的一些修改也可以由 DBMS 屏蔽，使用户看不到这些修改，从而减少用户应用程序的维护工作量，提高数据的独立性。由于数据的统一管理，可以从全单位着眼，合理组织数据，减少数据冗余；还可以更好地贯彻规范化和标准化，从而有利于数据在更大范围内的共享。

数据库系统阶段程序和数据之间的对应关系如图 1-2 所示。每个用户通过应用程序访问 DBMS 所管理的数据库，同一数据在数据库里以统一格式存放，供多个用户同时访问。

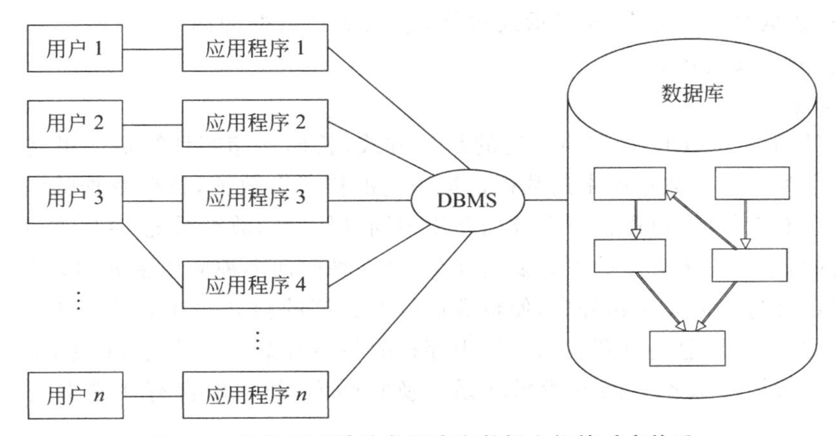

图 1-2　数据库系统阶段程序和数据之间的对应关系

1.2 数据与数据库概念

1. 数据

数据库系统是数据处理的一种手段，那么首先需要明白什么是数据。

狭义的数据是指数字，例如1、2、3等阿拉伯数字。广义的数据是指计算机可以识别的、描述事物的各种符号，可以表现为数字、文字、视频、音频、档案记录、语言描述等多种形式。例如，新闻现场的视频片段或音频片段，都可以作为数据看待；再如，物流运输业中的货物实时跟踪记录等。

数据有语法。所谓数据的语法，是指数据的格式规定。它限定了数据的外在表现形式，例如，在中国如果用汉字描述一个人的性别，那么该数据的格式只能为一个汉字，非“男”即“女”，除此之外，不能再有其他的表现形式，类似这种限定都是数据的语法。

数据不但有语法，它还有一定的含义，数据的含义称为数据的语义。还以上述例子来解释数据的语义，如果某人的性别数据为“男”，其含义说明该人的性别是男，具备男性的生理特征，这就是数据所蕴含的语义。

2. 信息

信息是关于现实世界事物的存在方式或运动状态的反映的综合，具体说是一种被加工（解释、归纳、分析、综合等方法）为特定形式的数据，但这种数据形式对接收者来说是有意义的，而且对当前和将来的决策具有明显的或实际的价值。例如，微软公司的图标（见图1-3），熟悉计算机的人一看到这个图标，第一反应就是这是微软公司的标志；但是对于不熟悉计算机的人，比如一个年幼的孩子看到这个图标，便仅仅认为这只是一幅图片。这里，熟悉计算机的人对微软公司的图标已经根据自己的经验和见识自动地把它诠释为有一定含义（指微软公司）的数据。因此可以说，数据是信息的符号表示或载体，信息则是数据的内涵，是对数据的语义解释。

图1-3 微软公司Logo

3. 数据库

数据库（Database，DB）是按照一定的组织方式，长期存储在计算机内可共享的一组有逻辑关系的数据集合。数据库中的数据是按一定的格式存放的，符合数据的语法规定。数据库是一个含有大量的、可以被许多部门和用户同时使用的数据系统，这些数据不再是某一个部门私有的，它消除了大量的不必要的冗余，是一种面向多种应用服务的共享资源。数据库中的数据定义与数据应用相分离，使得数据具有较高的独立性和易扩展性。当分析一个组织所需要的信息时，总是试图找出组织中存在的各种数据本身以及数据之间的联系，数据库能体现这些数据和数据之间的逻辑联系。换句话说，数据库含有在逻辑上相关的一组数据。

例如，企业的采购部门关注的信息可能有供应商、商品、合同、账目等，这些数据各自有

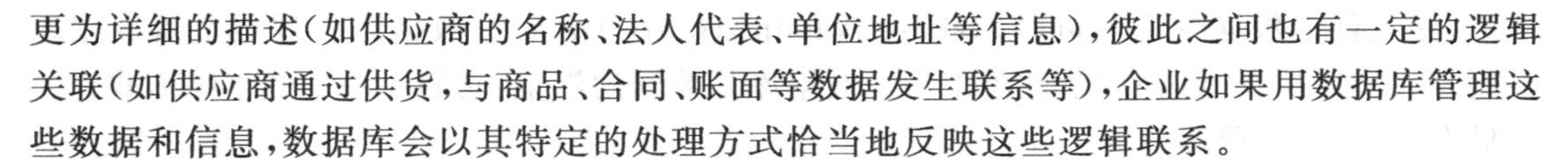

更为详细的描述(如供应商的名称、法人代表、单位地址等信息),彼此之间也有一定的逻辑关联(如供应商通过供货,与商品、合同、账面等数据发生联系等),企业如果用数据库管理这些数据和信息,数据库会以其特定的处理方式恰当地反映这些逻辑联系。

4. 数据库管理系统

数据库管理系统是对数据库中的数据进行统一管理和控制的软件系统。它位于用户和计算机操作系统之间,是用户与数据库之间的接口。数据库管理系统的主要任务是:按一定的格式定义和操纵数据;将数据存放在数据库中并进行高效处理;能够保证数据的安全性和完整性,确保多用户对数据的并发使用,发生故障后可以恢复数据库。因此可以说,数据库管理系统是数据库的"中央司令部"。

5. 数据库实例和模式

随着时间的推移,存储在数据库中的数据会不时地更新。特定时刻存储在数据库中的数据称为数据库的一个实例。而数据库的整体结构是相对固定的,不会频繁变化,称其为数据库模式。可以用程序设计语言中的变量的类型和变量的值来类比数据库的模式和实例概念。例如,在C语言中,有如下语句:

```
int  n;
n=1;
⋮
n=2;
```

第一条语句中,定义变量n的数据类型为int类型;第二条语句给变量n赋值为1,中间经过一系列的处理,然后修改变量n的值为2。一旦定义了变量类型,程序会为其分配相应的存储空间,以便存储变量的值,不同类型的变量所占据的内存大小不同。变量在不同时刻可以被赋予不同的值(例如1或2)。

类似地,在数据库领域中,数据库模式对应于程序设计语言中变量的数据类型,数据库的实例对应于程序设计语言中变量的值。数据库模式一旦设计完毕后,很少发生改动,而数据库实例在不同的时刻处于不同的状态。

1.3 数据库系统

数据库系统是指在计算机系统中引入数据库后的一个人-机系统,是用来组织和存取大量数据的管理系统,一般由数据库、数据库管理系统(及其开发工具)、应用系统、数据库管理员和用户构成。数据库系统的结构如图1-4所示。最上层的是数据库的一般用户,通过应用系统的用户接口使用数据库。常用的接口方式有浏览器、菜单驱动、表格操作、图形显示、报表输出等,给用户提供简明直观的数据表示。应用系统是指以数据库为基础的各种应用程序,通常是用Java、Visual C++等各种高级语言编写的。应用程序必须通过DBMS访问数据库。DBMS是管理数据库的软件,它实现数据库系统的各种功能。值得注意的是,数据库的建立、使用和维护等工作只靠一个数据库管理系统是不够的,还要有专门的人员来完成，这些人称为数据库管理员（Database Administrator，DBA）。数据库管理员负责数据库的规划、设计、协调、维护和管理等工作。数据库是数据的汇集，它们以一定的组织形式存于存储介质上，一般是磁盘。

从图 1-4 可以看出，DBMS 是数据库系统的核心。本书后续章节将重点介绍应用 DBMS 设计、建立、使用、管理和维护数据库及其应用系统的相关理论和技术。

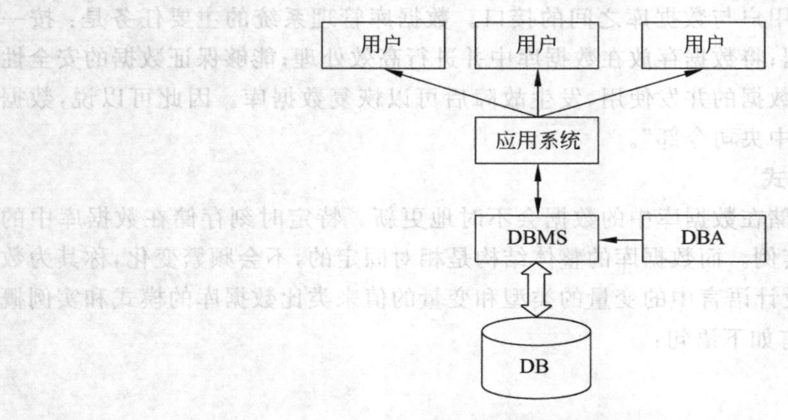

图 1-4 数据库系统的组成结构

1.4 数据库管理系统

1.4.1 数据库管理系统的功能

DBMS 是一种操纵和管理数据库的大型软件，用于建立、使用和维护数据库，由专业的数据库开发厂家提供。目前有许多数据库产品，例如 Oracle、Sybase、Informix、Microsoft SQL Server、Microsoft Access、Visual FoxPro 等产品各以自己特有的功能，在数据库市场上占有一席之地。各个厂家由于 DBMS 实现的硬件资源、软件环境不同，所以 DBMS 的功能和性能各有差异。但不管有多少差异，作为一个数据库管理软件，必须具有如下几个方面的基本功能。

1. 数据定义功能

DBMS 提供数据定义语言（Data Definition Language，DDL），通过它可以方便地对数据库的模式结构、数据库的完整性、数据库的安全性等进行定义。这些定义存储在数据字典（也称为系统目录）中，数据库的各种数据操作（如查找、修改、插入和删除等）和数据库的维护管理都是以数据库模式为依据的。

2. 数据操纵功能

DBMS 提供数据操纵语言（Data Manipulation Language，DML）。用户可以使用 DML 操纵数据，实现对数据库的查询、插入、删除和修改等具体操作。一个好的 DBMS 应该提供功能强、易学易用的DML，方便的操作方式和较高的数据存取效率。DML有两类：一类是宿主型语言；一类是自主型语言。前者的语句不能独立使用而必须嵌入某种宿主语言（如C语言、Pascal语言和COBOL语言）中使用，而后者可以独立使用，通常供终端用户使用。

3. 数据库运行管理功能

这是DBMS运行时的核心部分，数据库在运行时由DBMS统一管理、统一控制，以保证数据的安全性、完整性，保证多用户对数据的并发使用，一旦数据库系统发生故障，能够提供系统恢复工具，自动完成数据库内部维护（如索引、数据字典的自动维护）等工作。这些功能保证了数据库系统的正常运行。

4. 数据组织、存储和管理功能

DBMS要分类组织、存储和管理各种数据，包括数据字典、用户数据、存取路径等。要确定以何种文件结构和存取方式在存储介质上组织这些数据，如何实现数据之间的各种逻辑联系。数据组织和存储的基本目标是提高存储空间利用率和方便存取，提供多种存取方法（如索引查找、哈希查找、顺序查找等），提高存取效率。

5. 数据库的建立和维护功能

DBMS的功能包括数据库初始数据的输入、转换功能（从其他形式的数据转换为数据库支持的形式），数据库的备份和恢复功能，数据库的重组和重构功能，数据库性能监视和分析功能等。这些功能通常是由一些实用程序完成的。

6. 其他功能

DBMS的功能还包括DBMS与网络中其他软件系统的通信功能；一个DBMS与另一个DBMS或文件系统的数据转换功能；异构数据库之间的互访和互操作功能等。

1.4.2 数据库管理系统的组成

DBMS的各项功能是由内部的各种系统程序完成的。一个DBMS就是由许多“系统程序”所组成的一个集合。DBMS的每一个基本功能模块都由若干个程序组成，每个程序都有自己的功能，相互协作，共同完成DBMS的各大功能。DBMS的组成结构图如图1-5所示，下面详细介绍各个程序。

1. 语言编译处理程序

1）数据定义语言及其编译程序

DBMS的DDL程序模块接收数据库的数据结构定义、完整性定义和安全性定义，并进行语法、语义检查，把它们翻译为内部格式存储在数据字典中，是DBMS运行的基本依据。

2）数据操纵语言及其编译程序

DBMS的DML程序模块对用户的操纵数据请求进行语法、语义检查，实现对数据库的查询、插入、删除和修改等操作。宿主型DML程序嵌入在高级语言中，不能单独使用；自主型DML程序可独立地交互使用。

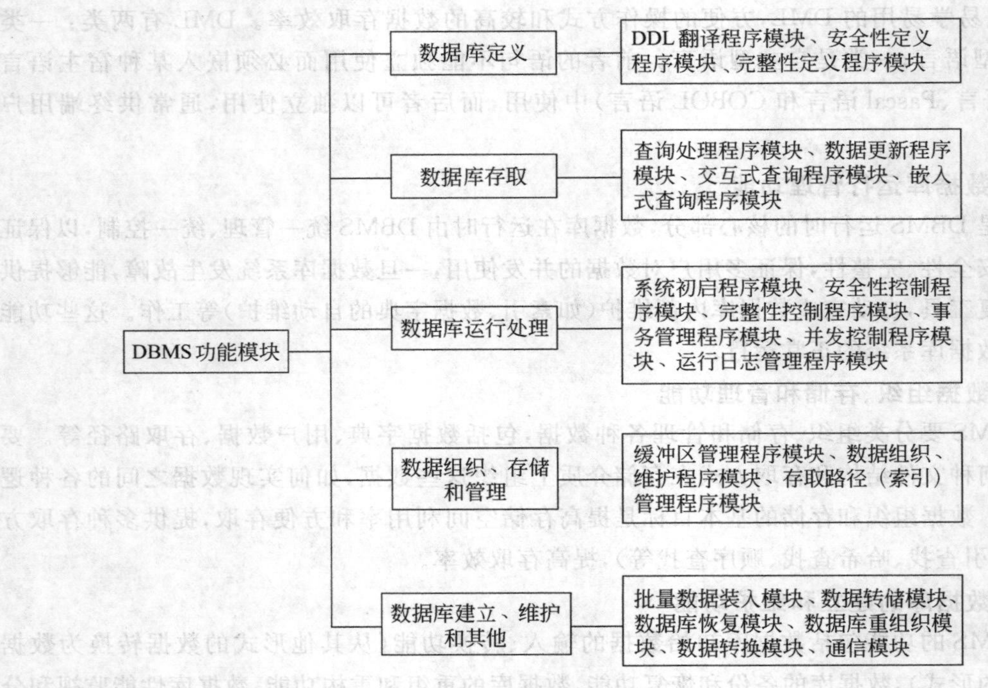

图 1-5　DBMS 组成

2. 系统运行控制程序

系统运行控制程序主要包括以下几部分。

(1) 系统初启程序：负责初始化 DBMS，建立 DBMS 的系统缓冲区、系统工作区、打开数据字典等。

(2) 系统总控程序：是 DBMS 运行程序的核心，用于控制和协调各程序的活动。

(3) 安全性控制程序：防止未被授权的用户存取数据库中的数据。

(4) 完整性控制程序：检查完整性约束条件，确保进入数据库中的数据的正确性、有效性和相容性。

(5) 并发控制程序：协调多用户、多任务环境下各应用程序对数据库的并行操作，保证数据的一致性。

(6) 数据存取和更新程序：实现对数据库数据的检索、插入、修改、删除等操作。

(7) 通信控制程序：实现用户程序与 DBMS 的通信。

这些程序模块一方面保证用户事务的正常运行，另一方面保证数据库的安全性和完整性。

3. 系统建立、维护程序

系统建立、维护程序主要包括以下几部分。

(1) 装配程序：完成初始数据库的数据装入。

(2) 重组程序：当数据库系统性能变坏时(如查询速度变慢)，需要重新组织数据库，重新装入数据。

(3) 系统恢复程序：当数据库系统受到破坏时，将数据库系统恢复到以前某个正确的状态。

4. 数据字典(Data Dictionary，DD)

用来描述数据库中有关数据信息的目录，包括数据库的各种模式、安全性和完整性等，起着系统的目录表作用，帮助数据库用户、DBA等使用和管理数据库。

DBMS的这些组成模块互相联系、互相依赖，共同完成DBMS的复杂功能。这些模块之间的联系也不是平面的和杂乱无章的，它们具有一定的层次联系。

1.5 数据库系统体系结构

数据库系统的结构可以从多种角度进行描述。从数据库管理系统的角度看，数据库系统通常采用三级模式结构，这是数据库系统的内部体系结构；从数据库最终用户的角度看，数据库系统的结构分为集中式结构、分布式结构和客户/服务器结构，这是数据库系统的外部体系结构。

1.5.1 数据库系统的内部体系结构

早在1971年，由数据系统语言会议设立的数据库任务组(Database Task Group，DBTG)提出了关于数据库系统的标准术语和一般体系结构的规范。DBTG认为需要一个两层的方法，即从系统角度看的模式和从用户角度看的子模式。美国国家标准协会(American National Standards Institute，ANSI)的标准规划和需求委员会(Standards Planning And Requirement Committee，SPARC)在1975年提出了一个类似的术语和体系结构ANSI/X3/SPARC。尽管ANSI-SPARC模型没有成为标准，但它仍然是很好理解DBMS功能的基础。

ANSI-SPARC将数据库分成3个不同层次：外部层、概念层和内部层，如图1-6所示。用户从外部层观察数据，DBMS和操作系统从内部层观察数据，概念层提供桥梁作用。

1. 外部层

外部层是数据库的用户视图，描述每一个与用户相关的数据库部分。在这一层，描述数据库结构的模式是数据库的外模式，又称为用户模式或子模式，是对用户所用到的那部分数据的描述。不同的用户因需求不同，看数据的方式可以不同，对数据的保密要求、使用的程序设计语言都可以不同，因此每个用户的外模式不一定相同。一个数据库可以有多个外模式。

2. 概念层

概念层是数据库的整体视图，描述了哪些数据存储在数据库中以及数据之间的联系。在概念层定义的数据库模式称为模式或逻辑模式，有时也称为概念模式。概念层用逻辑数

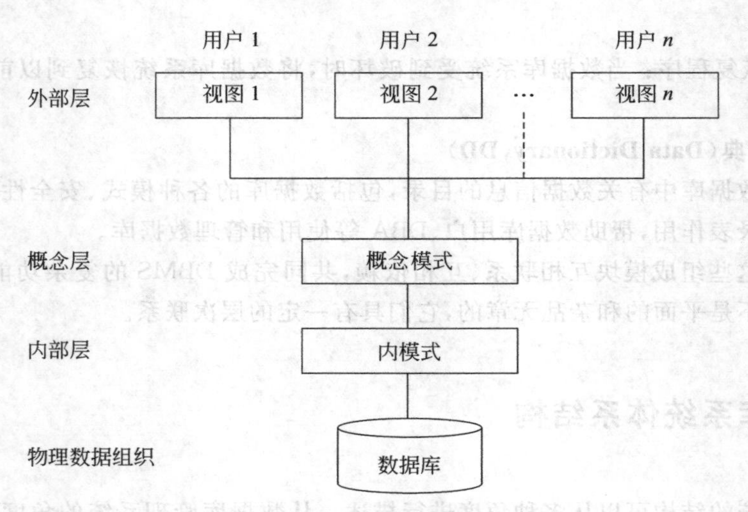

图 1-6　ANSI-SPARC 三层体系结构

据模型对数据库中全部数据的逻辑结构和行为特性进行描述，它是数据库所有用户的公共数据视图。模式要描述实体、属性和联系以及完整性约束。模式设计是数据库设计最基本的任务。一个数据库只有一个模式。外模式是模式的一部分或是从模式推导而来的。有了模式，设计外模式就比较容易了。

3. 内部层

内部层是数据库在计算机上的物理表示。基于该层定义的模式称为内模式或存储模式，是用物理数据模型对数据的描述。它是数据物理结构和存储方式的描述，是数据在数据库内部的表示方式，包括对存储记录的定义、表示方法、数据域，必要时还有所使用的索引等。

4. 映像功能

数据库系统的三级模式是对数据的 3 个抽象级别。它把数据的具体组织留给 DBMS 去做，用户只要抽象地、逻辑地处理数据，而不用关心数据在计算机中的具体表示方式和存储方式。DBMS 则负责 3 类模式之间的映像。它必须确保每个外模式都由概念模式导出，并且必须使用概念模式中的信息，完成内、外模式的映像功能。

概念模式通过概念层到内部层的映像与内部模式相联系，这样模式/内模式映像定义了数据的逻辑结构和存储结构之间的对应关系，该映像定义通常包含在模式描述中。当数据库的存储结构改变了（例如选用了另一种存储结构），由 DBMS 系统自动对模式/内模式的映像做相应的修改，可以使模式保持不变，应用程序也不必改变，从而保证了数据与程序的物理独立性，简称数据的物理独立性。

每个外模式通过外部层到概念层的映像与概念模式相联系，这样外模式/模式映像定义了外模式与模式之间的对应关系。这些映像定义通常包含在各自外模式的描述中。当模式改变时（例如，增加新的关系、新的属性、改变属性的数据类型等），数据库管理员对各个外模式/模式的映像做相应的改变，可以使外模式保持不变。应用程序是依据数据的外模式编写的，应用程序不必修改，从而保证了数据与程序的逻辑独立性，简称数据的逻辑独立性。

特定的应用程序是在外模式描述的数据结构上编制的，它依赖于特定的外模式，与数据库的模式和内模式独立。不同的应用程序有时可以共用同一个外模式。数据库的二级映像功能保证了数据库外模式的稳定性，从而从底层保证了应用程序的稳定性，除非应用需求本身发生变化，否则应用程序一般不需要修改。

下面结合一个超市数据库系统的例子，具体说明数据库系统三级模式结构之间的关系和区别，如图1-7所示。该系统中模式层有商品、供应商和供货3个关系模式，在内模式层存储着对应的数据文件和索引文件，外模式层根据超市的业务需求可以有不同的表现形式，如订单、供应商供货统计表、商品价格管理等。这些外模式的数据来自于模式层的不同模式。

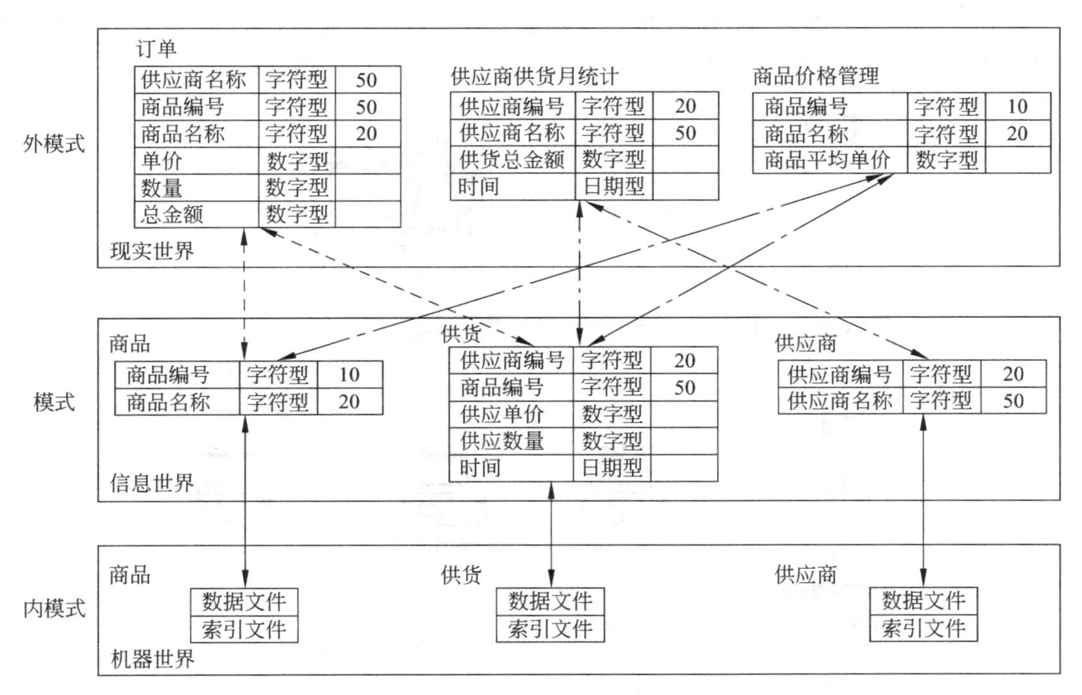

图1-7 数据库的三级模式例子

数据与程序之间的独立性使得数据的定义和描述可以从应用程序中分离出去。另外，由于数据的存取由DBMS管理，用户不必考虑存取路径等细节，从而简化了应用程序的编制，大大减少了应用程序的维护工作。

1.5.2 数据库系统的典型外部体系结构

数据库系统的外部体系结构有很多种，如文件/服务器结构、客户/服务器结构、浏览器/服务器结构等等。本书仅介绍客户/服务器结构和浏览器/服务器结构。

1. 客户/服务器结构

客户/服务器结构(Client/Server，C/S)是典型的两层结构。它将应用系统分为客户和服务器。客户端和服务器安装在逻辑上独立的两台计算机(物理上也可以是一台计算机),通过网络把客户和服务器连接在一起,如图 1-8 所示。客户端(又称前台)负责与用户的交互,通常由 VC、VB、Delphi、PB 等开发工具设计应用程序界面,直接为顾客服务。服务器端(又称后台)负责数据的管理,通常由 SQL Server、Oracle、DB2、Access 等作为 DBMS 存储和管理用户的数据。一台服务器可以为多台客户端服务。

客户/服务器结构的工作原理是:客户端接收用户的请求,经过简单的预处理后,通过网络发送数据请求给数据库服务器。数据库服务器在收到数据请求之后,分析并处理数据请求,然后把结果返回给客户。接着客户把从服务器得到的结果以适当的形式显示出来。客户程序一般利用 ODBC 或 JDBC 接口与数据库服务器进行通信,ODBC 和 JDBC 接口可以屏蔽不同的 DBMS 的差异,为应用程序提供统一的访问数据库的机制。

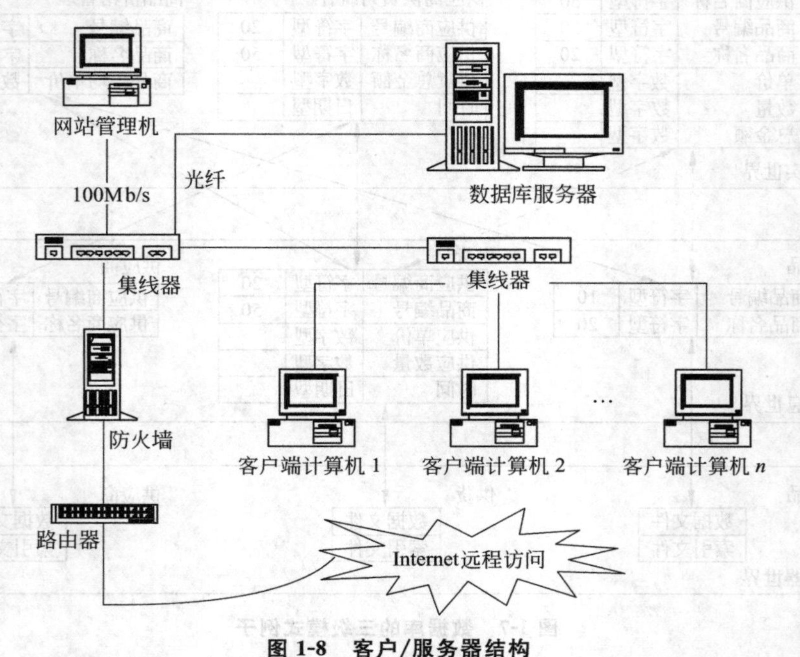

图 1-8 客户/服务器结构

C/S 结构的数据库应用系统可以跨越网络进行工作,DBMS 可以专注于数据库的管理和维护,数据管理的效率和运行的速度会有所提高。当后端服务器的环境发生变化时,客户端代码不需要任何变化,因此灵活性有一定的提高。然而,C/S 结构的可伸缩性差,一个客户程序需要一个连接,当客户数量很大时,网络和数据库服务器的压力就会很大,从而对服务器性能要求较高;程序维护困难,升级时很多客户程序需要更新;代码的重用性差,如果开发相关的应用程序来共享信息,工作量将非常大。

2. 浏览器/服务器结构

随着 Internet/Intranet 技术和应用的发展,WWW 服务成了主流服务,用户通过浏览器漫游网络,这种基于浏览器、WWW 服务器和应用服务器的数据库结构称为浏览器/服务器结构(Browser/Server,B/S)。B/S 结构是对 C/S 结构的一种改进,用户界面完全通过

WWW 浏览器来实现，主要的业务逻辑在服务器端实现，数据存储在数据库服务器，形成三层结构，如图 1-9 所示。

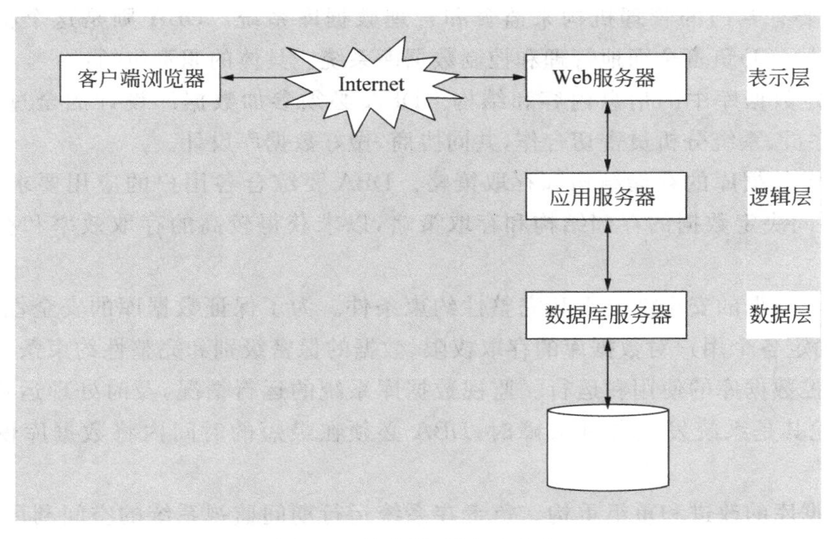

图 1-9 浏览器/服务器结构

表示层即为用户界面，负责与用户的交互，通过与逻辑层的交互，把用户的输入信息打包发送给逻辑层，并取得返回结果。表示层不含任何业务逻辑处理。

逻辑层是应用服务器，实现了应用程序的主要业务功能，负责对表示层传来的数据进行操作，与数据层进行数据交换。逻辑层主要采用的技术是中间件技术。它的工作过程是：首先将查询请求传送给数据库服务器，然后接收数据库服务器返回的查询结果，并将该结果编排为 HTML 页面，再由 Web 服务器将 HTML 页面返回到 Web 浏览器并将信息显示给最终用户。最基本的中间件技术有公共网关接口(CGI)和应用程序接口(API)。

数据层是数据服务器，负责管理存储在数据库服务器中的数据。

随着软件系统的规模和复杂性的增加，软件体系结构的选择成为软件开发的重要因素。三层 B/S 结构为企业资源规划的整合提供了良好的框架，是建立企业级信息管理系统的最佳选择。B/S 结构克服了传统 C/S 结构的不足，它更易维护和升级，而且与平台选择无关，浏览器、Web 服务器、Java、HTML 以及数据库都可以做到与软件平台无关，极大地降低了开发的风险和成本。

1.6 数据库用户

数据库系统是一个人-机系统，其中有多种用户，分别扮演着不同的角色，承担不同的任务。开发、管理和使用数据库系统的人员主要是数据库管理员、系统分析员和数据库设计人员、应用程序员和最终用户。其各自的职责分别如下。

1. 数据库管理员

在数据库系统环境下，有两类共享资源：一类是数据库，另一类是数据库管理系统软件。因此需要有专门的管理机构来监督和管理数据库系统。DBA 则是这个机构的一个(组)人员。他(们)负责全面地管理和控制数据库系统。具体的职责包括：

(1) 决定数据库中的信息内容和结构。DBA 必须参加数据库设计的全过程，并与用户、应用程序员、系统分析员密切合作，共同协商，做好数据库设计。

(2) 决定数据库的存储结构和存取策略。DBA 要综合各用户的应用要求，和数据库设计人员共同决定数据的存储结构和存取策略，以求获得较高的存取效率和存储空间利用率。

(3) 定义数据的安全性要求和完整性约束条件。为了保证数据库的安全性和完整性，DBA 负责确定各个用户对数据库的存取权限、数据的保密级别和完整性约束条件。

(4) 监控数据库的使用和运行。监视数据库系统的运行情况，及时处理运行过程中出现的问题，尤其是系统发生各种故障时，DBA 必须在最短的时间内将数据库恢复到正确状态。

(5) 数据库的改进和重组重构。负责在系统运行期间监视系统的空间利用率、处理效率等性能指标，对运行情况进行记录、统计分析，依靠工作实践并根据实际应用环境，不断改进数据库设计。DBA 定期对数据库进行重组织，以提高系统的性能。当用户的需求增加和改变时，DBA 还要对数据库进行较大的改造，包括修改部分设计，即数据库的重构造。

2. 系统分析员和数据库设计人员

系统分析员负责应用系统的需求分析和规范说明，他们要和用户及 DBA 配合，共同确定系统的软硬件配置并参与数据库系统的概念设计。

数据库设计人员负责数据库中数据的确定、数据库各级模式的设计。数据库设计人员必须参加用户需求调查和系统分析，然后进行数据库设计。在很多情况下，数据库设计人员就由数据库管理员担任。

3. 应用程序员

应用程序员负责设计和编写应用系统的程序模块，并进行程序的安装和调试。

4. 最终用户

最终用户通过应用系统的用户接口使用数据库。常用的接口方式有浏览器、菜单驱动、表格操作、图形显示、报表书写等。最终用户可以分为如下 3 类：

(1) 偶然用户。这类用户不经常访问数据库。他们每次访问数据库时往往需要不同的数据库信息，一般是企业或组织机构的中高级管理人员。

(2) 简单用户。数据库的多数最终用户都是简单用户。他们的主要工作是查询和更新数据库。

(3) 复杂用户。熟悉数据库管理系统的各种功能，能够直接使用数据库语言访问数据库，甚至能够基于数据库管理系统的 API 编制自己的应用程序。通常包括工程师、科学家、经济学家、科学技术工作者等具有较强科学技术背景的人员。

习题 1

1. 数据管理的历史经历了哪几个阶段？各有什么特点？
2. 数据和信息各指什么？有何区别？
3. 简述数据库系统的组成结构。
4. 数据库系统的三级模式结构分别是什么？三级模式结构的二级映像功能有何作用？
5. 数据库各级用户的主要职责是什么？

第2章　数据模型

模型是现实世界特征的模拟和抽象，例如，平时见到的航模、车模等，都是对现实世界事物不同程度的模拟和抽象。数据库是某个企业、组织或部门所涉及的数据的综合，它不仅要反映数据本身的内容，而且要反映数据之间的联系。由于计算机不可能直接处理现实世界中的具体事物，所以必须事先把具体事物转换成计算机能够处理的数据。在数据库中，用数据模型这个工具来抽象、表示和处理现实世界中的数据和信息。数据模型是数据库结构的基础，它是现实世界数据特征的抽象。

2.1　数据模型的组成要素

一般来说，数据模型应满足两方面的要求：一是能比较真实地模拟现实世界，容易被人所理解；二是便于在计算机上实现。但是，很难有一种数据模型能同时满足这两个方面的要求，因为这两方面本身就是一对矛盾。从用户的角度来讲，总是希望数据模型尽可能真实地反映现实世界，接近人类对现实世界的观察和理解，也就是说，数据模型要面向现实世界，面向用户；从实现的角度来看，又希望数据模型接近数据在计算机中的物理表示，以便于实现，从而减小开销，也就是说，数据模型还不得不在一定程度上面向实现目的、面向计算机。这两方面的要求显然是矛盾的。数据库技术中解决这个矛盾的方法采用逐级控制的思想，即先把现实世界的问题抽象为概念数据模型，然后将概念数据模型转换为信息世界所认同的逻辑数据模型，再把信息世界的逻辑数据模型转换为机器世界的物理数据模型。这个转换过程可以用图 2-1 形象地表示。

一般地讲，数据模型是描述数据、数据联系、数据语义以及对数据的约束的一组严格定义的概念工具的集合。这些概念精确地描述了系统的静态特性、动态特性和完整性约束条件。相应地，数据模型通常由数据结构、数据操作和数据的约束条件 3 部分组成。

1. 数据结构

数据结构是所研究的对象的集合，用于描述系统的静态特性。这些对象是数据库的组成成分，主要包括两类：一类是与数据类型、内容、性质有关的对象，例如，关系数据模型中的域、属性、关系等；一类是与数据之间联系有关的对象，例如，关系数据模型中反映实体之间联系的关系。

数据结构是描述一个数据模型性质的最重要的方面。在数据库系统中，通常按照其数

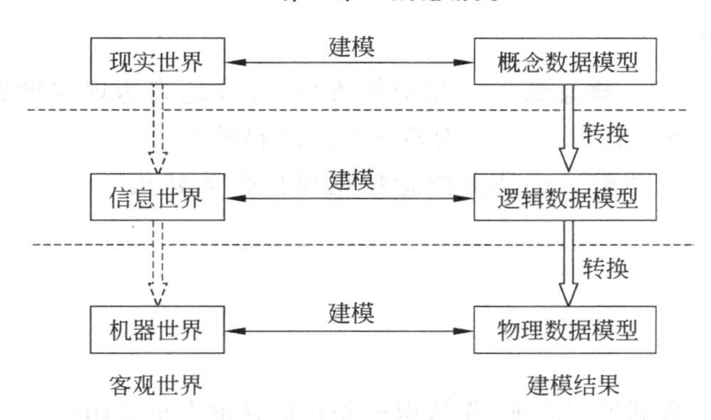

图 2-1 从现实世界到机器世界的数据建模过程

据结构的类型来命名数据模型。例如，层次结构、网状结构和关系结构的数据模型分别命名为层次数据模型、网状数据模型和关系数据模型。

2. 数据操作

数据操作是指对数据库中各种对象的实例允许执行的操作的集合，包括操作及操作规则。数据操作用于描述系统动态特性。数据操作主要有查询和更新(包括插入、删除、修改)两大类操作。数据模型必须定义这些操作的确切含义、操作符号、操作规则(如优先级)以及实现操作的语言。

3. 数据的约束条件

数据的约束条件是一组完整性规则的集合。完整性规则是给定的数据模型中数据及其联系应满足的制约和依存规则，用于限定符合数据模型的数据库状态以及状态的变化，以保证数据的正确、有效、相容。

数据模型应该反映和规定本数据模型必须遵守的基本的、通用的完整性约束条件。例如，在关系数据模型中，任何关系必须满足实体完整性和参照完整性两个条件，这称为关系数据模型的两个不变性。

此外，数据模型还应该提供自定义完整性约束条件的机制，以反映具体应用中用户特别要求的约束条件。例如，在企业的数据库中规定女员工的退休年龄为55岁，男员工的退休年龄为60岁等。又如，在高校的学生信息管理数据库中，限定学生每学期选修的课程不得少于多少学分等。这些约束反映了用户自己个性化的要求，数据模型必须能够兼顾这方面的需求，才能更好地反映现实世界。

值得指出的是，有个别数据模型，由于自身原因，并不完全包含上述3个部分，这一点在参考文献中有严密的证明，有兴趣的读者可以查阅相关文献。

2.2 概念数据模型

由图2-1可以看出，在数据建模的过程中，首先把现实世界中的客观对象抽象为某一种信息结构，这种信息结构并不依赖于具体的计算机系统，属于一种概念级的模型。概念数据模型应具有以下特点：

- 语义表达能力强。概念数据模型应能方便、直接地表达现实世界中的各种语义知识，如客观对象及其联系，这是对概念模型最起码的要求。
- 简单，便于用户理解。这是由概念数据模型作为建模工作的第一步的性质而决定的。

2.2.1 基本概念

在具体介绍概念数据模型之前，先认识一些在信息世界里常用的基本概念。

1. 实体

将现实世界抽象成概念数据模型时首先要识别出所要研究的系统中存在哪些客观对象。客观存在并可相互区别的事物称为实体(Entity)。实体可以是具体的人、事、物，如一家供应商、一个仓库、一件商品等都是实体；实体也可以是抽象的概念，如和供应商签订的一份订货合同、一条财务账目、一个数学公式等都是实体。

2. 属性

每个实体都有很多特性，实体所具有的某一特性称为实体的一个属性(Attribute)。一个实体可以由若干个属性来描述。例如，“商品”实体可以由商品编号、商品名称、单价、生产日期等属性组成。属性有“型”和“值”之分，“型”即为属性名，如商品编号、商品名称、单价、生产日期是属性的型，刻画了一个实体的特征，一般很少变动；“值”即为属性的具体内容，如(990001,21 寸彩色电视机,800,2008-12-1)，这些属性值的集合表示了一个 21 寸彩色电视机商品实体，又如(990002,25 寸彩色电视机,2000,2009-6-1)，这些属性值的集合表示了一个 25 寸彩色电视机商品实体，属性的“值”变动较大。

3. 域

属性值的取值范围称为属性的域(Domain)。例如，商品编号和商品名称的域为字符串集合，单价为浮点类型的 0～100000；生产日期的域为日期型的值，如 2005-1-1。

4. 实体型

具有相同属性的实体必然具有共同的特征和性质。若干个属性组成的集合可以表示一个实体的类型，因此可以用实体名及其属性名集合来描述同类实体，称为实体型(Entity Type)。例如，商品(商品编号、商品名称、单价、生产日期)就是一个实体型，描述了包括“21 寸彩色电视机”“ 25 寸彩色电视机”等在内的所有商品实体，这些商品实体同属于一个实体型，因为它们都由商品编号、商品名称、单价、生产日期 4 个属性来描述，区别仅在于属性的取值有所不同。

5. 实体集

相同类型实体的集合称为实体集(Entity set)。例如，商场里的所有商品就是一个实体集。实体型是对实体集的抽象描述，而实体集则是实体型的具体表达。由此可见，实体型是相对稳定的，而实体集则是动态变化的。

6. 码

在实体的众多属性中,可以唯一标识实体的一组最小的属性集合称为码(Key)。例如,"商品编号"是"商品"实体的码,学生的"学号"是"学生"实体的码。需要注意的是,在一个实体的属性集合中能够唯一标识实体的最小属性集合不止一个,此时每个最小属性集合都称为候选码,可以选定其中一个作为实体的主码。

7. 联系

在现实世界中,事物内部以及事物之间是有联系的,这些联系同样也要抽象和反映到信息世界中来,在信息世界中将被抽象为实体型之间的联系(Relationship)。例如,"商品"实体型和"供应商"实体型之间有供应关系,"学生"实体型与"课程"实体型之间可能有选课关系等。这种两个或多个实体型之间的关联关系称为联系。联系是多种多样的,最常见的联系是两个实体型之间的联系,可以分为3类。

1) 一对一联系

如果对于实体集A中的每一个实体,实体集B中至多有一个实体与之联系,反之亦然,则称实体型A与实体型B具有一对一联系,记为1∶1。例如,人与DNA,每个人的DNA都是唯一的,即一个人只有一种DNA,而一种DNA只存在于一个人体内,则实体型"人"与实体型"DNA"之间具有一对一联系;再如,部门经理和部门,一个部门只有一个部门经理,而一个部门经理只对应一个部门(不允许兼任的情况下),则实体型"部门经理"和实体型"部门"之间就是一对一联系。

2) 一对多联系

如果对于实体集A中的每一个实体,实体集B中有n个实体($n \geqslant 0$)与之联系,反之,对于实体集B中的每一个实体,实体集A中至多只有一个实体与之联系,则称实体型A与实体型B具有一对多联系,记为1∶n。例如,一个班级中有若干名学生,而每个学生只在一个班级中学习,则班级与学生之间的联系是一对多联系;再如,企业中的部门和员工,一个部门有多个员工,而每个员工至多只在一个部门工作,则实体型"部门"和实体型"员工"之间就是一对多联系。

3) 多对多联系

如果对于实体集A中的每一个实体,实体集B中有n个实体($n \geqslant 0$)与之联系,反之,对于实体集B中的每一个实体,实体集A中也有m个实体($m \geqslant 0$)与之联系,则称实体型A与实体型B具有多对多联系,记为m∶n。例如,一门课程同时由若干个学生选修,而一个学生可以同时选修多门课程,则"课程"与"学生"之间的联系为多对多联系;再如,商店和顾客,一个商店有多个顾客光顾,而一个顾客可以光顾多个商店,则实体型"商店"和实体型"顾客"之间的联系是多对多联系。

实际上,一对一联系是一对多联系的特例,而一对多联系又是多对多联系的特例。

可以用图形来表示两个实体型之间的这3类联系,A、B分别表示两个实体型,如图2-2所示。

实体型之间的这种一对一、一对多、多对多联系不仅存在于两个实体型之间,也存在于两个以上的实体型之间。例如,对于"课程""教师"与"参考书"3个实体型,如果一门课程可

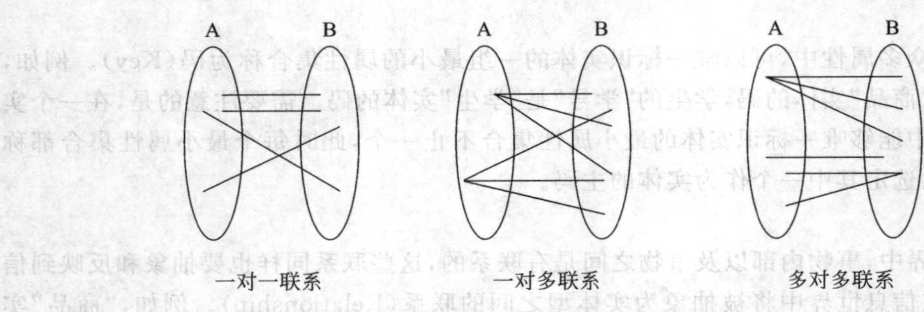

图 2-2　两个实体型之间的 3 类联系的示意图

以由若干个教师讲授，使用若干本参考书，而每个教师只讲授一门课程，每本参考书只供一门课程使用，则“课程”与“教师”“参考书”之间的联系是一对多的，如图 2-3 所示。

同一个实体型内的各个实体之间也可以存在一对一、一对多、多对多的联系。例如，“职工”实体型内部具有领导与被领导的联系，即某一职工(干部)“领导”若干名职工，而一个职工仅被另外一个职工直接领导，因此这是一对多的联系，如图 2-4 所示。

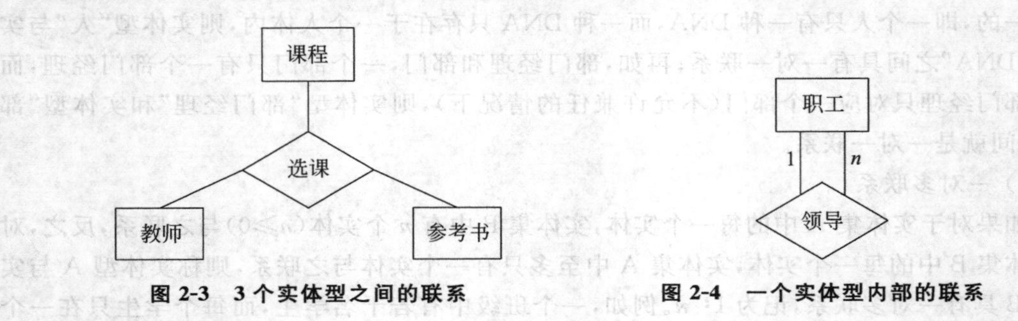

图 2-3　3 个实体型之间的联系　　　　**图 2-4　一个实体型内部的联系**

2.2.2　E-R 模型

概念数据模型的表示方法有很多，其中最具代表性的是美籍华人陈平山(Peter Chen)于 1976 年提出的实体-联系方法(Entity-Relationship Approach)，简称为 E-R 模型。该方法用 E-R 图来描述现实世界的概念数据模型。

E-R 图是能够表示实体型、属性和联系的方法。

1. 实体型

大家知道，实体型是相对稳定的，而实体是动态变化的，因此，E-R 图用抽象的实体型代表每个具体的实体，而不具体画出每个实体。在 E-R 图中，用矩形表示实体型，矩形框内写明实体型的名称。实体型的属性用椭圆形表示，椭圆形内写明属性名，如果该属性是主码，则在其属性名下加下画线表示。用无向边将属性和实体型连接起来。例如，“供应商”实体的 E-R 图可用图 2-5 表示出来。

2. 联系

在 E-R 图中，联系用菱形表示，菱形框内写明联系的名称，分别用无向边将其和相关联

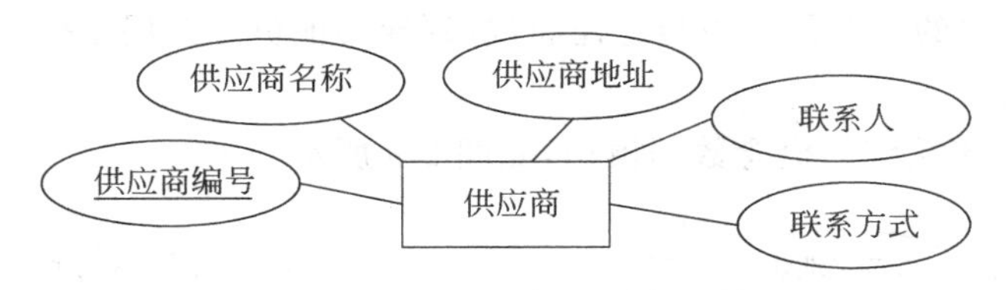

图 2-5　“供应商”实体的 E-R 图

的实体型连接起来，在连线旁边注明联系的类型(1∶1、1∶n 或 m∶n)，联系也可以有属性，这些属性也要用无向边和该联系连接起来。例如，“超市”实体型和“经理”实体型之间具有一对一联系，“超市”实体型和“商品”实体型之间具有一对多的联系，“商品”和“供应商”之间具有多对多的联系，可以分别用图 2-6～图 2-8 表示。

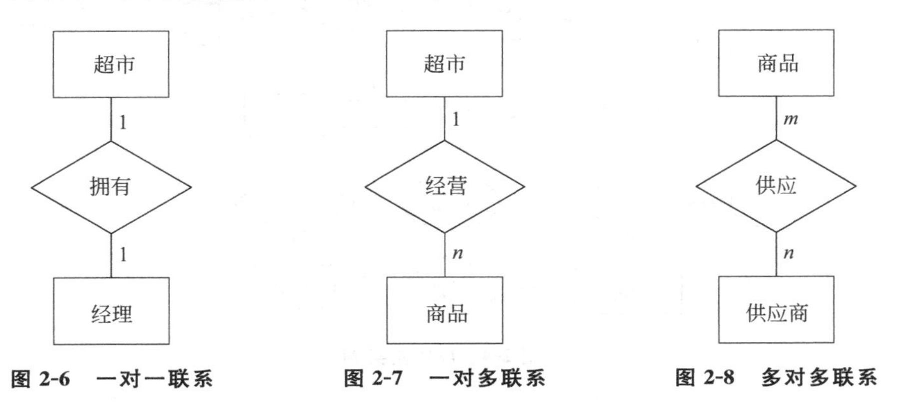

图 2-6　一对一联系　　**图 2-7　一对多联系**　　**图 2-8　多对多联系**

需要指出的是，建立概念模型时，为了对现实世界有一个整体的认识和抽象，整个系统中用户关心的所有实体及其联系都集成到一个完整的 E-R 图中，当实体数量较多时，彼此之间的联系也会互有联系，E-R 图的结构比较庞大，为了清晰起见，通常将实体及其属性分开来画。

以某物流中心的物资管理系统问题为例。该系统涉及的实体有：

- 供应商——属性有供应商编号、供应商名称、供应商地址、联系人、联系方式等。
- 商品——属性有商品编号、商品名称、批号、价格等。
- 库房——属性有仓库号、面积、位置、联系电话等。
- 员工——属性有工号、姓名、性别、年龄、职称等。

这些实体之间存在的联系有：

一家供应商可以供应多种商品，而一种商品可以由多家供应商供应。因此，供应商和商品之间存在多对多的供应联系。

一个仓库可以存放多种商品，而一种商品可以存放在多个仓库。因此，仓库和商品之间存在多对多的存放联系。

一个仓库有多名员工，而一个员工只能在一个仓库工作。因此，仓库和员工之间存在一对多的工作联系。

每个仓库由其中的一名员工担当主任职位，领导其他员工开展工作。因此，员工内部存在一对多的领导联系。

用 E-R 图描述该系统的概念数据模型，如图 2-9 所示。

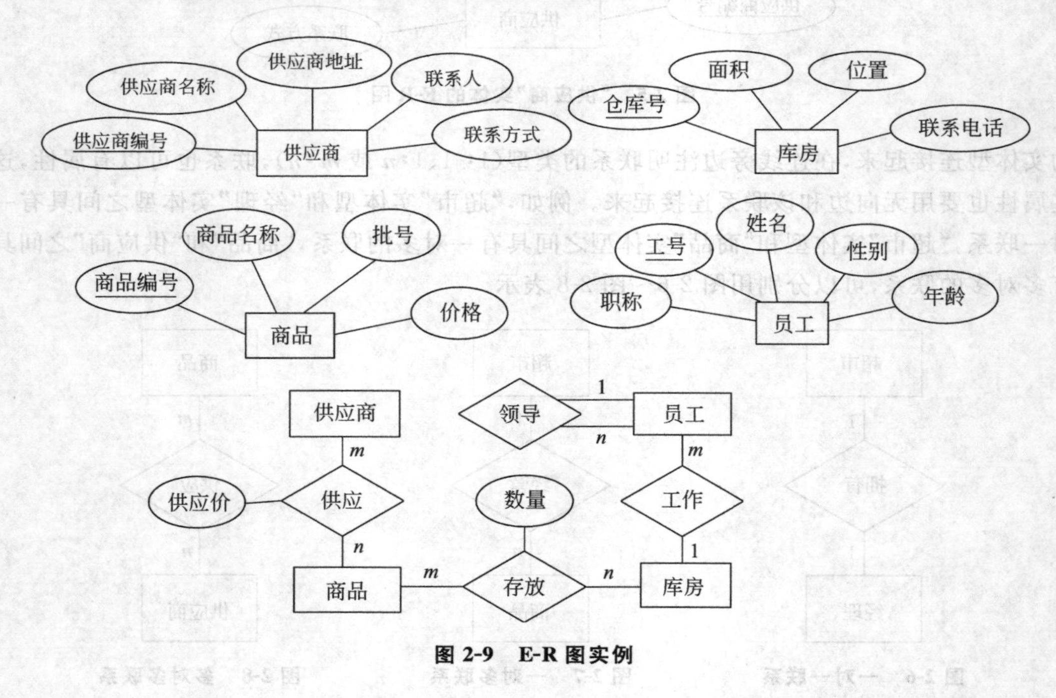

图 2-9　E-R 图实例

2.3　逻辑数据模型

概念数据模型虽然能很好地模拟现实世界，但却独立于具体的数据库系统，为了进一步把现实世界建模成数据库系统可以识别的模型，就需要把概念数据模型转化为逻辑数据模型。逻辑数据模型又称为基于记录的数据模型，在逻辑数据模型中，数据库由不同类型的固定格式记录组成，每个记录类型定义了固定数目的域，每个域有固定长度。目前数据库系统中逻辑数据模型主要有：

层次数据模型（Hierarchical Data Model）。

网状数据模型（Network Data Model）。

关系数据模型（Relational Data Model）。

面向对象数据模型（Object-Oriented Data Model）。

对象关系数据模型（Object-Relational Data Model）。

其中，层次数据模型和网状数据模型统称为非关系数据模型。非关系数据模型的数据库系统在 20 世纪 70 年代与 80 年代初非常流行，在数据库系统产品中占据了主导地位，现在已逐渐被关系数据模型的数据库系统取代。但在美国等一些国家，由于一开始大多采用的是网状数据库，所以目前网状数据库系统的用户仍很多。

2.3.1 层次数据模型

层次数据模型是数据库系统中最早出现的数据模型，层次数据库系统的典型代表是IBM公司的IMS(Information Management System)数据库管理系统。这是1968年IBM公司推出的第一个大型的商用数据库管理系统，曾经得到广泛的应用。它用树状结构表示各类实体以及实体间的联系。现实世界中许多实体之间都具有很自然的层次关系，如家族关系、行政机关等。因此，人们通常采用树状结构来表示实体之间的这种层次关系。

1. 层次数据结构

图2-10是一个现实生活中具有树状结构的例子，该层次结构描述了一个学院的组成情况。

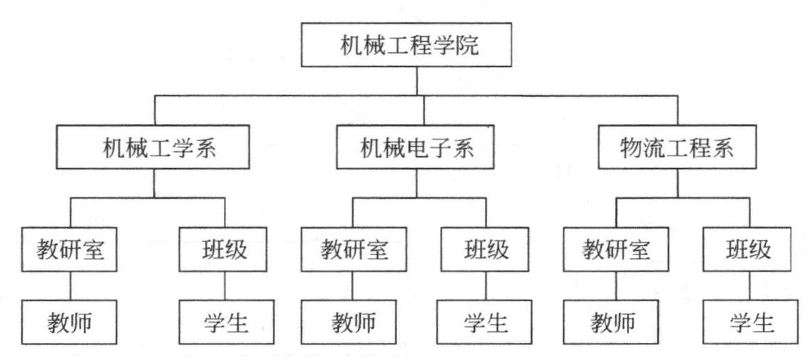

图2-10 树状结构例子

层次数据模型的数据结构就是树状结构，它满足树状结构的两个条件：

(1) 有且只有一个节点没有双亲节点，这个节点称为根节点；

(2) 其他节点有且只有一个双亲节点。

在层次数据模型中，上层节点是父节点或双亲节点，下层节点是子节点。每个节点表示一个记录类型，每个记录类型可包含多个数据项。记录类型描述的是实体，数据项描述的是实体的属性。记录类型之间的联系用节点之间的有向边表示，这种联系是父子之间的一对多联系。这一点限定了层次数据库系统只能直接处理一对多的实体联系。

图2-11就是根据图2-10的层次关系建立的层次数据模型。该模型共有6个记录类型。记录类型“学院”是根节点，由“学院编号”和“学院名称”组成。它有一个子节点，即记录类型“系”，系由“系编号”和“系名”组成。记录类型“教研室”和“班级”是记录类型“系”的两个子节点，记录类型“教师”是记录类型“教研室”的子节点，记录类型“学生”是记录类型“班级”的子节点。可以看出，由“学院”到“系”，由“系”到“教研室”，由“系”到“班级”，由“教研室”到“教师”，由“班级”到“学生”都是一对多的关系。

图2-12是图2-11所示数据模型所对应的一个实例，描述了一个具体的学院(机械工程学院)的基本情况。机械工程学院的编号是04，下属有3个系(机械工学系、机械电子系和

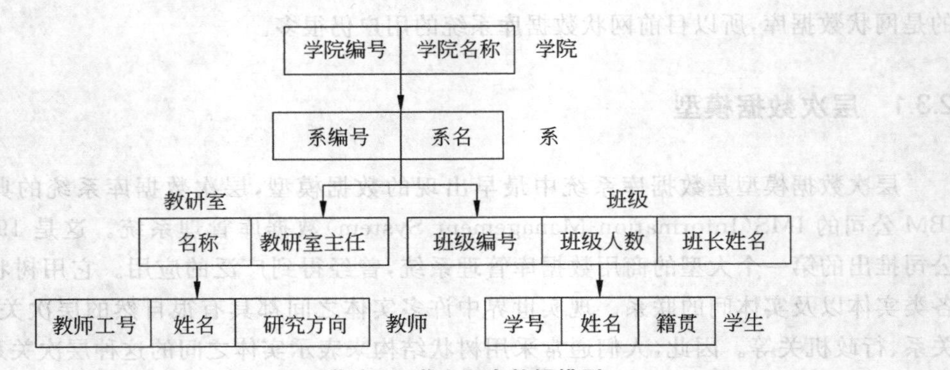

图 2-11 学院-系-学生层次数据模型

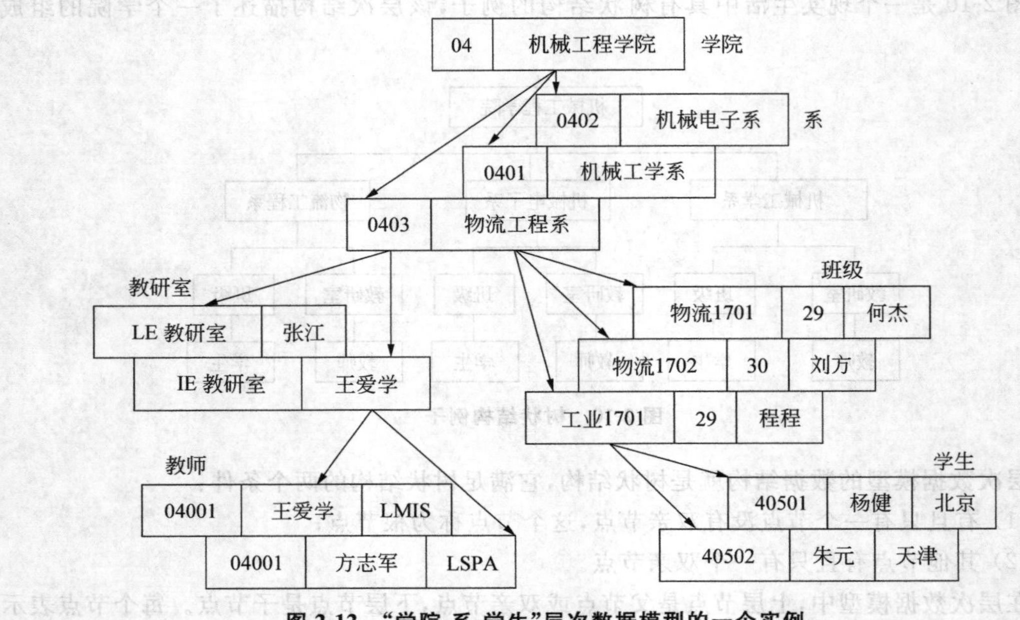

图 2-12 “学院-系-学生”层次数据模型的一个实例

物流工程系)，其中，物流工程系的编号是 0403，下属有教研室和班级两个系列，教研室系列分为 LE 教研室和 IE 教研室，班级系列又分为物流 1701、物流 1702 和工业 1701 共 3 个班级。每个教研室下面又有若干个教师，每个班级下面又有若干个学生。

2. 层次数据操作

层次数据模型的数据操作主要有查询、插入、删除和更新。查询任何一个记录值时，只有按其路径查看时，才能显示出它的全部意义，没有一个子记录值能够脱离双亲记录值而独立存在。同理，插入、删除和更新数据时也必须按其路径进行操作。无论是何种数据操作，访问数据时都必须从根节点开始，记录之间的联系也是固定的，访问时无须对存取路径进行选择。

3. 层次数据的约束条件

对层次数据进行插入、删除、更新操作时，需要满足层次数据模型的完整性约束条件。进行插入操作时，如果没有相应的双亲节点值就不能插入子节点值。进行删除操作时，如果删除双亲节点值，则相应的子节点值也被同时删除。进行更新操作时，应更新所有相应的记录，以保证数据的一致性。

总之，层次数据模型比较简单，当现实的实体间关系是固定的，且预先已定义好时，适宜采用层次数据模型。用层次数据模型描述具有一对多的层次关系，非常自然、直观，容易理解。这是层次数据库的突出优点。不足的是，现实世界中很多联系是非层次关系的，如多对多关系、一个节点具有多个双亲节点等，层次数据模型表示这类联系的方法很笨拙，只能通过引入冗余数据(易产生不一致性)或创建非自然的数据组织(例如，引入虚拟节点)来解决。另外，对插入和删除操作的限制比较多，查询子节点必须通过双亲节点，由于结构严密，层次命令趋于程序化。

2.3.2 网状数据模型

现实世界中实体之间的联系，除了层级分明的层次关系外，更多的是一种非层次关系。网状数据模型就是为了适应这种更普遍的情况而出现的，网状数据模型的典型代表是DBTG系统，也称CODASYL系统，它是20世纪70年代数据系统语言研究会(Conference On Data System Language)下属的数据库任务组(Data Base Task Group，DBTG)提出的一个系统方案。

1. 网状数据结构

网状数据模型用图结构作为数据的组织方式，它去掉了层次数据模型的两个限制：一是允许多个节点没有双亲节点；二是允许一个节点有多个双亲节点。另外，还允许两个节点之间有多种联系。网状数据模型是一种比层次数据模型更具有普遍性的结构，可以更直接地描述现实世界。而层次结构实际上只是网状结构的一个特例。

与层次数据模型类似，网状数据模型中也是每个节点表示一个记录类型(实体)，每个记录类型包含若干个数据项(实体的属性)，节点间的连线表示记录类型(实体)之间的父子联系。

网状数据模型表示一对多和一对一联系的方法和层次数据模型完全相同，但表示多对多联系时要比层次数据模型更简单、更直观。图2-13给出了一个描述“供应商供应商品”的网状数据模型，“供应商”与“商品”之间是多对多联系，一个供应商可以供应多种商品，反过来，一种商品可以由多家供应商供应。在网状数据模型中，不能直接描述多对多联系，可以通过引入联结记录的方式将多对多联系转换为一对多联系，这里引入“供应”记录作为联结记录。每个供应商可以供应多种商品，显然对于“供应商”记录中的每个值，“供应”记录中可以有多个值与之联系，而“供应”记录中的每一个值只能与“供应商”记录中的一个值联系，因此供应商与供应之间的联系是一对多的联系，联系名为S-SG。同样，“商品”与“供应”之间的联系也是一对多的联系，联系名为G-SG。

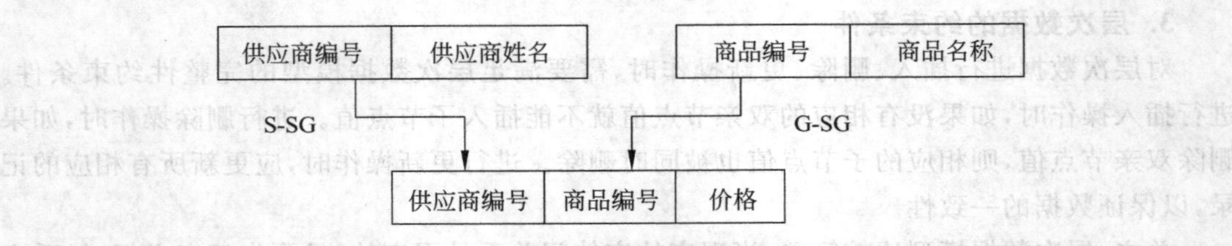

图 2-13 供应商供应商品的网状数据模型

2. 网状数据操作

网状数据模型的数据操纵主要包括查询、插入、删除和修改数据。和层次数据模型一样，网状数据模型的访问也需要指明数据访问的存取路径，按路径对数据进行访问。不过，网状数据模型没有根节点，记录之间的联系也是多种多样的，相应地到达同一个节点的存取路径也是多条，因此在访问数据时，需要从众多可行路径中选择一条适当的存取路径，从而削弱了数据的独立性。

由于采用了更加灵活的数据结构，网状数据模型对数据操作的限制要更少一些。插入数据时，允许插入尚未确定双亲节点值的子节点值，如可增加一名尚未分配到某个教研室的新教师，也可增加一些刚来报到，还未分配宿舍的学生。删除数据时，允许只删除双亲节点值，如可删除一个教研室，而该教研室所有教师的信息仍保留在数据库中。修改数据时，可直接表示非树状结构，而无须像层次数据模型那样增加冗余节点，因此，修改操作时只需更新指定记录。

3. 网状数据的约束条件

网状数据模型没有像层次数据模型那样有严格的完整性约束条件，只提供一定的完整性约束。

总之，网状数据模型能够更为直接地描述现实世界，如一个节点可以有多个双亲；具有良好的性能，存取效率较高。不足的是，网状数据模型结构比较复杂，而且随着应用环境的扩大，数据库结构会变得越来越复杂，不利于最终用户掌握；另外，其 DDL、DML 语言复杂，用户不容易使用。由于记录之间的联系是通过存取路径实现的，应用程序在访问数据时必须选择适当的存取路径，因此，用户必须了解系统结构的细节，加重了编写应用程序的负担。

2.3.3 关系数据模型

相对于层次数据模型和网状数据模型，关系数据模型是发展相对较晚的。1970 年美国 IBM 公司的研究员 E. F. Codd 发表了题为《大型共享数据银行的关系数据模型》(A Relation Model of Data for Large Shared Data Banks)论文，首次提出了数据库系统的关系数据模型，他为此获得了 1981 年的图灵奖。截至目前，关系数据模型技术已经发展得非常完善，成为数据库领域中占据主导地位的一种模型。本书的重点也是关系数据模型，将在第 3 章详细介绍，此处仅做简单介绍。

关系数据模型的结构是一张规范化的二维表，如表 2-1 所示，表中的每一行记录就是一个实体，关系数据结构不像层次数据结构和网状数据结构那样，实体与实体之间的联系通过记录之间的两两联系表示，关系数据模型中，实体之间的联系也是通过关系来表达。

表 2-1 规范化的二维表

商品编号	商品名称	商品价格	分　类	生产批号
S001	纯牛奶	2	食品组	20100325
W001	洗发水	20	卫生组	201003200001

关系数据模型的关系数据操作主要包括查询和更新两大类，同样也满足相应的完整性约束，也将在第3章详细介绍。

关系数据模型的数据访问不再是“导航式”，数据的存取路径对用户透明，用户只需指出“干什么”或“找什么”即可，而无须详细说明“怎么干”或“怎么找”，具体的执行过程完全由系统负责完成，这种操作是完全非过程化的，从而大大提高了数据的独立性。

总之，关系数据模型与非关系数据模型不同，它有较强的数学理论根据；关系数据结构简单、清晰，易懂易用；关系数据模型的存取路径对用户透明，从而具有更高的数据独立性、更好的安全保密性，也简化了程序员建立和开发数据库的工作。不足的是，查询效率往往不如非关系数据模型，因此，为了提高性能，必须对用户的查询表示进行优化。

2.3.4 面向对象数据模型

关系数据模型尽管有许多优点，但它存在一些显而易见的局限性：强调数据的高度结构化，面向机器而不是面向用户；数据类型简单、固定；结构和行为分离，语义表达能力差；将复杂对象分解为多个基本关系管理，实现查询的技术复杂。

随着计算机应用领域的拓展，关系数据模型已经不能满足新的应用领域，如CAD/CAM、CASE、GIS、OA等的需要。为此，在20世纪80年代末面向对象技术出现了。面向对象数据模型是面向对象程序设计方法与数据库技术相结合的产物，用于支持非传统应用领域对数据模型提出的新需求。它的基本目标是以更接近人类思维的方式描述客观世界的事物及其联系，且使描述问题的问题空间和解决问题的方法空间在结构上尽可能一致，以便对客观实体进行结构模拟和行为模拟。

在介绍面向对象数据模型前，先介绍几个核心概念。

对象：是现实世界中一个实体在计算机系统中的抽象表示。一个对象由属性集合、消息集合和方法集合构成。属性集合描述对象的具体特征，属性有属性名和属性值；消息集合是对象对外提供的界面，是对象间请求的传递，每个消息都能由该对象接收和响应；方法（或称服务、操作）是系统为满足用户需求采取的行动，是系统对事件的响应。

封装：把对象的属性和服务结合成一个独立的系统单位，并尽可能隐蔽对象的内部细节。

类：具有相同特征（相同数据结构和相同操作）对象的集合。每一个对象成为它所在类的一个实例。一个类可以是另一个类的子类;或反之,一个类是另一个类的父类(又称超类)。这样,面向对象模型的一组类可以形成一个有限的层次结构,称为类层次。

继承:是面向对象系统最重要的概念,是自动地共享类、子类和对象中实例变量和方法的机制。上层对象具有的变量和方法,下层对象可以继承,从而使得具有不同结构但有层次联系的对象可以共享它们共同部分的方法。

对象标识:面向对象模型提供了一种机制,使得系统中任何对象都是唯一的,每个对象实例都被赋予一个唯一的标识符,作为对象的标识。对象标识是在对象创建时由系统自动生成的。常见的对象标识形式有值标识、名称标识和内置标识。

对象包含:对象变量的值也是一个对象,这就在对象之间产生一个嵌套层次结构。包含是面向对象数据模型的一个重要概念,它允许不同的用户从不同的角度观察数据。

理解了这些基本概念,下面介绍面向对象数据模型。

1. 面向对象的数据结构

面向对象的数据结构采用类(当然,类中包括方法)结构;类的实例相当于关系中的元组数据。

2. 面向对象的数据操作

对类层次结构的操作分为两部分:一部分是封装在类内的操作,即方法;另一部分是类间相互沟通的操作即消息。类内的对象可以进行增加、删除、修改和查询操作。在类层次结构中,通过查询路径查找所需对象。查询路径由类、属性、继承路径等部分组成,一个查询可用一个路径表达。为了提高对象的查询效率,可以按类中属性及路径建立索引,以及对类及路径建立簇集。

3. 面向对象的数据约束

面向对象的数据模型中也有类似于关系数据模型的完整型约束,只不过在面向对象数据模型中,用方法或消息表示和检验完整性约束,引入授权机制等实现安全性功能。并发控制与事务处理的具体实现相对关系数据模型来讲更为复杂。

2.3.5 对象-关系数据模型

纯粹的面向对象数据库系统并不支持像关系数据库那样的非过程化的存取方式和数据独立性,因此,高级 DBMS 功能委员会于 1990 年发表了“第三代数据库系统宣言”,提出第三代数据库系统必须保持关系数据库的一些优点,能够支持原有的数据管理。对象-关系数据库系统就是按照这样的目标,将面向对象技术和关系数据库技术有机地结合起来。

对象-关系数据模型将面向对象方法引入到关系数据模型中,在以下几个方面对关系数据模型进行了扩展。

(1) 允许用户扩充基本数据类型,即允许用户根据应用需求自行定义数据类型、函数和操作符,而且一经定义,这些新的数据类型、函数和操作符就存放在数据库管理系统的核心,供所有用户使用。

(2) 支持对复杂对象(即由多种数据类型或用户定义类型构成的对象)的处理。对象-

关系数据模型将每一个实体看作一个对象，在该对象中封装有变量、消息和方法。变量用来描述对象，对应于实体-联系模型和关系数据模型中的属性。对象通过它们和其他对象或数据库系统的其他部分进行通信。通过方法实现上述一组消息。

（3）支持子类对超类的继承和函数重载等面向对象的核心概念。

（4）提供强大而通用的规则系统，并与其他的对象-关系能力集成为一体。例如，规则中的事件和动作可以使用任意SQL语句或用户自定义的函数，规则还能够被继承等，从而使对象-关系数据库也具有主动数据库和知识库的特性。

由于对象-关系数据库系统既能适应新应用领域的需求，也能继续满足关系数据库应用发展的需要，目前几乎所有的关系数据库厂商都在不同程度上对关系数据模型进行了扩展，推出了对象-关系数据库管理系统产品，对象-关系数据库系统的应用也日趋广泛。

2.4 物理数据模型

物理数据模型是对数据最底层的抽象，它描述数据在磁盘或磁带上的存储方式和存取方法，是面向计算机系统的。每种逻辑数据模型在实现时，都有其对应的物理数据模型。物理数据模型的实现不但与DBMS有关，还与操作系统和硬件有关。常用的两种物理数据模型是一致化模型和框架存储模型。

在设计一个数据库时，首先需要将现实世界抽象成概念数据模型，然后将概念数据模型转换为逻辑数据模型，最后将逻辑数据模型转换为物理数据模型。前两步是由数据库设计人员完成的，后一步是由DBMS完成的。考虑到本书主旨是数据库技术的应用，所以有关物理数据模型的细节以及逻辑数据模型到物理数据模型的转换不在本书讨论范围之内，感兴趣的读者可以参考相关文献。

习题2

1. 什么是数据模型？有什么作用？

2. 数据模型的组成要素有哪些？

3. 把现实世界的客观事物转化为计算机世界可以识别的东西需要经过几步建模工作？每一步建模的结果是什么？

4. E-R模型中实体、属性、联系分别指什么？两个实体之间的联系可分为几种？试举例说明。

5. 常见的逻辑模型有哪些？各有什么特点？

6. 学校图书馆对每个借阅者保存的记录包括读者号、姓名、地址、性别、年龄、单位。对每本书保存有书号、书名、作者、出版社。对每本被借出的书保存有借出日期和应还日期。每个读者一次可以借多本书，每本书有多个复本。请给出该图书馆数据库的E-R图。

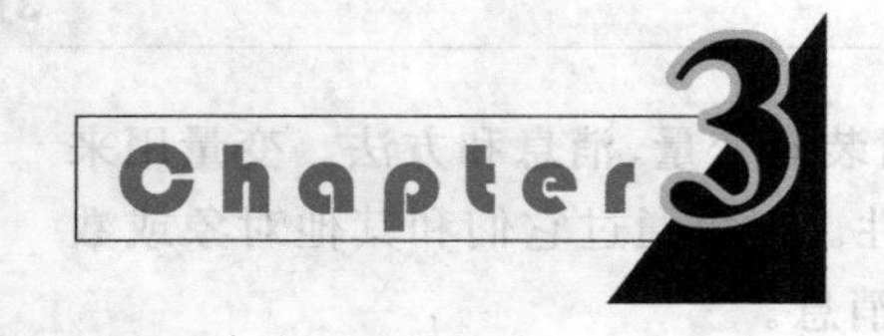

第3章 关系数据库

关系数据库是目前主流的数据库类型，其基础是关系数据模型。相对于层次数据模型和网状数据模型，关系数据模型是发展相对较晚的。尽管如此，关系数据模型技术也已经发展得非常完善，成为数据库领域中占据主导地位的一种数据模型。

关系数据模型作为数据模型的一种，也由3部分组成：关系数据结构、关系数据操作和关系数据的完整性约束条件。下面分别介绍。

3.1 关系数据结构

在关系数据模型中，无论是实体还是实体间的各种联系均用关系(Relation)来表示。在用户看来，关系数据模型中数据的逻辑结构是一张规范化的二维表。在日常生活中，经常看到二维表，例如班级点名册、成绩单等。表3-1是一个学生的点名册，就是一个规范化的二维表。

表3-1 平时成绩单

序号	学号	姓名	性别	1	2	3	4	5	6	7	8	9
1	101	张三	男									
2	102	李四	女									

从表中可以看出，作为一个规范化的二维表，应该具有如下特点。

(1) 表有表名。

(2) 表由两部分组成：表头和数据行。

(3) 表有若干列，每列都有列名。

(4) 同一列的取值来自同一个定义域。

(5) 每一行的数据代表一个具体的实体。

(6) 表中不允许再有表，即每一列都不能再细分为更多的子项。比如表3-2就不是一个规范化的二维表，因为其中存在“表中有表”的现象。

表 3-2 学生成绩统计表

序　号	学　号	姓　名	成　绩			备注
			平时	试卷	总分	
1	40640001	刘平	20	47	67	
2	40640002	于涛	18	60	78	

对表中的数据可以进行添加、修改、删除、查询等操作。

1. 基本概念及术语

相应于二维表的这些特点，关系数据模型提出了一些专用的概念及术语。

关系模式：在关系数据库中，关系模式是关系中信息内容结构的描述。作为一个关系模式，必须描述关系由哪些属性组成，这些属性来自哪些域，以及属性和域之间的映像关系。具体而言，关系模式应包括关系名、属性名、每个属性列的取值集合、数据完整性约束条件以及各属性间固有的数据依赖关系等。

关系模式对关系的描述，一般表示为：

关系名(属性集合，属性取值域，属性列到域的映射，完整性约束条件，属性集间的依赖关系)

通常，为了简化起见，不涉及完整性约束及依赖关系，关系模式可以表述为：

关系名(属性 1，属性 2，…，属性 n)

例如，“商品”关系模式可以表示为：

商品(商品编码，商品名称，单价，生产批次)

关系：就是一张规范化的二维表。一个规范化的二维表有表名、表头和数据，相应地，一个关系由关系名、关系模式和关系实例 3 部分组成。

元组：关系中的一行即为一个元组，有时也称为一个记录。

属性：关系中的一列即为一个属性，如“商品”关系有 4 个属性，即商品编码、商品名称、单价、生产批次。

域：属性的取值范围称为该属性的域。

候选码：可以唯一确定一个元组的最小属性集合称为候选码(Candidate Key)，或简称为码(Key)。例如表 3-1 中的学号，按照学生学号的编排规则，每个学生的学号都不相同，所以它可以唯一确定一个学生，也就成为一个关系的码。

超码：这里要注意的是，被称为码的属性集合必须是最小的，例如{学号，姓名}这个属性集合就不能称为码，因为存在比它更小的子集{学号}可以唯一地确定一个元组。通常将这种包含码在内的属性集合称为超码(Super Key)。

主码：一个关系至少有一个候选码，也可能有多个候选码，一般从候选码中选一个作为主码(Primary Key)，其他候选码则称为候补码(Alternate Key)。主码的值可以用来识别和区分元组，它应该是唯一的，即每个元组的主码的值是不能相同的。在最简单的情况下，主码只包含一个属性。在最极端的情况下，码可以包含表中的所有属性，称为全码(All Key)。

主属性：包含在任何一个候选码中的属性称为主属性(Prime Attribute)。相反，不包含在任何候选码中的属性称为非主属性(Non-Prime Attribute)。

分量：元组中的一个属性值。

2. 关系的性质

关系是一个规范化的二维表，这里强调“规范化”，说明作为一个关系必须受到一些约束限制，称其为关系的性质。概括来讲，这些性质分为 6 个方面：

(1) 列是同质的，即每一列中的分量是同一类型的数据，来自同一个域。

(2) 不同的列可出自同一个域，但要给予不同的属性名。

(3) 列的次序无所谓，即列的次序可以任意交换。

(4) 任意两个元组不能完全相同。

(5) 行的顺序无所谓，即行的次序可以任意交换。

(6) 分量必须取原子值，即每一个分量必须是不可分的数据项。

3. 关系数据库

在一个给定的应用领域中，所有实体及实体之间联系的集合构成一个关系数据库。关系数据库也有型和值之分。关系数据库的型也称为关系数据库模式，是对关系数据库的描述，它包括若干域的定义以及在这些域上定义的若干关系模式。关系数据库的值是这些关系模式在某一个时刻对应的关系实例的集合，通常称为关系数据库实例。

3.2 关系数据操作

关系数据操作采用集合操作方式，即操作的对象和结果都是集合。这种操作方式也称为一次一集合的方式。相应地，非关系数据模型的数据操作方式则称为一次一记录的方式。

对关系数据可以进行更新(插入、修改和删除)和查询等操作。无论是对关系数据的更新操作还是查询操作，其实都可以归结为对关系数据的运算。即以一个或多个关系数据为运算对象，对它们进行某些运算形成一个新关系数据，提供用户所需要的数据。

关系数据运算按其表达查询方式的不同可以分为两大类：关系代数和关系演算。关系代数包括一系列操作符，描述如何一步步地得到查询结果；而关系演算以非过程的方式描述查询要求，并不描述如何得到结果。本节重点介绍关系代数。另外还有一种介于关系代数和关系演算之间的语言，即结构化查询语言(Structured Query Language，SQL)，本书将在第 4 章专门介绍 SQL。

关系代数是一种抽象的查询语言，是关系数据操纵语言的一种传统表达方式，它是用对关系的运算来表达查询的。在关系代数中，用户对关系数据的所有查询操作都是通过关系代数表达式描述的，一个查询就是一个关系代数表达式。任何一个关系代数表达式都由关系运算符和关系组成。任何一种运算都是将一定的运算符作用于一定的运算对象上，得到预期的运算结果。所以运算对象、运算符、运算结果是运算的 3 大要素。在关系代数中，运算对象和运算结果都是关系，运算符包括 4 类：集合运算符、专门的关系运算符、比较运算符和逻辑运算符，见表 3-3。其中，比较运算符和逻辑运算符是辅助运算符，集合运算符和专门的关系运算符是主要运算符，据此，可以把关系运算分为传统的关系运算和专门的关系运算。

表 3-3　关系代数的运算符

运算符分类	运算符符号	含　义	运算符分类	运算符符号	含　义
集合运算符	$\cup$	并	比较运算符	$>$	大于
	$-$	差		$\geqslant$	大于或等于
	$\cap$	交		$<$	小于
	$\times$	笛卡儿积		$\leqslant$	小于或等于
专门的关系运算符	σ	选择		$=$	等于
	π	投影		$<>$	不等于
	$\bowtie$	连接	逻辑运算符	$\wedge$	与
	$\div$	除		$\vee$	或
				$\neg$	非

3.2.1　传统的关系运算

传统的关系运算指集合运算，是由两个关系产生一个新关系，包括并、交、差和广义笛卡儿积 4 种运算，它们都是二目运算。在进行关系的并、交、差运算时，参与运算的关系 R 和关系 S 必须具有相容的关系模式，即 R 和 S 包含有相同的属性个数，并且对应的属性的域也相同，此时称关系 R 和关系 S 具有并兼容特性。并兼容特性是两个关系进行并、交、差运算的前提条件。由于并兼容特性并没有要求关系 R 和关系 S 的对应属性名必须相同，所以一般规定，结果关系具有与 R 相同的关系模式。

1. 并运算

关系 R 和 S 的关系模式符合并兼容特性。关系 R 和 S 的并运算记作 $R\cup S$，结果得到一个新关系。新关系的关系模式和 R 的相同，实例是两个关系的关系实例的并集，即新关系实例由属于 R 或属于 S 的元组（或者同时属于 R 和 S 的元组）组成。并运算可以完成元组插入操作，可以用如图 3-1 所示的示意图表示并运算的原理。

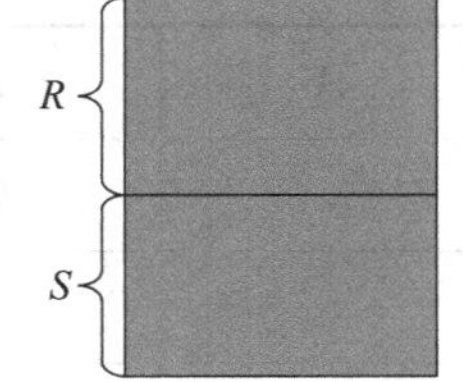

图 3-1　$R\cup S$

2. 交运算

关系 R 和 S 的关系模式符合并兼容特性。关系 R 和 S 的交记作 $R\cap S$，交运算的结果得到一个新关系。新关系的关系模式和 R 的相同，实例是两个关系的关系实例的交集，即新关系实例由属于 R 且同时属于 S 的元组组成。可以用如图 3-2 所示的示意图表示交运算的原理。

3. 差运算

关系 R 和 S 的关系模式符合并兼容特性。关系 R 和 S 的差记作 $R-S$，差运算的结果得到一个新关系。新关系的关系模式和 R 相同，但实例是两个关系的关系实例的差，即新关系实例由属于 R 但不属于 S 的元组组成。差运算可以完成对元组的删除操作，可以用如图 3-3 所示的示意图表示差运算原理。

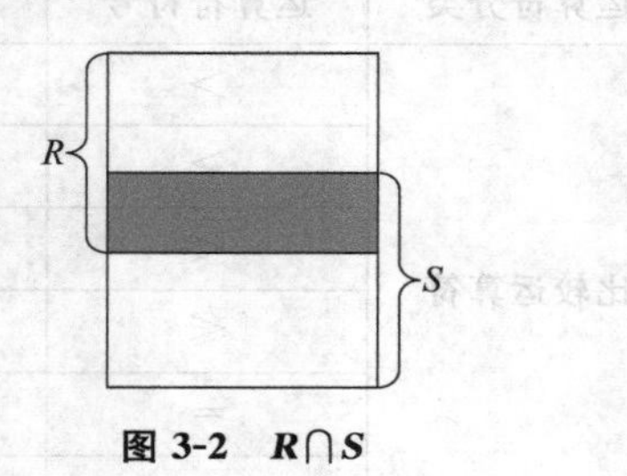

图 3-2 $R\cap S$

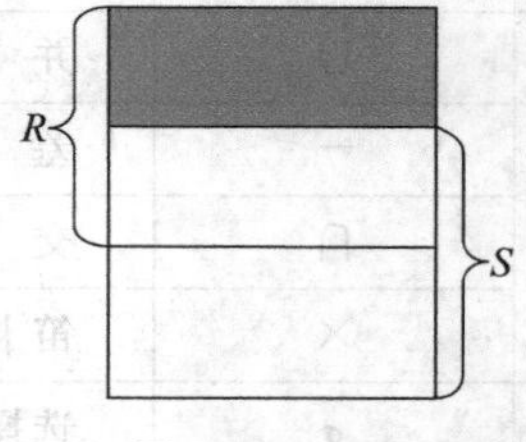

图 3-3 $R-S$

4. 广义笛卡儿积

两个分别具有 n 个属性和 m 个属性的关系 R 和 S 的广义笛卡儿积是一个具有 $(n+m)$ 个属性的关系，记作 $R\times S$。新关系的关系模式由关系 R 的所有属性(次序不变)和关系 S 的所有属性(次序不变)连接而成。新关系实例中的元组的前 n 列是关系 R 的一个元组，后 m 列是关系 S 的一个元组。若 R 有 k_1 个元组，S 有 k_2 个元组，则关系 R 和关系 S 的广义笛卡儿积有 $k_1\times k_2$ 个元组。广义笛卡儿积运算可用于两张表的合并。

【例 3-1】 已知两个关系 R 和 S，请分别求 $R\cup S$，$R\cap S$，$R-S$，$R\times S$。

R

A	B	C
a_1	b_1	c_1
a_1	b_2	c_2
a_2	b_2	c_1

S

A	B	C
a_1	b_2	c_2
a_1	b_3	c_2
a_2	b_2	c_1

【解答】

$R\cup S$

A	B	C
a_1	b_1	c_1
a_1	b_2	c_2
a_2	b_2	c_1
a_1	b_3	c_2

$R\cap S$

A	B	C
a_1	b_2	c_2
a_2	b_2	c_1

$R-S$

A	B	C
a_1	b_1	c_1

$R \times S$

A	B	C	A	B	C
a_1	b_1	c_1	a_1	b_2	c_2
a_1	b_1	c_1	a_1	b_3	c_2
a_1	b_1	c_1	a_2	b_2	c_1
a_1	b_2	c_2	a_1	b_2	c_2
a_1	b_2	c_2	a_1	b_3	c_2
a_1	b_2	c_2	a_2	b_2	c_1
a_2	b_2	c_1	a_1	b_2	c_2
a_2	b_2	c_1	a_1	b_3	c_2
a_2	b_2	c_1	a_2	b_2	c_1

3.2.2 专门的关系运算

对于关系数据的查询操作，有些无法用传统的关系运算完成，需要引入一些新的运算方法，完成诸如属性指定、元组选择、关系合并等操作，这些运算称为专门的关系运算。为了方便介绍专门的关系运算，假设某超市的数据库系统，包括 3 个关系：商品关系 G、供应商关系 S 和供应关系 SG，以下的所有举例都基于这个数据库系统。

G

GNO	GTYPE	GNAME	PRICE
101	运动类	羽毛球拍	120
102	运动类	乒乓球拍	80
201	食品类	纯牛奶	45

S

SNO	SNAME	SADDRESS
A1	五环体育	广州
A2	耐克	上海
B1	三元	北京

SG

GNO	SNO	COST	GNO	SNO	COST
101	A1	100	102	A2	65
102	A1	60	201	B1	40

1. 选择运算

选择运算是一元关系运算，它作用在一个关系上，运算前和运算后均只是一个关系。根据选择条件，从关系中筛选出符合条件的若干元组，选择操作的结果得到一个新关系。这两个关系具有相同的关系模式。它的表示方法是：

$$\sigma_{选择条件}(关系)$$

其中，σ 是希腊字母，其下标“选择条件”是个条件表达式，小括号里的关系是操作对象。条件表达式由以下规则组成。

(1) 基本逻辑条件：$\alpha\theta\beta$ 形式，其中 α、β 是属性名或常量，但 α、β 不能同为常量。θ 是比较运算符，可以是<、≤、>、≥、=或≠。

(2) 复合逻辑条件：由若干基本逻辑条件经过逻辑与“∧”、逻辑或“∨”和逻辑非“¬”构成。

【例 3-2】 基于商品关系 G，查询价格高于 100 的商品。

【解答】 该查询可以用如下的表达式来表示：

$$\sigma_{PRICE>100}(G)$$

查询的结果是：

GNO	GTYPE	GNAME	PRICE
101	运动类	羽毛球拍	120

【例 3-3】 基于商品关系 G，查询运动类价格低于 100 的商品。

【解答】 该查询可以用如下的表达式来表示：

$$\sigma_{GTYPE='运动类' \wedge PRICE<100}(G)$$

查询的结果是：

GNO	GTYPE	GNAME	PRICE
102	运动类	乒乓球拍	80

2. 投影运算

投影操作从一个关系中抽取其中某些列的值，作为一个新关系输出。新关系的关系模式是下标中的属性列表，元组则是原关系中每一个元组在投影的属性列表上的取值。它的表示方法是：

$$\pi_{属性表}(关系)$$

其中，π 表示投影操作，其下标位置的属性表表示要抽取的属性列，小括号内跟上操作对象。

注意：如果投影属性中不包含任一个候选码，则抽取结果中很可能包含重复的元组，应把重复的元组去掉。

【例 3-4】 在商品关系 G 里查询超市里经营的商品种类。

【解答】 该查询可以用如下的表达式来表示：

$$\pi_{GTYPE}(G)$$

查询的结果是：

GTYPE
运动类
食品类

3. 连接运算

用笛卡儿积运算建立两个关系的连接，并不是一个很好的方法，因为笛卡儿积的结果是一个比较庞大的关系。在实际中往往需要的是笛卡儿积中符合条件的一些元组，于是引出了连接运算。虽然连接运算可以看作是对两个关系的广义笛卡儿积作选择和投影运算，但连接运算远比单纯的笛卡儿积使用更频繁。在关系代数中，连接运算是最有用的操作之一。

连接运算是从两个关系的广义笛卡儿积中选取属性之间满足一定条件的元组，记作：

$$R \underset{\alpha\theta\beta}{\bowtie} S$$

其中，连接运算符用$\bowtie$表示，$\alpha\theta\beta$是连接条件，θ是比较运算符（>、≥、<、≤、=或≠），α、β可以是属性名、常量或简单函数，属性名可以用它在表中的序号代替（如 1，2，…）。

根据连接条件，可将连接分为很多种，其中用得最多的是等值连接和自然连接 。

1）等值连接

在连接运算中，当条件$\alpha\theta\beta$中的θ为"="时的连接运算称为等值连接。它是从关系R与S的广义笛卡儿积中选取α、β属性值相等的那些元组。

2）自然连接

等值连接的结果包含两个关系的所有属性，因为有些属性的取值完全相同，势必会造成数据的冗余。因此，如果连接条件中等号两边的属性名相同，可省略连接条件，直接写作：$R \bowtie S$，结果关系中也去掉重复的属性列，这种特殊的等值连接称为自然连接。实际上，自然连接是用得最普遍的一种运算。

【例 3-5】 查询超市里现在经营的商品的供应商信息（单位名称和地址等）。

【解答】 包含超市里商品供应信息的是关系 SG，该关系里只有供应商的编号，而供应商的详细信息在关系S中，因此该查询需要将关系 SG 和关系S进行连接，可以用如下表达式来表示：

$$\mathrm{SG} \bowtie S$$

连接的结果为：

GNO	SNO	COST	SNAME	SADDRESS
101	A1	100	五环体育	广州
102	A1	60	五环体育	广州
102	A2	65	耐克	上海
201	B1	40	三元	北京

4. 除运算

除运算实现那些包含“所有的……”条件的查询，用符号“÷”表示。对于表达式 $R \div S$，要求 R 的属性集包含 S 的属性集。设 R 与 S 的属性集分别为 X 和 Y，则除运算的结果将包含属性集 $Z=X-Y$，即那些在 R 中但不在 S 中的属性。并且对于运算结果中的每个元组 t，在 R 中对应的元组集(即 R 中与 t 在属性集 Z 上都相等的所有元组)在属性集 Y 上的投影结果包含集合 S。除运算可以用图 3-4 表示。

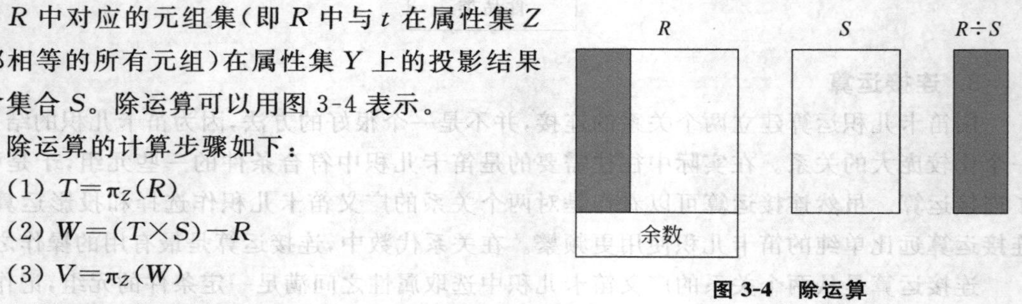

图 3-4 除运算

除运算的计算步骤如下：

(1) $T=\pi_Z(R)$

(2) $W=(T\times S)-R$

(3) $V=\pi_Z(W)$

(4) $R \div S=T-V$

【例 3-6】 查询包含“耐克”供应商供应的所有商品的供应商编号。

【解答】 这是一种求“包含”关系的特殊查询，可以采用除运算。供应信息在关系 SG 中，可以先求出“耐克”供应商供应的商品，用 A 表示结果关系，即：

(1) $A=\pi_{\mathrm{GNO}}(\sigma_{\mathrm{sname}=\text{'耐克'}}(\mathrm{SG} \bowtie S))$

查询的结果是：

GNO
102

(2) 根据除运算的思想，需要求出供应关系 SG 中包含了关系 A 的供应商编号，可以直接用除表示，结果用 B 表示，即：

$$B = \mathrm{SG} \div A$$

查询的过程可以分 4 步求解：

① $T=\pi_{\mathrm{SNO,COST}}(\mathrm{SG})$

得到：

SNO	COST
A1	100
A1	60
A2	65
B1	40

② $W=(T\times A)-\mathrm{SG}$

得到：

SNO	COST	GNO
A1	100	102
B1	40	102

③ $V=\pi_{SNO,COST}(W)$

得到：

SNO	COST
A1	100
B1	40

④ $SG\div A=T-V$

得到：

SNO	COST
A1	60
A2	65

即包含了“耐克”供应商供应的所有商品的供应商编号有 A1 和 A2。

3.3 关系数据的完整性约束

为了使数据能够符合现实世界的要求，保证数据的正确性、有效性和相容性，关系数据模型也有一定的约束。关系数据模型的约束指的是完整性约束，是对关系中数据及其联系应具有的制约和依存规则。关系数据模型提供了丰富的完整性控制机制，允许定义 3 类完整性：实体完整性、参照完整性和用户定义的完整性。其中实体完整性和参照完整性是关系数据模型必须满足的完整性约束条件，被称作是关系的两个不变性，应该由关系数据库管理系统自动支持。

1. 实体完整性

实体完整性约束(Entity Integrity)规则：若属性 A 是基本关系 R 的主属性，则任何一个元组在属性 A 上不能取空值(Null)。如果主码是一个属性组，则该属性组中的所有主属性都不能取空值，而不仅是主码整体不能取空值。所谓空值，是指“不知道”或“不存在”的值。由于主属性是用来标识实体的基本属性，若主属性取空值，就说明这个实体不可标识，这与现实世界的要求是背离的。例如，在 3.2.2 节中的商品关系中，GNO 是主码，则任何一个元组在属性 GNO 上不能取空值。

值得注意的是，实体完整性规则规定的是所有主属性都不能取空值。例如，供应关系

(GNO,SNO,COST),属性组(GNO,SNO)是主码,则任何一个元组无论在属性 GNO 还是在属性 SNO 上都不能取空值。这与供应关系本身反映的现实情况是相符的。一个供应商(用主属性 SNO 标识)可以供应多种商品(用主属性 GNO 标识),一种商品也可以由多家供应商供应。因此,单靠供应商编号 SNO 或商品编号 GNO 都不能唯一地确定一个元组,只有供应商编号 SNO 和商品编号 GNO 共同作用,才能唯一地确定一个元组,因此,该关系的主码是属性组(GNO,SNO),GNO 和 SNO 都是主属性。按照实体完整性规则,GNO 和 SNO 都不能取空值。

2. 参照完整性

参照完整性约束(Referential Integrity)又称外码约束,约束的是两个关系之间属性的取值。现实世界的实体之间互相联系,而且也用关系来描述,这样就存在着关系与关系间的引用。当一个关系被修改的时候,为了保持数据的一致性,也必须对另一个关系进行检查和修改。还以超市数据库为例,其中两个关系:

商品(商品编号,商品名称,价格)

供应(商品编号,供应商编号,成本)

显然,"供应"关系中的"商品编号"值必须是确实存在的商品的编号,即出现在"供应"关系中的"商品编号"必须同时出现在"商品"关系中,也就是说,"供应"关系中的某个属性的取值需要参照"商品"关系的属性取值。反过来,出现在"商品"关系中的每一个商品却不一定要出现在"供应"关系中,因为有可能某种商品暂时没有供应商供货,处于缺货状态。二者的关系如图 3-5 所示。像这种属性不能随意取值,只能引用另外一个关系中的某个属性值,称为这两个关系存在参照关系。

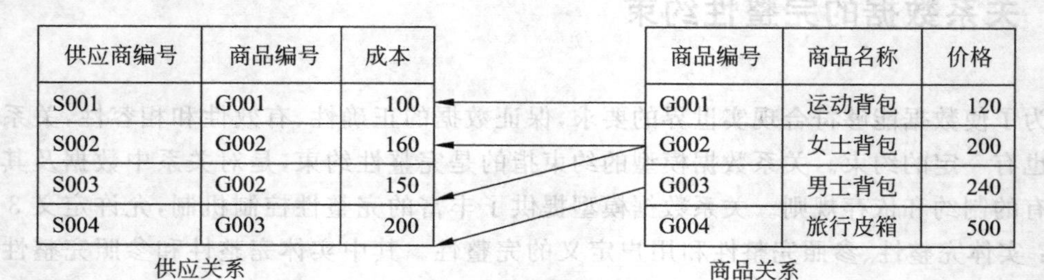

供应商编号	商品编号	成本
S001	G001	100
S002	G002	160
S003	G002	150
S004	G003	200

商品编号	商品名称	价格
G001	运动背包	120
G002	女士背包	200
G003	男士背包	240
G004	旅行皮箱	500

图 3-5 参照关系对应图

在关系数据模型中用外码表示上述参照关系。所谓外码,是指如果基本关系 R 中某属性集 F 是基本关系 S 的主码,则对基本关系 R 而言,F 叫作外码(Foreign Key),并称基本关系 R 为参照关系(Referencing Relation),基本关系 S 为被参照关系(Referenced Relation)或目标关系(Target Relation)。那么,供应关系中的属性"商品编号"被称为外码,它需要参照商品关系的主码,供应商关系为参照关系,商品关系为被参照关系。

参照完整性约束规则:基本关系 R 的任何一个元组在外码 F 上的取值要么是空值,要么是被参照关系 S 中一个元组的主码值。

参照完整性要保证不参照不存在的实体。

需要指出的是，不仅两个或两个以上的关系间可以存在参照关系，同一关系内部属性间也可能存在参照关系。例如，在关系学生(学号，姓名，性别，系别，年龄，班长)中，属性“学号”是主码，属性“班长”表示该学生所在班级的班长的学号，它引用了本关系中的属性“学号”，因此属性“班长”是外码，它可以取两类值：

(1) 空值，表示该学生所在班级尚未选出班长；

(2) 非空值，这时该值必须是本关系中某个元组的学号值。

该例中学生 S 关系既是参照关系也是被参照关系。

显然，参照关系 R 的外码和被参照关系 S 的主码必须定义在同一个(或一组)域上，但是，外码并不一定要与相应的主码同名。不过，在实际应用中，为了便于识别，当外码和相应的主码属于不同的关系时，往往给它们取相同的名字。

3. 用户定义的完整性(user-defined integrity)

任何关系数据库系统都应该支持实体完整性和参照完整性。除此之外，不同的应用系统根据其应用环境的不同，往往还需要一些特殊的约束条件，用户定义的完整性就是针对某一具体应用环境的约束条件，又称域完整性或语义完整性。它反映某一具体应用所涉及的数据必须满足的语义要求，即限定关系中的某个属性的取值类型和取值范围。例如，属性“性别”只能取“男”或“女”值，取其他值都无意义。再如，管理一些个人信息的关系中，限定属性“身份证号”不能取空值。关系数据模型应提供定义和检验这类完整性的机制，以便用统一的系统的方法处理它们，而不要由应用程序承担这一功能。

总之，关系数据模型与非关系数据模型不同，它有较强的数学理论根据；关系数据结构简单、清晰、易懂易用；关系数据模型的存取路径对用户透明，从而具有更高的数据独立性、更好的安全保密性，也简化了程序员的工作以及数据库建立和开发的工作。不足的是，查询效率往往不如非关系数据模型，因此，为了提高性能，必须对用户的查询表达式进行优化。

习题3

1. 关系数据模型的三要素是什么？
2. 关系的六大性质是什么？
3. 关系代数有哪些？
4. 关系的完整性约束有哪几种？
5. 试述关系的实体完整性规则和参照完整性规则。
6. 设有关系 R 和 S，如图3-6所示。计算 $R \cup S$，$R \cap S$，$R-S$，$R \times S$，$R \bowtie S$，$\pi_{1,2}(R)$，$\sigma_{R.A=S.A}(R \times S)$。
7. 某关系数据库中存在下列3个关系，如表3-4～表3-6所示。请用关系代数完成以下题目。

R

A	B	C
1	2	3
4	5	6
7	8	9
10	11	12

S

A	B	C
1	3	5
2	4	6
3	6	9

图 3-6　关系 R 和 S

表 3-4　student

sno	sname	ssex	sage
2008001	张三	男	20
2008002	李四	女	20
2008003	王五	女	19
2008004	钱六	男	21
2008005	刘七	男	20

表 3-5　course

cno	cname	ccredit
1001	高等数学	5
1002	大学英语	4
1003	法律	3
1004	体育	3

表 3-6　study

sno	cno	grade	sno	cno	grade
2008001	1001	80	2008002	1001	90
2008001	1002	85	2008003	1003	95
2008001	1003	78	2008004	1001	70
2008001	1004	70			

(1) 检索年龄小于 20 的学生信息。

(2) 检索选修了高等数学的学生的学号。

(3) 检索选修了全部课程的学生的姓名。

(4) 检索既选修了法律又选修了体育课程的学生的姓名。

(5) 检索至少选修了一门课程的学生的姓名。

第 4 章 关系数据库标准语言 SQL

关系代数提供关系数据操作的简洁表达方式，但它只适合熟悉数据库的专业人员使用。对于数据库系统的普通用户来讲，需要一种简单、易学、友好的方法，SQL 就是最具代表性的一种语言。它还是一种介于关系代数与关系演算之间的结构化查询语言，其功能并不仅仅是查询，它还是一个通用的、功能极强的关系数据库语言。

4.1 SQL 概述

4.1.1 SQL 标准的由来

SQL(Structured Query Language)是美国国家标准协会(American National Standard Institute，ANSI)和国际标准化组织指定的标准语言，被几乎所有关系数据库管理系统产品所采用。

SQL 语言的前身是 1974 年由 Boyce 和 Chamberlin 提出的 SEQUEL，并在 IBM 公司研制的关系数据库管理原型系统 System R 上实现，后来改名为 SQL，并用在其产品 SQL/DS 和 DB2 中。由于 SQL 简单易学、功能丰富，深受用户及计算机工业界欢迎，被众多数据库厂商所采用，包括 Oracle 公司的 Oracle 数据库管理系统(1979 年)、Relational Technology 公司的 INGRES(1981 年)、Britton 公司的 IDM(1982 年)、Data General Corporation 公司的 DG/SQL(1984 年)和 Sybase 公司的 SYBASE(1986 年)等。经各公司的不断修改、扩充和完善，SQL 最终得到业界的认可，发展成为关系数据库的标准语言。

1986 年 10 月，ANSI 的数据库委员会 X3H2 批准了 SQL 作为关系数据库语言的美国标准，1987 年，ISO 也通过了这一标准。至今，SQL 共形成了 3 个版本，分别为 SQL-86、SQL-92 和 SQL-99。SQL-86 是 1986 年 ANSI 推出的 SQL 标准的最早版本。1989 年，SQL-86 版本在参照完整性方面进行了少量补充，形成了 SQL-89 标准，SQL-92(亦称 SQL2)是对 SQL-89 标准进行了较大的更新后于 1992 年推出的。为了进一步增强 SQL 的功能，1999 年 SQL-99(亦称 SQL3)标准面世，引入了递归、触发器和面向对象等概念和机制。目前大多数数据库管理系统均支持 SQL-92(SQL2)，少部分支持 SQL-99(SQL3)。

自 SQL 成为国际标准语言以后，各个数据库厂家纷纷推出各自的 SQL 软件或与 SQL 的接口软件。这就使不同数据库系统之间的互操作有了共同的基础。SQL 成为国际标准，对数据库以外的领域也产生了很大的影响，有不少软件产品将 SQL 的数据查询功能与图形功能、软件工程工具、软件开发工具和人工智能程序结合起来。总而言之，SQL 已成为数据库领域中的主流语言之一。

4.1.2 SQL 的组成

无论是 SQL-89、SQL-92 还是 SQL-99，SQL 语言都具有 4 个基本功能：数据定义功能、数据操纵功能、数据控制功能和嵌入式 SQL 语言功能。

1. 数据定义功能

数据定义功能采用数据定义语言 DDL 实现，用来定义和修改数据库的三级模式结构，即外模式、模式和内模式结构。在 SQL 中，外模式又叫视图，模式又叫数据库，内模式由系统根据模式自动实现，至多由用户定义相应的索引文件，其余无须用户过问。

在 SQL 中，每个关系又叫基本表或简称表，每个关系中的属性又叫作字段或列，元组又叫作行。一个数据库由若干个基本表组成。每个视图也是一个关系，由基本表产生，有自己独立的结构定义，但没有独立的数据存在，在内存中不占据存储空间，所以又称为虚表。

一个基本表可以跨一个或多个存储文件，一个存储文件也可以存放一个或多个基本表，一个表可以带若干个索引，索引也存放在存储文件中。每个存储文件与外部存储器上一个物理文件对应。存储文件的逻辑结构组成了关系数据库的内模式。

用户可以用 SQL 语句对视图和基本表进行查询等操作，在用户看来，视图和基本表都是一样的，都是关系。SQL 用户可以是应用程序，也可以是终端用户。SQL 与数据库体系结构的对应关系如图 4-1 所示。

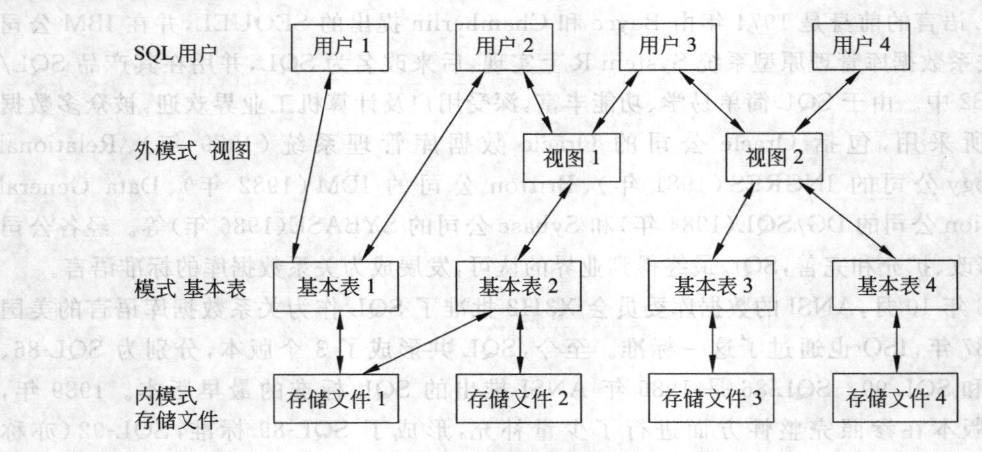

图 4-1 SQL 与数据库体系结构的对应关系

2. 数据操纵功能

数据操纵功能采用数据操纵语言 DML 实现，用来实现数据库中基本表和视图的数据插入、修改、删除和查询，即对关系实例的操作。SQL 具有很强的数据查询功能，查询是

SQL的灵魂。

3. 数据控制功能

数据控制功能采用数据控制语言DCL实现，用来控制用户的访问权限，从而保证数据库中数据的安全性。哪些用户能够使用哪些数据库，使用数据库中的哪些表和视图，具有哪些操作功能等都是访问权限要规定的内容。

4. 嵌入式SQL语言功能

通过设定一系列规则，使得SQL语言能嵌入到某种通用编程语言，如C++、Java、Pascal等中。

SQL的核心部分相当于关系代数，但又具有关系代数所没有的许多特点，如聚集、数据库更新等。

4.1.3 SQL的特点

SQL是一种综合的、通用的、功能极强，同时又简单易学的语言，可以独立完成数据管理的核心操作。这也是SQL能够为用户和业界所接受，并成为国际标准的主要原因。具体来说，SQL具有下列主要特点。

1. 综合统一

数据库系统的主要功能是通过数据库支持的数据语言来实现的。

非关系数据模型(层次数据模型、网状数据模型等)的数据语言一般都分为数据操纵语言(DML)和数据定义语言(DDL)，这些语言各有各的语法。当用户数据库投入运行后，如果需要修改模式，必须停止现有数据库的运行，备份数据，修改模式并编译后再重装数据库，十分麻烦。SQL则集数据定义语言DDL、数据操纵语言DML、数据控制语言DCL的功能于一体，语言风格统一，可以独立完成数据库生命周期中的全部活动，为数据库应用系统的开发提供了良好的环境。用户在数据库系统投入运行后，还可根据需要随时、逐步地修改模式，且并不影响数据库的运行，从而使系统具有良好的可扩展性。

此外，在关系数据模型中实体和实体间的联系均用关系表示，这种数据结构的单一性带来了数据操作符的统一，查询、插入、删除、更新等操作都只需一种操作符，从而克服了非关系数据结构由于信息表示方式的多样性而带来的操作复杂性。

2. 高度非过程化

非关系数据模型的数据操纵语言是面向过程的语言，属于第三代语言(The 3rd Generation Language，3GL)，例如C语言，在执行一项工作时必须描述“怎么做”，要求数据库使用人员必须了解数据库的物理存储结构。而SQL作为第四代语言(The 4th Generation Language，4GL)的一种，是非过程化的，使用它进行数据库操作时，只需提出“做什么”，而无须指明“怎么做”。“怎么做”是由系统自动完成的，用户是在数据库的逻辑结构层次上使用数据库，无须了解数据库的物理结构。这不但极大地减轻了用户的负担，而且有利于提高数据的独立性。

3. 面向集合的操作方式

非关系数据模型采用的是面向记录的操作方式，操作对象是一条记录。例如查询所有平均成绩在 90 分以上的学生姓名，用户必须一条一条地把满足条件的学生记录找出来（通常要说明具体处理过程，即按照哪条路径、如何循环等）。而 SQL 采用面向集合的操作方式，不仅操作对象、查找结果可以是元组的集合，而且一次插入、删除、更新操作的对象也可以是元组的集合。

4. 同一种语法结构，两种使用方式

SQL 既是自含式语言，又是嵌入式语言。作为自含式语言，它能够独立地用于联机交互的使用方式，用户可以在终端键盘上直接输入 SQL 命令对数据库进行操作；作为嵌入式语言，SQL 语句能够嵌入到高级语言，如 C 语言程序中，供程序员设计程序时使用。而在两种不同的使用方式下，SQL 的语法结构基本上是一致的，为用户提供了极大的灵活性与方便性。

5. 语言简洁，易学易用

SQL 的设计非常巧妙，用十分简洁的语言实现了极强的功能。其核心功能只用了 9 个动词来实现，如表 4-1 所示。另外，SQL 接近英语自然语言，易学易懂。

表 4-1 SQL 的核心动词

SQL 功能	动　词	SQL 功能	动　词
数据定义	Create，Drop，Alter	数据查询	Select
数据操纵	Insert，Update，Delete	数据控制	Grant，Revoke

为了突出基本概念和语句功能，本章将重点介绍 SQL 的基本语法内容，略去了许多语法细节问题。而各个商用 DBMS 产品在实现标准 SQL 语言时也各有差别，一般都做了一定程度的扩充。因此，读者在具体使用某个 DBMS 产品时，应仔细参阅系统提供的有关手册。

在开始介绍 SQL 语法之前，需要注意以下几点。

(1) SQL 不区分大小写。一般用大写字母代表关键字，小写字母或汉字是由用户决定的内容。

(2) 尖括号＜ ＞中的内容是必需的。

(3) 大括号{ }中的内容至少选择一个。当括号中内容由“|”分隔时，则只能选择其中的一个；当括号中的内容由“，”分隔时，可选择其中的一个或多个。

(4) 中括号[ ]中的内容是可选项。当括号中的内容由“|”分隔时，则只能选择其中的一个，或一个也不选；当括号中的内容由“，”分隔时，可选择其中的一个或多个，或一个也不选。

(5) 省略号…意味着可以重复最后一个成分任意多次。

4.2 数据定义语言

关系数据库是由一系列的关系组成的，因此，建立关系数据库的第一步工作就是建立表，描述每一个表的结构等信息。表以一定的逻辑结构和物理结构存于数据库中。SQL 的数据定义语言用于创建、修改和删除数据库中的表(Table)、视图(View)和索引(Index)等。本节主要讲述关于表和索引的定义问题，视图的定义在 4.5 节专门介绍。

4.2.1 基本表的定义

关系数据库中的表和常见的二维表的结构类似，表的定义包括表名和表头的定义，其中表头要描述表中各列的特征，包括列名、数据类型、长度以及相应的约束条件。在正式介绍创建表的命令之前，首先介绍定义表时用到的数据类型的定义方法。

1. 数据类型

SQL 中常用的数据类型见表 4-2。

表 4-2　SQL 中常用的数据类型

数据类型名	含　义
char(n)	定长字符型，其长度为 n，即占 n 个字节的字符串，用来保存长度(ASCII 码字符的个数)小于或等于 n 的字符串。注意：对于每个汉字区位码字符，其长度为 2，相当于两个 ASCII 码字符
varchar(n)	长度可变的字符串型，n 是最大长度，由用户指定
int(integer)	整数型，一般是 32 位字长
smallint	短整数型，表示的整数范围比 int 小，一般占 16 位字长
float	浮点型，又称实数型。该类型占 4 个或 8 个字节，能够表示相当大范围内的任何浮点数或实数，包括整数和小数
decimal(m，n)或 numeric(m,n)	定点数，其精度由用户指定，其中 m 代表不包含括号位和小数点在内的数字的总位数，n 则代表小数点右边的数字位数
date	日期型，包含年、月、日 3 个部分的数据
time	时间型，包含小时、分、秒 3 个部分的数据
timestamp	时间戳，格式为 YYYY-MM-DD HH:MM:SS[.nnnnnn]，其中 nnnnnn 是微秒
boolean	布尔型，其值为 TRUE(真)、FALSE(假)

除了使用系统本身支持的数据类型之外，SQL 还允许用户自己定义新的数据类型，这是通过定义域的命令完成的。定义域的语法格式为：

```
CREATE DOMAIN <域名>[AS]<数据类型>
```

```
[DEFAULT default option]
[CHECK (search condition)];
```

其中,<域名>表示要创建的新域名。<数据类型>表示创建的新域所属的基本数据类型。DEFAULT 子句和 CHECK 子句是可选项,DEFAULT 子句表示新定义的域的默认值,CHECK 子句是一种约束子句,用于规定所定义数据类型的取值范围。

【例 4-1】 定义一个专门用来标示性别的新数据类型。

大家知道性别只能有两种取值:"男"或"女",假设默认值是"男",域名取为 GENDERTYPE,那么可以这样定义这个域:

```
CREATE DOMAIN GENDERTYPE AS char(10)
DEFAULT '男'
CHECK (value in ('男','女'));
```

一旦定义了这个域,就可以把 GENDERTYPE 当作一个新的数据类型来使用了,当创建表时,某一列的数据类型设为 GENDERTYPE 后,就限定了往表中插入数据时,取值范围是{男,女}。

当不需要一个域时,可以采用删除域命令删除域的定义:

```
DROP DOMAIN<域名>;
```

【例 4-2】 删除性别域 GENDERTYPE。

```
DROP DOMAIN GENDERTYPE;
```

2. 表的创建

在 SQL 中创建基本表的语法如下:

```
CREATE TABLE <表名> (<列名><数据类型>[列级完整性约束条件]
                    [,<列名><数据类型>[列级完整性约束条件]]…
                    [,<表级完整性约束条件>]);
```

格式说明如下:

表名:用户自己定义要创建的表名。

列名:用户自己定义要创建的表中的列名,可以有多个。

数据类型:表中各列的取值范围,可以采用 SQL 的标准数据类型,也可以选用用户自己定义的数据类型。

列级(或表级)完整性约束条件:表示该列(或表)内容需要满足的约束,通常有 5 种。

(1) 非空约束:通过设置某列为 NOT NULL,表示该列的内容不能为空,空缺时表示可以为空。

(2) 唯一性约束:通过设置某列为 UNIQUE,表示该列的内容不能包含重复值(但允许有多个值为 NULL)。由于主码具有唯一性,因此对主码不能再设定唯一性约束。

(3) 主码约束:表示该列为主码,用 PRIMARY KEY 标明。它同时蕴含了 NOT NULL 和 UNIQUE 的要求。如果主码是由多个属性列组成的,则必须采用表级完整性约束条件的方式定义，即用PRIMARY KEY(主码列列表)方式定义，其中主码列列表用“,”隔开；只涉及单个属性列时，既可以定义在列级也可以定义在表级。

(4) 默认约束：如果某列后面跟上DEFAULT<默认值>，则定义了该列的默认值。如果在插入时没有指定该列的值，则DBMS自动将其值设为指定的默认值。

(5) 外码约束：表示该列是外码，用FOREIGN KEY表示。可以由两种方法定义外码。

① 用列级约束定义的方式，即：如果外码只有一个属性，则可以在它的属性名和类型名后面直接用以下形式表示：

```
FOREIGN KEY REFERENCES  <表名> (<属性>);
```

其中，<表名>是被参照的表的名称；<属性>是被参照表的相关属性名称。若被参照的属性名称与参照的属性名称相同，则可以省去<属性>。

② 用表级约束定义的方式，即在定义完所有属性以后，增加一个或几个外码的说明，其格式为：

```
FOREIGN KEY <属性 1>  REFERENCES  <表名>  (<属性 2>)
```

其中，<属性1>是外码；<表名>是被参照的表的名称；<属性2>是被参照表的相关属性名称。

当采用列级定义方式时，可以省略FOREIGN KEY，直接在列名数据类型后跟上REFERENCES <表名> (<属性2>)即可。

无论是哪种方法，后面都还可以加上：

```
ON DELETE(或 update)RESTRICT/CASCADE/SET NULL
```

表示当删除(或更新)被参照关系的主码值时，为了保证参照完整性，可以按以下3种方式处理：

- RESTRICT(限制)方式。凡是被主关系引用的外码，一律不得删除或更新。
- CASCADE(级联)。若在被参照关系中删除(或更新)了某一主码值，则相应地删除(或更新)引用了此主码值的参照关系中的元组。
- SET NULL。当被引用属性被删除或更新时，将参照关系中对应属性值置为空值。当然，该属性上应没有NOT NULL说明。

定义表的同时还可以定义与该表有关的完整性约束条件，这些完整性约束条件放在数据字典中，当用户操作表中数据时，由DBMS自动检查该操作是否违背这些完整性约束条件。

【例4-3】 用SQL语言定义一个“商品”表Goods，它由商品编号Gno、商品名称Gname、价格Price和批次Batch 4个属性组成。其中，商品名称不能为空。

```
CREATE TABLE Goods
(Gno CHAR(20) PRIMARY KEY,         /* 列级完整性约束 */
Gname CHAR(50) NOT NULL,           /* 列级完整性约束 */
```

```
Price FLOAT,
BATCH CHAR(20));
```

系统执行这段命令语句后，就在数据库中建立一个新的空“商品”表(如表 4-3 所示)，并将有关“商品”表的定义及有关约束条件放在数据字典中。其中，Gno 是主码，用 PRIMARY KEY 来定义，属于列级完整性约束条件；限定 Gname 不能为空，用 NOT NULL 来定义，也属于列级完整性约束条件；/ * … * /之间表示注释内容。

表 4-3　空 Goods 表

Gno	Gname	Price	Batch

【例 4-4】 定义一个“供应商”表 Supplier，它由供应商编号 Sno，供应商名称 Sname，供应商地址 Saddress 3 个属性组成。其中，供应商名称取值唯一。

```
CREATE TABLE Supplier
  (Sno CHAR(20) PRIMARY KEY,          /* 列级完整性约束 */
   Sname CHAR(50) UNIQUE,             /* 列级完整性约束 */
   Saddress CHAR(100));
```

【例 4-5】 定义一个“供应”表 Supply，它由供应商编号 Sno、商品编号 Gno、供应价 Cost 3 个属性组成。其中，主码由供应商编号 Sno 和商品编号 Gno 联合组成，供应商编号是外码，参照供应商表的主码，商品编号也是外码，参照商品表的主码。

```
CREATE TABLE Supply
  (Sno CHAR(20) FOREIGN KEY REFERENCES Supplier(Sno),
   Gno CHAR(20) FOREIGN KEY REFERENCES Goods(Gno),
   Cost float,
   Primary key(Sno,Gno));
```

因为主码是由多个属性联合组成的，所以采用表级约束定义的方式，多个属性中间用逗号隔开。另外，外码定义是采用列级定义方式，可以省略 FOREIGN KEY，而且被参照的属性与参照属性名称相同，所以还可以用以下方式简略定义“供应”表：

```
CREATE TABLE Supply
  (Sno CHAR(20) REFERENCES Supplier,
   Gno CHAR(20) REFERENCES Goods,
   Cost float,
   Primary key(Sno,Gno));
```

注意：外码的数据类型必须与被参照的属性的数据类型一致，包括类型名称和数据长度。如果对外码做进一步限定，可以在其后跟上 ON DELETE(或 UPDATE)从句，表示当删除(或更新)被参照关系中某一主码值时，参照关系中引用了该主码值的元组如何处理以保证数据的参照完整性。

```
CREATE TABLE Supply
  (Sno CHAR(20) REFERENCES Supplier ON DELETE CASCADE ON UPDATE CASCADE,
   Gno CHAR(20) REFERENCES Goods ON DELETE CASCADE ON UPDATE CASCADE,
   Cost float,
   Primary key(Sno,Gno));
```

上述外码定义都采用列级定义的方式，还可以采用表级定义的方式，读者可以自己尝试一下，这里不再一一列举。

另外，外码不仅可以参照其他表的主码值，还可以参照同一个表内的主码值。例如，有一“课程”表C，包含4个属性：课程号Cno、课程名Cname、先修课号Pno和学分Credit，其中先修课号Pno参照了课程号Cno，这是一种表内参照关系，可以如下定义：

```
CREATE TABLE C
(Cno CHAR(20) Primary key,
 Cname CHAR(50),
 Pno CHAR(20) REFERENCES C,
 Credit int);
```

3. 基本表的修改

修改表也就是更改关系模式。一般来说，关系模式是不需要更改的，是非常稳定的，但是由于实际情况的变化，关系模式的更改也是可能的。SQL标准支持以下修改要求。

(1) 增加新属性，语法格式为：

```
ALTER TABLE<表名>
ADD<新列名><数据类型>[完整性约束];
```

【例4-6】 在商品表Goods中增加一列num，数据类型是int型，默认值是5。

```
ALTER TABLE Goods ADD num int default 5;
```

需要注意的是，新增的列不应限制为NOT NULL，这样，对于表中已有的数据，新增列的值由系统自动设置为NULL。

(2) 删除已有属性，语法格式为：

```
ALTER TABLE<表名>
DROP COLUMN<列名>;
```

当某列上没有其他已经创建的约束条件时，可以删除某一列。

【例4-7】 删除Goods中的列num。

```
ALTER TABLE Goods DROP COLUMN num;
```

(3) 补充定义主码，语法格式为：

```
ALTER TABLE<表名>
ADD PRIMARY KEY(<列名>);
```

【例 4-8】 把 G 表的 GNO 列设为主码。

```
ALTER TABLE G
ADD primary key(GNO);
```

注意：只能是一个非空列，才能补设为主码。

(4) 补充定义外码，语法格式为：

```
ALTER TABLE<表名 1>
ADD FOREIGN KEY (<列名 1>)
REFERENCES <表名 2>[(<列名 2>)]
[ON DELETE{RESTRICT|CASCADE|SET NULL}];
```

在表 1 中的列名 1 增加外码定义，参照的是表 2 的列名 2，如果列名 1 和列名 2 属性名相同，则列名 2 可省略；完整性任选项[ON DELETE{RESTRICT | CASCADE | SET NULL}]用于删除外码时，为了保证完整性可以采用的 3 种方法，含义与前述外码定义一致。

【例 4-9】 把 G 表的 GNO 列设为外码，其参照的是 Goods 表的 GNO 列。

```
ALTER TABLE G
ADD FOREIGN KEY (GNO)
REFERENCES Goods;
```

因为参照列和被参照列列名相同，故可以省略表名 2 的列名。

(5) 补充一列用户定义的完整性约束条件，语法格式为：

```
ALTER TABLE<表名>
ADD CONSTRAINT <完整性约束名>CHECK(<完整性约束条件>);
```

【例 4-10】 限制商品表 Goods 中的 PRICE 都必须低于 100。

```
ALTER TABLE Goods
ADD CONSTRAINT minprice CHECK(PRICE<100);
```

执行上述命令，将建立一个名为 minprice 的完整性约束，限定 PRICE 列的取值范围。

(6) 删除一个完整性约束条件，语法格式为：

```
ALTER TABLE<表名>
DROP<完整性约束名>;
```

【例 4-11】 将商品表 Goods 中的 PRICE 都必须低于 100 的约束去掉。

```
ALTER TABLE Goods DROP minprice;
```

其中，minprice 是在定义表时创建的一个完整性约束条件。

(7) 修改一个属性的数据类型，语法格式为：

```
ALTER TABLE<表名>
```

```
ALTER COLUMN <列名><数据类型>;
```

【例 4-12】 将商品表 Goods 中的 Gname 数据长度改为 100。

```
ALTER TABLE Goods ALTER COLUMN gname char(100);
```

值得指出的是，上述介绍的是 SQL 标准语言中的 ALTER TABLE 功能，各种商品化的数据库系统所实现的 ALTER TABLE 语句不尽相同，实际使用时，应以各软件的相关手册为准。

4. 表的删除

当不再需要某个表时，可以使用 DROP TABLE 语句删除它。其一般格式为：

```
DROP TABLE<表名>;
```

【例 4-13】 删除商品表 Goods。

```
DROP TABLE Goods;
```

一旦执行删除表的命令，不仅表中的数据和此表的定义将被删除，而且此表上建立的索引和触发器等一般也都将被删除。因此执行删除表的操作一定要谨慎。

如果一个表被其他表参照，直接使用上述的 DROP TABLE 语句将会失败，可以采用 RESTRICT 或 CASCADE 模式处理，即：

```
DROP TABLE<表名>[RESTRICT|CASCADE];
```

其中

- RESTRICT：如果其他表参照了该表，则拒绝进行 DROP 操作；
- CASCADE：存在参照的情况下也允许进行 DROP 操作，表示删除一个表时，同时也将删除其他表对该表的参照关系。如例 4-13 如果用 DROP TABLE Goods CASCADE 执行删除操作，则删除商品表 Goods 的同时，也删除了供应关系表 Supply 表对 Goods 表的外码参照关系。

注意：*并不是所有的数据库关系系统都支持 CASCADE 模式删除。例如 SQL Server 2000 就不支持 CASCADE，可以采用先删除参照关系，再删除被参照关系的顺序进行删除表操作。*

4.2.2 索引的定义

数据库中的索引与书籍的目录类似，在一本书中，利用目录可以快速查找所需信息，而不需要阅读整本书。如果把数据库表比作一本书，那么表的索引就是这本书的目录，索引使数据库程序无须对整个表进行扫描，就可以在其中找到所需信息。书中的索引是一个词语列表，其中注明了包含各个词的页码。而数据库中，索引是某个表中一列或者若干列值的集合和相应的指向表中物理标识这些值的数据页的逻辑指针清单。索引提供指向存储在表的指定列中的数据值的指针，然后根据指定的排序顺序对这些指针排序。总之，通过索引可以大大加快表的查询速度。

1. 索引分类

根据数据库的功能，可以在数据库设计器中创建3种索引：聚簇索引、非聚簇索引和唯一索引。

1）聚簇索引

大家都用过汉语字典，其正文本身就是一个聚簇索引。假如要查“案”字，如果知道其发音an，就会很自然地翻开字典的前几页，因为按照拼音排序的汉字字典是以英文字母a开头的，“案”字自然就排在字典的前部。如果翻完了所有以a开头的部分仍然找不到这个字，就可以肯定字典中没有这个字。也就是说，字典的正文部分本身就是一个目录，人们不需要再去查看其他目录就能找到需要查找的内容，这种正文内容本身就是一种按照一定规则排列的目录称为“聚簇索引”。

聚簇索引对磁盘上实际数据重新组织以按指定的一个或多个列的值进行排序。在聚簇索引中，表中行的物理顺序与索引顺序相同。显然，一个表只能包含一个聚簇索引。与非聚簇索引相比，聚簇索引通常提供更快的数据访问速度。在聚簇索引下，数据在物理上按顺序排在数据页上，重复值也排在一起，因为在进行包含范围的查询时，一旦找到在范围中第一行数据，后续的行会保证物理上相连而不必进一步搜索，从而避免了大范围扫描，提高了查询速度。用户可以在最常查询的列上建立聚簇索引以提高查询效率。但建立聚簇索引后，在更新索引列数据时，往往导致表中记录的物理顺序的变更，代价较大，因此对于经常更新的列不宜建立聚簇索引。

2）非聚簇索引

有时候，也可能会遇到不认识的字，不知道它的发音，这时候，就不能按照刚才的方法找到要查的字，而需要去根据“偏旁部首”查到要找的字，然后根据这个字后的页码直接翻到某页来找到要找的字。但结合“部首目录”和“检字表”而查到的字的排序并不是真正的正文的排序方法，比如查“张”字，可以看到在查部首之后的检字表中“张”的页码是610页，检字表中“张”的上面是“弟”字，但页码却是94页，“张”的下面是“弧”字，页码是188页。很显然，这些字并不是真正地分别位于“张”字的上下方，现在看到的连续的“弟、张、弧”3字实际上就是它们在非聚簇索引中的排序，是字典正文中的字在非聚簇索引中的映射。可以通过这种方式来找到所需要的字，但它需要两个过程，先找到目录中的结果，然后再翻到所需要的页码。人们把这种目录纯粹是目录，正文纯粹是正文的排序方式称为“非聚簇索引”。

非聚簇索引不重新组织表中数据的顺序，而是通过对每一行数据存储索引列值并用一个指针指向数据所在的位置。一个表中可以拥有多个非聚簇索引，每个非聚簇索引提供访问数据的不同排列顺序。在建立非聚簇索引时，要权衡索引对查询速度的加快与耗用数据库资源之间的利弊。

3）唯一索引

唯一索引是不允许其中任何两行具有相同索引值的索引。当现有数据中存在重复的键值时，大多数数据库不允许将新创建的唯一索引与表一起保存。数据库还可能阻止表中创建重复键值的新数据。例如,如果在学生信息表中学生的姓名上创建了唯一索引,则任何两个学生都不能同名。

表上的索引一般由DBA或表的建立者负责建立或删除。根据应用环境的需要,可以在表上建立一个或多个索引,以提供多种存取路径,加快查找速度。需要注意的是,索引虽然可以加快查找速度,但维护索引也要付出代价,并不是索引越多越好。因此在哪个表上建立索引、建立何种索引都需要认真考虑,权衡利弊得失后才能作出决定。

索引属于物理存储的路径概念,而不是逻辑概念。在执行一个查询时,系统会自动选择合适的索引作为数据存取路径,用户不必也不能选择索引。

2. 创建索引

定义索引的SQL语法格式为:

```
CREATE [UNIQUE|CLUSTERED|NONCLUSTERED] INDEX <索引名>
ON<表名>(<列名>[<次序>][,<列名>[<次序>]]...);
```

其中,<索引名>是创建的索引的名称;<表名>是要建索引的表的名称。

索引可以建立在该表的一列或多列上,各列名之间用逗号分隔。每个<列名>后面还可以用<次序>指定索引值的排列次序,可选ASC(升序)或DESC(降序),默认值为ASC。UNIQUE表明此索引是唯一索引,CLUSTERED表示要建立的索引是聚簇索引,NONCLUSTERED表示要建立的索引是非聚簇索引。

例如,执行下面的CREATE INDEX语句:

```
CREATE CLUSTERED INDEX Supsname ON Supplier(Sname);
```

将会在Supplier表的Sname(姓名)列上建立一个聚簇索引Supsname,而且Supplier表中的记录将按照Sname值的升序存放。

SQL标准并没有提供建立索引的标准,各个商品数据库管理系统基本上都提供了建立索引的功能,但是各有所不同,例如在Microsoft SQL Server中对于已经有主码的表就不允许再创建聚簇索引,所以在实际使用中,应以各数据库管理系统本身的规定为准。

3. 删除索引

索引一经建立,就由系统使用和维护,不需用户干预。在SQL中,删除索引使用DROP INDEX语句,其一般格式为:

```
DROP INDEX<索引名>;
```

【例4-14】 删除Supplier表中的Supsname索引。

```
DROP INDEX Supplier.Supsname;
```

由于一个数据库中的不同的表可能建立了名字相同的索引,所以在删除索引时,Microsoft SQL Server要求指定的索引名必须附带表名做前缀,即以“表名.索引名”的形式写出,系统也会同时从数据字典中删去有关该索引的描述。

4.3 数据查询语言

数据库查询是数据库的核心操作。无论是创建数据库还是创建数据表，用户的最终目的都是希望通过数据库更好地管理和利用数据，利用数据的前提是首先把需要的数据从数据库中检索出来。SQL 提供了功能丰富、灵活多变的 SELECT 语句，实现对数据库的查询。SELECT 语句的语法格式为

```
SELECT[ALL|DISTINCT]<目标列表达式>[,<目标列表达式>]...
FROM<表名或视图名>[,<表名或视图名>]...
[WHERE<条件表达式>]
[GROUP BY<列名 1>[HAVING<条件表达式>]]
[ORDER BY<列名 2>[ASC|DESC]];
```

其中，SELECT 子句指定查询的目标列，即查询结果的最终结构由哪些列或表达式构成，若要求由全部列作为目标列，可以用“*”代表全部列。查询的结果可能存在重复的行，可以在目标列表达式选择 DISTINCT 参数。如果省略 DISTINCT 选项，默认值是 ALL，全部查询的数据都将被输出。如果目标列是表达式，不便于或无法显示，则可以通过起别名的方式为表达式重新指定一个列标题，起别名的方式为

```
[目标列表达式 列标题]  或  [目标列表达式 AS 列标题]
```

FROM 子句指定查询源，即从哪些表(或视图)中进行查询。

WHERE 子句设置查询条件，即判断 FROM 子句中哪些元组符合查询条件，该子句是可选项。

GROUP 子句实现对查询结果按照列名 1 分组，通常会在每组中使用聚集函数，如果 GROUP 子句带 HAVING 短语，则只有满足指定条件的那些组才被输出，该子句也是可选项。

ORDER 子句实现对查询结果的按照列名 2 排序，升序用 ASC，降序用 DESC，该子句也是可选项。

整个 SELECT 语句的功能是根据 WHERE 子句中的条件表达式，从 FROM 子句指定的基本表或视图中找出满足条件的元组，再将满足条件的元组在 SELECT 子句中规定的列上进行投影，最后得到一个结果表。按照需要，可以采用 GROUP 子句和 ORDER 子句对得到的结果表再进行处理。SELECT 语句的强大功能使得它既可以进行简单的单表查询，也可以进行复杂的多表连接查询和嵌套查询。

为了深入浅出地介绍查询语句，本节依然以超市的数据库系统为例，假设现在数据库中的数据分别如表 4-4、表 4-5 和表 4-6 所示。

表 4-4 Goods 表数据

Gno	Gname	Price	BATCH
G01	牙刷	3.	200901
G02	牙膏	4.	200901
G03	台灯	100.	200802
G04	纯牛奶	2.5	200902
G05	高钙奶	3.	200903
G06	鲜奶	2.	200903

表 4-5 Supplier 表数据

Sno	Sname	Saddress
S301	三元	北京
S302	欧普照明	广州
S303	蒙牛	内蒙古
S304	伊利	内蒙古
S305	宝洁	广州

表 4-6 Supply 表数据

Sno	Gno	Cost
S301	G04	2.
S301	G06	1.5
S303	G04	2.2
S305	G01	2.5
S305	G02	3.

4.3.1 单表查询

单表查询仅涉及一个表，可以查询选择一个表中的某些列值，也可以查询选择一个表中的某些行等。单表查询是一种最简单的查询操作。

1. 查询表中的若干列

在很多情况下，用户只对一个表中的一部分属性列感兴趣，或者说用户只有查看部分属性列的权限，这时可以通过指定 SELECT 语句中的＜目标列表达式＞，有选择地列出表中的全部列或部分列。这种查询实际上相当于关系代数中的投影运算。

【例 4-15】 查询所有商品的名称和价格。

```
SELECT Gname,Price FROM Goods;
```

这个查询命令要求把 Goods 表的数据在 Gname 列和 Price 列上进行投影，GNO 列将不被显示。

执行结果如图 4-2 所示。

Gname	PRICE
牙刷	3.0
牙膏	4.0
台灯	100.0
纯牛奶	2.5
高钙奶	3.0
鲜奶	2.0

图 4-2 查询结果

2. 选择表中的若干行

如果用户只想选择部分元组，则需要指定 WHERE 子句中的条件表达式。WHERE 子句是在行方向上对表进行操作，返回满足条件的元组集，相当于关系代数中的选择运算。

按照查询条件，可以将 WHERE 子句分为 6 大类：比较大小、确定集合、确定范围、模糊匹配、是否空值、逻辑判断，所用到的条件运算符如表 4-7 所示。

表 4-7 条件运算符

运算符类型	运算符表达方法	功　能
比较运算符	=、>、>=、<、<=、!=、<>、!>、!<	比较大小
范围运算符	BETWEEN…AND…，NOT BETWEEN…AND…	是否在指定的一个区间范围之内

续表

运算符类型	运算符表达方法	功　能
集合运算符	IN、NOT IN	是否在指定集合内
模糊匹配运算符	LIKE、NOT LIKE	是否与指定的匹配串相符
是否为空运算符	IS NULL、IS NOT NULL	是否为空
逻辑运算符	AND、OR	连接多个复合条件

1）比较大小

比较大小的查询条件通过一些比较运算符实现，包括＝(等于)、＞(大于)、＜(小于)、＞＝(大于或等于)、＜＝(小于或等于)、!＝或＜＞(不等于)。

【例 4-16】 查询所有价格大于 10 元的商品。

```
SELECT *
FROM Goods
WHERE Price>10;
```

执行结果如图 4-3 所示。

Gno	Gname	Price	BATCH
G03	台灯	100.0	200802

图 4-3　例 4-16 查询结果

2）确定集合

当属性列值不在一个连续的取值区间，而是一些离散的值，标准 SQL 提供了 IN 操作，用以查找属性值属于指定集合的那些元组。也可以使用 NOT IN 查找指定集合之外的元组。

【例 4-17】 查询北京和广州两地的供应商信息。

```
SELECT *
FROM Supplier
WHERE Price Saddress IN('北京','广州');
```

执行结果如图 4-4 所示。

Sno	Sname	Saddress
S301	三元	北京
S302	欧普照明	广州
S305	宝洁	广州

图 4-4　例 4-17 查询结果

3）确定范围

在实际应用中，常常需要查找属性值在(或不在)指定的连续区间范围内的元组，标准 SQL 提供了 BETWEEN…AND…表达式，其中 BETWEEN 后是范围的下限，AND 后是范围的上限。当要查指定连续区间范围之外的元组时可以使用 NOT BETWEEN…AND…。

注意，BETWEEN… AND…限制查询数据范围时同时也包括了边界值，而使用 NOT BETWEEN…AND…进行查询时没有包括边界值。

【例 4-18】 查询价格在 0～10 元的商品名称。

```
SELECT Gname
FROM Goods
WHERE Price BETWEEN 0 AND 10;
```

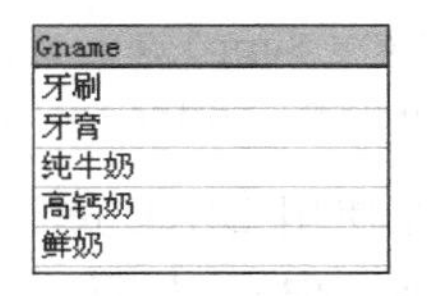

Gname
牙刷
牙膏
纯牛奶
高钙奶
鲜奶

图 4-5　例 4-18 查询结果

执行结果如图 4-5 所示。

4）模糊匹配

当查询条件是判断字符串满足某种条件时，用户常常不能精确给出查询条件，能确定的只是一知半解的模糊点。对于这类查询，标准 SQL 提供了谓词 LIKE，用来匹配字符串，语法格式如下：

```
列名[NOT]LIKE'<匹配串>'[ESCAPE'<换码字符>']
```

该语法的功能是查找列值与＜匹配串＞相匹配的元组，＜匹配串＞可以是一个完整的字符串，也可以含有通配符“%”“_”“[]”“[^]”。

其中，“%”（百分号）代表任意长度（长度可以为 0）的字符串，例如，a%b 表示以 a 开头，以 b 结尾的任意长度的字符串，如 aEb、aABCgb、ab 等都满足该匹配串。

“_”（下画线）代表任意单个字符。例如，a_b 表示以 a 开头，以 b 结尾的长度为 3 的任意字符串，如 awb、aqb 等都满足该匹配串。

“[ ]”（封闭中括号）代表中括号里列出的任意一个字符。

“[^]”代表一个没有在中括号里列出的字符，与[ ]用法相反。

【例 4-19】 模糊查找供应商名称含有“照明”字样的所有供应商。

```
SELECT * FROM Supplier WHERE Sname LIKE '% 照明%';
```

执行结果如图 4-6 所示。

Sno	Sname	Saddress
S302	欧普照明	广州

图 4-6　例 4-19 查询结果

【例 4-20】 模糊查找供应商名称一定不含有“照明”字样的所有供应商。

```
SELECT * FROM Supplier WHERE Sname not LIKE '%照明%';
```

执行结果如图 4-7 所示。

Sno	Sname	Saddress
S301	三元	北京
S303	蒙牛	内蒙古
S304	伊利	内蒙古
S305	宝洁	广州

图 4-7　例 4-20 查询结果

【例 4-21】 模糊查找所有“北京”或“广州”之外的供应商信息。

```
SELECT *
FROM Supplier
WHERE Saddress like '[^北京广州]%';
```

在使用 LIKE 进行模糊查询时,当“%”“_”“[]”“[^]”符号单独出现时,都会被作为通配符处理。但是,如果用户要查询的字符串本身就含有“%”“_”“[]”“[^]”,如查找某些含“%”的数据(例如浓度值)。为了避免 SQL 将其解释成通配符就要使用 ESCAPE'<换码字符>'短语。

ESCAPE '\'短语表示“\”为换码字符,这样匹配串中紧跟在“\"”后面的字符不再具有通配符的含义,转义为普通的“%”“_”“[]”“[^]”字符。

【例 4-22】 查询商品名称是“100%纯牛奶”的商品信息。

```
SELECT *
FROM Goods
WHERE Gname LIKE '100\%纯牛奶'  ESCAPE '\';
```

此例中,是要查询商品名称是含有“100%纯牛奶”字样的所有商品,查询条件本身就包含了“%”,所以为了避免把“%”解释为通配符,用 ESCAPE '\' 短语将其解释为实际的百分号(“%”)。

5) 涉及空值的查询

除了正常的判断查询条件满足某种需求时,用户经常也会碰到需要查询某些属性是(或不是)空值的元组。标准 SQL 提供了 NULL 和 NOT NULL 来实现涉及空值的查询。

【例 4-23】 查找所有供应商名称不为空值的供应商信息。

```
SELECT * FROM Supplier WHERE Sname IS NOT NULL;
```

执行结果如图 4-8 所示。

Sno	Sname	Saddress
S305	宝洁	广州
S303	蒙牛	内蒙古
S302	欧普照明	广州
S301	三元	北京
S304	伊利	内蒙古

图 4-8 例 4-23 查询结果

注意:这里的查询条件“Sname IS NOT NULL”不能写成“Sname!=NULL”,同理,查询条件为空时,也不能写成“=NULL”。

6) 逻辑判断

当查询条件比较复杂时,需要多个查询条件联合起来才能表达出复杂的查询条件,标准 SQL 提供了逻辑运算符 AND 和 OR 实现多个查询条件的联合,其中,AND 的优先级高于 OR,但用户可以用括号改变优先级,括号里的优先级最高。当对复合搜索条件求值时,DBMS 对每个单独的搜索条件求值,然后执行逻辑运算来决定整个 WHERE 子句的值是真(TRUE)还是假(FALSE)。只有那些满足整个 WHERE 子句的值是 TRUE 的记录才会出现在结果表中。

【例 4-24】 查找价格高于 3 元的与牙齿保健有关的商品信息。

```
SELECT *
```

```
FROM Goods
WHERE Gname LIKE '%牙%' AND Price>3;
```

执行结果如图 4-9 所示。

Gno	Gname	Price	BATCH
G02	牙膏	4.0	200901

图 4-9　例 4-24 查询结果 1

查询条件“Gname LIKE '%牙%'”和查询条件“Price>3” 通过逻辑运算符 AND 联合起来，当两个条件都满足时，才符合“高于 3 元的与牙齿保健有关的”条件的语义。

若查询语句写成：

```
SELECT *
FROM Goods
WHERE Gname LIKE '%牙%' OR Price>3;
```

执行结果如图 4-10 所示。

Gno	Gname	Price	BATCH
G01	牙刷	3.0	200901
G02	牙膏	4.0	200901
G03	台灯	100.0	200802

图 4-10　例 4-24 查询结果 2

此时，两个查询条件“Gname LIKE '%牙%'”和“Price>3”用逻辑运算符 OR 连接，表示符合两个条件之一的元组都将出现在结果集里，即“高于 3 元”的商品和“与牙齿保健相关的”商品的并集。

3. 对查询结果排序

SELECT 查询的结果一般是按照其在数据表的存储顺序输出，没有排序。在实际应用中，常常需要查询结果以某种顺序排列出现，例如，高考成绩从高到低排序。标准 SQL 提供了 ORDER BY 子句。ORDER BY 子句对查询结果按照一个或多个属性列的升序(ASC)或降序(DESC)排列，默认值为升序。注意，ORDER BY 子句只对最终查询结果进行排序。

【例 4-25】 把所有商品信息按照商品价格降序排列。

```
SELECT *
FROM Goods
ORDER BY Price DESC;
```

执行结果如图 4-11 所示。

Gno	Gname	Price	BATCH
G03	台灯	100.0	200802
G02	牙膏	4.0	200901
G01	牙刷	3.0	200901
G05	高钙奶	3.0	200903
G04	纯牛奶	2.5	200902
G06	鲜奶	2.0	200903

图 4-11　例 4-25 查询结果

DBMS 在对查询结果进行排序时，对于时间类型的字段按照时间的早晚进行排序，对于数值类型的字段按照其数值的大小进行排序，对于字符型，则是按照其 ASCII 码的先后顺序进行排序。

排序时可以设置多重排序标准，当第一个标准相同时，再按照第二个标准排序。例如，对于商品信息表，先按类别进行排序，然后同一类别的商品再按价格进行排序。实现这种复杂的排序要求，可以在 ORDER BY 子句中跟上多个列名，中间用逗号(,)隔开。处于最前面的列具有最高的优先级。排序时先按第一列的顺序进行排序，而只有当第一列出现相同的信息时，这些相同的信息再按第二列的顺序进行排序，以此类推。

另外，ORDER BY 子句除了可以根据列名进行排序外，还支持根据列的相对位置进行排序，用序号表示相对位置。如上例可以写成：

```
SELECT *
FROM Goods
ORDER BY 3 DESC;
```

查询结果与图 4-11 一致。

4. 使用聚集函数

数据库作为一种强有力的数据处理手段，具有强大的数据统计功能。标准 SQL 通过聚集函数实现对数据的统计。常用的聚集函数见表 4-8。

表 4-8 常用的聚集函数

聚集函数	含义
COUNT(*)	统计元组个数
COUNT([DISTINCT]＜列名＞)	统计一列中取值的个数，用 DISTINCT 时相同的值不重复计算，即只返回该列中不同取值的个数
SUM([DISTINCT]＜列名＞)	计算一列中值的总和(此列必须是数值型)，用 DISTINCT 时相同的值只计算一次
AVG([DISTINCT]＜列名＞)	计算一列值的平均值(此列必须是数值型)，用 DISTINCT 时相同的值只计算一次
MAX(＜列名＞)	求一列值中的最大值(此列必须是数值型)
MIN(＜列名＞)	求一列值中的最小值(此列必须是数值型)

使用聚集函数表达目标列表达式时，比较复杂，不便以最终输出的形式出现，可以为目标列起别名。

【例 4-26】 求商品的最高价、最低价、平均价、商品总值。

```
SELECT MAX(Price) as 最高价, MIN(Price) as 最低价, AVG(Price) as 平均价,SUM(Price)
as 商品总值
FROM Goods;
```

执行结果如图 4-12 所示。

最高价	最低价	平均价	商品总值
100.0	2.0	19.083333333333332	114.5

图 4-12　例 4-26 查询结果 1

如果上述命令写成这样：

```
SELECT MAX(Price) as 最高价, MIN(Price) as 最低价, AVG (DISTINCT Price) as 平均价,
SUM(DISTINCT Price) as 商品总值
FROM Goods;
```

则执行的结果如图 4-13 所示。

可以看到，平均价和商品总值列都发生了变化，这是因为计算这两个值时都额外地加上了 DISTINCT 参数，那么重复的值只计算一次。

【例 4-27】 求商品表里共有多少种商品。

```
SELECT COUNT( * ) as 商品种数
FROM Goods;
```

执行结果如图 4-14 所示。

最高价	最低价	平均价	商品总值
100.0	2.0	22.300000000000001	111.5

图 4-13　例 4-26 查询结果 2

商品种数
6

图 4-14　例 4-27 查询结果

【例 4-28】 求多少个供应商供应了商品。

```
SELECT COUNT(DISTINCT Sno) as 供应商总数
FROM Supply;
```

执行结果如图 4-15 所示。

如果此例写成：

```
SELECT COUNT(Sno) as 供应商总数
FROM Supply;
```

则执行结果如图 4-16 所示。

供应商总数
3

图 4-15　例 4-28 查询结果 1

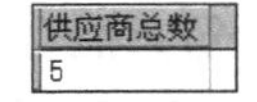

供应商总数
5

图 4-16　例 4-28 查询结果 2

这个统计结果把重复的供应商编号也分别计数，而实际上这些重复的供应商编号只对应了一个实际的供应商，所以为了准确统计，必须用 DISTINCT 加以区分。

5. 对查询结果分组

GROUP BY 子句将查询结果表的各行按某一列或多列取值相等的原则进行分组，目的是为了细化聚集函数的作用对象。如果未对查询结果分组，聚集函数将作用于整个查询结

果，即整个查询结果只有一个函数值，如上面的例 4-26～例 4-28；否则，聚集函数将作用于每一个组，即每一组都有一个函数值。

【例 4-29】 求每个供应商供货商品种数。

```
SELECT SNO, COUNT(*) as 供应商品种数
FROM Supply
GROUP BY SNO;
```

执行结果如图 4-17 所示。

这里以 SNO 作为分组条件，SNO 相等的那些元组组成一个小组，即题意中的每个供应商组成一个小组，在这个小组里用聚集函数 COUNT(*)统计小组里共有多少元组，即供货商品种数。

【例 4-30】 求不止供应了 1 种商品的供应商的平均供货价格。

```
SELECT SNO, AVG(COST) as 平均供货价格
FROM Supply
GROUP BY SNO HAVING COUNT(*)>1;
```

执行结果如图 4-18 所示。

SNO	供应商品种数
S301	2
S303	1
S305	2

图 4-17 例 4-29 查询结果

SNO	平均供货价格
S301	1.75
S305	2.75

图 4-18 例 4-30 查询结果

这里先用 GROUP BY 子句按 SNO 列进行分组，然后计算出每一组的元组个数(COUNT(*))和平价供货价格(AVG(COST))。HAVING 短语指定选择组的条件，只有满足条件“COUNT(*)＞1”的组才会作为最终结果被输出。

需要指出的是，虽然 WHERE 子句与 HAVING 短语都是对最终结果进行选择，但是两者还是有很大的区别。WHERE 子句作用于表或视图，从中选择满足条件的元组。HAVING 短语作用于组，从中选择满足条件的组。

含有 GROUP BY 子句的查询语句有一定的限制条件：

(1) 使用 GROUP BY 子句为每一个组产生一个汇总结果，每个组只返回一行，不返回详细信息。

(2) SELECT 子句只能含有 3 种成分构成的表达式，分别为：

- 出现于 GROUP BY 子句的列名，如上例中的 SNO。
- 作用于任意列的聚集函数，如 AVG(COST)、COUNT(*)等。
- 常数。

(3) HAVING 子句可进一步排除不满足条件的组。HAVING 子句中的条件表达式中的列名也必须出现在 GROUP BY 子句中，或者有聚集函数的作用。

(4) 如果查询语句中包含 WHERE 子句，则只对满足 WHERE 条件的行进行分组汇总。

4.3.2 连接查询

前面的查询都是针对一个表进行的,称为单表查询。若一个查询同时涉及两个以上的表,则称为连接查询。连接查询实际上要查找符合条件的出现在两个表中的数据。连接查询是关系数据库中最主要的查询,可分为内连接、自连接和外连接。

1. 内连接

内连接又包括等值连接、非等值连接、自然连接、自身连接和复合条件连接查询。内连接中,只有满足连接条件以及其他查询条件的元组才会出现在结果集中。

从关系代数中知道,连接两个表时要指出连接属性以及连接属性之间的关系。在SQL中,在WHERE子句中指出了连接属性以及连接属性之间的关系,称为连接条件(或连接谓词)。它的一般形式是$A\theta B$,θ={=,>,>=,<,<=,<>},A是某一个表的属性或者是一个常数,B是另一个表的属性或者是一个常数。当来自两个表的列名相同时,在列名前要加上表名作为前缀以示区分。

当条件$A\theta B$中的θ为"="时的连接称为等值连接,当θ为其他运算符时称为非等值连接。连接条件中的列名称为连接字段。连接条件中的各连接字段类型必须是可比的,但不必相同。

【例4-31】 查询每个供应商的名称及其供应商品的编号和成本价。

```
SELECT Sname,Gno,COST
FROM Supply,Supplier
WHERE Supply.Sno=Supplier.Sno;
```

DBMS执行过程如下:

(1) 执行FROM子句,根据FROM子句列出的两个表Supply和Supplier计算它们的笛卡儿积,列出这两个表中行的所有可能组合,形成一个中间表,中间表中的每条记录包含了两个表中的所有行。

(2) 执行WHERE子句,根据Supply. Sno=Supplier. Sno条件对中间表进行搜索,去除那些不满足该条件的记录。

(3) 执行SELECT语句,从执行WHERE子句后得到的中间表的每条记录中,提取需要的字段信息(Sname,Gno,COST)作为结果表显示。

因此,例4-31的执行结果如图4-19所示。

Sname	Gno	COST
三元	G04	2.00
三元	G06	1.50
蒙牛	G04	2.20
宝洁	G01	2.50
宝洁	G02	3.00

图4-19 例4-31查询结果

注意: 涉及多表连接时,同一个列名可能会出现在几个表中,此时,必须明确指出该列出自哪个表,一般用表名做前缀,即"表名.列名"的完整表达形式,如例4-31中的Supply. Sno和Supplier. Sno。

2. 自连接

前面讲到,在查询中可以给目标列名起别名,不仅如此,FROM子句中的表名也可以起别名，尤其是在表的自连接操作中，一个表要以不同的身份出现，就必须通过别名进行区分。用“表名.列名”的形式指明列名所来自的表。

【例 4-32】 查询至少由两个供应商供应的商品编号。

```
SELECT DINSTINCT A.Gno
FROM Supply A,Supply B
WHERE A.SNO<>B.SNO AND A.GNO=B.GNO;
```

此题所需要的信息均在 Supply 表，但是直接从 Supply 表中无法找到所需的信息，Supply 表有两种身份：一种身份是原来的 Supply 表，另外一种身份是比较表。给定一个商品编号（A. GNO＝B. GNO），在原来的表中查找是否有和其供应商编号不同的记录（A. SNO<>B. SNO），符合条件的那些记录将出现在结果集里。

执行结果如图 4-20 所示。

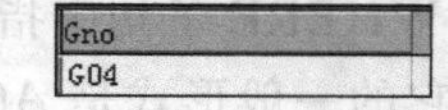

Gno
G04

图 4-20 例 4-32 查询结果

3. 外连接

与内连接对应的是外连接，按照连接的方式，可分为左外连接、右外连接和全外连接。判断是否外连接可以借助 FROM 子句。外连接的语法格式为：

```
FROM A LEFT JOIN (RIGHT JOIN 或 FULL JOIN) B ON A.列名 1=B.列名 2
```

在外连接的结果集中，会出现不符合连接条件的部分数据。对于左外连接（LEFT JOIN）左边的表中的行，如果不满足连接条件，也要出现在结果集中，相应地属于右边表的列全部取空值。同理，对于右外连接（RIGHT JOIN）右边的表中的行，如果不满足连接条件，也要出现在结果集中，相应地属于左边表的列全部取空值。对于全外连接（FULL JOIN）任何一边的表中的行，即使不满足连接条件，也要出现在结果集中，相应地属于另一边表的列全部取空值。

【例 4-33】 左外连接表 Goods 和 Supply。

```
SELECT G.* , Sno,COST
FROM Goods G LEFT JOIN Supply S ON G.Gno=S.Gno;
```

执行结果如图 4-21 所示。

Gno	Gname	Price	BATCH	Sno	COST
G01	牙刷	3.0	200901	S305	2.50
G02	牙膏	4.0	200901	S305	3.00
G03	台灯	100.0	200802	NULL	NULL
G04	纯牛奶	2.5	200902	S301	2.00
G04	纯牛奶	2.5	200902	S303	2.20
G05	高钙奶	3.0	200903	NULL	NULL
G06	鲜奶	2.0	200903	S301	1.50

图 4-21 例 4-33 查询结果

在最终得到的结果表中，除了包括符合连接条件的两个表的行外，还包括了左边表 Goods 中的不符合连接条件的行，右边表 Supply 中不匹配的列值则用空值符号 NULL 表示，即那些没有供应商供应的商品也要显示在结果中。这样的表，在日常生活中经常会用到。

【例 4-34】 右外连接表 Goods 和 Supply。

```
SELECT G.* , Sno,COST
FROM Goods G RIGHT JOIN Supply S ON G.Gno=S.Gno;
```

执行结果如图 4-22 所示。

Gno	Gname	Price	BATCH	Sno	COST
G04	纯牛奶	2.5	200902	S301	2.00
G06	鲜奶	2.0	200903	S301	1.50
G04	纯牛奶	2.5	200902	S303	2.20
G01	牙刷	3.0	200901	S305	2.50
G02	牙膏	4.0	200901	S305	3.00

图 4-22 例 4-34 查询结果

在最终得到的结果表中，除了包括两个表中符合连接条件的行外，还包括了右边表 Supply 中的不符合连接条件的行，左边表 Goods 中不符合连接条件的列值则用空值符号 NULL 表示，此例左边表所有数据在右边表中都有符合条件的行与之匹配，所以没有不匹配的数据。

【例 4-35】 全外连接表 Goods 和 Supply。

```
SELECT G.* , Sno,COST
FROM Goods G FULL JOIN Supply S ON G.Gno=S.Gno;
```

执行结果如图 4-23 所示。

Gno	Gname	Price	BATCH	Sno	COST
G01	牙刷	3.0	200901	S305	2.50
G02	牙膏	4.0	200901	S305	3.00
G03	台灯	100.0	200802	NULL	NULL
G04	纯牛奶	2.5	200902	S303	2.20
G04	纯牛奶	2.5	200902	S301	2.00
G05	高钙奶	3.0	200903	NULL	NULL
G06	鲜奶	2.0	200903	S301	1.50

图 4-23 例 4-35 查询结果

全外连接的结果，除了包括两个表匹配的行外，还包括了左边表 Goods 和右边表 Supply 中的不符合连接条件的行，分别用 NULL 值表示。

4.3.3 集合查询

大家知道，每次查询可以得到一个元组集合，那么如果多个查询结果按照一定的关系连接在一起，组成一个新集合时，可以使用集合查询来实现。SQL 提供的集合操作主要包括 UNION(并)、INTERSECT(交)和 EXCEPT(差)。与关系代数中对并、交、差运算的要求类似，参与集合操作的两个集合必须具备并相容性，即具有相同的属性个数，并且对应属性的数据类型也要相同。

1. 并集运算

并集运算使用 UNION 运算符将两个或更多个查询的结果合并为一个结果集，该结果集包含集合查询中所有查询的全部行。UNION 的使用语法格式为：

```
<SQL 子查询语句>
UNION [ALL]
<SQL 查询语句>;
```

其中：

- ＜SQL 子查询语句＞是查询表达式，返回一个查询结果集。
- UNION [ALL]可合并多个查询结果集，如果带参数 ALL 表示将全部行并入结果集中，包括重复行。

【例 4-36】 查询广州和北京的供应商信息。

```
SELECT Sno,Sname
FROM Supplier
WHERE Saddress='广州'
UNION
SELECT Sno,Sname
FROM Supplier
WHERE Saddress='北京';
```

Sno	Sname
S301	三元
S302	欧普照明
S305	宝洁

图 4-24 例 4-36 查询结果

执行结果如图 4-24 所示。

本查询实际上是求广州的供应商信息和北京的供应商信息的并集。使用 UNION 将多个查询结果合并起来时，系统会自动去掉重复元组。如果要保留重复元组则用 UNION ALL 操作符。

除了采用并集操作外，本例还可通过复合条件连接查询实现。

```
SELECT Sno,Sname
FROM Supplier
WHERE Saddress='广州' OR Saddress='北京';
```

2. 交集运算

使用 INTERSECT 运算符可以实现交集运算，返回所连接的两个子查询结果集的重合部分元组，其使用语法格式为：

```
<SQL 子查询语句>
INTERSECT
<SQL 查询语句>;
```

参数含义同 UNION。

【例 4-37】 查询价格低于 1000 元的商品和高于 100 元商品的交集。

```
SELECT *
FROM Goods
```

```
WHERE Price<1000
INTERSECT
SELECT *
FROM Goods
WHERE Price >100;
```

除了采用交集操作外,本例还可通过复合条件连接查询实现。

```
SELECT *
FROM Goods
WHERE Price <1000 and Price >100;
```

3. 差集运算

使用EXCEPT运算符可以实现差集运算,返回所连接的两个子查询结果集的差集运算结果,其使用语法格式为:

```
<SQL子查询语句>
EXCEPT
<SQL查询语句>;
```

参数含义同UNION。

【例4-38】 查询价格高于100的商品与价格高于1000的商品的差集。

```
SELECT *
FROM Goods
WHERE Price >100
EXCEPT
SELECT *
FROM Goods
WHERE Price >1000;
```

其实,从语义上理解,本例是查询价格在100与1000之间的商品,仍然可以用上述复合条件查询实现。

标准SQL中没有直接提供集合交操作和集合差操作,但可以用其他方法来实现。很多商品化的数据库系统也只支持并操作。使用EXCEPT和INTERSECT运算符也可以组合两个以上的表,但如果INTERSECT运算符和EXCEPT运算符同时使用,则INTERSECT运算符优先级要高于EXCEPT。

4.3.4 嵌套查询

嵌套查询是指一个SELECT查询语句中包含另一个SELECT查询语句。其中,外层的SELECT查询语句叫外部查询(也叫主查询或父查询),内层的SELECT查询语句叫内查询(也叫子查询)。在SQL中,一个SELECT-FROM-WHERE语句被叫作一个查询块。嵌套查询中的子查询就是一个查询块嵌套到另一个查询块中。例如:

```
SELECT GNO
FROM Supply
WHERE SNO= (SELECT SNO
            FROM Supplier
            WHERE Sname='宝洁');
```

在这个例子中,下层查询块“SELECT SNO FROM Supplier WHERE Sname='宝洁'”是嵌套在上层查询块“SELECT GNO FROM Supply WHERE SNO=”的 WHERE 条件句中的。

SQL 允许多层嵌套查询,即一个子查询中还可以嵌套其他子查询。前面已经提到,ORDER BY 子句只对最终查询结果进行排序,所以 ORDER BY 不能出现在子查询中。

按照与主查询的关系,可将子查询分为不相关子查询和相关子查询。不相关子查询求解时,与主查询没有任何关系,子查询作为一个独立的查询先执行,然后将查询结果作为主查询的查询条件,子查询只执行一次,而且不依赖主查询。相关子查询则不同,子查询的查询条件依赖于外层主查询的某个属性值,求解相关子查询不能像求解不相关子查询那样,一次将子查询求解出来,然后求解主查询。相关子查询的内层查询由于与外层查询相关,因此必须反复求值。

根据子查询形式的不同,可将嵌套查询分为以下几种:

1. 带有 IN 谓词的子查询

带有 IN 谓词的子查询是指父查询与子查询之间用 IN 进行连接,判断某个属性列值是否在子查询的结果集合中,子查询返回的是一个列值的集合。由于在嵌套查询中,子查询的结果往往是一个集合,所以谓词 IN 是嵌套查询中最经常使用的查询。这类查询是不相关子查询。

【例 4-39】 查询北京供应商供应的商品种数。

```
SELECT COUNT(*) as 北京供应商的商品种数
FROM Supply
WHERE Sno IN (SELECT Sno
              FROM Supplier
              WHERE Saddress='北京');
```

执行的结果如图 4-25 所示。

北京供应商的商品种数
2

图 4-25　例 4-39 查询结果 1

子查询返回所有北京供应商的编号集合,主查询的查询条件判断供应关系 Supply 里供应商编号属于子查询返回集合中的所有元组个数,即题目中要求的商品种数。

其实,这个语句相当于分两步执行。

第一步,先执行内层的子查询:

```
SELECT Sno
FROM Supplier
WHERE Saddress='北京';
```

结果如图 4-26 所示。

第二步，把第一步的结果代入到外层的主查询，相当于执行如下命令：

```
SELECT COUNT(*) as 北京供应商的商品种数
FROM Supply
WHERE Sno IN ('S301');
```

这种分步求解的思想就是不相关嵌套查询求解的思路。

2. 带有比较运算符的子查询

带有比较运算符的子查询是指父查询与子查询之间用比较运算符进行连接。当能确切知道内层查询返回的是单值时，可以用“＞”“＜”“＝”“＞＝”“＜＝”“！＝”或“＜＞”等比较运算符。这类查询也是不相关子查询。

【例 4-40】 查询宝洁公司供应的商品编号。

```
SELECT GNO
FROM Supply
WHERE SNO= (SELECT SNO
            FROM Supplier
            WHERE Sname='宝洁');
```

执行结果如图 4-27 所示。

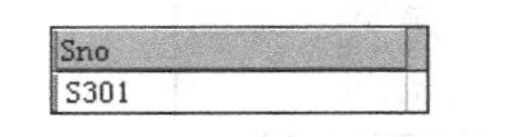

Sno
S301

图 4-26　例 4-39 查询结果 2

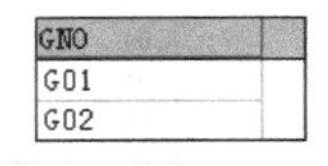

GNO
G01
G02

图 4-27　例 4-40 查询结果

由于 Supply 表里只有供应商编号，没有供应商名称，所以通过子查询可以将“宝洁”公司的编号找到，然后将查出的编号赋值给主查询中的查询条件，通过供应商编号反映供应商名称（“宝洁”），主查询据此找到宝洁公司供应的商品信息。

3. 带有 ANY 或 ALL 谓词的子查询

标准 SQL 提供了带 ANY 或 ALL 谓词的子查询，这类查询不能单独使用，必须同时使用比较运算符。其语义见表 4-9。

表 4-9　带 ANY 或 ALL 谓词的子查询含义

谓词	含　义	应　　用	
ANY	子查询中的某一值	＞ANY(子查询)	大于子查询结果中的某个值(最小值)
		＜ANY(子查询)	小于子查询结果中的某个值(最大值)
		＞＝ANY(子查询)	大于或等于子查询结果中的某个值(最小值)
		＜＝ANY(子查询)	小于或等于子查询结果中的某个值(最大值)
		＝ANY(子查询)	等于子查询结果中的某个值(等价于 IN)
		！＝(或＜＞)ANY(子查询)	不等于子查询结果中的某个值

续表

谓词	含　义	应　　用	
ALL	子查询中的所有值	＞ALL(子查询)	大于子查询结果中的所有值(最大值)
		＜ALL(子查询)	小于子查询结果中的所有值(最小值)
		＞＝ALL(子查询)	大于或等于子查询结果中的所有值(最大值)
		＜＝ALL(子查询)	小于或等于子查询结果中的所有值(最小值)
		＝ALL(子查询)	等于子查询结果中的所有值
		!＝(或＜＞)ALL(子查询)	不等于子查询结果中的任何一个值(等价于 NOT IN)

【例 4-41】 假设为 Goods 表再增加一列类别 Gtype,并相应赋值,赋值后的 Goods 表数据如图 4-28 所示。然后查询至少比一种食品组商品价格高的其他非食品类商品的编号、名称、类别、价格。

为表增加一列的 SQL 语句为

```
ALTER TABLE Goods ADD Gtype char(20);
```

Gno	Gname	Price	BATCH	Gtype
G01	牙刷	3.	200901	卫生组
G02	牙膏	4.	200901	卫生组
G03	台灯	100.	200802	百货组
G04	纯牛奶	2.5	200902	食品组
G05	高钙奶	3.	200903	食品组
G06	鲜奶	2.	200903	食品组

图 4-28　Goods 表

查询的 SQL 语句为

```
SELECT A.Gno,A.Gname,A.Gtype,A.Price
FROM Goods A
WHERE A. Price >ANY(SELECT B. Price
                    FROM Goods B
                    WHERE B.Gtype='食品组')  AND A.Gtype !='食品组';
```

执行的结果如图 4-29 所示。

这类查询也是不相关子查询。ANY 后所带的子查询返回的是一个集合:所有食品组商品的价格集合。ANY 的意义是集合中的任意一个成员。因此,题目所要求的其实就是大于食品组商品中任意一个商品价格的非食品组商品。如果用 ALL 替换 ANY,则表示查询大于所有食品组商品价格的非食品组商品,执行的结果如图 4-30 所示。

Gno	Gname	Gtype	PRICE
G01	牙刷	卫生组	3.0
G02	牙膏	卫生组	4.0
G03	台灯	百货组	100.0

图 4-29　例 4-41 查询结果 1

Gno	Gname	Gtype	PRICE
G02	牙膏	卫生组	4.0
G03	台灯	百货组	100.0

图 4-30　例 4-41 查询结果 2

由例 4-41 可以分析得到,ANY 所表示的“大于食品组商品中任意一个商品价格”,其实可以用“大于食品组商品最低价格”等价替换;而 ALL 所表示的“大于所有食品组商品价格的非食品组商品”,其实可以用“大于食品组商品最高价格”来等价替换。两种方式查询的结果是相同的。像这类“最高”或“最低”可以用聚集函数实现,实际上,其执行效率要比 ANY、ALL 高。例 4-41 用聚集函数表达的写法如下:

```
SELECT A.Gno,A.Gname,A.Gtype,A.Price
FROM Goods A
WHERE A. Price > (SELECT min(B. Price)
                  FROM Goods B
                  WHERE B.Gtype='食品组')
                  AND A.Gtype !='食品组';
```

类似地,可以推出其他按 ANY、ALL 与聚集函数的对应关系,见表 4-10。

表 4-10 ANY、ALL 与聚集函数的对应关系

	=	<>或!=	<	<=	>	>=
ANY	IN		<MAX	<=MAX	>MIN	>=MIN
ALL		NOT IN	<MIN	<=MIN	>MAX	>=MAX

4. 带有 EXISTS 谓词的子查询

如果子查询的结果返回一个多行多列的结果集,无法与主查询的某个单列进行匹配,只能采用特殊的存在量词 EXISTS 与 NOT EXISTS。EXISTS 与 NOT EXISTS 一定要与子查询一起使用。带有 EXISTS 或 NOT EXISTS 谓词的子查询不返回任何数据,只返回逻辑真值 TRUE 或逻辑假值 FALSE。当 EXISTS 其后的子查询的结果至少有一行元组时,返回真值;若子查询的结果是一张空表,则返回假值。NOT EXISTS 的情况正好相反。由 EXISTS 引出的子查询,其目标列表达式通常都用“*”,因为带 EXISTS 的子查询只返回真值或假值,给出列名无实际意义。

【例 4-42】 查询曾经供应过 G01 号商品的供应商的编号。

```
SELECT Sno
FROM Supplier
WHERE EXISTS (SELECT *
              FROM Supply
              WHERE Supplier.Sno=Supply.Sno AND GNO='G01');
```

上述语句中的子查询用到了主查询中的 Supplier. Sno,子查询的执行过程不能独立完成,所以这类查询为相关子查询。相关子查询的处理过程如下。

首先取外层查询中第 1 个元组,根据它与内层查询相关的属性值(Sno)处理内层查询,若 WHERE 子句返回值为真(即内层查询结果非空),则取此元组放入结果表;然后再检查外层查询中下一个元组;重复这一过程,直至外层查询中元组全部检查完毕。

执行的结果如图 4-31 所示。

【例 4-43】 查询非北京本地的供应商的编号。

```
SELECT Sno
FROM Supplier A
WHERE NOT EXISTS (SELECT *
                  FROM Supplier B
                  WHERE A.Sno=B.Sno AND B.Saddress='北京');
```

NOT EXISTS 与 EXISTS 的处理流程类似，首先取外层查询中第一个元组，根据它与内层查询相关的属性值(Sno)处理内层查询，若 WHERE 子句返回值为真(即内层查询结果非空)，NOT EXISTS 作用后，结果为假，则此元组不属于结果表；然后再检查外层查询中下一个元组；重复这一过程，直至外层查询中元组全部检查完毕。

执行结果如图 4-32 所示。

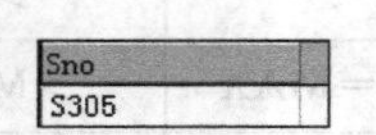

图 4-31　例 4-42 查询结果

Sno
S305
S303
S302
S304

图 4-32　例 4-43 查询结果

当然，本例也可以用以下的简单查询实现：

```
SELECT Sno
FROM Supplier
WHERE Saddress!='北京';
```

在关系代数中有一类特殊的查询，那就是逻辑蕴含，可以采用除运算解决这类问题。但是 SQL 中却没有包含逻辑蕴含(Implication)运算，可以用 EXISTS/NOT EXISTS 实现这种功能。

【例 4-44】 查询包含了供应商 S301 供应的所有商品的供应商编号。

该题可以这样理解：要找这样的供应商 X，其供应的商品 Y 满足如下条件，只要供应商 S301 供应了，供应商 X 也供应。可以用两个 NOT EXISTS 双重否定实现：

```
SELECT DISTINCT Sno
FROM Supply A
WHERE NOT EXISTS (SELECT *
                  FROM Supply B
                  WHERE B.Sno='S301' AND
                        NOT EXISTS(SELECT *
                                   FROM Supply C
                                   WHERE C.Sno=A.Sno AND C.Gno=B.Gno));
```

执行结果如图 4-33 所示。

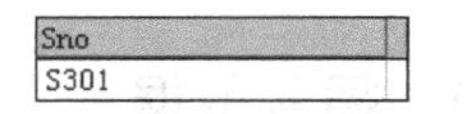

Sno
S301

图 4-33　例 4-44 查询结果

这个命令的执行过程比较复杂，可以通过下面的示意图（见图 4-34）理解。首先从 SUPPLY 中取出第一条数据（记作 S），判断此数据是否应该出现在结果集中。判断的方法是，把供应商 S301 供应的所有商品通过“SELECT * FROM Supply B WHERE B. Sno='S301'”语句找到（记作 T），然后判断 S 提供的商品是否是 T 中的商品（SELECT * FROM Supply C WHERE C. Sno=A. Sno AND C. Gno=B. Gno），如果能找到这样的数据，则说明此条记录应该出现在结果集里，否则从 SUPPLY A 中取第二条数据，再进行同样的判断，直到所有数据都处理完毕。

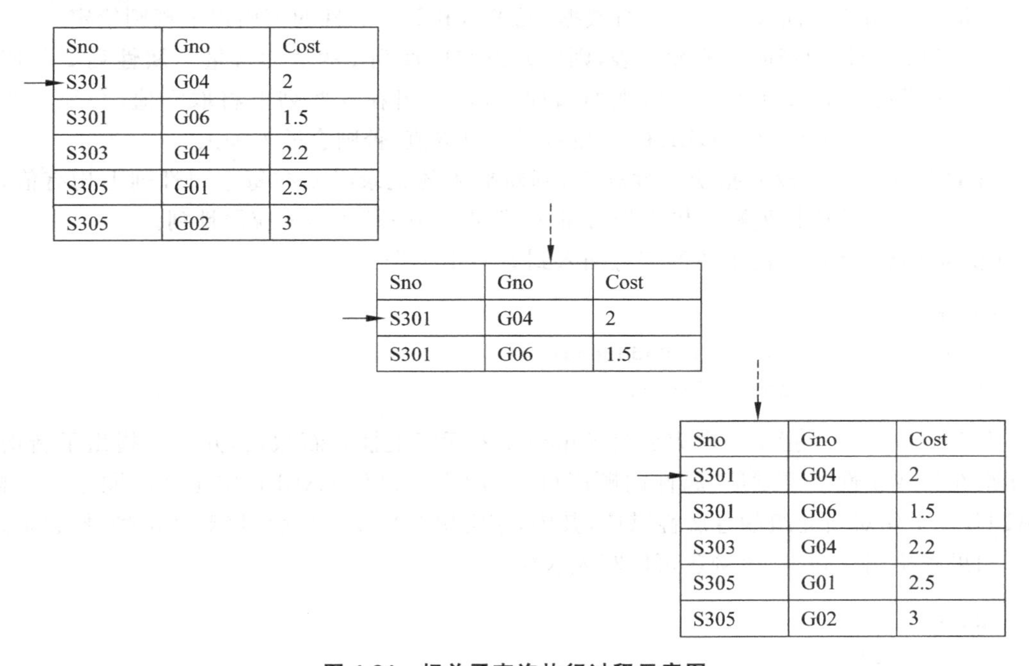

Sno	Gno	Cost
S301	G04	2
S301	G06	1.5
S303	G04	2.2
S305	G01	2.5
S305	G02	3

Sno	Gno	Cost
S301	G04	2
S301	G06	1.5

Sno	Gno	Cost
S301	G04	2
S301	G06	1.5
S303	G04	2.2
S305	G01	2.5
S305	G02	3

图 4-34　相关子查询执行过程示意图

4.4　数据更新语言

DBMS 执行数据定义语句后，只得到表的结构，表中没有数据。数据更新语句的功能是往表中插入数据，插入的数据在需要的时候可以进行修改或删除。数据的插入、修改和删除统称为数据的更新，在 SQL 语言中有 3 个相应的命令来完成，本节介绍这 3 个语句的基本语法。

4.4.1 插入数据

SQL 使用 INSERT 语句向一个表中插入数据，可以一次插入一个或多个元组。

1. 插入单个元组

插入语句的格式为：

```
INSERT
INTO<表名>[(<属性列 1>[,<属性列 2>])...]
VALUES(<常量 1>[,<常量 2>]...);
```

该语句的功能是向表中添加一行数据(元组)，其每个属性的值由以下规则给定。

若 INTO 子句中指明了属性列表，则新元组在属性列 1 的值为常量 1，属性列 2 的值为常量 2……没有在 INTO 子句中出现的属性列，新元组在这些列上将取空值，必须注意的是，在表定义时说明 NOT NULL 的属性列不能取空值，否则会插入失败。

若 INTO 子句中没有指明属性列表，则新插入的记录必须在每个属性列上均有值，并且按照表定义时的属性列顺序依次把常量 1、常量 2……赋值给相应属性列。

【例 4-45】 将供应商宝洁的信息插入到 Supplier 表中。

```
INSERT
INTO Supplier (Sno,Sname,Saddress)
VALUES('S301','宝洁','广州');
```

在 INTO 子句中指出了向表名为 Supplier 的元组上插入新数据，并且还指出了新增加的元组在哪些属性上要赋值，属性的顺序可以与 CREATE TABLE 中定义的顺序不一样。VALUES 子句对新元组的各属性赋值，其中，字符串常量要用单引号(英文符号)括起来。

如果省略属性列表，该例还可以写成这样：

```
INSERT
INTO Supplier
VALUES('S301','宝洁','广州');
```

该命令则将数据('S301','宝洁','广州')按照创建表时各列的顺序相应赋值。

2. 批量插入

除单个元组外，INSERT 语句还可以嵌套一个子查询，用来把子查询的结果成批插入到表中，这种插入方式称之为批量插入。其语法格式为：

```
INSERT
INTO<表名>[(<属性列 1>[,<属性列 2>])...]
子查询;
```

表中每个属性值的赋值规则与单个元组的赋值规则类似：将子查询的结果依次赋值给属性列表；若不带属性列表，则按照表定义时属性的顺序依次赋值。

【例 4-46】 假设数据库中已经有一个和 Supplier 表一样结构的表 Supplier_BJ，存储的是北京本地的供应商信息。请将 Supplier 中的北京供应商存储到 Supplier_BJ 中，可以采用批量插入的方式一次执行：

```
INSERT
INTO Supplier_BJ
SELECT SNO,SNAME,SADDRESS
FROM Supplier
WHERE Saddress='北京';
```

批量插入的命令非常有用，在实际的数据库系统的开发过程中，经常会碰到两个表中数据的复制，采用该命令能大大提高工作效率。

4.4.2 修改数据

除了可以向表中插入数据外，SQL 还提供了修改数据的命令，其语法格式为：

```
UPDATE <表名>
SET<列名>=<表达式>[,<列名>=<表达式>]...
[WHERE<条件>];
```

语句的功能是修改指定表中满足 WHERE 子句条件的元组。其中 SET 子句用于指定修改方法，即用<表达式>的值取代相应的属性列值。表达式中可以出现常数、列名、系统支持的函数以及运算符，还可以是子查询，最简单的条件表达式是“列名＝常数”。如果省略 WHERE 子句，则表示要修改表中的所有元组。

【例 4-47】 将 Goods 中所有商品的价格都提高 10%。

```
UPDATE Goods
SET Price=(1+0.1) * Price;
```

执行这个命令后，Goods 中所有商品的 Price 属性列都被“(1＋0.1) * Price”替换，从而实现了修改数据的目的。

【例 4-48】 将宝洁公司供应的商品价格都降低 10%。

大家知道，所有商品的信息在 Goods 中，所有供应商的信息在 Supplier 中，而体现二者联系的信息在 Supply 中，所以更新宝洁公司的商品时需要先通过 Supply 找到宝洁公司提供的商品编号，然后再进行更新操作。这里用嵌套查询来实现。

第一步，先找到“宝洁”公司的供应商编号。

```
SELECT SNO
FROM Supplier
WHERE Sname='宝洁';
```

第二步，根据“宝洁”公司的供应商编号找到其供应的商品编号。

```
SELECT GNO
FROM Supply
WHERE SNO=(SELECT SNO
           FROM Supplier
           WHERE Sname='宝洁');
```

第三步,进行修改工作,修改宝洁公司供应的商品价格,使其降低10%。

```
UPDATE Goods
SET Price=(1-0.1)* Price
WHERE GNO IN (SELECT GNO
              FROM Supply
              WHERE SNO=(SELECT SNO
                         FROM Supplier
                         WHERE Sname='宝洁'));
```

【例 4-49】 将商品"牙刷"的供应商全部改由"中华牙膏"供应。

如前例所述,体现供应信息的数据在 Supply 表中,而这个表只有供应商编号、商品编号和成本价。而本例中的"牙刷"和"中华牙膏"分别是商品名称和供应商名称,所以要更新"牙刷"的"供应商名称",需要先在 Supplier 表中找到"中华牙膏"的供应商编号,用一个子查询返回其编号,作为赋值表达式的值;再在 Goods 表中找到商品"牙刷",即在查询条件中,根据"牙刷"找到其商品编号。整个命令如下:

```
UPDATE Supply
SET SNO=(SELECT SNO
         FROM Supplier
         WHERE SName='中华牙膏')
WHERE GNO IN (SELECT GNO
              FROM Goods
              WHERE Gname='牙刷');
```

赋值表达式除了可以跟子查询外,还可以跟 CASE 表达式,表示分支判断,其语法格式为:

```
CASE
   WHEN<条件 1>THEN <表达式 1>
   WHEN<条件 2>THEN <表达式 2>
...
  ELSE  <默认表达式>
END;
```

该语句的含义是,若满足<条件1>,则 CASE 表达式的结果等于<表达式1>;若满足<条件2>,则 CASE 表达式的结果等于<表达式2>;以此类推。否则,若所有的条件都不满足,则 CASE 表达式的结果为<默认表达式>。

【例 4-50】 为庆祝公司10周年庆典,低于100元的产品都打9.8折销售,高于1000元的产品打9折销售,其他的打9.5折销售。

```
UPDATE Goods
SET Price=CASE
          WHEN Price <100 THEN Price * 0.98
          WHEN Price >1000 THEN Price * 0.9
          ELSE Price * 0.95
          END;
```

4.4.3 删除数据

删除操作用来将表中不再需要的元组从表中永久去除,不再保存在数据库中。SQL中删除语句的一般格式为:

```
DELETE
FROM <表名>
[WHERE <条件>];
```

该语句的功能是从指定表中删除满足WHERE子句条件的所有元组。如果省略WHERE子句,则表示删除表中全部元组,但表的定义仍在数据字典中。也就是说,DELETE语句删除的是表中的数据,而不是关于表的结构。

【例 4-51】 删除表Supplier中地址是北京的信息。

```
Delete from Supplier WHERE Saddress='北京';
```

DBMS执行此命令后,则删除掉Supplier表中的所有北京供应商的信息。

4.5 视图

4.5.1 视图的概念

视图是一个虚拟表,其内容由查询定义。同真实的表一样,视图包含一系列带有名称的列和行数据。但是,视图并不在数据库中以存储的数据集形式存在。行和列数据来自于定义视图时所引用的表,并且在引用视图时动态生成。对其中所引用的基础表来说,视图的作用类似于筛选。定义的视图可以来自当前或其他数据库的一个或多个表,或者其他视图。从用户角度来看,一个视图是从一个特定的角度来查看数据库中的数据。从数据库系统内部来看,一个视图是由SELECT语句组成的查询定义的虚拟表,它是由一张或多张表中的数据组成的;从数据库系统外部来看,视图就如同一张表一样,对表能够进行的一般操作都可以应用于视图,例如查询、插入、修改和删除操作等。

定义视图主要出于两种考虑：一是安全原因，视图可以隐藏一些数据，如社会保险基金表，可以用视图只显示姓名、地址，而不显示社会保险号和工资数等；二是可使复杂的查询易于理解和使用。

视图一经定义便存储在数据库中，与其相对应的数据并没有像表那样在数据库中再存储一份，通过视图看到的数据只是存放在基本表中的数据。对视图的操作与对表的操作一样，可以对其进行查询、修改（有一定的限制）、删除。当对视图中的数据进行修改时，相应的基本表的数据也要发生变化，同时，若基本表的数据发生变化，则这种变化也可以自动地反映到视图中。

总之，使用视图有很多优点，主要表现为以下几个方面。

1）为用户集中数据

视图为用户提供了一个受限制的环境，用户只能访问允许的数据，一些不必要的、不合适的数据则不在视图中显示。用户可以像操纵表一样操纵视图中的数据的显示，另外，如果权限允许，用户可以修改视图中的全部或部分数据。

2）简化数据操作

视图大大简化了用户对数据的操作。因为在定义视图时，若视图本身就是一个复杂查询的结果集，这样在每一次执行相同的查询时，不必重新写这些复杂的查询语句，只要一条简单的查询视图语句即可。可见视图向用户隐藏了表与表之间的复杂的连接操作。

3）定制数据

视图能够实现让不同的用户以不同的方式看到不同或相同的数据集。因此，当有许多不同水平的用户共用同一数据库时，这一点显得尤为重要。

4）合并分割数据

在有些情况下，由于表中数据量太大，故在设计表时常将表进行水平分割或垂直分割，但表的结构的变化却对应用程序产生不良的影响。如果使用视图就可以重新保持原有的结构关系，从而使外模式保持不变，原有的应用程序仍可以通过视图来重载数据。

5）安全性

视图可以作为一种安全机制。通过视图用户只能查看和修改他们所能看到的数据。其他数据库或表既不可见也不可以访问。如果某一用户想要访问视图的结果集，必须授予其访问权限。视图所引用表的访问权限与视图权限的设置互不影响。

4.5.2 创建视图

SQL 用 CREATE VIEW 命令建立视图，其一般格式为：

```
CREATE VIEW<视图名>[(<列名>[,<列名>])]
AS <子查询>
[WITH CHECK OPTION];
```

其中子查询可以是任意复杂的 SELECT 语句，但通常不允许含有 ORDER BY 子句和

DISTINCT 短语。WITH CHECK OPTION 是可选项，表示对视图进行 UPDATE、INSERT 和 DELETE 操作时要保证更新、插入或删除的元组满足视图定义中子查询的 WHERE 子句中的条件表达式。

组成视图的属性列名或者全部省略或者全部指定，通常省略指定视图的各个属性列名，隐含该视图由子查询中 SELECT 子句目标列中的诸字段组成。但在下列 3 种情况下必须明确指定组成视图的所有列名。

(1) 某个目标列不是单纯的属性名，而是聚集函数或列表达式。

(2) 多表连接时选出了几个同名列作为视图的列。

(3) 需要在视图中为某个列启用更合适的新名字。

【例 4-52】 建立一个北京供应商的视图。

```
CREATE VIEW Supplier_BJ
AS
SELECT Sno,Sname,Saddress
FROM Supplier
WHERE Saddress='北京';
```

本例中省略了视图 Supplier_BJ 的列名，视图的列名由子查询中的 SELECT 子句指定，即“Sno，Sname，Saddress”。

如果本例定义时，带有 WITH CHECK OPTION，即

```
CREATE VIEW Supplier_BJ_1
AS
SELECT Sno,Sname,Saddress
FROM Supplier
WHERE Saddress='北京'
WITH CHECK OPTION;
```

则以后对该视图进行插入、修改和删除操作时，DBMS 会自动加上“Saddress='北京'”的条件。

4.5.3 更新视图

更新视图是指通过视图来插入(INSERT)、删除(DELETE)和修改(UPDATE)数据。由于视图是不实际存储数据的虚表，因此对视图的更新最终要转换为对基本表的更新。

【例 4-53】 对 Supplier_BJ_1 视图进行插入、修改、删除操作。

Supplier_BJ_1 在创建时，带有 WITH CHECK OPTION，所以每次更新操作时，都要检查是否符合查询条件。

插入数据：

```
INSERT INTO Supplier_BJ_1
VALUES('S01','上海三元','北京');
```

其实，相当于对基本表的操作：

```
INSERT INTO Supplier
VALUES('S01','上海三元','北京');
```

对视图插入时，DBMS 要自动检查插入的数据是否符合条件，如下数据就插入不成功。

```
INSERT INTO Supplier
VALUES('S02','上海三元','上海');
```

因为第三个属性列“Saddress='上海'”不符合查询条件“WHERE Saddress='北京'”。

同理，修改的数据最终也要反映到基本表上。例如，

```
UPDATE Supplier_BJ_1 SET Sname='北京三元';
```

如果修改数据时，违背了查询条件要求，则 DBMS 拒绝执行命令，如下述命令将不被执行。

```
UPDATE Supplier_BJ_1 SET Saddress='上海';
```

最后，删除视图的数据，用如下命令：

```
DELETE FROM Supplier_BJ_1;
```

4.5.4 查询视图

一旦视图定义完成以后，可以像对待基本表一样对视图进行查询。

【例 4-54】 列出北京本地的供应商视图中供应商的编号和姓名。

```
SELECT Sno, Sname FROM Supplier_BJ_1;
```

与对视图执行更新操作一样，DBMS 执行对视图的查询时，首先将其转化成基本表，然后再在基本表上执行查询操作。本例转换后的查询语句为：

```
SELECT Sno, Sname
FROM Supplier
WHERE Saddress='北京';
```

4.5.5 删除视图

删除视图用 DROP VIEW 语句，语法格式为：

```
DROP VIEW <视图名>
```

【例 4-55】 删除视图 Supplier_BJ_1。

```
DROP VIEW Supplier_BJ_1;
```

视图删除完毕后，所依据的基本表依然存在，不影响表结构和表中数据。

习题 4

1. SQL 的特点是什么？

2. 在下列关系数据库中存在 3 个关系，分别如表 4-11～表 4-14 所示。请用 SQL 语言完成以下题目。

表 4-11 科研项目表

项目代号	项目名称	项目负责人	启动日期	经费来源	备 注
FY001	可重构研究	张志强	2007-1-1	纵向课题	自然基金
FY002	CIMS 平台	孙林栋	2008-2-1	横向课题	
FY003	企业信息化	孙林栋	2008-2-10	横向课题	
FY004	JSP 调度	孙林栋	2009-3-1	纵向课题	863 计划
FY005	物流规划	李华	2008-6-1	横向课题	

表 4-12 科研人员表

工号	姓名	性别	职称	学历
1000	张志强	男	副教授	硕士
1001	孙林栋	男	教授	博士
1002	杨宏宝	男	讲师	博士
1003	王建国	男	讲师	博士
1004	李华	女	教授	博士

表 4-13 科研任务表

工号	项目代号	开始日期	计划完成日期	实际完成日期	负责内容
1000	FY001	2007-1-1	2007-3-1	2007-2-15	系统规划
1002	FY001	2007-2-16	2007-3-30	2007-4-1	系统分析
1003	FY001	2007-4-2	2008-4-1		系统开发
1001	FY002	2008-2-1	2008-4-1	2008-4-1	平台建设
1001	FY003	2008-2-10	2008-4-10		咨询

表 4-14　科研经费表

单　据　号	项 目 代 号	日　　期	到 款 金 额
200701	FY001	2007-1-1	500 000
200702	FY001	2007-3-1	1 500 000
200801	FY002	2008-2-1	1 200 000
200802	FY003	2008-2-10	80 000

（1）创建“科研项目表”，表中各属性的数据类型和长度自定义（包括完整性）。

（2）创建“科研任务表”，表中各属性的数据类型和长度自定义（包括完整性）。

（3）列出所有项目的项目名称和项目负责人。

（4）按照启动时间顺序列出所有项目信息。

（5）列出在 2007 年启动的所有项目信息。

（6）列出学历是博士的所有科研人员姓名。

（7）查找教授们负责的项目。

（8）统计该研究所总共有多少项目。

（9）列出经费超过 100 万元的所有项目代号、项目名称。

（10）统计每个项目负责人的科研经费。

（11）“王建国”因故离职，请从数据库中删除他的所有信息。

（12）找出所有张姓的科研人员信息。

（13）新招聘人员“王平”，工号“1005”，女，讲师，博士后，并给她分配任务“FY003”，请将这些信息输入到数据库中。（没提供的信息可以空值代替）

（14）使用 Case…when 语句更新科研人员表，职称是助教的提升为讲师，职称是讲师的提升为副教授，职称是副教授的提升为教授，职称是教授的提升为终身教授。

第5章 SQL语言高级功能

SQL语言除了最基本的数据定义功能和数据操纵功能外，还具备数据控制、复杂流程处理等高级功能。本章重点介绍SQL的数据控制语言、控制复杂流程的存储过程和触发器，以及嵌入式SQL。

5.1 数据控制语言

数据控制语言是用来设置或者更改数据库用户或角色权限的语句，这些语句包括GRANT、REVOKE等，在默认状态下，只有sysadmin、dbcreator、db_owner或db_securityadmin等角色的成员才有权执行数据控制语言。

5.1.1 权限和角色

数据库中的权限分为两类：一类是维护数据库管理系统的权限，另一类是操作数据库中的对象和数据的权限。后者又包括两种：一种是操作数据库对象的权限，如创建、修改和删除数据库对象；另一种是操作数据库中数据的权限，包括对表或视图中的数据进行增、删、改和查询操作。对不同的数据库对象有不同的操作权限，标准SQL也通过简单的单词来表达这些权限(见表5-1)。

表5-1 不同对象类型允许的权限

对象类型	权限	含义
TABLE	SELECT	查询表的全部属性列的权限
	UPDATE	更新表中数据的权限
	INSERT	向表中插入数据的权限
	DELETE	从表中删除数据的权限
	REFERENCES	引用表的权限
	ALTER	修改表结构的权限
	INDEX	在表上建索引的权限
	ALL PRIVILEGES	所有权限

续表

对象类型	权　限	含　义
TABLE	SELECT(列名)	查询表的指定属性列的权限
	UPDATE(列名)	更新表中指定属性列的数据权限
	INSERT(列名)	向表中指定属性列插入数据的权限
	DELETE(列名)	从表中指定属性列删除数据的权限
DATABASE	CREATE(或 ALTER) TABLE	在数据库中创建(或修改)表的权限
	CREATE(或 ALTER) VIEW	在数据库中创建(或修改)视图的权限
	CREATE(或 ALTER) FUNCTION	在数据库中创建(或修改)函数的权限
	CREATE(或 ALTER) PROCEDURE	在数据库中创建(或修改)存储过程的权限
	CREATE(或 ALTER) TRIGGER	在数据库中创建(或修改)触发器的权限
	BACKUP DATABASE	备份数据库的权限
	BACKUP LOG	备份日志的权限
	CONNECT	连接数据库的权限

其中,在数据库创建表的权限属于 DBA,DBA 可以将这个权限授给普通用户,普通用户拥有此权限可以建立基本表,并成为该表的属主(Owner)。一旦成为一个表的属主,将拥有对该表的一切操作权限。

在数据库中,为了便于管理用户及其权限,借用了现实生活中角色的概念。角色是一组权限的集合。在角色里,可以把一些基本权限进行组合,然后把角色整体授予一个用户或一组用户,这样可以降低数据库管理员的工作负担和维护成本。例如,在超市数据库管理系统中,假设采购员的权限有查看供应商、查看商品库存信息、修改商品价格等 10 个权限。如果超市里有 10 位采购员,那么数据库管理员将分别对 10 位采购员用户依次赋予 10 个权限,共需要进行 10×10=100 次的授权操作。如果把这 10 个权限组合绑定,赋予一个角色,暂且定名为"采购员",那么数据库管理员对 10 个采购员的授权工作将由 100 次缩减为 10 次,只要被授予"采购员"角色的用户在使用数据库的过程中就扮演了"采购员"一职,一旦其调换岗位或因其他原因不从事采购工作,数据库管理员直接把角色"采购员"的权限收回即可。DBA 可以把企业中类似的相对固定的岗位权限都采用角色的方式来定义,从而大大减轻其工作负担。

5.1.2　授权语句

授权语句实现对数据库中数据的存取控制。存取控制是指授予某个用户某种特权,利用该特权能够以某种方式(如读取、修改等)访问数据库中的某些数据对象。

大型数据库管理系统几乎都支持自主存取控制,目前的 SQL 标准也对自主存取控制提供支持，主要通过 SQL 的 GRANT 语句和 REVOKE 语句来实现。GRANT 将某种权限授予某个用户，GRANT 语句的一般格式为：

```
GRANT<权限>[,<权限>]...
[ON <对象类型><对象名>]
TO<用户>[,<用户>]...
[WITH GRANT OPTION];
```

其语义为：将对指定数据对象的指定操作权限授予指定的用户。接受权限的用户可以是一个或多个具体用户；也可以是 PUBLIC，即全体用户。

如果指定了 WITH GRANT OPTION 子句，则获得某种权限的用户还可以把这种权限再授予其他用户。如果没有指定 WITH GRANT OPTION 子句，则获得某种权限的用户只能使用该权限，但不能传播该权限。

假设 DBA 已经通过 DBMS 提供的工具建立了以下用户：user1、user2、user3、user4、user5。下面是利用 GRANT 语句进行授权操作的一些例子。

【例 5-1】 DBA 把在数据库 TEST 中的建表的权限授予用户 user1。

标准 SQL 语句的写法：

```
GRANT CREATETAB ON DATEBASE TEST TO user1;
```

因具体的数据库管理系统设计的不同，实现这个命令的方式也略有差异，如在 SQL Server 中使用的命令就是：

```
GRANT CREATE TABLE TO user1;
```

一旦授权成功，user1 拥有了在 TEST 中创建表的权限。

【例 5-2】 把对基本表 Goods 的查询权限授予所有用户。

```
GRANT SELECT ON Goods TO PUBLIC;
```

关键字 PUBLIC 是个系统预先建立好的角色。命令一旦执行成功，则数据库中的所有拥有 PUBLIC 角色的用户都拥有了对 Goods 表的查询权限。

【例 5-3】 把对基本表 Supplier 的查询权限授予用户 user2。

```
GRANT SELECT ON Supplier TO user2;
```

【例 5-4】 把对基本表 Supplier 的所有权限授予用户 user3。

```
GRANT ALL PRIVILEGES ON Supplier TO user3;
```

【例 5-5】 把对基本表 Goods 的查询权限和修改价格的权限授予用户 user4。

```
GRANT SELECT,UPDATE(Price) ON Goods TO user4;
```

【例 5-6】 把对基本表 Supply 的插入权限授予用户 user5，并允许他将此权限授予其他用户。

```
GRANT INSERT ON Supply TO user5 WITH GRANT OPTION;
```

执行 SQL 语句后，user5 不仅拥有对表 Supply 的 INSERT 权限，还可以传播此权限，即通过授权命令把这个权限授给其他用户，如 user5 可以执行以下命令将该权限授予 user4 和 user3：

```
GRANT INSERT ON Supply TO user4, user3;
```

因授权命令中没有 WITH GRANT OPTION，则 user4 不能再传播此权限。

从上述例子可以看出，授权语句不仅可以一次向一个或多个用户授权，而且还可以一次传播一个或多个同类对象的多个权限。

5.1.3 收回权限

授予的权限可以由 DBA 或其他授权者用 REVOKE 语句收回，REVOKE 语句的一般格式为：

```
REVOKE <权限>[,<权限>]...
    [ ON <对象类型><对象名>]
    FROM <用户>[,<用户>]... ;
```

【例 5-7】 把用户 user4 对基本表 Goods 的修改价格的权限收回。

```
REVOKE UPDATE (Price) ON TABLE Goods FROM user4;
```

收回权限的具体细节与授权类似，这里不再一一举例说明。读者可以参照授权的例子，自己写出收回这些权限的语句。

5.2 存储过程

SQL 是一种非过程结构化查询语言，有很强的表达能力。基于数据库的应用逻辑日益复杂，在应用中仅仅使用顺序执行的 SQL 语句序列表现出很大的局限性，减少局限性的方法之一是使用 PL/SQL 来编写存储过程。PL/SQL 是编写数据库应用模块的一种过程语言，它结合了 SQL 的数据操作能力和过程化语言的流程控制能力，开发人员可以设计出更加灵活的应用系统。

存储过程(Stored Procedure，SP)是使用 PL/SQL 编写的模块，存储过程经编译和优化后存储在数据库服务器端的数据库中，使用时调用即可。与表、视图一样，存储过程也是一直存储在数据库中的对象。存储过程与其他编程语言中的过程类似，可以接收输入参数并以输出参数的形式向调用过程返回多个值。存储过程与函数不同，因为存储过程不返回取代其名称的值，因此不能直接在表达式中使用。

存储过程可以使用户用 SQL 语句和流程控制语句对数据进行方便的处理，增强了

SQL的功能和灵活性，完成SQL很难完成的复杂的逻辑判断和比较复杂的运算；存储过程还可以优化性能，在运行存储过程前，数据库服务器对其进行语法和语义分析，然后进行预编译，使用时直接调用即可，执行速度较高；另外，由于存储过程保存在服务器端，可以降低网络的通信量，同时一旦用户规则发生变化，只在服务器端修改存储过程、重新发布相关的数据库数据就可以了。总之，方便部署应用。

存储过程的功能很多。例如，可以把完成某一数据库处理的功能设计为一个存储过程，就可以被各个程序反复调用，从而减轻程序编写的工作量。因此，在数据库应用系统中，充分利用存储过程来完成应用系统的逻辑操作处理，可以提高系统的运行性能和可维护性。

5.2.1 创建存储过程

创建存储过程的SQL语句语法格式为：

```
CREATE PROCEDURE <存储过程名>([@参数1 数据类型 IN/OUT/ INOUT,@参数2 数据类型
                                    IN/OUT/ INOUT...])AS
[DECLARE <内部变量>]
BEGIN
    <SQL语句>
END;
```

其中，@参数列表指明参数名称和数据类型，可以带多个参数，参数可以是输入参数、输出参数或输入输出参数，其中，输入参数用IN标记，默认状态下都是输入参数；输出参数用OUT特别说明；输入输出参数用INOUT标记。DECLARE可选项定义存储过程内部的变量，不需要变量时，可以无此项。在BEGIN…END之间定义存储过程要执行的SQL语句，可以是一组SQL语句，也可以包含流程控制语句等。

【例5-8】 创建一个存储过程。

```
CREATE PROCEDURE sp_getname
As
Select Sname FROM Supplier;
```

这是一个名为sp_getname的存储过程，它在第一次执行时存放在数据库中，当以后需要从供应商中提取供应商名称时，直接调用这个存储过程即可，DBMS在服务器端完成查询，并将结果传送给客户。

【例5-9】 创建一个带IN参数的存储过程。

```
CREATE PROCEDURE sp_getname_D (@addr char(20) IN)
As
Select Sname FROM Supplier WHERE Saddress=@addr;
```

这个存储过程只选择给定地区的供应商名称，指定地区的参数通过@addr传入。

【例5-10】 创建一个带OUT参数的存储过程。

```
CREATE PROCEDURE sp_getSUM (@TOTAL FLOAT OUT)
As
Select @TOTAL=SUM(Price) FROM Goods;
```

这个存储过程计算所有商品的总市值,并把计算的结果输出到 OUT 参数@TOTAL。程序调用存储过程 sp_getSUM 后,可以直接将其赋值给一个变量。

5.2.2 修改存储过程

SQL 中修改存储过程可以用 ALTER PROCEDURE 命令,其语法格式为:

```
ALTER PROCEDURE <存储过程名> ([@参数 1 数据类型 IN/OUT/ INOUT,@参数 2 数据类型
                                  IN/OUT/ INOUT...]) AS
[DECLARE
<内部变量>]
BEGIN
    <SQL 语句>
END;
```

各参数的含义与创建存储过程的 CREATE PROCEDURE 语句中的参数相同。

【例 5-11】 修改例 5-10 存储过程,使得存储过程返回商品的平均价格。

```
ALTER PROCEDURE sp_getSUM (@TOTAL FLOAT OUT)
As
Select @TOTAL=AVE(Price) FROM Goods;
```

5.2.3 删除存储过程

不再需要的存储过程可以使用删除命令删除,语法格式为:

```
DROP PROCEDURE <存储过程名>;
```

【例 5-12】 删除存储过程 sp_getname_D。

```
DROP PROCEDURE sp_getname_D;
```

5.2.4 执行存储过程

在 SQL 中,通过 Execute(简写 exec)命令执行已经创建成功的存储过程。Execute 命令的语法格式如下:

```
Exec|execute
{
```

```
[@return_status=]
{module_name[;name]|@module_name_var}
[[@parameter=]{value|@variable[output]|default]}]
[,...n]
[with recompile]
}
[;]
```

参数说明见表 5-2。

表 5-2　参数说明

参　数　名	说　　明
@return_status	可选的整型变量,代表存储过程的返回状态,该变量在用于 Execute 语句前,必须已经声明过
module_name	要调用的存储过程名,必须符合标识符命名规则
[name]	可选整数,用于对同名的过程分组
@module_name_var	代表存储过程名单局部变量
@parameter	存储过程的参数,必须和存储过程定义中的相同
Value	传递的参数值。如果参数名称没有指定,参数值的顺序必须和存储过程中定义的顺序相同
@variable	存储参数或返回参数的变量
output	指定该参数为输出参数,该参数在存储过程定义时必须已经使用 output 声明为输出参数。必须使用变量来接收输出值,而且该变量必须事先声明
default	指明该参数使用默认值。如果某参数定义时没有指定默认值,则不能使用 default 关键字
with recompile	一般情况下,存储过程只有在第一次执行时,系统对其进行编译,并将其存储起来,以后执行时直接取出执行计划执行,不再编译。使用 with recompile,强制在执行存储过程时重新对其进行编译

【例 5-13】　执行存储过程 price_query。

```
DECLARE @t float
EXECUTE price_query  '002',@t output
SELECT @t;
```

注意: 如果存储过程含义参数并且没有指定默认值,则调用存储过程时必须对参数赋值,可以使用两种方式传递参数:按顺序赋值和按名赋值。

1. 按顺序赋值

按属性给参数赋值时,不需要给出参数的名称,并且调用语句中值的顺序必须和存储过程定义中参数定义的顺序保持一致。如果某参数有默认值,可以使用 default 指明该参数使用默认值,如果该参数位于参数列表的末尾,则 default 可以省略。如例 5-13 即是按顺序赋值的方式。

2. 按名赋值

采用"参数名=参数值"的方式对参数进行赋值,赋值的顺序跟存储过程定义时的顺序可以不一致。如例 5-13 可以改为:

```
DECLARE @t float
EXECUTE price_query @gno='002',@price=@t output
SELECT @t;
```

5.2.5 过程声明

过程声明 DECLARE 定义存储过程 SQL 语句中使用的所有局部变量或常量,在执行存储过程时,DBMS 为它们分配空间,并可以在过程体内被引用。变量声明时系统进行如下的处理过程:

(1) 指定局部变量名称,名称的第一个字符必须是@。

(2) 指定变量的数据类型,可以是系统提供的数据类型或用户自定义的数据类型,对于有长度设置的还可以设置长度,如字符型数据可以设置字符的长度,数值型可以设置数值的精度和小数位数。

(3) 为变量赋初值。

声明语句的语法为:

```
DECLARE <变量名称 数据类型[默认值]>[,...]
```

可以一次定义多个变量,各变量之间用逗号隔开。

【例 5-14】 定义一个变量,记录平均价格。

```
DECLARE
@avgprice FLOAT;
```

另外,过程声明中定义的变量允许设定默认值或使用约束。

【例 5-15】 定义商品起始价格,默认为 0。

```
DECLARE
@gprice FLOAT 0;
```

存储过程中可用的数据类型一般和数据库服务器所支持的内部数据类型兼容,同时多数数据库服务器还可能支持记录类型或列类型,在 SQL Server 中有 table 数据类型。表声明包括列定义、名称、数据类型和约束。允许的约束类型只包括 PRIMARY KEY、UNIQUE、NULL 和 CHECK。这两种方式的基准记录或列来自数据库中已经存在的某个表的行定义或列,变量的类型和数据库对象的类型保持同步,保证使用这些变量输入输出相关对象时的类型完全一致。

【例 5-16】 定义商品变量。

```
Decalre @goodrow TABLE (Gno CHAR(20) PRIMARY KEY,
                        Gname CHAR(50) NOT NULL,
                        Price FLOAT,
                        BATCH CHAR(20));
```

这里定义的@goodrow 变量与 TABLE 表定义的结构相同。

注意：过程声明还有更多内容，许多内容依赖于具体的数据库服务器，包括定义的语法和后面几个小节中的内容，但总体上符合或基本遵循新的 SQL 标准所规定的用法。另外，还要注意在某些数据库服务器中，过程体中不能定义和数据库对象同名的过程变量。

5.2.6 基本语句和表达式

存储过程一般用来完成数据查询和数据处理操作，这些操作可以用执行语句来完成。在执行语句中主要包括赋值语句、查询语句和过程/函数调用语句。

1. 赋值语句

存储过程在过程声明 DECLARE 中定义了过程变量后，在过程体中就可以对变量赋值了，常用的方式使用 SET 来修改过程定义的局部变量或过程参数的值。赋值变量的值可以是常量、变量、函数和表达式，还可以是子查询。

【例 5-17】 将例 5-14 中定义的平均价格变量提高 1%。

```
SET @avgprice=@avgprice * 1.01;
```

【例 5-18】 将 Goods 表的平均价格输出到例 5-14 中定义的平均价格变量中。

```
SET @avgprice=(SELECT AVG(Price) FROM Goods);
```

2. 查询语句

存储过程可以包含很多的 SQL 语句，这些 SQL 语句都是顺序执行的单语句，语句中可以使用过程所声明的变量。

【例 5-19】 统计商品的平均价格。

```
SELECT AVG(Price) INTO @avgprice FROM Goods;
```

本例中，查询语句的输出 AVG(PRICE)用 INTO 子句将输出保存在过程变量 avgprice 中。

3. 过程/函数调用语句

在 PL/SQL 中，数据库服务器一般支持在过程体中调用其他存储过程或函数。可以使用 PERFORM、CALL 或直接使用 SELECT 等多种不同方式激活对其他过程/函数的执行。

在存储过程内部发出过程/函数调用时可以使用过程声明的变量或接口参数作为函数调用的参数。如果被调用函数含有输出或输入输出(OUT/INOUT)参数，则调用时传入的变量在被调用过程中发生的修改在当前过程中可见。

4. 表达式

在存储过程体中，一般都会使用常量、变量、操作符、标识符组合成各种表达式，并在运算后得到一个合法的结果。

常量是表示一个特定数据值的符号，在程序运行过程中其值保持不变，常量的格式取决于它所表达的值的数据类型，如字符串常量、数值常量、日期时间常量和空值。

变量是可以对其赋值并参与运算的一个实体，其值在运算过程中可以发生改变，变量可以分为全局变量和局部变量两类，其中全局变量由系统定义并维护，局部变量由用户定义并赋值。

存储过程中可使用的操作符包括算术运算符、赋值运算符、字符串串联运算符、比较运算符、逻辑运算符、按位运算符和一元运算符，各种运算符的优先级见表 5-3，其中比较运算和逻辑运算都属于布尔表达式，结果为逻辑值真或假。在流程控制的各种控制语句中，控制条件一般使用布尔表达式。

表 5-3　运算符优先级

优先级	运算符名称	符　号	语　法	含　义
最高	按位取反	～	～表达式	一元运算符：只对一个表达式按位取反
	乘	*	表达式 1 * 表达式 2	算术运算符：对两个表达式执行乘运算
	除	/	表达式 1/表达式 2	算术运算符：对两个表达式执行除运算
	取余	%	表达式 1%表达式 2	算术运算符：对两个表达式执行取余运算
	正	＋	＋数值表达式	一元运算符：对一个表达式取正
	负	－	－数值表达式	一元运算符：对一个表达式取负
	加	＋	字符串 1＋字符串 2	字符串串联运算符：将两个字符串连接起来
	减	－	表达式 1－表达式 2	算术运算符：对两个表达式执行减运算
	按位与	&	表达式 1& 表达式 2	按位运算符：按位与
	按位异或	^	表达式 1^表达式 2	按位运算符：按位异或
	按位或	|	表达式 1|表达式 2	按位运算符：按位或
	等于	＝	表达式 1＝表达式 2	比较运算符：两个表达式是否相等
	大于	＞	表达式 1＞表达式 2	比较运算符：表达式 1 是否大于表达式 2
	大于等于	＞＝	表达式 1＞＝表达式 2	比较运算符：表达式 1 是否大于等于表达式 2
	小于	＜	表达式 1＜表达式 2	比较运算符：表达式 1 是否小于表达式 2
	小于等于	＜＝	表达式 1＜＝表达式 2	比较运算符：表达式 1 是否小于等于表达式 2
	不等于	＜＞或!＝	表达式 1＜＞表达式 2	比较运算符：两个表达式是否不等
	不大于	!＞	表达式 1!＞表达式 2	比较运算符：表达式 1 是否不大于表达式 2
	不小于	!＜	表达式 1!＜表达式 2	比较运算符：表达式 1 是否不小于表达式 2
最低	取反	Not	Not 表达式	逻辑运算符：对表达式的值取反

续表

优先级	运算符名称	符　号	语　　法	含　　义
最高	与	And	表达式 1 And 表达式 2	逻辑运算符：如果表达式的值都为 True，结果为 True，否则为 False
	全部	All	表达式＜all(值表或子表达式)	逻辑运算符：如果表达式与一列值所有值的比较结果为 true，结果为 true
	任一个	Any	表达式＜any(值表或子表达式)	逻辑运算符：如果表达式与一列值任一值的比较结果为 true，结果为 true
	在一段范围内	Between	表达式 between A and B	逻辑运算符：如果表达式在[A,B]区间内，结果为 true
	在一个集合内	In	表达式 in(值表或子查询)	逻辑运算符：如果表达式等于值列表中任意一个，结果为 true
	模糊匹配	Like	表达式 1 like 表达式 2	逻辑运算符：如果字符型表达式 1 与表达式 2 匹配，结果为 true
	或	Or	表达式 1 or 表达式 2	逻辑运算符：如果表达式的值都为 false，结果为 false，否则为 true
最低	等号	＝	变量 1＝常量(或变量 2)	赋值运算符：把常量或变量 2 的值赋值给变量 1

表达式的结果类型一般是数据库系统所支持的数据类型，例如整型、字符型、浮点类型等，也包括可用于逻辑判断的布尔类型。

5.2.7 流程控制

前面介绍的变量、运算符、表达式等都是流程控制的组成元素，利用它们可以表示过程的复杂逻辑，可以用以下形式实现复杂的流程控制逻辑。

1. 定义语句块

Begin…end 语句包括一系列的 T-SQL 语句，把一组 T-SQL 语句作为一个整体来执行。Begin…end 语句的语法格式为：

```
Begin
<SQL语句>
end
```

Begin…end 语句常用在 IF 条件语句和 WHILE 循环语句，而且在一个 Begin…end 语句中可以嵌套多个 Begin…end 语句。

2. 分支流程

分支流程实现了存储过程中复杂的条件控制，它根据条件表达式的执行结果来确定后续执行的语句分支。分支条件一般有 3 种，即 IF…THEN、IF…THEN…ELSE 和嵌套 IF 语句。

1）IF 语句

IF 语句是最简单的分支语句，具体格式如下：

```
IF<条件>
<SQL 语句>
```

只有在条件为真时，SQL 语句序列才可能执行。如果条件为假或为 NULL 时，IF 语句什么也不做，这时控制跳过，继续执行下一个语句。

【例 5-20】 将食品组商品信息价格均 9 折出售。

```
IF @GTYPE='食品组'
UPDATE Goods SET Price=Price * 0.9
```

2）IF… ELSE 语句

IF…ELSE 语句增加了关键字 ELSE，ELSE 之后是另外一个语句序列。具体格式如下：

```
IF 条件 1
<SQL 语句 1>
ELSE
<SQL 语句 2>
```

如果条件 1 为真，则执行 SQL 语句序列 1；在条件为假或 NULL 时，ELSE 后的 SQL 语句序列 2 才会被执行。

【例 5-21】 根据商品分类将价格提高或降低 10%。

```
IF @GTYPE='食品组'
    UPDATE Goods SET Price=Price * 0.9
ELSE
    UPDATE Goods SET Price=Price * 1.1
```

3）嵌套 IF 语句

在 IF 之后或者 ELSE 子句中还可以再包括 IF 语句，即 IF 语句可以嵌套。

【例 5-22】 根据商品分类修改商品价格，如果是食品组商品则 9 折出售，否则如果是卫生组商品则 9.5 折出售，但如果是其他货物则按 9.8 折出售。

```
IF @GTYPE='食品组'
    UPDATE Goods SET Price=Price * 0.9
ELSE
    IF @GTYPE='卫生组'
    UPDATE Goods SET Price=Price * 0.95
ELSE
    UPDATE Goods SET Price=Price * 0.98
```

注意：SQL 标准没有明确要求语句必须使用分号(;)作为语句的结束符，这取决于数据库系统的实现。目前主流数据库产品都支持分号作为语句的结束符。

3. 循环语句

循环语句为存储过程提供了按条件重复执行一组SQL语句的能力，从而使得在流程控制上更接近程序设计语言的过程控制，如C语言中的FOR循环语句。

循环语句由循环条件和循环体构成，循环体是可以重复执行的单语句或多条语句。存储过程使用WHILE语句来多次执行同样的语句序列。WHILE语句的语法格式为：

```
WHILE 条件 1
<SQL语句>BREAK|CONTINUE;
```

BREAK语句退出WHILE循环内部的WHILE语句或IF…ELSE语句最里面的循环。将执行出现在END关键字后面的任何语句，END关键字为循环结束标记。

CONTINUE子句重新开始WHILE循环，在CONTINUE关键字之后的任何语句都将被忽略。

每次执行循环体语句之前，首先对条件进行求值。如果条件为真，则执行循环体内的语句序列。如果条件为假，则跳过循环并把控制传递给下一个语句。

【例5-23】 利用WHILE语句实现从1～100的和。

```
DECLARE @num int,@sum int
set @num=1
set @sum=0
while @num<=100
    begin
        set @sum=@sum+@num
        set @num=@num+1
    end
select @num,@sum;
```

4. RETURN语句

RETURN语句可以从查询或过程中无条件退出。RETURN的执行是即时且完全的，可在任何时候用于从过程、批处理或语句块中退出。RETURN之后的语句是不执行的。具体的语法格式为：

```
RETURN [整数]
```

存储过程可向执行调用的过程或应用程序返回一个整数值，返回值可以省略。这时系统将根据存储过程的执行情况返回一个整数，其中0表示存储过程执行成功，非0值则表示失败。

【例5-24】 创建一个存储过程，根据传入的供应商是否属于北京地区，决定返回1还是2。

```
CREATE PROCEDURE checkstate (@param varchar(11))
AS
```

```
IF (SELECT saddress FROM supplier WHERE sname=@param)='北京'
   RETURN 1
ELSE
   RETURN 2;
```

执行该存储过程：

```
DECLARE @returestatue int
EXEC @returestatue=checkstate '三元'
SELECT @returestatue
```

结果将返回 1。

5. WAITFOR 语句

WAITFOR 在达到指定时间或时间间隔之前，或者指定语句至少修改或返回一行之前，阻止执行批处理、存储过程或事务。具体的语法格式为：

```
WAITFOR DELAY 'time_to_pass' | TIME'time_to_execute'
```

其中，DELAY 后为 time_to_pass，指定可以继续执行批处理、存储过程或事务之前必须经过的指定时段，最长可为 24 小时。TIME 后为 time_to_execute，指定运行批处理、存储过程或事务的时间。time_to_pass 与 time_to_execute 的格式为 hh:mm:ss，不能指定日期。

【例 5-25】 指定延迟 1 分钟后执行存储过程 price_query。

```
DECLARE @t float
WAITFOR DELAY '00:01:00'
EXEC price_query 'g01',@t
```

【例 5-26】 指定在 8 点执行存储过程 price_query。

```
DECLARE @t float
WAITFOR TIME '08:00:00'
EXEC price_query 'g01',@t
```

6. PRINT 语句

在程序运行过程中或程序调试时，向客户端返回用户定义的消息。语法格式为：

```
PRINT msg_str | @local_variable | string_expr
```

其中，msg_str 表示字符串或 Unicode 字符串常量；@local_variable 是任何有效的字符数据类型的变量。@local_variable 的数据类型必须为 char 或 varchar，或者必须能够隐式转换为这些数据类型；string_expr 返回字符串的表达式。可包括串联的文字值、函数和变量。

【例 5-27】 创建存储过程，如果找到指定的数据就输出 1，否则输出 0。

```
CREATE PROCEDURE proc_partSearch (@pname nvarchar(255))
AS
SELECT * FROM part WHERE PNAME=@pname
IF @@ROWCOUNT=0
```

```
PRINT '0'
ELSE
PRINT '1'
```

7. 注释语句

注释是对程序的说明解释，在 SQL Server 2008 中提供了以下两类注释符。

```
--单行注释文本
/* ......*/多行注释文本
```

对程序的注释可以书写为单独的一行，也可以书写在一个完整的 SQL 语句的前面或后面，一般使用注释对程序进行说明，例如变量的含义、程序的功能描述、基本思想等，增加程序的可读性。另外，在调试程序的过程中，使用注释可以指定注释符作用范围内的语句不执行，方便程序的修改和调试。

5.3 游标

大家知道，SQL 的数据操作方式是一次一集合的方式，每次查询的结果都是一个集合，称为结果集。但是有时候应用程序，特别是交互式联机应用程序，并不总能将整个结果集作为一个单元来有效处理。这些应用程序需要一种机制以便每次处理一行或一部分行。游标就是提供这种机制的对结果集的一种扩展。游标是管理查询结果集的用户缓冲区。游标技术将一个命名缓冲区和一个查询语句绑定在一起：查询执行后的结果集数据经过游标将面向集合的操作转换成面向元组的操作，应用程序就可以逐一处理每个元组了。

游标通过以下方式来扩展结果处理：

(1) 允许定位在结果集的特定行。

(2) 从结果集的当前位置检索一行或一部分行。

(3) 支持对结果集中当前位置的行进行数据修改。

(4) 为由其他用户对显示在结果集中的数据库数据所做的更改提供不同级别的可见性支持。

(5) 提供脚本、存储过程和触发器中用于访问结果集中的数据的 T-SQL 语句。

5.3.1 游标类型

Microsoft SQL Server 支持两种请求游标的方法。

(1) T-SQL：支持在 ISO 游标语法之后制定的用于使用游标的语法。

(2) 数据库应用程序编程接口(API)游标函数。

Microsoft SQL Server 支持以下数据库 API 的游标功能：

- ADO(Microsoft ActiveX 数据对象)。

- OLE DB。
- ODBC(开放式数据库连接)。

应用程序不能混合使用这两种请求游标的方法。已经使用 API 指定游标行为的应用程序不能再执行 T-SQL DECLARE CURSOR 语句请求一个 Microsoft SQL 游标。应用程序只有在将所有的 API 游标特性设置为默认值后,才可以执行 DECLARE CURSOR。如果既未请求 T-SQL 游标也未请求 API 游标,则默认情况下 SQL Server 将向应用程序返回一个完整的结果集,这个结果集称为默认结果集。

Microsoft SQL Server 支持 3 种游标实现。

1) T-SQL 游标

基于 Declare Cursor 语法,主要用于 T-SQL 脚本、存储过程和触发器。T-SQL 游标在服务器上实现并由客户端发送到服务器的 T-SQL 语句管理。它们还可能包含在批处理、存储过程或触发器中。

2) 应用程序编程接口(API)服务器游标

支持 OLE DB 和 ODBC 中的 API 游标函数。API 服务器游标在服务器上实现。每次客户端应用程序调用 API 游标函数时,SQL SERVER Native Client OLE DB 访问接口或 ODBC 驱动程序会把请求传输到服务器,以便对 API 服务器游标进行操作。

3) 客户端游标

由 SQL Server Native Client ODBC 驱动程序和实现 ADO API 的 DLL 在内部实现。客户端游标通过在客户端高速缓存所有结果集行来实现。每次客户端应用程序调用 API 游标函数时,SQL Server Native Client ODBC 驱动程序或 ADO DLL 会对客户端高速缓存的结果集行执行游标操作。

SQL Server 支持的 API 服务器游标根据结果集变化的能力和消耗资源的情况不同,又可以分为 4 类:

(1) 静态游标。静态游标的完整结果集在打开游标时建立在 tempdb 中。静态游标总是按照打开游标时的原样显示结果集。游标不反映在数据库中所做的任何影响结果集成员身份的更改,也不反映对组成结果集的行的列值所做的更改。静态游标不会显示打开游标以后在数据库中更新插入的行,即使这些行符合游标 SELECT 语句的搜索条件。如果组成结果集的行被其他用户更新,则新的数据值不会显示在静态游标中。静态游标会显示打开游标以后从数据库中删除的行。静态游标中不反映 UPDATE、INSERT 或者 DELETE 操作(除非关闭游标然后重新打开),甚至不反映使用打开游标的同一连接所做的修改。SQL Server 静态游标始终是只读的。由于静态游标的结果集存储在 tempdb 的工作表中,因此结果集中的行大小不能超过 SQL Server 表的最大行大小。

(2) 动态游标。动态游标与静态游标相对。当滚动游标时,动态游标反映结果集中所做的所有更改。结果集中的行数据值、顺序和成员在每次提取时都会改变。所有用户执行的 UPDATE、INSERT 和 DELETE 操作均通过游标可见。如果使用 API 函数(如 SQLSetPos)或 T-SQL WHERE CURRENT OF 子句通过游标进行更新,它们将立即可见。在游标外部所做的更新直到提交时才可见,除非将游标的事务隔离级别设为未提交读。

(3) 只进游标。只进游标不支持滚动，它只支持游标从头到尾顺序提取。行只在从数据库中提取出来后才能检索。对所有由当前用户发出或由其他用户提交并影响结果集中的行的 INSERT、UPDATE 和 DELETE 语句，其效果在这些行从游标中提取时是可见的。由于游标无法向后滚动，则在提取行后对数据库中的行进行的大多数更改通过游标均不可见。当值用于确定所修改的结果集(例如更新聚集索引涵盖的列)中行的位置时，修改后的值通过游标可见。

(4) 由键集驱动的游标。打开由键集驱动的游标时，该游标中各行的成员身份和顺序是固定的。由键集驱动的游标由一组唯一标识符(键)控制，这组键称为键集。键是根据以唯一方式标识结果集中各行的一组列生成的。键集是打开游标时来自符合 SELECT 语句要求的所有行中的一组键值。由键集驱动的游标对应的键集是打开该游标时在 tempdb 中生成的。当用户滚动游标时，对非键集列中的数据值所做的更改(由游标所有者做出或由其他用户提交)是可见的。在游标外对数据库所做的插入在游标内不可见，除非关闭并重新打开游标。使用 API 函数(例如 ODBC SQLSetPos 函数)通过游标所做的插入在游标的末尾可见。如果试图提取打开游标后已删除的行，@@FETCH_STATUS 将返回“缺少行”状态。对键列进行更新与删除旧键值然后插入新键值作用相同。如果未通过游标进行更新，则新键值不可见；如果使用 API 函数(例如 SQLSetPos)或 T-SQL WHERE CURRENT OF 子句通过游标进行更新，并且 SELECT 语句的 FROM 子句中不包含 JOIN 条件，则新键值在游标的末尾可见。如果插入时在 FROM 子句中包含远程表，则新键值不可见。尝试检索旧键值将像检索已删除的行时一样获得“缺少行”提取状态。

5.3.2 游标的管理

利用 T-SQL 语句使用游标的过程非常规范，包括声明游标、打开游标、提取数据、利用游标更新和删除数据、关闭游标和释放游标。

1. 声明游标

游标在使用之前，必须声明。声明游标使用 DECLARE 语句，它可以为一个 SELECT 语句定义游标。定义游标的一般语法格式为：

```
DECLARE <游标名>CURSOR[(参数名  数据类型)][,(参数名  数据类型)][,...]
[LOCAL|GLOBAL]
[FORWARD_ONLY|SCROLL]
[STATIC|KEYSET|DYNAMIC|FAST_FORWARD]
[READ_ONLY|SCROLL_LOCKS|OPTIMISTIC]
[TYPE_WARNING]
FOR <SELECT 语句>
[FOR UPDATE [OF < 列名> [,...n]]];
```

参数说明如下：

游标名——所定义的游标的名称，必须符合标识符规则。

（1）游标的作用域。

LOCAL——指定游标的作用域是局部的，该游标仅在定义它的批处理、存储过程或触发器内有效。

GLOBAL——指定游标的作用域是全局的，在连续执行的任何存储过程或批处理中，都可以引用该游标名称。

（2）游标的方向。

FORWARD_ONLY——指定游标只能从第一行滚动到最后一行。FETCH NEXT 是唯一支持的提取选项。如果在指定 FORWARD_ONLY 时不指定 STATIC、KEYSET、DYNAMIC 关键字，则游标作为 DYNAMIC 游标进行操作。如果 FORWARD_ONLY 和 SCROLL 均未指定，则除非指定 STATIC、KEYSET 或 DYNAMIC 关键字，否则默认为 FORWARD_ONLY。STATIC、KEYSET 和 DYNAMIC 游标默认为 SCROLL。

SCROLL——指定所有的提取选项（FIRST、LAST、PRIOR、NEXT、RELATIVE、ABSOLUTE）均可用。如果未在 ISO DECLARE CURSOR 中指定 SCROLL，则 NEXT 是唯一支持的提取选项。如果也指定了 FAST_FORWARD，则不能指定 SCROLL。

（3）游标的类型。

STATIC——定义静态游标，在 tempdb 数据库中创建该游标使用的数据的临时副本。因此，对基本表的更改都不会在用游标进行的操作中体现出来，而且，该游标不允许修改。

KEYSET——定义由键集驱动的游标。

DYNAMIC——定义动态游标，动态游标不支持 ABSOLUTE 提取选项。

FAST_FORWARD——指定启用了性能优化的 FORWARD_ONLY、READ_ONLY 游标，如果指定了 SCROLL 或 FOR UPDATE，则不能同时指定 FAST_FORWARD。

（4）游标的读取方式。

Read_only——表示只读游标。

SCROLL_LOCKS——在使用的游标结果集数据上放置锁，当行读取到游标中然后对它们进行修改时，数据库将锁定这些行，以保证数据的一致性。如果还指定了 FAST_FORWARD 或 STATIC，则不能指定 SCROLL_LOCKS。

OPTIMISTIC——游标将数据读取以后，如果这些数据被更新了，则通过游标定位进行的更新与删除操作将不会成功。当将行读入游标时，SQL Server 不锁定行。那么改用 timestamp 列值的比较结果来确定行读入游标后是否发生了修改，如果表不含 timestamp 列，那么它改用校验和值进行确定。如果已经修改该行，则尝试进行的定位更新或删除将失败。如果还指定了 FAST_FORWARD，则不能指定 OPTIMISTIC。

（5）游标的警告信息。

TYPE_WARNING——指定将游标从所请求的类型隐式转换为另一种类型时向客户端发送警告消息。

（6）游标的内容。

SELECT 语句——确定游标的内容，游标实际上是把一个查询语句的结果信息存储到内存缓冲区里。声明游标不会对数据库服务器有任何影响，服务器也不会有任何响应。游标名不是变量，只用来标识游标对应的查询，不可对游标名赋值或直接将其用于表达式的运算中。

【例5-28】 声明一个游标。

```
DECLARE agoods CURSOR FORWARD_ONLY
FOR SELECT Gno,Gname,Price FROM Goods
FOR READ ONLY;
```

2. 打开游标

游标声明之后，还不能直接使用，必须使用OPEN语句将声明的游标打开，它启动游标所定义的SELECT语句的执行，游标状态被设置为打开，并将操纵数据的位置指针指向查询结果集的第1条记录。打开游标的语法为：

```
OPEN [GLOBAL]<游标名>[(参数名 数据类型)][,(参数名 数据类型)][,…,];
```

其中GLOBAL指定游标是全局游标。

【例5-29】 打开游标。

```
OPEN agoods;
```

3. 获取游标当前记录数据

这一步是使用游标的关键步骤，也是声明和打开游标的目的所在。可以使用FETCH语句将游标位置指针所指向的当前记录的数据输出到预先定义的目标变量中，同时游标自动向前移动位置指针，指向下一个记录。取游标数据的语法格式为：

```
FETCH
  [ [ NEXT | PRIOR | FIRST | LAST
| ABSOLUTE { n | @nvar }
| RELATIVE { n | @nvar }
]
FROM
]
{ { [ GLOBAL ] 游标名 } | @cursor_variable_name }
[ INTO @variable_name [ ,...n ] ]
```

导航选项可以在表5-4中选择。

表5-4 FETCH选项

FETCH选项	描　　述
NEXT	在结果集中恰好向前移动一行，该选项是主要的游标选项。百分之九十或者更多的游标不再需要比该选项更多的东西。在决定是否声明为FORWARD_ONLY时请记住这些。当试图进行FETCH NEXT，并且这导致超出了最后一条记录时，@@FETCH_STATUS将会为－1

续表

FETCH 选项	描　述
PRIOR	该选项的功能与 NEXT 相反。该选项紧邻当前行向前移动一行。当位于结果集中的第一行时，执行 FETCH PRIOR 将得到为－1 的@@FETCH_STATUS，就好像在 FETCH NEXT 时移动到了文件末尾之外一样
FIRST	如果执行 FETCH FIRST，则将处于记录集中的第一行。该选项唯一使@@FETCH_STATUS 为－1 的时候是在结果集为空的时候
LAST	该选项与 FIRST 的功能相反，FETCH LAST 将使你移动到结果集中的最后一行。同样，唯一使@@ FETCH_STATUS 为－1 的时候是当结果集为空的时候
ABSOLUTE	使用该选项时，要提供一个整数值，该值表明想要返回从游标头开始的第多少行。如果提供的值为负，则表明想要返回从游标末尾开始的第多少行。注意，动态游标不支持该选项（由于动态游标中的成员在每次提取时重新生成，能够“真正知道你在哪里”）。在一些客户访问对象模型中，这大致等同于导航到某个特定的“绝对位置”
RELATIVE	这是关于从当前行开始向前或向后移动指定数目的行的导航问题

GLOBAL：指定 cursor_name 是指全局游标。

游标名：要从中进行提取的打开的游标的名称。如果全局游标和局部游标都使用游标名作为它们的名称，那么指定 GLOBAL 时，游标名指的是全局游标；未指定 GLOBAL 时，游标名指的是局部游标。

@ cursor_variable_name：游标变量名，引用要从中进行提取操作的打开的游标。

INTO @variable_name[,…n] ：允许将提取操作的列数据放到局部变量中。列表中的各个变量从左到右与游标结果集中的相应列相关联。各变量的数据类型必须与相应的结果集列的数据类型匹配，或是结果集列数据类型所支持的隐式转换。变量的数目必须与游标选择列表中的列数一致。

语句执行成功后，当前记录的所有数据内容就按照定义的 SELECT 语句中目标列的顺序依次输出到变量中，然后就可以直接操作变量，从而实现对每条元组逐一处理的目的。

通过检测全局变量@@FETCH_STATUS 的值，可以获得 FETCH 语句的状态信息，该状态信息用于判断该 FETCH 语句返回数据的有效性。当执行一条 FETCH 语句之后，@@FETCH_STATUS 可能出现 3 种值，见表 5-5。

表 5-5　@@FETCH_STATUS 取值

@@FETCH_STATUS 取值	含　义
0	FETCH 语句成功
－1	FETCH 语句失败
－2	提取的行不存在

【例 5-30】 从游标 agoods 中提取数据。

```
FETCH NEXT FROM agoods INTO @gno, @gname, @price
WHILE @@FETCH_STATUS=0
   BEGIN
      PRINT @gno+@gname+CONVERT(CHAR(20),@price)
      FETCH NEXT FROM agoods INTO @gno, @gname, @price;
   END;
```

该例中,变量@gno、@gname、@price 分别和 Gno、Gname、Price 的数据类型一致。

4. 关闭游标

如果不再使用游标,应执行 CLOSE 语句来关闭它,释放所占用的本地资源和可能占用的服务器资源。

```
CLOSE { { [ GLOBAL ] <游标名> } | cursor_variable_name }
```

- GLOBAL:指定游标是全局游标。
- 游标名:打开的游标的名称。如果全局游标和局部游标都使用游标名作为它们的名称,那么当指定 GLOBAL 时,游标名指的是全局游标;其他情况下,游标名指的是局部游标。
- cursor_variable_name:与打开的游标关联的游标变量的名称。

【例 5-31】 关闭游标 agoods。

```
CLOSE agoods;
```

关闭了的游标,可以再次打开,与新的查询结果相联系。

5. 释放游标

删除游标引用。当释放最后的游标引用时,组成该游标的数据结构由 Microsoft SQL Server 释放。

```
DEALLOCATE { { [ GLOBAL ] <游标名> } | @cursor_variable_name }
```

- 游标名:已声明游标的名称。当同时存在以游标名作为名称的全局游标和局部游标时,如果指定 GLOBAL,则游标名指全局游标,如果未指定 GLOBAL,则指局部游标。
- @cursor_variable_name:cursor 变量的名称。@cursor_variable_name 必须为 cursor 类型。

【例 5-32】 释放游标 agoods。

```
DEALLOCATE agoods;
```

游标释放之后,如果要重新使用游标,则必须重新执行声明游标的语句。

【例 5-33】 使用游标提取数据的一个完整举例。

```
DECLARE agoods CURSOR FORWARD_ONLY
FOR SELECT Gno,Gname,Price FROM Goods
FOR READ ONLY
```

```
DECLARE @gno CHAR(10),@gname CHAR(10),@price FLOAT
PRINT '--------商品明细表------'
OPEN agoods
FETCH NEXT FROM agoods INTO @gno, @gname, @price
WHILE @@FETCH_STATUS=0
    BEGIN
        PRINT @gno+@gname+CONVERT(CHAR(20),@price)
        FETCH NEXT FROM agoods INTO @gno, @gname, @price;
    END;
CLOSE agoods;
DEALLOCATE agoods;
```

执行程序后，运行结果如图 5-1 所示。

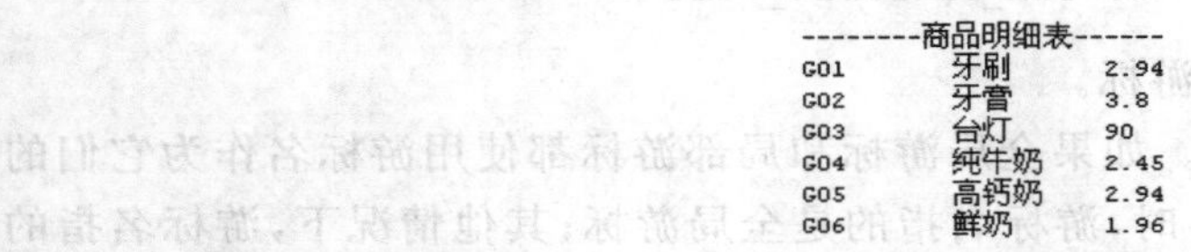

--------商品明细表------
G01 牙刷 2.94
G02 牙膏 3.8
G03 台灯 90
G04 纯牛奶 2.45
G05 高钙奶 2.94
G06 鲜奶 1.96

图 5-1 例 5-33 运行结果

5.4 触发器

除了可以利用 UNIQUE、NOT NULL 和 CHECK 等关键字来定义用户定义的完整性外，还可以利用触发器(Trigger)来定义用户定义的完整性。

触发器是一类特殊的过程，它是一组可以由系统自动执行对数据库修改的语句，有时候也称为主动规则或事件-条件-动作规则。触发器中规定用户在对数据库表(关系)执行 INSERT、UPDATE、DELETE 等操作时，数据库系统应该执行什么相关的操作以保证数据的完整性。

使用触发器主要有以下优点：

(1) 触发器是自动执行的，在数据库中定义了某个对象之后，或对表中的数据做了某种修改之后立即被激活。

(2) 触发器可以实现比约束更为复杂的完整性要求，比如 CHECK 约束中不能引用其他表中的列，而触发器可以引用；CHECK 约束只是由逻辑符号连接的条件表达式，不能完成复杂的逻辑判断。

(3) 触发器可以根据数据库表修改前后的状态，根据其差异采取相应的措施。

(4) 触发器可以防止恶意的或错误的 INSERT、UPDATE 和 DELETE 操作。

5.4.1 触发器的结构

一个触发器由 3 部分组成，分别是触发事件、触发条件和触发动作。

触发事件指对数据库的插入、删除和修改等操作，触发器在这些事件发生时开始工作。触发事件有 UPDATE、INSERT 和 DELETE，对于 UPDATE 还可以有 OF 子句，表示是具体到对哪个属性进行修改才触发 UPDATE 事件。

触发条件是触发器是否触发执行的依据，如果条件成立，那么执行相应的动作。在标准 SQL 语言中，表示条件的关键字有 3 个：AFTER、BEFORE 和 INSTEAD OF。AFTER 关键字是触发事件完成后，再触发动作部分的语句，AFTER 是默认的关键字，其执行过程可以用图 5-2(a)形象地表示；BEFORE 关键字表示在引发触发事件的操作之前触发动作部分的语句，处理完后，再执行引发事件的操作(不论规则的动作是否执行)，其执行过程可以用图 5-2(b)形象地表示；INSTEAD OF 关键字表示在触发事件发生后，只执行动作部分而不执行触发事件的操作，触发器事件就像一根导火索，它可以激发触发器本身的动作而自己并不执行，其执行过程可以用图 5-2(c)形象地表示。

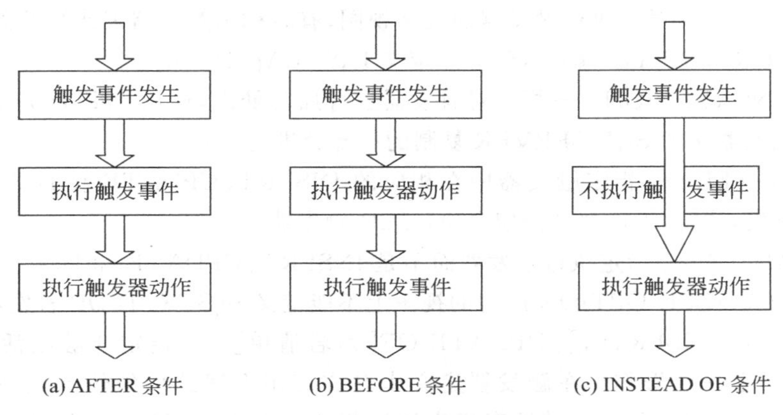

图 5-2　不同的触发器条件

触发动作指的是触发器工作时执行的一系列操纵数据库的 SQL 语句。

触发器的工作原理是在触发器执行时产生两个临时表：INSERTED 表和 DELETED 表。这两个表包含数据更新前和更新后的数据映像，它们在结构上与触发表(触发器的工作表)相同。其中，DELETED 表存储执行 DELETE、UPDATE 语句所影响的记录的副本。在执行 DELETE 或 UPDATE 语句时，记录从触发表中删除，并传输到 DELETED 表中；INSERTED 表存储受 INSERT 或 UPDATE 语句所影响的记录的副本。在一个 INSERT 或 UPDATE 事务中，新建的记录被同时添加到 INSERTED 表和触发表中，即 INSERTED 表中的行是触发表中新行的副本。

5.4.2　创建 DML 触发器

如果用户要通过数据操纵语言（DML）事件编辑数据，则执行 DML 触发器。DML 事件是针对表或视图的 INSERT、UPDATE 或 DELETE 语句。在 SQL 中，DML 触发器的创建是由 CREATE TRIGGER 命令来实现的，根据触发器要做的事情以及类型的不同，分别由用户和管理员创建。

创建触发器的语法格式为：

```
CREATE TRIGGER <触发器名>
ON <表名|视图名>
[WITH ENCYPTION]
{FOR|AFTER|INSTEAD OF }
{[DELETE[,]|INSERT[,]|UPDATE OF[列名清单]]}
AS <SQL语句>[;]
```

参数说明如下：

触发器名——要创建的触发器名称，需符合标识符命名规则，并且不能以#或##开头。

表名|视图名——对其执行触发器的表和视图，有时称为触发器表或触发器视图。视图上不能定义FOR和AFTER触发器，只能定义INSTEAD OF触发器。

WITH ENCRYPTION——指定对触发器进行加密处理，使用WITH ENCRYPTION可以防止将触发器作为SQL SERVER复制的一部分进行发布。

FOR | AFTER——指定触发器中在相应的INSERT、UPDATE和DELETE语句成功执行后才触发，注意，不能对视图定义AFTER触发器。

INSTEAD OF——指定执行触发器而不是INSERT、UPDATE和DELETE语句。在使用了WITH CHECK OPTION语句的视图上不能定义INSTEAD OF触发器。

DELETE[,]|INSERT[,]|UPDATE OF[列名清单]——指定能够激活触发器的操作，必须至少指定一个操作。在触发器定义中允许使用上述选项的任意顺序组合。对于INSTEAD OF触发器，不允许对具有指定级联操作ON DELETE的引用关系的表使用DELETE选项。同样，也不允许对具有指定级联操作ON UPDATE的引用关系的表使用UPDATE选项。

SQL语句——触发器代码，指明触发条件和操作。根据数据修改或定义语句来检查或更改数据，通常包含流程控制语句，一般不应向应用程序返回结果。

DML触发器根据触发条件又可分为删除类DML触发器、插入类DML触发器、更新类DML触发器。

1. 删除类DML触发器

删除类DML触发器就是当表上发生删除操作时所触发执行的程序。删除类DML触发器通常用于两种情况：第一种是将会引起数据一致性问题的记录删除，第二种是执行与主记录有级联关系的子记录的删除操作。

【例5-34】 在商品表Goods上定义一个触发器，当删除商品信息时，同时将供应表中所有该商品的供应信息连带删除。

```
CREATE TRIGGER DE_GOODS
ON Goods
AFTER DELETE
```

```
AS
DECLARE @GNO CHAR(10)
SELECT @GNO=GNO FROM DELETED
DELETE FROM Supply WHERE GNO=@GNO;
```

定义了这个触发器后，一旦删除掉Goods表中的某一商品，那么Supply表中的所有关于该商品的供应信息也一并删除。这个触发器保证了数据库的参照完整性规则。

2. 插入类DML触发器

插入类DML触发器是当表上发生插入操作时所触发执行的程序。插入类DML触发器通常被用来更新时间标记性字段，或者验证被触发器监控的字段中数据满足要求的标准，以确保数据的完整性。

【例5-35】 插入一条供应信息之后，修改Goods表的价格信息，如果Goods表中没有该商品，则添加该商品，价格是插入的成本价格的110%，否则用插入的成本价格的110%更新该商品的价格。

```
CREATE TRIGGER IN_SUPPLY
ON Supply
AFTER INSERT
AS
DECLARE @cost FLOAT
DECLARE @gno CHAR(10)
SELECT @cost=Cost FROM INSERTED
SELECT @gno=Gno FROM INSERTED
IF @gno NOT IN (SELECT Gno FROM Goods)
    BEGIN
        INSERT INTO Goods (Gno,Price) VALUES(@Gno,@Cost * 1.1)
    END
ELSE
    BEGIN
        UPDATE Goods SET Price=@Cost * 1.1 WHERE Gno=@Gno
END;
```

定义了这个触发器后，一旦新入库某种商品，则自动更新该商品的价格信息。这个触发器省去了用户手动修改价格的工作，能自动更新商品的最新价格，满足用户对数据的完整性要求。

3. 更新类DML触发器

更新类DML触发器是当表上发生更新操作时所触发执行的程序。当在一个有更新类DML触发器的表中修改记录时，表中原来的记录被移动到DELETED临时表中，修改过的记录插入到INSERTED表中，触发器参考两个临时表以及触发表的状况，来确定如何完成触发表的操作。

【例5-36】 更新一条供应信息的成本信息之后，自动修改商品GOODS的价格信息，仍然用更新后的成本价格的110%中作为该商品的最新价格。

```
CREATE TRIGGER update_supply
ON Supply
AFTER UPDATE
AS
DECLARE @gno CHAR(10)
DECLARE @cost_new FLOAT
SELECT @gno=Gno FROM DELETED
SELECT @cost_new=Cost FROM INSERTED
BEGIN
    UPDATE Goods SET Price=@cost_new * 1.1 WHERE Gno=@gno
END;
```

定义了这个触发器后，一旦某供应商供应某种商品的成本价发生变动，系统会自动更新该商品的销售价格信息。这个触发器同样省去了用户手动修改价格的工作，能自动更新商品的最新价格，满足用户对数据的完整性要求。

【例 5-37】 建立一个触发器。若修改商品表中的价格 PRICE 低于成本价时，自动恢复到原值。

```
CREATE TRIGGER update_price
ON Goods
AFTER UPDATE
AS
DECLARE @gno CHAR(10)
DECLARE @price_new FLOAT
DECLARE @price_old FLOAT
SELECT @gno=Gno FROM DELETED
SELECT @price_old=Price FROM DELETED
SELECT @price_new=Price FROM INSERTED
IF @price_new <(SELECT Cost FROM Supply WHERE Gno=@gno)
BEGIN
    UPDATE Goods SET Price=@price_old WHERE Gno=@gno
END;
```

这个触发器中的触发条件中，由于成本价在另外一张表里，所以这里采用子查询的方式(SELECT Cost FROM Supply WHERE Gno=@gno)返回该商品的成本价。当修改后的价格低于成本价时，激发触发器，使修改过的价格恢复到原值。

5.4.3 创建 DDL 触发器

DDL 触发器像 DML 触发器一样，在响应事件时执行触发器动作。但与 DML 触发器不同的是，它们并不在响应对表或视图的 UPDATE、INSERT 或 DELETE 语句时执行触发器动作。它们主要在响应数据定义语言(DDL)语句时执行触发器动作。这些语句包括CREATE、ALTER、DROP、GRANT、DENY、REVOKE 和 UPDATE STATISTICS 等语句。执行 DDL 式操作的系统存储过程也可以激发 DDL 触发器。

创建 DDL 触发器的 SQL 命令与 DML 触发器的类似。

```
CREATE TRIGGER <触发器名>
ON { ALL SERVER | DATABASE }
[WITH ENCYPTION]
{ FOR | AFTER } { event_type | event_group } [ ,...n ]
AS { SQL语句};
```

参数说明如下：

ALL SERVER——将 DDL 或登录触发器的作用域应用于当前服务器。如果指定了此参数,则只要当前服务器中的任何位置上出现 event_type 或 event_group,就会激发该触发器。

DATABASE——将 DDL 触发器的作用域应用于当前数据库。如果指定了此参数,则只要当前数据库中出现 event_type 或 event_group,就会激发该触发器。

event_type——执行之后将导致激发 DDL 触发器的 T-SQL 语言事件的名称。DDL 事件中列出了 DDL 触发器的有效事件。

event_group——预定义的 T-SQL 语言事件分组的名称。执行任何属于 event_group 的 T-SQL 语言事件之后,都将激发 DDL 触发器。DDL 事件组中列出了 DDL 触发器的有效事件组。CREATE TRIGGER 运行完毕之后,event_group 还可通过将其涵盖的事件类型添加到 sys. trigger_events 目录视图中来作为宏使用。

其他参数含义与 DML 触发器相同。需要注意的是,不能为 DDL 或登录触发器指定 INSTEAD OF。

【例 5-38】 设计一个 DDL 触发器,如果当前服务器实例上出现任何 CREATE DATABASE 事件,则使用 DDL 触发器输出一条消息。

```
CREATE TRIGGER ddl_trig_database
ON ALL SERVER
FOR CREATE_DATABASE
AS
    PRINT '创建了一个新数据库！';
```

【例 5-39】 设计一个 DDL 触发器,如果当前数据库上出现任何 CREATE TABLE 事件,则使用 DDL 触发器输出一条消息,并禁止提交该事件。

```
CREATE TRIGGER ddl_database
ON database
FOR CREATE_TABLE
AS
PRINT '禁止创建表！'
```

```
rollback tran;
```

5.4.4 创建登录触发器

登录触发器在遇到 LOGON 事件时触发。此事件是在建立用户会话的时候引发的。创建 DDL 触发器的 SQL 命令与 DML 触发器的类似。

```
CREATE TRIGGER <触发器名>
ON ALL SERVER
[ WITH ENCYPTION ]
{ FOR | AFTER } LOGON
AS { SQL语句}[;]
```

各参数的含义与创建 DDL 触发器的 CREATE TRIGGER 命令中的参数含义相同。

【例 5-40】 创建登录触发器，如果其登录账号已经创建 3 次会话，则禁止该登录账号尝试登录。

```
CREATE TRIGGER connection_limit
ON ALL SERVER
FOR LOGON
AS
BEGIN
  IF (SELECT COUNT(*) FROM SYS.DM_EXEC_SESSIONS
  WHERE IS_USER_PROCESS=1 AND
      ORIGINAL_LOGIN_NAME=ORIGINAL_LOGIN())>3
ROLLBACK
END;
```

5.4.5 修改触发器

SQL 中，可以采用 ALTER TRIGGER 命令修改触发器。其中，修改 DML 触发器的语法格式如下：

```
ALTER TRIGGER <触发器名>
ON <表名|视图名>
[WITH ENCYPTION]
{FOR|AFTER|INSTEAD OF }
{[DELETE[,]|INSERT[,]|UPDATE OF[列名清单]]}
AS <SQL 语句>[;]
```

各参数的含义与创建 DML 触发器的 CREATE TRIGGER 命令中的参数含义相同。

修改 DDL 触发器的语法格式如下：

```
ALTER TRIGGER <触发器名>
ON { ALL SERVER | DATABASE }
[WITH ENCYPTION]
{ FOR | AFTER } { event_type | event_group } [ ,...n ]
AS <SQL语句>[;]
```

各参数的含义与创建DDL触发器的CREATE TRIGGER命令中的参数含义相同。

修改登录触发器的语法格式如下：

```
ALTER TRIGGER <触发器名>
ON ALL SERVER
[ WITH ENCYPTION ]
{ FOR | AFTER } LOGON
AS <SQL语句>[;]
```

各参数的含义与创建登录触发器的CREATE TRIGGER命令中的参数含义相同。

5.4.6 删除触发器

删除触发器语法格式如下：

```
DROP TRIGGER<触发器名>;
```

【例5-41】 删除触发器PRICE-COST。

```
DROP TRIGGER PRICE-COST;
```

5.4.7 递归触发器

如果使用ALTER DATABASE启动了RECURSIVE_TRIGGERS设置，则SQL Server还允许递归调用触发器。

递归触发器可以采用下列递归类型。

1. 间接递归

更改表T1中的数据时，触发器被激活并执行一个操作，而该操作又使另一个表T2中的某个触发器被激活。表T2中的这个触发器使表T1得到更新，从而再次激活表T1中的触发器，被称为间接递归。例如，一应用程序更新了表TA，并引发触发器Trigger_A。Trigger_A更新表TB，从而使触发器Trigger_B被引发。Trigger_B转而更新表TA，从而使Trigger_A再次被引发间接递归。

2. 直接递归

在直接递归中，应用程序更新了表T1，此时会触发触发器TR1，而TR1会使得表T1的数据再次自动更新。由于表T1被更新，将再次触发触发器TR1，以此类推。例如，利用触发器的直接递归，当在表中删除一条记录时，通过触发器删除表中所有编号相同的记录。

SQL Server 允许为每个 DML、DDL 或 LOGON 事件创建多个触发器。触发器最多可以嵌套 32 级。如果一个触发器更改了包含另一个触发器的表，则第二个触发器将被触发，然后该触发器又可以调用第三个触发器，以此类推。如果链中任意一个触发器引发了无限循环，则会超出嵌套级限制，从而导致取消触发器。

使用触发器的最终目的是更好地维护用户的业务规则。在实际的数据库设计工作中，触发器主要用于实现主码、外码和 CHECK 约束所不能保证的复杂的完整性约束功能，从而保证数据的一致性。定义触发器时一定要谨慎小心，因为在运行期间一个触发器错误会导致该触发器的命令语句失败，而且一个触发器可能触发另一个触发器，引起连锁反应，严重时甚至导致系统崩溃。

综上所述，SQL 提供了较全面的完整性约束条件的定义方法，这些定义条件完成后，系统会自动地进行完整性检查，对于违反完整性约束条件的操作，或者拒绝执行，或者执行事先定义的操作。

5.5 嵌入式 SQL*

SQL 提供两种不同的使用方式：交互式 SQL 和嵌入式 SQL。交互式 SQL 是在终端交互方式下使用独立语言由用户在交互环境下运行。嵌入式 SQL 是将 SQL 嵌入到某种高级语言中使用，利用高级语言的过程性结构弥补 SQL 在实现复杂应用方面的不足。嵌入式 SQL 的高级语言称为主语言或宿主语言，C 语言、Java 语言等都可以作为嵌入式 SQL 的高级语言。嵌入式 SQL 的语法结构和交互式 SQL 基本相同。

5.5.1 基本概念

程序中嵌入 SQL 语句时要加上特殊标记，成为一个程序片断。使用嵌入式 SQL 必须解决 3 个问题。

1. 如何区分 SQL 语句和主语言语句

按照 SQL 标准，在主语言中嵌入的所有 SQL 语句多数使用 EXEC SQL 作为前缀。SQL 语句的结束标志则随主语言的不同而不同，例如，在 PL/1 和 C 中，SQL 语句用分号(;)作为结束，其语法用格式为：

```
EXEC SQL <SQL语句>;
```

而在 COBOL 中，SQL 语句以 END-EXEC 结束，使用格式为：

```
EXEC SQL <SQL语句>END-EXEC;
```

考虑到现实可用性，本书下面统一选择 C 语言作为主语言来阐述相关的各个主题。

包含嵌入式 SQL 的程序源代码首先要经过预处理器的处理，它把源程序中的 SQL 语句转换为主语言编译程序可以识别的形式，一般转化为主语言的程序代码段。然后由主语言编译器完成编译处理，生成目标码。基本处理过程如图5-3所示。

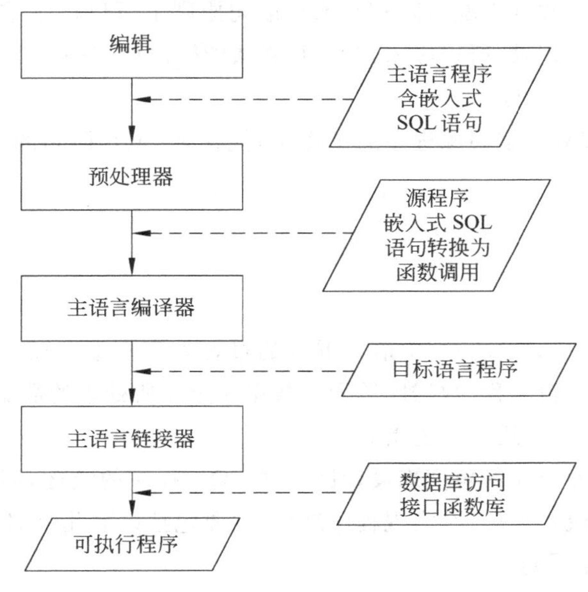

图5-3 嵌入式SQL应用基本处理过程

例如，微软的SQL Server数据库管理系统创建一个嵌入式SQL应用程序的过程如下：

(1) 创建一个包含嵌入式SQL语句的程序源文件。

(2) 连接到一个数据库，预编译每一个源文件。预编译器把每一个源文件里的SQL语句转换成SQL Server运行时API对数据库管理器的调用，同时在数据库中生成一个程序包，如果想创建一个绑定文件，可以加选项生成一个绑定文件。

(3) 用宿主语言编译器编译修改过的源文件(含有其他不含SQL语句的文件)。

(4) 用SQL Server和宿主语言库链接目标文件，生成可执行程序。

(5) 如果在预编译时没有生成程序包，或者要存取其他数据库，则将绑定文件绑定到数据库，创建存取程序包。

(6) 运行应用程序。应用程序使用程序包中的存取方案对数据库进行存取操作。

2. 使数据库的工作单元与程序工作单元之间能够通信

目前使用的程序主语言和SQL语言之间都存在处理失配。其一是类型失配，即数据库内部状态信息不能被程序单元直接使用，在嵌入式SQL中可以使用SQL通信区(SQLCA)或SQL描述符区(SQLDA)完成两类工作单元间的数据变换。

(1) 主语言通过主变量向SQL语句提供参数。一个主变量后可以附带一个指示变量，用来指示所指主变量的值或条件。指示变量是一个整型变量，它可以指示输入主变量是否为空，可以检测输出主变量是否为空值，值是否被截断。

(2) SQL语句的当前工作状态和运行环境数据要反馈给应用程序。SQL将其执行信息送到通信区SQLCA中，应用程序从SQLCA中取出这些状态信息，并据此信息来控制应该执行的语句。

3. 结果集处理

第二个处理失配是数据失配，即一个 SQL 语句原则上可以产生或处理一组记录，而主语言一次只能处理一个记录，所以嵌入式 SQL 必须能够协调这种失配的处理方式。嵌入式 SQL 使用游标来解决这一问题。

嵌入式 SQL 具有减少编写源程序的工作量，能保证 SQL 语句的正确性，可移植性高，符合 SQL 习惯等优点。

5.5.2 基本结构

嵌入式 SQL 程序是 SQL 与宿主语言混合的过程处理框架。在这个处理框架中，程序工作单元控制应用的逻辑流程，数据库单元对数据库单元所处理的数据提供更高级、更灵活的过程控制，实现完整的应用语义逻辑。

一般都是从数据库单元的角度来设计嵌入式 SQL 程序的结构，即以数据访问为中心，从数据库访问的基本流程来设计、实现程序结构，主要包括以下几个部分。

1. 通信区缓冲变量定义

程序单元从通信区获得数据或向通信区写数据都要通过嵌入式 SQL 的变量定义节所说明的变量完成动态访问。

变量说明节是可选的，如果在程序中不需要使用动态的内容，并且程序中仅仅需要向数据库发送常量数据，则可以不使用变量说明节，否则主程序中必须包含说明节。

2. 建立数据库连接

使用数据库连接语句建立客户端应用和数据库系统间的连接链路，连接成功后 SQL 通信区被分配和初始化，这也是数据库访问操作的必备前提。

3. 数据库访问操作

数据库访问操作是各个可选的嵌入式 SQL 单元，在任何需要访问数据库系统的地方实现应用与数据库服务器的交互。在嵌入式 SQL 应用中，各个数据库访问单元的执行逻辑流程受下面的程序单元控制。

4. 程序单元

程序单元和上面 1～3 的数据库单元共同组成嵌入式 SQL 的程序，这些程序单元位于程序的各个位置，并按照应用逻辑将相关的数据库单元结合成一个统一的整体。

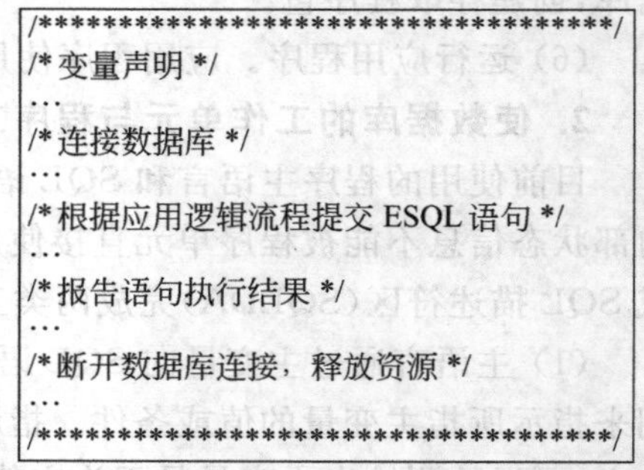

/**/
/* 变量声明 */
…
/* 连接数据库 */
…
/* 根据应用逻辑流程提交 ESQL 语句 */
…
/* 报告语句执行结果 */
…
/* 断开数据库连接，释放资源 */
…
/**/

图 5-4　嵌入式 SQL 的程序结构

这种程序结构可以用图 5-4 形象地表示。

下面将分别介绍每一部分。

5.5.3 变量声明

嵌入式SQL程序中的SQL语句可以使用宿主程序中定义的变量，这些变量称为宿主变量或主变量。对应用程序单元而言，主变量和其他程序变量没有任何差别，程序单元可以对它们进行任何合法的访问。

主变量根据作用的不同分为输入变量和输出变量。输入变量由应用程序对它设定数据，嵌入到SQL语句中，将数据传递给数据库服务器。输出变量则是在SQL语句执行完成后保存执行结果，保存的结果能够在程序的其他位置使用。有些程序中的主变量同时具有两种作用，这样的主变量称为输入输出变量。

使用宿主变量包含两步，即声明嵌入式SQL语句将使用的主变量，以及在SQL语句中使用主变量。

1. 声明主变量

在嵌入式SQL程序中定义变量声明节，声明节内所有的变量都是数据库单元可以使用的主变量。变量声明节的语法为：

```
EXEC SQL BEGIN DECLARE SECTION;          /*声明节开始*/
EXEC SQL END DECLARE SECTION;            /*声明节结束*/
```

【例5-42】 定义保存商品号、商品名称、商品价格的主变量。

```
EXEC SQL BEGIN DECLARE SECTION;
    int V_Sno;
    char V_Sname[11];
    float V_sal;
EXEC SQL END DECLARE SECTION;
```

2. 使用主变量

按照前面对主变量的分类，出现在SQL语句目标列表上的主变量都属于输出变量，在其他位置时则是输入变量。

在SQL语句中使用主变量的用法和宿主程序使用主变量的差别仅在于SQL语句中必须在主变量前加一个冒号(：)，而在嵌入式SQL语句之外引用主变量时和普通程序变量没有差别。

【例5-43】 增加一个新商品。

```
EXEC SQL INSERT INTO Goods(Gno,Gname,Price)
VALUES(:V_Sno,: V_Sname,:V_price);
```

该例中的新商品号、商品名称、商品价格的数据值从主变量获得。

主变量中总是保持某个数据值，即使是无效数据，也会具有某个值。另一方面，数据库服务器维护的数据可能有NULL值，这是一个无明确意义的未知(UNKNOWN)状态，表示属性值不在值域之内。嵌入式SQL使用指示变量来指示主变量值和数据库值的这种关系。

指示变量是一个整型变量，它和另外一个输入或输出主变量同时使用，可以指示该主变量是否为空值。指示变量值为 0 表示该主变量非空，如果为负数则表示空值。

指示变量的用法是在 SQL 语句中将某个主变量和另外一个整型主变量联合在一起，中间可以有（也只能用）空格。

【例 5-44】 检索某个供应商的供应商编号。

```
EXEC SQL BEGIN DECLARE SECTION;
int v_sno;                                /*保留供应商编号的主变量*/
int sno_ind;                              /*供应商编号是否存在的指示变量*/
char v_sname[11];
float v_saddress;
EXEC SQL END DECLARE SECTION;
...
EXEC SQL SELECT Sno INTO : v_sno :sno_ind FROM Supplier
         WHERE Sname='三元';
if(sno_ind <0)                            /*判断系统内是否有该供应商编号*/
{/*指示变量 sno_ind 为负数,表示主变量 sno 为空值,不存在三元供应商*/
printf("不存在三元供应商\n");
...
}
```

如果不存在满足条件的记录，则查询结果指示变量 sno_ind 为负值。查询语句也可能返回集合，这时不能使用这里的 INTO 子句，而必须使用游标来循环处理所有的结果集元组。

5.5.4 数据库连接

嵌入式 SQL 程序能够访问数据库必须先完成对数据库的连接。在连接过程中，数据库单元向数据库系统提交连接请求和具体的连接用户信息，数据库系统根据保存的用户信息对连接请求进行合法性验证，只有通过了数据库服务器的身份验证，才能建立一个可用的合法连接。

数据库连接管理主要完成连接的建立和关闭。

1. 建立数据库连接

建立连接的 ESQL 语句是：

```
EXEC SQL CONNECT TO target[AS connection-name][USER user-name];
```

参数说明如下：

- target——指要连接的数据库服务器，它可以是一个常见的服务器标识串，如<dbname>@<hostname>：<port>，或者是包含服务器标识的 SQL 串常量，也可以是 DEFAULT。当使用 DEFAULT 连接时，程序申请的连接以默认的用户名接入默认的数据库名，并按照默认的方式对连接通信区进行初始化。无论上述哪种目标串或者其他格式的目标串，都由嵌入式SQL程序预编译器来进行语法检查。在编写应用程序时要按照数据库服务器提供商的要求提供正确的服务器标识。

- connection-name——可选的连接名，连接必须是一个有效的标识符，主要用来识别一个程序内同时建立的多个连接，如果在整个程序内只有一个连接，也可以不指定连接名。如果程序运行过程中建立了多个连接，所有数据库单元的工作都在该操作提交时所选择的当前连接上执行。程序运行过程中可以修改当前连接，对应的嵌入式SQL语句为：EXEC SQL SET CONNECTION connection-name| DEFAULT；执行该语句后可以将当前连接设置为另外一个由connection-name所标识的已经建立的连接，也可以将当前连接设置为默认连接。
- user-name——是要建立的连接所基于的数据库身份，user-name的嵌入式SQL语法形式和target类似，它也可能有多种形式，主要用来提供建立连接的用户标识和相应的验证口令，如果用户没有设置内部口令，则可以仅提供用户标识。对user-name的语法检查也由SQL预编译器完成。如果数据库系统对用户名要求提供附加信息，则按SQL服务器的要求提供合法的用户名。

【例5-45】 连接到数据库market的test用户。

```
EXEC SQL CONNECT TO market test;
```

2. 关闭数据库连接

当某个连接上的所有数据库操作完成后，应用程序应该主动释放所占用的连接资源，这样既可以改善机器的性能，同时还可以更好地保证系统的安全。

关闭数据库连接的SQL语句很简单，主要在程序中包含下面的嵌入式SQL语句：

```
EXEC SQL DISCONNECT[connection];
```

其中，connection是EXEC SQL CONNECT所建立的数据库连接，具体的连接如下：

- 某个命名的连接(由connection-name所标识的)；
- 默认连接(DEFAULT)；
- 当前连接(CURRENT)；
- 程序所申请的所有数据库连接(ALL)。

一旦连接被关闭，则连接所占用的资源将被回收，如果需要以相同的身份再次访问数据库，就必须重新建立连接。

在建立数据库连接后，只要程序内没有显式关闭已建立的连接，应用就可以嵌入访问数据库的SQL语句。

5.5.5 执行SQL命令

在嵌入式SQL程序中可以执行数据库服务器支持的各种操作，也可以处理多元组结果集的查询语句。

嵌入式SQL语句的典型结构是：

```
EXEC SQL<SQL statement>;
```

应用程序中能够使用的＜SQL statement＞可以是数据库服务器在交互状态下支持的各种语句，也包括为解决数据失配问题和提高数据可管理性而引入的游标技术。

1. 数据定义语句

【例 5-46】 创建基本表 Goods 和 Supplier，并在 Goods 表的 Gname 上创建一个唯一索引。

```
EXEC SQL CREATE TABLE Goods
(Gno CHAR(10) PRIMARY KEY,
Gname CHAR(20),
Price FLOAT,
BATCH CHAR(50));
EXEC SQL CREATE UNIQUE INDEX my_index ON Goods (Gname);
EXEC SOL CREATE TABLE Supplier
(Sno CHAR(10) PRIMARY KEY,
Sname CHAR(20),
Saddress CHAR(50));
```

在应用程序中也可以将数据库对象删除，例如，删除表 Supplier 的语句：

```
EXEC SQL DROP TABLE Supplier;
```

2. 插入语句

【例 5-47】 向基本表 Goods 中连续插入多条记录。

```
EXEC SQL INSERT INTO Goods VALUES('G001','2B铅笔', 2);
EXEC SQL INSERT INTO Goods VALUES('G002','书包',30);
EXEC SQL INSERT INTO Goods VALUES('G003','钢笔',15);
EXEC SQL INSERT INTO Goods VALUES('G004','HB铅笔',1);
```

3. 更新语句

【例 5-48】 修改供应商信息，将供应商三元的地址从北京迁往涿州。

```
EXEC SQL UPDATE Supplier SET Saddress='涿州'WHERE Sname='三元';
```

4. 删除语句

【例 5-49】 删除供应商 S001 的记录。

```
EXEC SQL DELETE FROM Supplier WHERE Sno='S001';
```

5. 单元组查询语句

【例 5-50】 检索商品的平均价格。

```
EXEC SQL SELECT AVG(Price)INTO avgprice FROM Goods;
```

在这个查询中，查询结果只有唯一的记录，是所有商品的平均价格。在嵌入式SQL程序中需要将查询结果保存在程序主变量avgprice中。

当查询的结果集可能有多个元组时，单一的主变量不能接受全部元组。SQL标准提出了游标方法，通过游标接口逐一提取结果集数据进行处理。在嵌入式SQL程序中，无论查询的结果集是单个元组还是多元组，都需要保存在程序主变量中。

5.5.6 嵌入式游标

5.3节已经介绍了游标。大家知道，游标技术将一个命名缓冲区和一个查询语句绑定在一起：查询执行后的结果集数据经过游标把面向集合的操作转换成面向元组的操作，应用程序就可以逐一处理每个元组了。

1. 使用游标

在嵌入式SQL中，使用游标一般也要经历声明游标、打开游标、获取游标当前记录的数据、关闭游标等过程。

1）声明游标

使用DECLARE语句可以为一个SELECT语句定义游标，其语法格式为：

```
EXEC SQL DECLARE<游标名>CURSOR FOR<SELECT语句>;
```

在游标对应的<SELECT语句>中可以使用程序主变量。

一般说来，声明游标不会对数据库服务器有任何影响，服务器也不会有任何响应。

2）打开游标

OPEN语句将声明的游标打开，它启动游标所定义的SELECT语句的执行，游标状态被设置为打开，并将操纵数据的位置指针指向查询结果集的第1条记录。

```
EXEC SQL OPEN<游标名>;
```

游标打开后，如果结果集包含多个记录，游标缓冲区中可能保持部分或全部结果集，这由数据库服务器的结果集发送机制决定。

3）获取游标当前记录的数据

游标打开后，主语言可以使用嵌入的FETCH语句将游标位置指针所指向的当前记录的数据输出到程序主变量，同时游标自动向前移动位置指针，指向下一个记录。

```
EXEC SQL FETCH<游标名>INTO<目标主变量列表>;
```

语句中的<目标主变量列表>可以由一个或多个<主变量>[<指示变量>]组成，主变量的个数必须和语句查询结果的目标列数目相同。语句执行成功后，当前记录的所有数据内容就按照定义的SELECT语句中目标列的顺序依次输出到主变量中。如果给出了辅助的指示变量，FETCH操作也会设置指示变量的值，主程序就可以根据指示变量的值来判定该结果列值是否为NULL。

4）关闭游标

如果不再使用游标，应执行 CLOSE 语句来关闭它，释放所占用的本地资源和可能占用的服务器资源。

```
EXEC SQL CLOSE<游标名>;
```

【例 5-51】 列出食品组所有商品的商品编号、商品名称和价格。

```
EXEC SQL BEGIN DECLARE SECTION;                /*声明主变量 V_Sno,V_Sname,V_price*/
int V_gno;
char V_gname [11];
float V_price;
EXEC SQL END DECLARE SECTION;
EXEC SQL CONNECT TO market test;               /*连接数据库*/
EXEC SQL DECLARE good_CSR CURSOR FOR
SELECT Gno,Gname,Price FROM Goods WHERE Gtype='食品组');      /*定义游标*/
EXEC SQL OPEN good_CSR;                        /*打开游标*/
while(1)
{
EXEC SQL FETCH good_CSR INTO :V_gno,:V_gname,:V_price;        /*输出记录*/
IF(SQLCODE !=SUCCESS)
BREAK;
⋮
}
EXEC SQL CLOSE good_CSR;                       /*关闭游标*/
EXEC SQL COMMIT;
⋮
```

上面的代码段演示了使用游标的一个全过程，此外游标还具有另外一个重要功能，即对结果集的指定记录进行修改或删除。

2. 基于游标修改或删除记录

对数据库的修改或删除操作都是面向集合的操作，直接使用嵌入式 UPDATE 或 DELETE 语句会把符合条件的一组记录同时修改或删除。而在某些实际应用中，用户可能会给出一定的检索条件显示所有符合条件的记录后，再对结果集记录进行检查，对同时满足另外一些条件的记录或随机选择的记录执行修改或删除，这是数据浏览中一种常见的操作模式。为支持这类需求，嵌入式 SQL 允许使用游标来完成定位更新或定位删除。

基于游标的定位修改使用 WHERE CURRENT 子句作为 UPDATE 或 DELETE 的条件语句对游标当前指针所指向的记录进行修改。语句格式为：

```
EXEC SQL<UPDATE 或 DELETE 语句>WHERE CURRENT OF<游标名>
```

使用游标定位修改的步骤和使用游标查询的过程大体一致，存在的差别有两点。

(1) 定义可更新游标。根据 SQL 标准，嵌入式 SQL 中定义的游标默认是只读游标，即结果集是一个只读的快照，应用程序不能通过游标影响数据库数据。如果需要基于游标修改数据，则要使用FOR UPDATE子句。

```
EXEC SQL DECLARE<游标名>CURSOR FOR<SELECT 语句>
FOR UPDATE[OF<列名列表>]
```

<列名列表>指定通过这个游标所能修改的那些列。如果要执行数据删除，则不需要给出该列表。

(2) 数据修改使用WHERE CURRENT OF子句。在打开游标并输出记录数据后，检查数据的内容并对满足其他条件的记录进行修改。

```
EXEC SQL<UPDATE 或 DELETE 语句>WHERE CURRENT OF<游标名>;
```

【例5-52】 逐一显示上例中所有记录，并在交互方式下由用户选择是否将商品价格提高10%。

```
EXEC SQL BEGIN DECLARE SECTION;        /* 声明主变量 V_gno,V_gname,V_price */
...
EXEC SQL END DECLARE SECTION;
EXEC SQL DECLARE good_CSR CURSOR FOR
SELECT Gno,Gname,Price FROM Goods WHERE Gtype='食品组')
FOR UPDATE OF Price;                   /* 定义游标,游标属性设置为可更新价格 */
...
EXEC SQL OPEN good_CSR;                /* 打开游标 */
WHILE(1)
{
EXEC SQL FETCH good_CSR INTO: V_gno,: V_gname,: V_price;         /* 读取记录 */
IF(SQLCODE!=SUCCESS)
BREAK;
...
PRINTF("%6d  %20s  %9f\n",V_gno,V_gname,V_ price);             /* 显示记录信息 */
PRINTF("商品价格提高 10%?");            /* 与用户交互 */
SCANF("%d",&resp);
IF(resp:='Y'|| resp=: 'Y')            /* 用户选择更新 */
EXEC SQL UPDATE Goods SET Price=1.1*Price;
WHERE CURRENT OF good_CSR;             /* 更新记录 */
}
EXEC SQL CLOSE good_CSR;               /* 关闭游标 */
EXEC SQL COMMIT;                       /* 提交事务 */
```

嵌入式SQL程序中的游标并非都是可更新游标，如果数据库服务器判定游标的查询语句形成不可更新游标，则即使指定FOR UPDATE，该属性也会被忽略，还会在后面执行游标更新时报错。

5.5.7 使用动态 SQL

前面所讲的嵌入式 SQL 语句中使用的主变量、查询目标列、条件等都是固定的，属于静态 SQL 语句。静态嵌入式 SQL 语句能够满足一般要求，但在某些应用中可能直到执行时才能够确定要提交的 SQL 语句，比如给出的查询条件不同，或者在交互方式下用户给出语句选项。这类问题可以使用动态 SQL 来解决。

动态 SQL 支持动态组装 SQL 语句和动态参数两种形式，给开发者提供设计任意 SQL 语句的能力。

1. 使用 SQL 语句主变量

程序主变量包含的内容是 SQL 语句的内容，而不是原来保存数据的输入或输出变量，这样的变量称为 SQL 语句主变量。SQL 语句主变量在程序执行期间可以设定不同的 SQL 语句，然后立即执行。

【例 5-53】 创建基本表 TEST。

```
EXEC SQL BEGIN DECLARE SECTION;
CONST char * stmt="CREATE TABLE test (a int);";          /* SQL 语句主变量 */
EXEC SQL END DECLARE SECTION;
...
EXEC SQL EXECUTE IMMEDIATE: stmt;                          /* 执行语句 */
```

SQL 语句主变量中包含的 SQL 语句由数据库服务器解释，应用可以根据实际需求，随意输入合法的 SQL 语句提交数据库服务器执行，比如填写申请表后提交表格。

2. 动态参数

动态参数是 SQL 语句中的可变元素，使用参数符号(?)表示该位置的数据在运行时设定。和前面使用的主变量不同：动态参数的输入不是编译时完成绑定，而是通过准备(PREPARE)语句主变量和执行(EXECUTE)时绑定数据或主变量来完成。

使用动态参数的步骤如下。

(1) 声明 SQL 语句主变量。

变量的 SQL 内容包含动态参数(?)。

(2) 准备 SQL 语句(PREPARE)。

PREPARE 将分析含主变量的 SQL 语句内容，建立语句中包含的动态参数的内部描述符，并用<语句名>标识它们的整体。

```
EXEC SQL PREPARE<语句名>FROM<SQL 语句主变量>;
```

(3) 执行准备好的语句(EXECUTE)。

EXECUTE 将 SQL 语句中分析出的动态参数和主变量或数据常量绑定作为语句的输入或输出变量。

```
EXEC SQL EXECUTE<语句名>[INTO<主变量表>][USING<主变量或常量>];
```

【例 5-54】 向例 5-53 中创建的 TEST 表中插入元组。

```
EXEC SQL BEGIN DECLARE SECTION;
CONST char * stmt="INSERT INTO test VALUES(?);";     /*声明 SQL 主变量*/
EXEC SQL END DECLARE SECTION;
...
EXEC SQL PREPARE mystmt FROM : stmt;                 /*准备语句*/
...
EXEC SQL EXECUTE mystmt USING 100;                   /*执行语句*/
EXEC SQL EXECUTE mystmt USING 200;                   /*执行语句*/
```

【例 5-55】 从 TEST 中检索满足条件的元组。假定表中没有重复元组。

```
EXEC SQL BEGIN DECLARE SECTION;
CONST char* stmt=SELECT A FROM test1 WHERE A=?;";    /*SQL语句主变量*/
int  aVal;
EXEC SQL END DECLARE SECTION;
...
EXEC SQL PREPARE mystmt FROM: stmt;                  /*准备语句*/
...
EXEC SQL EXECUTE mystmt INTO: aVal USING 100;        /*执行语句*/
...
EXEC SQL EXECUTE mystmt INTO: aVal USING 200;        /*执行语句*/
...
```

使用动态参数时，待提交的 SQL 语句仅需要准备一次，然后可以多次执行它，每次执行时都可以修改绑定的主变量、变量的值或常量。这样既能够降低执行的代价，又可以在执行时根据需要绑定不同的主变量，以提高程序的灵活性。

5.5.8 异常处理

程序在执行时总会有各种意外情况发生。如果服务器执行 SQL 请求发生异常，数据库服务器会将执行的状态信息通过 SQL 通信区返回给应用程序。嵌入式 SQL 程序使用 SQL 标准规定的异常处理来设置错误捕获条件和处理策略。

嵌入式 SQL 程序中设置异常处理的语句为 WHENEVER 语句。

【例 5-56】 如果 SQL 执行发生错误，则终止程序运行。

```
#include<stdio.h>
#include<string.h>
int main()
{
EXEC SQL BEGIN DECLARE SECTION;
```

```
CHAR szRetVal[8193];
EXEC SQL END DECLARE SECTION;
EXEC SQL WHENEVER SQLERROR STOP;                    /*发生错误时终止程序*/
EXEC SQL CONNECT TO TEST@localhost:54321 USER PUBLIC;
/*连接到本机数据库 TEST,服务器监听端口为 54321*/
PRINTF("登录成功!\n");
EXEC SQL BEGIN;                                     /*启动新事务*/
/*定义游标,执行数据库存储过程 fieldsConc()*/
EXEC SQL DECLARE CSR1 CURSOR FOR SELECT fieldsConc('XXXX');
EXEC SQL FETCH CSR1 INTO:szRetVal;                  /*打开游标 CSR1 并保存查询结果*/
IF (SQLCODE==0)                                     /*执行成功*/
{
PRINTF("取到数据\n");
PRINTF("返回结果是%s\n",szRetVal);
EXEC SQL COMMIT;                                    /*提交事务*/
}
EXEC SQL DISCONNECT;                                /*断开和数据库服务器的连接*/
RETURN 0;
}
```

应用程序也可以使用 SQLCODE 或 SQLSTATE 来获得最近提交的数据库请求的执行状态或返回代码。SQLCODE 是整型的执行状态码,而 SQLSTATE 是一个有 5 个字符的串状态码。SQLCODE 的用法相对过时,新的 SQL 标准推荐使用 SQLSTATE。

【例 5-57】 使用 SQLSTATE 从游标中连续获取数据,直到结果集为空。

```
WHILE(1)
{
EXEC SQL FETCH good_CSR INTO :v_gno, :v_gname, :v_price;        /*获取记录*/
IF (!strcmp(SQLSTATE,"02000"))
Break;    /*未取到记录,结果集为空或已经取出最后一条记录*/
}
```

应用程序必须仔细考虑可能出现的问题,并在程序中设计异常处理,只有如此才能提高程序的可靠性和鲁棒性。

习题 5

1. 什么是权限和角色?二者有何不同?
2. 简述什么是存储过程。为什么使用存储过程?
3. 什么是触发器?触发器分为哪几种类型?

4. 游标的作用是什么？

5. 以下各题针对表5-6完成。

表5-6 PART(零件表)

PNO(零件号)	PNAME(零件名称)	QUTY(库存量)
101	CAM	150
102	BOLT	300
105	GEAR	50
203	BELT	30
207	WHEEL	120
215	WASHER	1300

(1) 创建一个存储过程 proc_PART,用于查询零件信息,返回在两个指定库存量之间的零件信息。

(2) 创建一个存储过程 proc_partSearch,用于查询零件信息,提供零件名称作为参数,查到零件后,返回1,没有查找到零件,返回0。

(3) 创建一个存储过程 proc_partAdd,提供 PNO、PNAME、QUTY 参数,向 PART 表中插入零件记录。

(4) 创建一个存储过程,proc_partDelete,提供 PNO 作为参数,删除指定的零件记录。要求从 PART 表中删除记录前,首先将该记录移动到一张事先创建的 PARTHistory 表中(PARTHistory 结构与 PART 表相同)。

(5) 创建触发器 tri_QUTY,如果库存量发生变化,少于5件时,提示要求进货的信息。

Part

数据库设计技术篇

Chapter 6

第6章　数据库设计理论

大型数据库设计是一项庞大的工程，其开发周期长、耗资多，并且要求数据库设计人员既要有扎实的数据库知识，又要充分了解实际应用对象。所以可以说数据库设计是一项涉及多学科的综合性技术。设计出一个性能较好的数据库系统并不是一件简单的工作。

6.1　数据库设计概述

6.1.1　数据库设计的任务

数据库设计是指针对一个给定的应用领域，设计优化数据库逻辑模式和物理结构，并据此建立数据库及其应用系统，使之能够有效地存储、管理和利用数据，满足各种用户的应用需求（包括数据需求、处理需求、安全性和完整性需求）。也就是说，数据库设计不但要为某一个部门或组织建立数据库，而且要建立一个基于数据库的结构合理、使用方便、效率较高的应用系统，即设计整个数据库应用系统，这是对数据库设计的广义理解。本书主要探讨狭义的数据库设计，即设计数据库的各级模式并据此建立数据库。

数据库设计应该和应用系统设计相结合，这是数据库设计的一个基本特点。因为一个好的数据库结构是应用系统的基础；反过来，具体应用需求还被用来对数据库结构进行有针对性的优化。

数据库设计应该包含两个方面的内容：一是结构（数据）设计，二是行为（处理）设计。

1. 结构设计

设计数据库系统时，首先应进行结构设计。结构设计是指设计数据库框架或数据库结构。具体而言，就是设计数据库的模式结构，数据库模式是各应用程序共享的结构，是相对稳定的结构，反映了数据库系统的静态特性。因此数据库结构设计是否合理，直接影响到系统中各个处理过程的性能和质量。因此，结构设计对一个好的数据库系统运转起着重要作用。

2. 行为设计

行为设计是指设计应用程序、事务处理等，反映数据库系统的动态特性。只有结构特性和行为特性相结合，才能真实地反映客观世界。

6.1.2 数据库设计的团队

在数据库设计开始之前，首先必须选定参与设计的人员，包括数据库管理员、系统分析人员、数据库设计人员和程序员、用户和操作员。数据库设计人员是数据库设计的核心人员，他们将自始至终参与数据库设计，他们的水平决定了数据库系统的质量。用户和数据库管理员在数据库设计中也是举足轻重的，他们主要参加需求分析和数据库的运行维护，他们的积极参与不但能加速数据库设计，而且也能提高数据库设计的质量。程序员和操作员在系统实施阶段参与进来，分别负责编制应用程序和准备软硬件环境。

如果所设计的数据库应用系统比较复杂，还应该考虑是否需要使用数据库设计工具和计算机辅助软件工程（Computer-Aided Software Engineering，CASE）工具，以提高数据库设计质量并减少设计工作量。

6.1.3 数据库设计的方法

早期的数据库设计没有标准的规范可循，缺乏科学理论和工程方法的支持，设计人员完全凭自己的经验和技巧自主地设计数据库，设计质量很难保证，这种方法叫手工试凑法。1978 年 10 月，30 多个国家的数据库专家在美国的新奥尔良市专门讨论了数据库设计问题，提出了数据库设计的规范，这就是著名的新奥尔良方法。新奥尔良方法将数据库设计分为 4 个阶段：需求分析（分析用户要求）、概念设计（信息分析与定义）、逻辑设计（设计实现）和物理设计（物理数据库设计）。这种方法属于规范化设计方法，即运用了软件工程的思想和方法，提出了各种设计准则和设计规程，将设计过程分为若干个阶段和步骤，按照工程化的方法设计数据库。

经过多年的努力，人们摸索出多种数据库设计方法，这些方法大都起源于新奥尔良方法，只是在设计步骤上存在差异，各有自己的特点和局限。例如，S. B. Yao 等对新奥尔良方法进行了改进，将数据库设计分为 6 个步骤：需求分析、模式构成、模式汇总、模式重构、模式分析和物理数据库设计。I. R. Palmer 主张把数据库设计当成一步接一步的过程，并采用一些辅助手段实现每一过程。另外，还有一些为数据库设计不同阶段提供的具体实现技术与实现方法，如基于 E-R 模型的数据库设计方法、基于 3NF（第三范式）的设计方法、基于抽象语法规范的设计方法等。

规范化设计方法从本质上来说仍然是手工设计方法，基本思想是过程迭代和逐步求精，但工作量较大，设计者的经验与知识在很大程度上决定了数据库设计的质量。为此，数据库工作者一直在研究和开发数据库设计工具，以减轻数据库设计的工作强度，加快数据库设计速度，提高数据库设计的质量。经过多年的努力，数据库设计工具已经走向实用化和产品化。例如 Oracle 公司的 Designer、SYBASE 公司的 PowerDesigner、CA 公司的 ERWin 和 Rational 公司的 Rational Rose 等都是数据库设计工具软件，统称为计算机辅助软件工程。这些工具软件可以辅助设计人员完成数据库设计过程中的很多任务，已经越来越普遍地用于大型数据库设计之中。

6.2　数据库设计的步骤

通过分析、比较与综合各种常用的数据库规范设计方法，可将数据库设计分为 6 个阶段（见图 6-1）：需求分析、概念结构设计、逻辑结构设计、物理结构设计、数据库实施、数据库运行与维护。下面说明每个阶段的工作任务和应注意的问题。

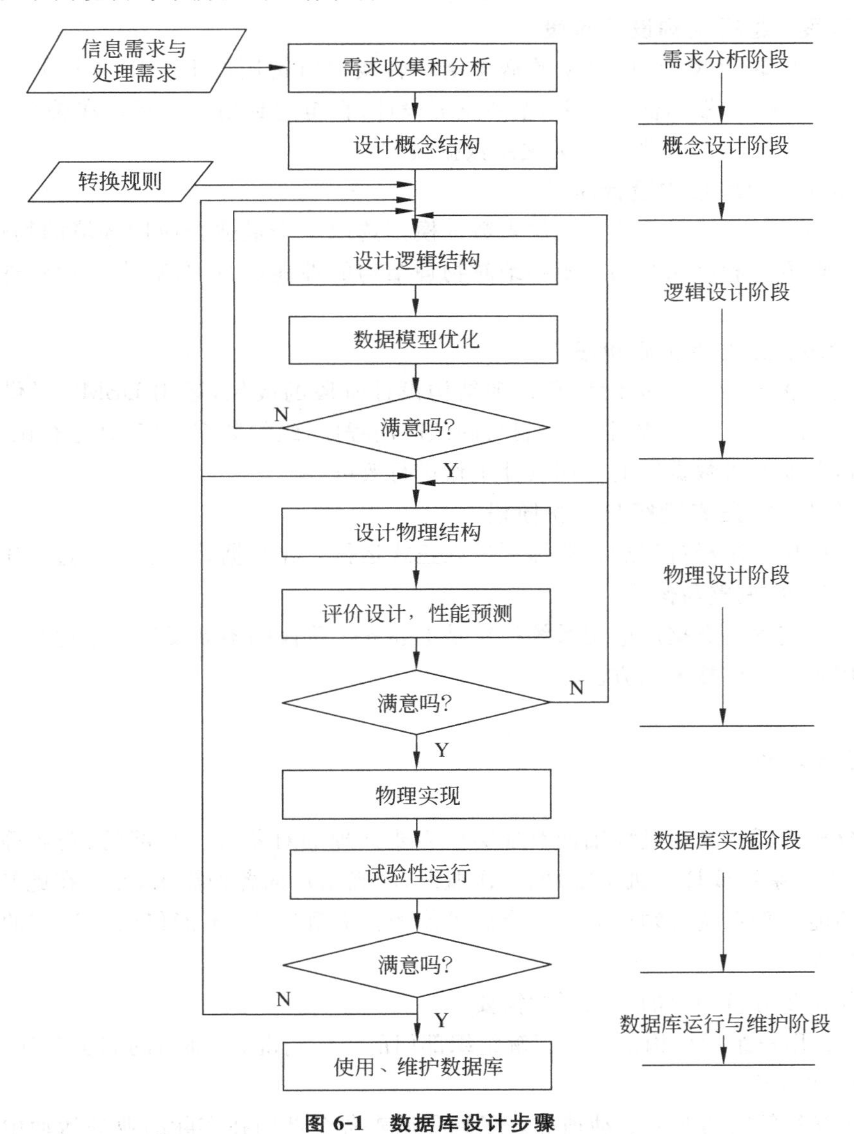

图 6-1　数据库设计步骤

第一阶段：需求分析阶段

这个阶段是数据库设计的基础。数据库设计人员需要全面了解用户的实际需求，包括信息要求和处理要求。需求分析做得是否充分与准确，决定了构建数据库系统的速度与质量。这一阶段的成果是需求分析说明书，也是下面后续设计的依据。

第二阶段：概念结构设计阶段

概念结构设计是整个数据库设计的关键，它通过对用户需求进行综合、归纳与抽象，形成一个独立于具体 DBMS 的概念数据模型，用于表达数据与数据之间的联系。最常用的概念结构设计的方法是 E-R 图。

第三阶段：逻辑结构设计阶段

根据一定的转化规则，将抽象的概念结构转换成所选用的 DBMS 支持的逻辑数据模型，并对其进行优化，根据优化结果，不断反复设计，直至达到用户满意。在关系 DBMS 中，主要考虑的是如何将 E-R 图转化为关系数据模型。

第四阶段：物理结构设计阶段

物理结构设计是为一个给定的逻辑数据模型选取一个最适合应用环境的物理结构，确定数据的存取方法和存储结构。不断地对物理结构的性能进行评测，直至达到理想的物理结构性能。

第五阶段：数据库实施阶段

设计人员根据逻辑结构设计和物理结构设计阶段的成果，运用 DBMS 提供的数据语言、工具及宿主语言，建立数据库，编制与调试应用程序，组织数据入库，并进行试运行，根据试运行的情况及时对数据库的前期设计工作进行改进。

第六阶段：数据库运行与维护阶段

数据库应用系统经过试运行后即可投入正式运行。在数据库系统运行过程中必须不断地对其进行评价、调整与修改。

设计一个完善的数据库应用系统往往是上述 6 个阶段的不断反复。下述将详细介绍每一阶段中用到的具体技术和方法。

6.2.1 需求分析

需求分析的任务是通过详细调查现实世界要处理的对象(组织、部门、企业等)，充分了解原系统(手工系统或计算机系统)的工作概况，明确用户的各种需求，然后在此基础上确定新系统的功能。新系统必须充分考虑今后可能的扩充和改变，不能仅仅按当前的应用需求来设计数据库。

调查与初步分析用户的需求通常需要 5 步：

(1) 调查用户组织机构情况。了解组织部门的组成情况、各部门的职责和任务等，为分析信息流程做准备。

(2) 调查各部门的业务活动情况。了解和调查各个部门在实际的业务活动中需要输入和使用什么数据，如何加工处理这些数据，输出什么信息，输出到什么部门，输出结果的格式是什么，这是调查的重点之一。这一步骤的结果可以用业务流程图等形式表示出来。

(3) 协助用户明确对新系统的各种要求。在熟悉业务活动的基础上，协助用户明确对新系统的各种要求，包括信息要求、数据要求、处理要求、完全性与完整性要求。信息要求是指用户需要从数据库中获得信息的内容与性质。由用户的信息要求可以导出数据要求，即在数据库中需要存储哪些数据，各数据之间的联系如何等。处理要求是指对处理功能的要求，对处理的响应时间的要求，对处理方式的要求（批处理/联机处理）。数据的安全性与完整性要求是指数据的保密措施和存取控制要求，数据自身的或数据之间的约束条件，这是调查的重点之二。

(4) 确定新系统的边界。确定哪些功能由计算机完成或将来准备让计算机完成，哪些活动由人工完成，由计算机完成的功能就是新系统应该实现的功能。

(5) 编写系统需求分析报告。这是需求分析的最后一步，即将前述几步完成的工作形成正式的书面文档，文档中应包括：系统概况（绘制系统的组织机构图、业务流程图和各组织之间的联系图等）；系统的原理和技术（绘制数据流程图、功能模块图及数据字典等图表）；对原系统有何改善；经费预算；开发进度；系统技术方案的可行性论证和分析等。系统需求分析报告经过用户和设计者的反复讨论和修改，以达成共识，并经过双方代表签字生效，具有一定的权威性，作为后续工作的指南。

在调查过程中，可以根据不同的问题和条件，使用不同的调查方法。如：查阅与原来系统有关的资料，问卷调查，开座谈会，请专人介绍，访问个人，甚至跟班作业，亲自参与到用户的实际工作中去，了解用户的需求等。调查完毕后，还需要进一步分析和表达用户的需求。分析和表达用户需求常采用的方法是自上而下的结构化分析方法（Structured Analysis，SA）。该方法从最上层的系统组织机构入手，采用逐层分解的方式分析系统，并用数据流图和数据字典描述系统。

1. 数据流图

数据流图（Data Flow Diagram，DFD）用于表达和描述系统的数据流向和对数据的处理功能。在数据流图中，用命名的箭头表示数据流，用圆圈表示处理，用矩形表示数据源点（或终点），用其他形状表示数据存储，数据流图使用的符号如图6-2所示。用SA方法做需求分析时，设计人员首先将系统抽象成如图6-3所示的形式，然后将处理功能的具体内容分解为若干个子功能，再将每个子功能继续分解，直至系统的工作过程表达清楚为止。在处理功能逐级分解的同时，它们所用的数据也逐级分解，形成若干层次的数据流图。

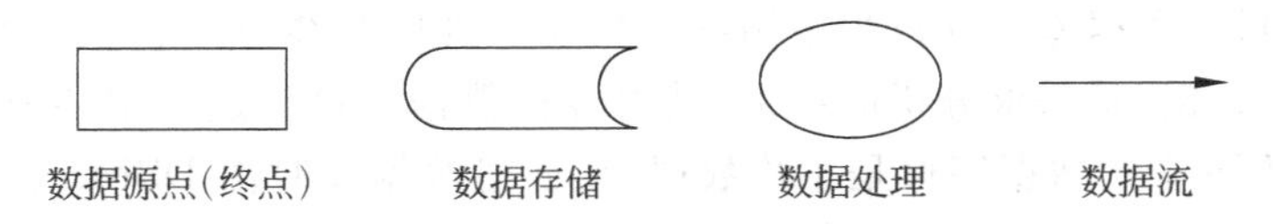

图6-2　数据流图中的符号说明

数据流图可以表示现行系统的信息流动和加工处理等详细情况，是现行系统的一种逻辑抽象，独立于系统的实现。图6-4给出了一个数据流图的示例。

数据流图清楚地表达了数据与处理之间的关系。在结构化分析方法中，处理过程常常

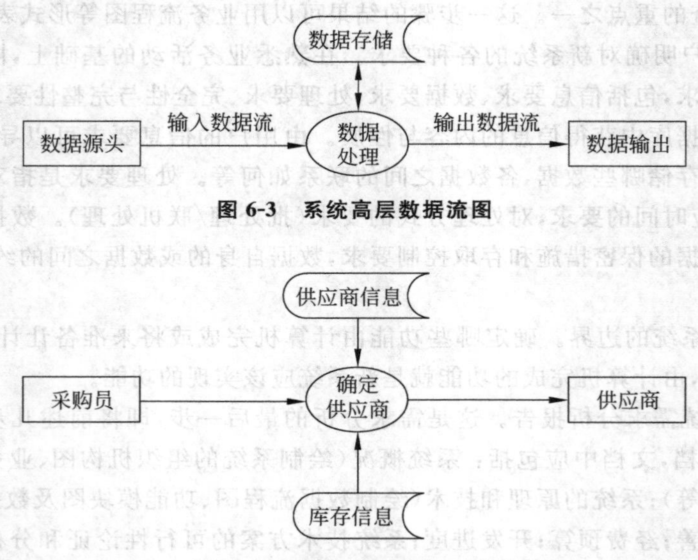

图 6-3　系统高层数据流图

图 6-4　超市采购业务数据流图

借助判定表和判定树来描述，而数据则用数据字典来描述。

2. 数据字典

数据字典(Data Dictionary，DD)是数据库中各类数据描述的集合，是进行详细的数据收集和数据分析所获得的主要结果。数据字典是一种数据分析、系统设计和管理的有力工具，在数据库设计中占有很重要的地位。

数据字典通常包括数据项、数据结构、数据流、数据存储和处理过程 5 个部分。其中，数据项是数据的最小组成单位，它通常包括属性名、含义、别名、类型、长度、取值范围、与其他数据项之间的联系等；数据结构反映了数据之间的组合关系，可以由若干个数据项组成，也可以由若干个数据结构组成，或由二者混合而成，包括关系名、含义、组成的成分等；数据流表示数据项或数据结构在某一加工过程中的输入或输出，包括数据流名、说明、输入输出的加工名、组成的成分等；数据存储是数据流的来源和去向之一，可以是手工文档也可以是计算机文档，包括数据存储名、说明、输入/输出数据流、组成的成分、存取方式和操作方式等；处理过程是具体的处理逻辑，一般用判定表和判定树来表达，包括处理过程名、说明、输入/输出数据流、处理的简要说明等。

需要注意的是，数据库设计过程中用到的数据字典与 DBMS 中涉及的数据字典是不同的。前者是用户数据，是需求分析的结果，其内容在数据库设计过程中还要不断修改、充实和完善。而 DBMS 中的数据字典是系统数据，在创建数据库时由 DBMS 自动建立，是数据库赖以运行的依据。其内容是不能被数据库用户随意修改的。

6.2.2　概念结构设计

系统需求分析报告反映了用户的具体需求，但这些仅仅是现实世界的具体需求，距离利用数据库进行数据管理的目的还相差甚远。概念结构设计阶段的任务就是把这些实际需求抽象成计算机能够识别的信息世界的结构，这种将需求分析阶段得到的用户需求抽象为信息结构即概念模型的过程就是概念结构设计。

概念结构设计独立于数据库的逻辑结构，也独立于支持数据库的 DBMS。它是现实世界与机器世界的中介，它一方面能够充分地反映现实世界，包括实体和实体之间的联系，同时又易于向关系、层次、网状等逻辑模型转换。概念结构的设计是整个数据库设计的关键所在。设计概念结构通常有 4 类方法。

1. 自顶向下法

首先定义全局概念结构的框架，然后逐步细化，可以用如图 6-5 所示的示意图形象地表示。

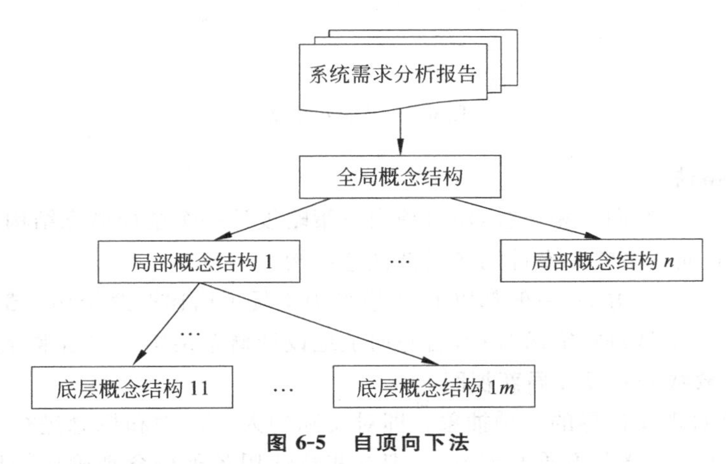

图 6-5 自顶向下法

2. 自底向上法

首先定义各局部应用的概念结构，然后将它们集成起来，得到全局概念结构，可以用如图 6-6 所示的示意图形象地表示。

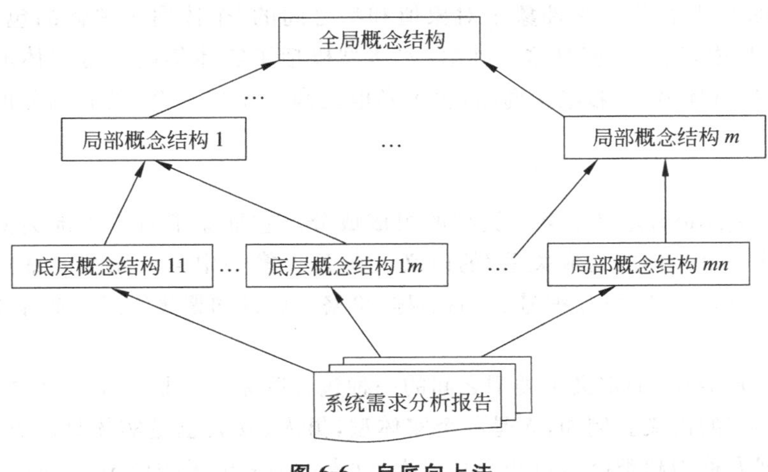

图 6-6 自底向上法

3. 逐步扩张法

首先定义最重要的核心概念结构，然后向外扩充，以滚雪球的方式逐步生成其他概念结构，直至总体概念结构，如图 6-7 所示。

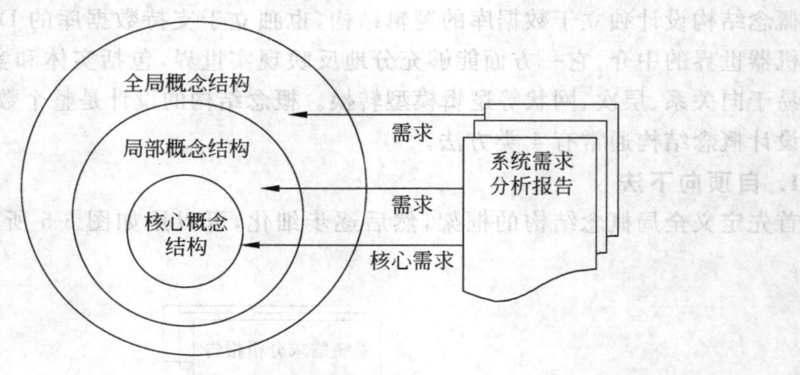

图 6-7　逐步扩张法

4. 混合策略法

将自顶向下和自底向上相结合，用自顶向下策略设计一个全局概念结构的框架，以它为骨架，集成由自底向上策略中设计的各局部概念结构。

无论采用哪种设计方法，一般都以 E-R 模型为工具来描述概念结构。最常用的是混合策略法。即自顶向下地进行需求分析，自底向上地设计概念结构。它通常分为两步。

第一步：抽象数据并设计局部视图

概念结构是对现实世界的一种抽象。即对实际的人、事、物和概念进行人为处理，抽取所关心的共同特性，忽略非本质的细节，并把这些特性用各种概念精确地加以描述，这些概念组成了某种模型。常用的抽象方法有 3 类。

1）分类

分类(Classification)定义了某一类概念作为现实世界中一组对象的类型。这些对象具有某些共同的特性和行为。它抽象了对象值和型之间的“个体属于整体的包含关系”的语义。在 E-R 模型中，实体型就是这种抽象，实体型概括了实体集内所有实体的共同特征和行为。例如在超市环境中，彩电是商品，表示彩电是商品中的一个，具有商品的共同特性和行为。

2）聚集

聚集(Aggregation)定义了某一类型的组成成分。它抽象了对象内部类型和成分之间“多个成分组成一个个体的组成关系”的语义。在 E-R 模型中若干属性的聚集组成了实体型，就是这种抽象。例如，商品编号、商品名称、价格等属性的聚集组成了商品这个实体型。

3）概括

概括(Generalization)定义了类型之间的一种包含联系。它抽象了类型之间的“小类与大类的包含关系”的语义。例如，人是一个实体型，男人、女人也是实体型。男人、女人均是人的子集，则把人称为超类(Superclass)，男人、女人称为人的子类(Subclass)。

概念设计首先就是要利用抽象机制对需求分析阶段收集来的数据进行分类、聚集，形成实体、实体的属性、实体之间的联系等，设计分 E-R 图。

设计分 E-R 图首先需要根据系统的具体情况，在多层的数据流图中选择一个适当层次的数据流图，作为设计分 E-R 图的出发点。让这组图中的每一部分对应一个局部应用，然后以这一层次的数据流图为出发点，设计分 E-R 图。由于高层数据流图只能反映系统的概貌，而底层数据流图又过细，因此人们通常以中层数据流图作为设计分 E-R 图的出发点。

在前面选好的某一层次的数据流图中，每个局部应用都对应了一组数据流图，局部应用所涉及的数据都已经收在数据字典中了。现在就是要将这些数据从数据字典中抽取出来，参照数据流图，标定局部应用中的实体、实体的属性和码、实体间的联系等。

第二步：集成局部视图，得到全局的概念结构

由于局部 E-R 模型反映的只是单位局部子功能对应的数据视图，可能存在不一致的地方，还不能直接作为逻辑设计的依据，此时可以去掉不一致和重复的地方，将各个局部视图合并成为全局视图，即局部 E-R 模型的集成。集成的方法有多种，但无论哪种方法，集成时都需要两步：第 1 步是合并，即解决各个分 E-R 图之间的冲突，将各个分 E-R 图合并起来生成初步 E-R 图；第 2 步是修改与重构，即消除不必要的冗余，生成基本 E-R 图。

1) 合并分 E-R 图，生成初步 E-R 图

由于各个局部应用所面临的问题不同，而且通常是由不同的设计人员设计完成的，这就导致了各个局部分 E-R 图之间必定存在许多不一致的地方，称之为冲突。冲突主要有 3 类：属性冲突、命名冲突和结构冲突。

(1) 属性冲突。

- 属性域冲突，即属性值的类型、取值范围不同。例如，商品编码有的设为长度为 20，有的设为 50。
- 属性取值单位冲突。例如，同一个商品，有的以“箱”为单位，有的以“件”为单位。

属性冲突的根源主要在于不同用户部分的业务习惯，由用户自己协商决定。

(2) 命名冲突。

- 同名异义，即不同意义的对象在不同的局部应用中具有相同的名字。例如，“单位”既可表示企业的部门，也可以作为长度、重量的度量属性。
- 异名同义，又称一义多名，即同一意义的对象在不同的局部应用中具有不同的名称。例如，“单位”“科室”和“部门”实际上是同一实体，它们的属性应该统一。

命名冲突可能发生在实体、属性和联系上，尤以属性冲突见多。处理命名冲突可以由用户的领导层协商解决。

(3) 结构冲突。

- 同一对象在不同应用中具有不同的抽象水平。例如，“课程”在某一局部应用中被当作实体，而在另一局部应用中则被当作属性。处理这类问题的方法是：将实体转化为属性或将属性转化为实体以使同一对象具有相同的身份。
- 同一实体在不同局部视图中所包含的属性不完全相同，或者属性的排列次序不完全

相同。例如，同样是实体“商品”，一个的属性包含“商品编码，商品名称，价格”，另一个的属性包含“商品编号，商品名称，价格，生产批号”。解决方法是：对实体的属性取其在不同局部应用中的并集，如果属性名称不同，要首先统一，然后根据需要设计适当的顺序。

- 实体之间的联系在不同局部视图中呈现不同的类型。例如，实体 E1 与 E2 在局部应用 A 中是多对多联系，而在局部应用 B 中是一对多联系；又如，在局部应用 X 中 E1 与 E2 发生联系，而在局部应用 Y 中 E1、E2、E3 三者之间有联系。解决方法是根据实际情况，对实体联系的类型进行综合和调整。

通过解决上述冲突后得到的初步 E-R 图，接下来的工作就是要消除冗余。

2）消除不必要的冗余，生成基本 E-R 图

初步 E-R 图中可能存在一些冗余的数据和冗余的联系。冗余的数据是指可由基本数据导出的数据，冗余的联系是指可由其他联系导出的联系。冗余数据和冗余联系容易破坏数据库的完整性，给数据库维护增加困难，应当予以消除。消除了冗余后的初步 E-R 图称为基本 E-R 图。消除冗余主要采用分析方法，即以数据字典和数据流图为依据，根据数据字典中关于数据项之间逻辑关系的说明来消除冗余。例如，员工工资单中包括该员工的基本工资、各种补贴、应扣除的房租水电费以及实发工资等。由于实发工资可以由前面各项推算出来，因此可以去掉，在需要查询实发工资时根据基本工资、各种补贴、应扣除的房租水电费数据临时生成。

视图集成后形成一个整体的数据库概念结构，对该整体概念结构还必须进行进一步验证，确保它能够满足下列条件：

- 整体概念结构内部必须具有一致性，不存在互相矛盾的表达。
- 整体概念结构能准确地反映原来的每个视图结构，包括属性、实体及实体间的联系。
- 整体概念结构能满足需求分析阶段所确定的所有要求。

整体概念结构最终还应该提交给用户，征求用户和有关人员的意见，进行评审、修改和优化，然后把它确定下来，形成数据库的概念结构，作为进一步设计数据库的依据。

6.2.3 逻辑结构设计

概念结构设计阶段得到的 E-R 模型是面向用户的数据模型，独立于任何一个 DBMS。为了能够利用某一具体的 DBMS 实现数据管理的需求，还必须将概念结构进一步转化为相应的逻辑数据模型，这就是逻辑结构设计阶段要完成的任务。由于新设计的数据库应用系统都普遍采用支持关系数据模型的 DBMS，因此这里只介绍如何将概念模型（E-R 图）转换为关系数据模型。

大家知道，关系数据模型的逻辑结构是一组关系模式的集合。E-R 图则是由实体、实体的属性和实体之间的联系这 3 个要素组成的。所以将 E-R 图转换为关系数据模型实际上就是要将实体、实体的属性和实体之间的联系转化为关系模式，这种转换一般遵循如下规则：

规则1：一个实体型转换为一个关系模式。实体型的属性就是关系的属性，实体型的码就是关系的码。例如，实体“雇员”的E-R图（见图6-8），可以转化为关系模式：雇员（雇员号，姓名，部门，性别，年龄，工作岗位）。

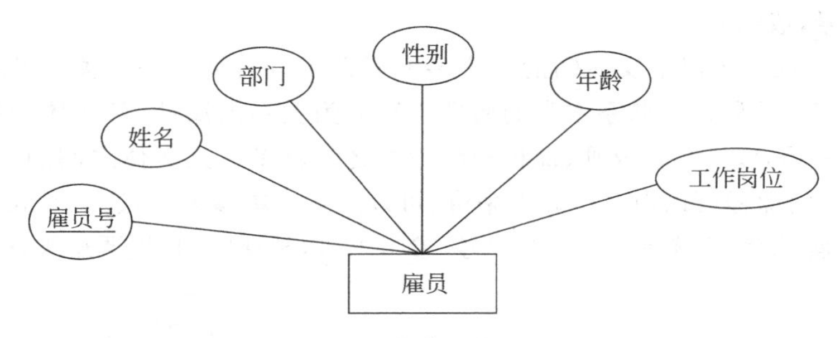

图6-8 实体雇员的E-R图

规则2：一个1∶1联系可以转换为一个独立的关系模式，也可以与任意一端对应的关系模式合并。如果转换为一个独立的关系模式，则与该联系相连的各实体的码以及联系本身的属性均转换为关系的属性，每个实体的码均是该关系的候选码。例如，实体“班级”和实体“正班长”之间是一对一联系（见图6-9），可以将其转化为一个独立的关系模式：班级-正班长（班号，班长学号，任期时间，……）。

如果与某一端实体对应的关系模式合并，则需要在该关系模式的属性中加入另一个关系模式的码和联系本身的属性。例如，上述实体“班级”和实体“正班长”之间的联系可以与“班级”（正班长）一端合并，即：班级（班号，所在系，*班长学号*，*任期时间*……），其中斜体字的班长学号是“正班长”实体的码，“任期时间”是联系本身的属性。

规则3：一个1∶n联系可以转换为一个独立的关系模式，也可以与n端对应的关系模式合并。如果转换为一个独立的关系模式，则与该联系相连的各实体的码以及联系本身的属性均转换为关系的属性，而关系的码为n端实体的码。例如，实体“班级”和“学生”之间是一对多联系（见图6-10），可以转换为班级-学生（学号，班号）；也可以与n端实体“学生”合并为：学生（学号，班号，姓名，……）。

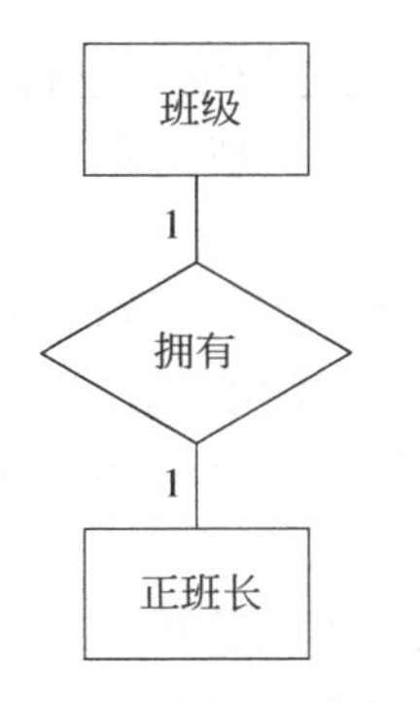

图6-9 班级-正班长

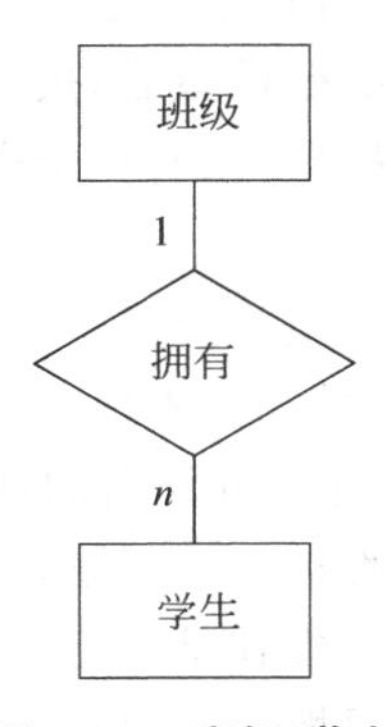

图6-10 班级-学生

规则 4：一个 $m:n$ 联系转换为一个关系模式。与该联系相连的各实体的码以及联系本身的属性均转换为关系的属性，各实体的码组成关系的码或关系码的一部分。例如，“学生”实体和“课程”实体之间是多对多联系（见图 6-11），只能转化为一个独立的关系模式，即：选课（学号，课程号，成绩）。

规则 5：3 个或 3 个以上实体间的一个多元联系可以转换为一个关系模式。与该多元联系相连的各实体的码以及联系本身的属性均转换为关系的属性，各实体的码组成关系的码或关系码的一部分。例如，教师、课程和参考书之间就是三元实体之间的多元联系（见图 6-12），语义是一门课程可以由多个教师来讲、可以配备多本参考书，这个 E-R 图转化为关系模式：教师-课程-参考书（教师工号，课程号，参考书号，授课时间，授课班级，……）。

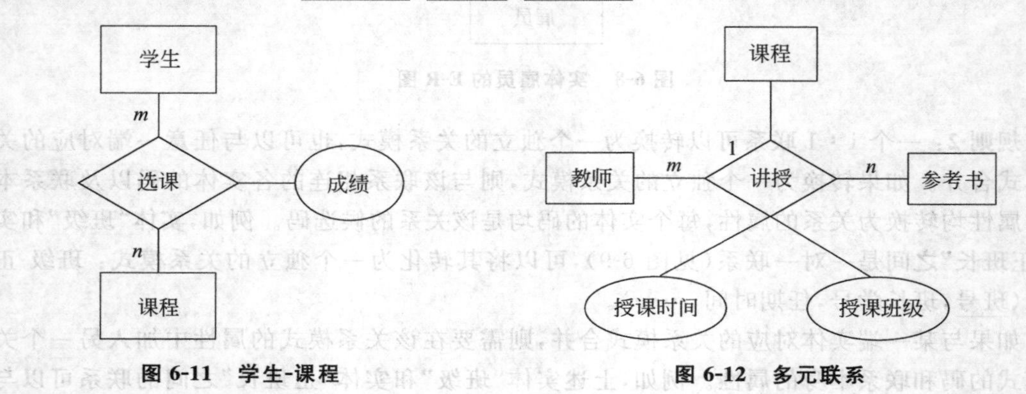

图 6-11 学生-课程　　**图 6-12 多元联系**

规则 6：具有相同码的关系模式可合并。为了减少系统中的关系数目，如果两个关系模式具有相同的主码，可以考虑将它们合并为一个关系模式，合并的方法是将其中一个关系模式的全部属性加到另一个关系模式中，然后去掉其中的同义属性（可能同名也可能不同名），并适当调整属性的次序。这个规则也就解释了规则 2 和规则 3 有两种转化方式的原因。

数据库逻辑设计的结果不是唯一的。为了进一步提高数据库应用的性能，还应该适当地修改、调整数据模型的结构，这就是数据模型的优化。关系数据模型的优化通常以规范化理论为指导，本书将在第 7 章专门介绍这一方面的内容。

形成了关系数据模型后，接下来就是向特定的 DBMS 规定的模型进行转换。这一步转换依赖于具体的机器，没有一个普遍的规则，转换的主要依据是所选用的 DBMS 的功能及其限制。

将概念模型转换为全局逻辑模型后，还应该根据局部应用需求，结合具体 DBMS 的特点，设计用户的外模式。外模式是用户所看到的数据模式，各类用户有各自的外模式。设计外模式时只考虑用户对数据的使用要求、习惯以及安全性要求，而不用考虑系统的时间效率、空间效率、易维护性等问题。

由于外模式和模式是相对独立的，因此在定义外模式时可以注重考虑用户的习惯，方便用户使用。这些习惯一般包括以下几种。

1. 使用别名

概念结构设计阶段合并各分 E-R 图时，曾做了消除命名冲突的工作，以使数据库系统中同一关系及其属性具有唯一的名字。这在设计数据库整体结构时是非常必要的，但对于某些局部应用，由于改用了不符合用户习惯的关系名或属性名，可能会使他们感到不习惯，因此在设计外模式时可以以别名的形式重新定义这些名称，使其与用户原来的习惯一致。

2. 合理进行安全控制

针对不同用户的使用权限，合理设置外模式，从而达到安全性控制的目的。例如，员工关系模式中包括职工号、姓名、性别、出生日期、婚姻状况、学历、学位、政治面貌、职称、职务、工资、工龄等属性。任务分配管理应用程序只能查询员工的职工号、姓名、性别、职称数据；任务管理应用程序只能查询员工的职工号、姓名、性别、学历、学位、职称、工作效果数据；员工管理应用程序则可以查询员工的全部数据。为此可以定义3个不同的外模式，分别包含允许不同局部应用操作的属性。这样就可以防止用户非法访问本来不允许他们查询的数据，保证了系统的安全性。

3. 简化使用

如果某些局部应用中经常要使用某些很复杂的查询，为了方便用户，可以将这些复杂查询定义为视图，用户每次只对定义好的视图进行查询即可。这使用户使用系统时感到简单直观、易于理解。

6.2.4 物理结构设计

数据库最终是要存储在物理设备上的。数据库在物理设备上的存储结构与存取方法称为数据库的物理结构，它依赖于给定的计算机系统。为一个给定的逻辑数据模型选取一个最适合应用环境的物理结构的过程，就是数据库的物理设计。

数据库的物理设计通常分为两步：确定数据库的物理结构和评价数据库的物理结构。评价的重点是时间和空间效率。

1. 确定数据库的存储结构

确定数据库的存储结构主要指确定数据的存放位置和组织形式。这里的数据主要指关系、索引、日志、数据库备份等，它们通常以文件的形式加以组织，存放在磁盘、磁带等外存设备上。确定数据库的存储结构前应该首先对给定的DBMS有充分的了解，明确DBMS所能提供的物理环境等，还应该了解用户对处理频率和响应时间的要求。具体确定数据库的存取结构时应该考虑如下原则：

(1) 减少访问冲突。

(2) 分散热点数据。

(3) 保证关键数据的快速访问，缓解系统的瓶颈。

2. 确定数据的存取方法

数据通常以文件的形式存放在外存上。数据的存取就是指向文件中写入数据(存)或者从文件中读出数据(取)。数据的存取方法常用的有顺序存取、随机存取和索引存取等。索引是一种用来帮助提高数据库中数据存取效率的辅助数据结构。确定数据的存取方法主要指确定如何建立索引。例如，应该在哪些关系的哪些属性上建立索引，建立多少个索引合适，是否建立聚簇索引等。

数据库物理设计过程中需要对时间效率、空间效率、维护代价和各种用户要求进行权衡，其结果可能产生多种方案，数据库设计人员必须对这些方案进行细致的评价，从中选出一个较优的方案作为数据库的物理结构。

3. 评价数据库的物理结构

评价数据库物理结构的方法完全依赖于所选用的 DBMS，主要是定量估算各种方案的存储空间、存取时间和维护代价，分析其优缺点，对估算结果进行权衡、比较，选择出一个较优的合理的物理结构。如果该结构不符合用户需求，则需要修改设计。

6.2.5 数据库实施

数据库的逻辑结构和物理结构设计完成后，就可以开始实施数据库了。数据库实施主要包括以下工作：定义数据库结构、组织数据入库、编制与调试应用程序、数据库试运行和整理设计文档。

1. 定义数据库结构

利用所选用的 DBMS 提供的数据定义语言（DDL）来严格描述数据库结构，包括创建数据库、创建表、创建视图、创建索引、定义存储过程和触发器等。

2. 组织数据入库

数据库结构建立好后，就可以组织用户的实际数据进入数据库中了。组织数据入库是数据库实施阶段最主要的工作。一般的数据库系统中的数据量都比较大，而且数据分散于企业的不同组织部门中，因此，组织数据入库前首先需要把这些数据收集到一起，并根据概念结构设计的要求对数据进行规范处理，然后通过手工或计算机辅助工具导入的方式装载到数据库中。

若数据库的结构是在原有老系统的基础上升级的，则只需完成数据的转换和应用程序的转换即可。

3. 编制与调试应用程序

在数据库实施阶段，当数据库结构建立好后，就可以开始编制与调试数据库的应用程序，应用程序的编制需要采用专门的程序设计语言，如 VC++、VB、Delphi、.NET 等。调试应用程序时可先使用模拟数据，待系统调试通过，运行稳定后再使用正式数据。

4. 数据库试运行

应用程序调试完成，并且已有一小部分数据入库后，就可以开始数据库的试运行。数据库试运行也称为联合调试，其主要工作包括以下两项。

（1）功能测试：实际运行应用程序，执行对数据库的各种操作，测试应用程序是否实现了预先设计的各种功能。

（2）性能测试：测量系统的各项性能指标，分析其是否符合设计目标。

5. 整理设计文档

在程序的编码调试和试运行中，应该将发现的问题和解决方法记录下来，将它们整理存档作为资料，供以后正式运行和改进时参考。全部的调试工作完成之后，应该编写应用系统的技术说明书和使用说明书，在正式运行时随系统一起交给用户。

完整的文件资料是应用系统的重要组成部分，但这一点常被忽视。必须强调这一工作的重要性，引起用户与设计人员的充分注意。

6.2.6 数据库运行及维护

数据库试运行结果符合设计目标后，数据库就可以真正投入运行了。数据库投入运行后，由于应用环境在不断变化，数据库运行过程中物理存储会不断变化，对数据库设计进行评价、调整、修改等维护工作是一项长期的任务，也是设计工作的继续和提高。在数据库运行阶段，对数据库经常性的维护工作主要是由 DBA 完成的，主要包括以下内容：

1. 数据库的备份和恢复

为了防止数据库出现重大故障，DBA 需要定期对数据库和日志文件进行备份，以保证一旦发生介质故障，可以利用数据库备份及日志文件备份，尽快将数据库恢复到某种一致性状态。

2. 数据库的安全性、完整性控制

DBA 必须根据用户的实际需要授予每个用户不同的操作权限。在数据库运行过程中，由于应用环境的变化，数据库的安全性要求和完整性约束条件也会变化，也需要 DBA 不断修正，以满足用户要求。

3. 数据库性能的监督、分析和改进

在数据库运行过程中，DBA 必须监督系统运行，对监测数据进行分析和评价，找出改进系统性能的方法。

4. 数据库的重组织和重构造

数据库运行一段时间后，由于记录的不断增、删、改，会使数据库的物理存储变坏，从而降低数据库存储空间的利用率和数据的存取效率，使数据库的性能下降。这时 DBA 就要对数据库进行重组织(只对频繁增、删的表进行重组织)或全部重组织。

当数据库应用环境发生变化，例如，增加新的应用或新的实体，取消某些已有应用，改变某些已有应用，这些都会导致实体及实体间的联系也发生相应的变化，使原有的数据库设计不能很好地满足新的需求，从而不得不根据新环境调整数据库的模式和内模式。例如，增加新的数据项，改变数据项的类型，改变数据库的容量，增加或删除索引，修改完整性约束条件等。这就是数据库的重构造。DBMS 提供了修改数据库结构的功能。

如果发生的变化太大，则应当淘汰旧系统并重新开发一个新的数据库系统。

习题 6

1. 数据库设计的任务是什么?
2. 数据库设计一般分哪几个步骤?
3. 需求分析的任务是什么?
4. 数据流图的要素有哪些?
5. 概念结构向逻辑结构转换的方法是什么?
6. 物理结构设计要考虑到的两个问题是什么?

Chapter 7

第7章 数据库规范化理论

在设计数据库的逻辑结构时，首先要考虑的问题是：一个好的关系数据库模式，到底应包括多少个关系模式，而每个关系模式又应该包括哪些属性(字段)，如何评判一个已经设计完成的关系模式是不是一个合适的关系模式等。为此，1971年E. F. Codd提出了关系数据库的规范化理论，使得数据库设计的方法更加完善。规范化理论可用来判断一个关系模式设计得是否合理，是否可以通过规范化来解决存在的各种异常问题，从而成为指导数据库逻辑设计阶段对关系模式进一步优化的一个有力工具，也是判断一个数据库设计水平高低的重要依据。

7.1 关系模式设计中存在的问题

在对关系模式进行规范化之前，先来探讨一下关系模式设计中存在的问题。假设在超市数据库管理系统中，员工的关系模式被设计为：员工(员工编号，部门，部门经理，考核期，绩效分)，表7-1是该关系模式的一个关系实例。

表7-1 关系模式的一个关系实例

员工编号	部门	部门经理	考核期	绩效分
S001	账管科	佟晓路	2017-1	B
S001	账管科	佟晓路	2016-4	A
S002	账管科	佟晓路	2016-4	B
S003	账管科	佟晓路	2016-4	A
S004	账管科	佟晓路	2016-4	C
S005	供应科	丁大卫	2016-4	B
S006	供应科	丁大卫	2016-4	B
S007	供应科	丁大卫	2016-4	C
S008	供应科	丁大卫	2016-4	C
S009	服务部	汪泊如	2016-4	A

现在来看这个模式中存在的问题：

1. 数据冗余度大

同样的数据被重复存储多次，极度浪费存储空间。在表 7-1 中，员工 S001、S002、S003 和 S004 同属账管科，在表 7-1 中前 5 个元组的“部门”分量和“部门经理”分量相同，也就是说，关于账管科及其经理的信息重复存储了 5 次。同理，员工编号为 S005、S006、S007 和 S008 也同属于一个部门，相关信息也要重复存储多次。如果一个部门有上百个员工，则这种冗余就大大增加。因此，表 7-1 中的数据冗余度大。

2. 插入异常

插入异常的一种情形是指有些不完整的信息不能成功插入到表中。例如，假设超市新设一个部门“信息部”，还没招聘员工，由于该表的主码是(员工编号，考核期)，而这条元组没有员工编号，所以无法输入进去这条信息。显然，这与用户的要求不一致，用户还是希望把新成立的部门信息存储到数据库中的。

插入异常的另一种情形是指当向表中插入一个元组后，容易引起数据的不一致。例如，账管科新招聘进一名收银员，那么把该收银员的信息存储到该表中时，关于该员工的部门信息(“部门”和“部门经理”)都必须与账管科其他员工的信息完全一致，否则就出现了数据的不一致性。

3. 删除异常

删除异常是指删除一些信息的同时，也删除了不希望删除的信息。例如，在表 7-1 中，由于员工 S009 离职，所以需要删除他的相关信息，由于他所在的服务部只有这一个员工，如果执行删除命令，服务部的信息也一并删除了。而实际上，服务部还是存在的。

4. 更新异常

更新异常是指更新冗余信息时，容易造成的数据不一致性。例如，在表 7-1 中，超市决定把供应科改为“市场部”，由于供应科的员工较多，必须把所有员工的部门信息都修改。如果有些没有修改，就造成了数据的不一致，在语义上容易产生歧义，好像是有两个部门或者是一个部门有多个名称。

所有这些问题都是在关系模式设计过程中产生的。那么，如何判断一个关系模式是否有问题，有什么理论依据吗？答案是肯定的。规范化理论就是专门对关系模式进行评价和规范化的理论。

7.2 函数依赖

规范化理论致力于解决关系模式中不合适的数据依赖问题。数据依赖是通过关系中属性间值的决定关系体现出来的数据间的相互关系，是对现实世界中各属性间相互联系的抽象，是数据语义的体现。例如，学生的学号可以决定学生的姓名，学生的学号加上他所选课程的课程号可以决定他这门课的成绩，等等。数据依赖有很多种，其中最重要的是函数依赖(Functional Dependency，FD)。

1. 函数依赖

一般地讲，设$R(U)$是一个关系模式，U是R的属性集合，X和Y是U的两个不同的子集，如果X的每一个取值只对应Y的一个取值，就称X函数决定Y，或Y函数依赖于X，表示为$X \to Y$，其中X称作决定因素。这种依赖关系实际上是函数关系，正像一个函数$y=f(x)$一样，x的值给定了，函数值y也就唯一地确定了。

另外，还可以这样检验$X \to Y$在R中是否成立，对于R中的任意一个关系实例r，如果r中任意两个元组t_1和t_2都满足：若$t_1[A]=t_2[A]$，则$t_1[B]=t_2[B]$，那么$X \to Y$。

对于如表7-1所示的例子中的关系模式员工(员工编号，部门，部门经理，考核期，绩效分)，存在如下的函数依赖：

员工编号→部门

部门→部门经理

(员工编号，考核期)→绩效分

通过分析一个关系模式的属性间的函数依赖，还可以判断哪些属性组是候选码。具体判断方法如下：设X是关系模式R的一个属性组，若除X属性外的每一个R的属性都函数依赖于X，而X的任意一个真子集不具有此特点，则称X是R的候选码。包含在任意一个候选码中的属性都称为主属性。例如，该例中(员工编号，考核期)联合起来作候选码，二者都是主属性。

在讨论函数依赖时，有时需要知道由已知的一组函数依赖，判断另外一些函数依赖是否成立或者能否由前者推出后者的问题，这就是函数依赖的蕴含所研究的问题。

设F是关系模式R上的一个函数依赖集合，X，Y是R的属性子集，如果从F的函数依赖推导出$X \to Y$，则称F逻辑地蕴含$X \to Y$，或称$X \to Y$可以从F中导出，或$X \to Y$逻辑蕴含于F。

被F逻辑蕴含的函数依赖的集合称为F的闭包，记为F^+。一般情况下，F^+包含或等于F。如果二者相等，则称F是函数依赖的完备集。

2. 完全函数依赖和部分函数依赖

在函数依赖$X \to Y$中，如果对于X的任何一个非空真子集X'，都有X'不能导出Y，则称Y完全函数依赖于X，否则称Y部分函数依赖于X。

例如，对于如表7-1所示的例子中的关系模式员工(员工编号，部门，部门经理，考核期，绩效分)，属性组(员工编号，考核期)是主码，故(员工编号，考核期)→部门，但对于(员工编号，考核期)的真子集“员工编号”，有员工编号→部门，故“部门”对属性组(员工编号，考核期)的依赖属于部分函数依赖。而由于属性组(员工编号，考核期)的任意一个真子集“员工编号”或者“考核期”都不能函数决定“绩效分”，所以“绩效分”对属性组(员工编号，考核期)的依赖属于完全函数依赖。

3. 传递函数依赖

如果存在函数依赖$X \to Y$，$Y \to Z$，并且Y不是X的子集，同时Y不能函数决定X，则Z传递函数依赖于X。

例如，上例中，有员工编号→部门，部门→部门经理，则员工编号→部门经理，这样“部门经理”传递函数依赖于“员工编号”。

7.3 多值依赖*

函数依赖有效地表达了属性之间的联系，但是它还不足以表达现实世界中所有的数据依赖。例如对于一对多的联系，函数依赖就无法解决。多值依赖是区别于函数依赖的另外一类重要的数据依赖，那么，什么是多值依赖呢？

设 $R(U)$ 是属性集 U 上的一个关系模式，X、Y、Z 是 U 的子集，并且 $Z=U-X-Y$。关系模式 $R(U)$ 中多值依赖 $X \rightarrow\rightarrow Y$ 成立，当且仅当对 $R(U)$ 的任一关系 r，给定的一对 (x,z) 值有一组 Y 的值，这组值仅仅决定于 x 值而与 z 值无关。

由多值依赖的定义可知，多值依赖具有以下性质：

(1) 对称性。设 $Z=U-X-Y$，若 $X \rightarrow\rightarrow Y$，则 $X \rightarrow\rightarrow Z$。

(2) 传递性。若 $X \rightarrow\rightarrow Y$，$X \rightarrow\rightarrow Z$，则 $X \rightarrow\rightarrow Z-Y$。

(3) 若 $X \rightarrow\rightarrow Y$，$X \rightarrow\rightarrow Z$，则 $X \rightarrow\rightarrow Y \cup Z$，$X \rightarrow Y \cap Z$，$X \rightarrow\rightarrow Y-Z$，$X \rightarrow\rightarrow Z-Y$。

例如，有这样一个关系模式：仓库(仓库管理员，仓库号，库存产品号)，假设一个产品只能放到一个仓库中，但是一个仓库可以有若干管理员，那么对应于一个(仓库管理员，库存产品号)，有一个仓库号，而实际上，这个仓库号只与库存产品号有关，与管理员无关，就说库存产品号多值依赖于仓库号，即仓库号→→库存产品号；同理，根据对称性，仓库号→→仓库管理员。

多值依赖与函数依赖有重大的区别。函数依赖 $X \rightarrow Y$ 成立与否仅仅与 X 和 Y 有关，但对于多值依赖 $X \rightarrow\rightarrow Y$ 不仅要考虑 X 和 Y 的值，还要考虑 $U-X-Y$ 的值。函数依赖可以看作是多值依赖的特殊情况。即，若 $X \rightarrow Y$，则 $X \rightarrow\rightarrow Y$。这是因为 $X \rightarrow Y$ 描述了属性值 Y 与 X 之间的一对一联系，而在 $X \rightarrow\rightarrow Y$ 中描述了属性值 X 与 Y 之间的一对多联系。如果在 $X \rightarrow\rightarrow Y$ 中规定每个 X 值只有一个 Y 值与之对应，那么 $X \rightarrow\rightarrow Y$ 就成了 $X \rightarrow Y$。所以函数依赖可以看成是多值依赖的一个子类。

7.4 范式

关系数据库中的关系模式不是一般的二维表，而是规范化的二维表，根据规范的不同程度，定义为不同的范式。规范程度最低的叫第一范式，简称 1NF。在第一范式中满足进一步规范要求的为第二范式，简称 2NF，以此类推。显然，各种范式之间存在联系，如图 7-1 所示。

一个低一级范式的关系模式，通过模式分解可以转换为若干个高一级范式的关系模式的集合，这个过程就叫规范化。

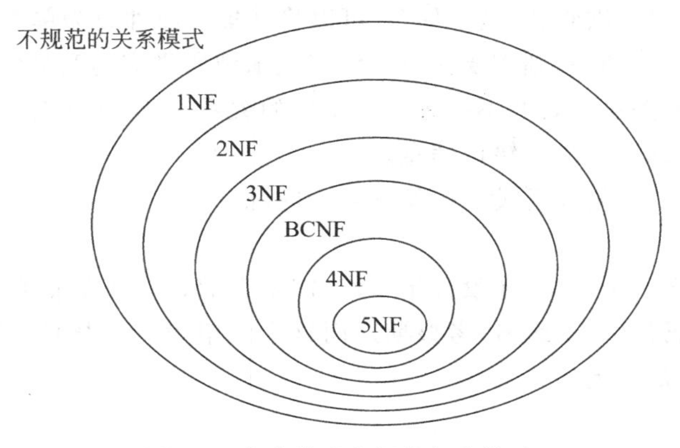

图 7-1 各种范式之间的包含关系

7.4.1 第一范式

关系数据模型要求关系模式必须满足一个基本条件,那就是关系模式的每一个分量必须是一个不可分的数据项,也就是说,不允许表中还有表。凡是满足该条件的关系模式都属于第一范式。

在任何一个关系数据库系统中,第一范式是对关系模式的一个最起码的要求。只有满足第一范式的数据库模式才能称其为关系数据库。图 7-2 和图 7-3 是非第一范式转换为第一范式的两个例子。

供应商编号	供应商名称	所供商品
00001	王国选	纯牛奶、高钙奶、低脂奶

供应商编号	供应商名称	所供商品
00001	王国选	纯牛奶
00001	王国选	高钙奶
00001	王国选	低脂奶

图 7-2 通过纵向展开的方式将非第一范式转化为第一范式

供应商编号	供应商名称	所供商品价格			
		纯牛奶	高钙奶	低脂奶	早餐奶

供应商编号	供应商名称	纯牛奶价格	高钙奶价格	低脂奶价格	早餐奶价格

图 7-3 通过横向展开的方式将非第一范式转化为第一范式

图 7-2 中的属性“所供商品”是个集合，可以将此集合属性改为单个商品名。例如，供应商“王国选”共供应 3 种商品，则需要 3 个元组来表示他所供应的商品(纵向展开)。

满足第一范式的关系模式并不一定是一个好的关系模式，往往会出现更新异常，例如在增加、删除、修改记录时，会出现错误信息。

例如，表 7-1 的员工关系模式存在以下 4 个问题。

1. 插入异常

假设超市新招聘一个员工，还没开始工作，需要存储该员工的信息，如其所在部门信息等。由于该表的主码是(员工编号，考核期)，而这个元组没有考核期，所以无法插入这条数据。然而，这与现状是冲突的。

2. 删除异常

如果某员工只工作了一个考核期，现在需要去国外进修 3 年，为了不占用数据库资源，他原来的考核信息将一并删除，导入到历史数据库中，只保留其所在部门信息。但是如果执行删除操作的话，连同他的部门信息都删除了。

3. 数据冗余度大

一个部门有多个员工，部门的信息会多次被存储。如果一个部门有几百个员工，则这种冗余就会大大增加。

4. 修改复杂

例如部门名称更改、经理调换，需要修改部门名称和部门经理的值。如果某个部门有 n 个员工，则必须无遗漏地修改 n 个元组中全部的部门名称和部门经理信息。

分析上面的例子，可以发现造成 1NF 异常的原因是：对于非主属性“部门”“部门经理”，它们部分函数依赖于主码(员工编号、考核期)。

为了消除这些部分函数依赖，可以采用投影分解法，将员工关系模式分解为如下两个关系模式。分解过程如下：

(1) 列出主码的每一个非空子集：

员工编号
考核期
员工编号、考核期

(2) 对于主码的每一个非空子集，将它和完全函数依赖于它的非主属性放在一个集合里：

员工编号、部门、部门经理
考核期
员工编号、考核期、绩效分

(3) 每个集合组成一个新的子关系模式：

员工归属(员工编号、部门、部门经理)，其中员工编号是主码。

考核(员工编号、考核期、绩效分)，其中(员工编号、考核期)是主码。

可以看出，在分解后的这两个关系模式中，非主属性都完全函数依赖于码了，从而使上述 4 个问题在一定程度上得到了解决。由于员工的部门归属信息与考核信息分别在两个关系模式里，因此，新招聘的员工信息可以插入进去。删除一个员工的所有考核信息，只是考核关系中没有关于该员工的元组了，员工归属关系中关于该员工的元组不受影响。不论一个员工工作了多久，工作了多少个考核期，他的“部门”和“部门经理”的值都只存储1次。这就大大降低了数据冗余。员工调换部门只须修改员工归属关系中该员工元组的“部门”和“部门经理”的值，由于“部门”和“部门经理”的值并未重复存储，因此简化了修改操作。

这种经过分解后的1NF其实就是由1NF向2NF规范化的过程。

7.4.2 第二范式

第二范式(2NF)的定义是：如果一个关系模式 R 属于1NF，且它的每一个非主属性都完全函数依赖于码，则 R 属于2NF。属于1NF的关系模式消除了对码的部分函数依赖后得到的关系模式属于2NF。

例如，上例分解后的考核关系中，单凭“员工编号”或者“考核期”都无法决定“绩效分”，因而考核关系属于2NF。分解后的员工归属关系中，员工编号→部门，员工编号→部门经理，主码是“员工编号”。因为单一属性的关系模式中不会有对码的部分函数依赖，所以员工归属关系也属于2NF。

可见，采用投影分解法将一个1NF的关系分解为多个2NF的关系，可以在一定程度上消除原1NF关系中存在的插入异常、删除异常、数据冗余度大、修改复杂等问题。

但是将一个1NF关系分解为多个2NF的关系，并不能完全消除关系模式中的各种异常情况和数据冗余。也就是说，满足第二范式的关系模式仍然可能出现问题。例如上例中，满足了第二范式的关系模式“员工归属”关系仍然存在以下问题。

1. 插入异常

假设超市新设一个部门“信息部”，还没招聘员工，由于该表的主码是(员工编号)，而这条元组没有员工编号，所以无法输入进去这条信息。这和先成立部门后招聘员工的现状冲突。

2. 删除异常

由于员工S009离职，需要删除他的相关信息，由于他所在的服务部只有S009一个员工，如果执行删除命令，服务部的信息也一并删除了。而实际上，服务部还是存在的。

3. 数据冗余度大

一个部门有多名员工，每个部门只有一个部门经理，关于部门和部门经理的信息重复出现，重复次数与该部门员工人数相同。

4. 修改复杂

当需要调整部门经理时，由于关于每个部门的部门经理信息是重复存储的，修改时必须同时更新该部门所有员工的“部门经理”值。

经过分析发现，产生上述问题的原因在于关系模式中存在着传递函数依赖(“部门经理”传递函数依赖于“员工编号”)。为了消除传递函数依赖，可以采用投影分解法，把员工归属关系模式分解为如下两个关系模式。

(1) 从员工归属关系模式中删除传递函数依赖于码的所有非主属性，即“部门经理”，得到一个新关系模式：

员工-部门(员工编号，部门)

(2) 把剩余的函数依赖中的非主属性(如“部门”和“部门经理”)放在一起，形成一个新的关系：

部门-经理(部门、部门经理)

(3) 因此，原来的员工归属关系模式就分解成两个子关系模式：

员工-部门(员工编号，部门)，其中员工编号是主码。

部门-经理(部门、部门经理)，其中部门是主码。

显然，在分解后的关系模式中既没有非主属性对码的部分函数依赖也没有非主属性对码的传递函数依赖，在一定程度上解决了上述 4 个问题：DM 关系中可以插入没有员工的部门信息。员工离职，只是删除员工-部门关系中的相应元组，部门-经理关系中关于该部门的信息仍存在。关于部门经理的信息只在部门-经理关系中存储一次。当调整某个部门的经理时，只需修改部门-经理关系中一个相应元组的“部门经理”值。

这种经过分解后的 2NF 其实就是由 2NF 向 3NF 规范化的过程。

7.4.3 第三范式

第三范式(3NF)的定义是：如果一个关系模式 R 属于 2NF，并且每一个非主属性都不传递函数依赖于 R 的码，则 $R \in$ 3NF。

3NF 就是要求 R 的每一个非主属性既不部分函数依赖也不传递函数依赖于码。

7.4.2 节例子中分解后生成的两个关系模式员工-部门和部门-经理都属于 3NF，可见，采用投影分解法将一个 2NF 的关系模式分解为多个 3NF 的关系模式，可以在一定程度上消除原 2NF 关系模式中存在的插入异常、删除异常、数据冗余度大、修改复杂等问题。

但是将一个 2NF 关系分解为多个 3NF 的关系后，并不能完全消除关系模式中的各种异常情况和数据冗余。

例如，关系模式教学(学员，教师，课程)，语义关系是一个教师只教一门课，一门课由若干学生选修，某个学生选修了某门课程就确定了相应的教师。根据语义可知，该关系模式具有如下函数依赖：

教师→课程，(学员，课程)→教师

由(学员，课程)→教师可推导出(学员，课程)→(学员，课程，教师)，所以(学员，课程)是该关系模式的一个候选码。再由教师→课程，可推出(学员，教师)→(学员，课程)，所以(学员，教师)也是该关系模式的一个候选码。按照定义，教学关系模式的 3 个属性都是主属性，根据范式定义，没有非主属性，自然不可能存在非主属性对主属性的部分函数依赖和传递函数依赖，所以教学关系模式属于第三范式。

尽管属于第三范式，但教学关系模式依然存在一些问题。由语义关系，一名课程有若干个学生选修，每名教师只教一门课，那么当有很多名学生选修了某门课程后，该教师的信息也被重复存储多次，造成冗余度大和修改复杂的问题。解决的办法依然是采用投影分解的方法，将教学关系模式分解成两个子模式：

学员-课程(学员，课程)

教师-课程(教师，课程)

在分解后的关系模式中，无论多少学员选修了某门课程，关于该课程的讲授信息只在教师-课程中保存一次。在分解后的关系模式中没有任何属性对码的部分函数依赖和传递函数依赖。它解决了 3NF 所存在的问题。

上述过程就是 3NF 向 BCNF 规范化的过程。

7.4.4　BC 范式

BC 范式(Boyce Codd Normal Form，BCNF)是由 Boyce 和 Codd 提出的，比 3NF 更进了一步。通常认为 BCNF 是修正了的第三范式，所以只要不引起混淆或误解，有时统称它们为第三范式。

BCNF 的定义：如果关系模式 R 属于 1NF，并且 R 的所有属性(包括主属性和非主属性)既不部分函数依赖也不传递函数依赖于 R 的码，则 $R \in$ BCNF。

采用投影分解法将一个 3NF 的关系分解为多个 BCNF 的关系，可以进一步解决原 3NF 关系中存在的插入异常、删除异常、数据冗余度大、修改复杂等问题。

3NF 和 BCNF 是以函数依赖为基础的关系模式规范化程度的测度。如果一个关系数据库中的所有关系模式都属于 3NF，则已在很大程度上消除了插入异常和删除异常，但由于可能存在主属性对码的部分依赖和传递依赖，因此关系模式的分解仍不够彻底。如果一个关系数据库中的所有关系模式都属于 BCNF，那么在函数依赖范畴内，它已实现了模式的彻底分解，达到了最高的规范化程度，消除了插入异常和删除异常。

7.4.5　第四范式*

第四范式(4NF)的定义：设 R 是一关系模式，D 是 R 上的依赖集，如果对于任何一个多值依赖 $X \rightarrow\rightarrow Y$(其中 Y 非空，也不是 X 的子集，X 和 Y 并未包含 R 的全部属性)，且 X 包含 R 的一个码，则称 R 是第四范式，记为 4NF。

当 D 中仅包含函数依赖时，4NF 就是 BCNF，于是 4NF 必定是 BCNF，但是一个 BCNF 不一定是 4NF。如果一个关系模式属于 BCNF，但没达到 4NF，仍然存在着操作中的异常问题。

例如，关系模式销售(公司，城市，产品)，其中一个元组(x,y,z)表示 x 公司在 y 城市销售 z 产品，语义关系是一个公司可以在若干个城市销售生产的产品，在其中一个城市可以销售若干个产品。很显然，这个关系模式的主码是(公司，城市，产品)，而且是超码，不存在任何属性对主码的部分函数依赖和传递函数依赖，因此销售关系模式是 BCNF。尽管如此，销售关系模式还是存在冗余度大的问题，表 7-2 是该关系模式的一个实例。

表 7-2 销售关系模式的实例

公司	城市	产　品
宝洁	北京	帮宝适尿不湿
宝洁	北京	玉兰油润肤霜
宝洁	北京	玉兰油洗面奶
宝洁	上海	帮宝适尿不湿
宝洁	上海	玉兰油洗面奶
蒙牛	北京	纯牛奶
蒙牛	北京	高钙奶
伊利	上海	纯牛奶
伊利	北京	高钙奶

从表 7-2 中可以看出，冗余度大的问题很严重。当一个公司新推出一个产品后，需要向全国所有的城市推广，那么在表 7-2 中，需要重复多次地插入公司的名称和产品的名称。在一个正确规范化的关系模式中，不应该有如此大的冗余度。经过分析可知，销售关系模式中存在两个多值依赖：公司→→城市，公司→→产品。正是由于这两个多值依赖，导致了冗余度大的问题。

解决这个问题的方法依然是采用投影分解的方法，将销售关系模式分解为：公司-城市(公司，城市)、公司-产品(公司，产品)。在公司-城市关系模式中，有公司→→城市，根据 4NF 定义，公司-城市关系模式是 4NF。同理，在公司-产品关系模式中，有公司→→产品，根据 4NF 定义，公司-产品关系模式是 4NF。在这两个关系模式中，对于公司新推出产品只需在公司-产品关系模式中插入一条记录即可，这就解决了原来的销售关系模式中的冗余度大的问题。

7.5 关系模式规范化方法

根据规范化理论，可以在数据库设计阶段对关系模式进行优化，具体的优化方法如下。

(1) 确定数据依赖。按照系统需求分析报告所得到的语义，分别写出每个关系模式内部各属性之间的数据依赖以及不同关系模式属性之间的数据依赖关系。

(2) 对各个关系模式之间的数据依赖进行极小化处理，消除冗余的联系。

(3) 按照数据依赖的理论对关系模式逐一进行分析，考查是否存在部分函数依赖、传递函数依赖等，进而确定各关系模式分别属于第几范式。

(4) 按照需求分析阶段得到的各种应用对数据处理的要求，分析对于这样的应用环境这些模式是否合适，确定是否要对它进行合并或分解。

需要指出的是，并不是规范化的程度越高越好。当一个应用的查询中经常涉及两个或多个关系模式的属性时，系统必须经常地进行连接运算，而连接运算的代价是非常高的，可以这样说，关系数据模型低效就是做连接运算引起的，因此，在这种情况下，第二范式甚至第一范式或许是最好的。所以对于一个具体的应用来讲，到底规范化到什么程度，需要权衡响应时间和潜在问题两者的利弊才能决定，但就一般而言，第三范式也就足够了。

(5) 对关系模式进行必要的分解。

对关系模式进行规范化处理可针对数据库设计的前3个阶段进行。

需求分析阶段：用数据依赖概念分析和表示各数据项之间的联系。

概念结构设计阶段：以规范化理论为指导，确定关系码，消除初步E-R图中冗余的联系。

逻辑设计阶段：在从E-R图向数据模型转换过程中，进行模式合并与分解达到范式级别。

总之，规范化理论为数据库设计人员判断关系模式的优劣提供了理论标准，可用来预测模式可能出现的问题，使数据库设计工作有了严格的理论基础。

7.6 函数依赖的公理系统*

逻辑蕴含：对于满足一组函数依赖 F 的关系模式 $R<U,F>$，其任何一个关系 r，若函数依赖 $X \rightarrow Y$ 都成立，则称 F 逻辑蕴含 $X \rightarrow Y$。

数据依赖的公理是模式分解的理论基础。下面详细介绍函数依赖的一个有效而完备的公理系统——Armstrong公理系统。

Armstrong公理系统是Armstrong于1974年提出的。公理的内容是：设关系模式 $R<U,F>$，其中 U 为属性集，F 是 U 上的一组函数依赖，那么有如下推理规则：

(1) 自反律：若 $Y \subseteq X \subseteq U$，则 $X \rightarrow Y$ 为 F 所蕴含。

(2) 增广律：若 $X \rightarrow Y$ 为 F 所蕴含，且 $Z \subseteq U$，则 $XZ \rightarrow YZ$ 为 F 所蕴含。

(3) 传递律：若 $X \rightarrow Y$，$Y \rightarrow Z$ 为 F 所蕴含，则 $X \rightarrow Z$ 为 F 所蕴含。

关于这3个公理的证明过程省略，有兴趣的读者可以参阅相关文献。

Armstrong公理可以得出如下推论：

1. 合成规则

若 $X \rightarrow Y$，$X \rightarrow Z$ 成立，则 $X \rightarrow YZ$ 成立。

因为 $X \rightarrow Y$，所以 $X \rightarrow XY$；又因为 $X \rightarrow Z$，所以 $XY \rightarrow YZ$，根据传递律，有 $X \rightarrow YZ$。

2. 伪传递规则

若 $X \rightarrow Y$，$WY \rightarrow Z$ 成立，则 $XW \rightarrow Z$ 成立。

因为 $X \rightarrow Y$，于是 $XW \rightarrow WY$，根据传递律，所以有 $XW \rightarrow Z$。

3. 分解规则

若 $X \rightarrow Y$ 成立，且 $Z \subseteq Y$，则 $X \rightarrow Z$ 成立。

因为 $Z \subseteq Y$，于是 $Y \rightarrow Z$，根据已知条件 $X \rightarrow Y$，所以有 $X \rightarrow Z$ 成立。

从合成规则和分解规则可得出一个重要的结论：如果 $A_1, A_2, \cdots, A_n$ 是关系模式 R 的属性，则 $X \to A_1, A_2, \cdots, A_n$ 的充分必要条件是 $X \to A_i (i=1,2,\cdots,n)$ 均成立。

7.7 关系模式的分解

消除关系模式中数据异常的方法是分解关系模式。关系模式的分解就是把关系 R 中的属性分开，以构成两个新的关系模式。

正确的分解方法应使得分解的关系模式满足两个条件。

(1) 无损连接：保证分解前后关系模式的信息不能丢失和增加，保持原有的信息不变，这称为无损连接。

(2) 保持依赖：保证分解前后原有的函数依赖依然成立。

为了形象地说明上述问题，给定一个关系模式 R，其属性集合为 $\{A_1, A_2, \cdots, A_n\}$，现在将其分解为两个关系模式 R_1 和 R_2，其属性集合分别为 $\{B_1, B_2, \cdots, B_m\}$ 和 $\{C_1, C_2, \cdots, C_k\}$，正确的分解应该满足如下条件：

条件 1，$\{A_1, A_2, \cdots, A_n\} = \{B_1, B_2, \cdots, B_m\} \cup \{C_1, C_2, \cdots, C_k\}$；

条件 2，关系 R_1 中的所有元组是关系 R 的所有元组在 $\{B_1, B_2, \cdots, B_m\}$ 的投影，包含相同的元组；

条件 3，关系 R_2 中的所有元组是关系 R 的所有元组在 $\{C_1, C_2, \cdots, C_k\}$ 的投影，不包含相同的元组。

那么，是否有判断一个分解保持依赖和无损链接的方法呢？

1. 保证无损连接的判别方法

从理论上判断一个关系模式的分解结果是否为无损连接是很复杂的，这里介绍一种很简单的算法。

设 $\rho = \{R_1(U_1, F_1), R_2(U_2, F_2), \cdots, R_k(U_k, F_k)\}$ 是关系模式 $R(U, F)$ 的一个分解，$U = \{A_1, A_2, \cdots, A_n\}$，$F = \{FD_1, FD_2, \cdots, FD_P\}$，设 F 是一个最小函数依赖集，即函数依赖 FD_i 为 $X_i \to A_{1j}$，则判定步骤如下：

(1) 建立一张 n 列 k 行的表，每一列对应一个属性，每一行对应分解中的一个关系模式。若属性 $A_j \in U_i$，则在 j 列 i 行上填上 a_j，否则填上 b_{ij}。

(2) 对于每一个 FD_i 做如下操作：找到 X_i 中所对应的列中具有相同符号的那些行。考查这些行中 l_i 的元素，若其中有 a_{l_i}，则全部改为 a_{l_i}，否则全部改为 b_{ml_i}，m 是这些行号的最小值(注意：若某个 b_{ml_i} 被更改，那么该表的 l_i 中凡是 b_{ml_i} 符号全部相应地更改)。若某次更改后，有一行成为 $a_1, a_2, \cdots, a_n$，则算法终止，此时称 ρ 具有无损连接性，否则称 ρ 不具有无损连接性。

(3) 对 F 中 ρ 个 FD 逐一进行一次这样的处理，称为对 F 的一次扫描。比较扫描前后表有无变化，如有变化，则返回第(2)步，否则算法终止。

【例 7-1】 对于给定的关系模式 $R<U, K>$，$U = \{A, B, C, D\}$，$F = \{B \to C, D \to B\}$，分

解 $\rho=\{AD,BC,BD\}$。试判定 ρ 是否具有无损连接性。

解 (1) 构造一个初始的二维表(见表 7-3)

表 7-3 初始二维表

	A	B	C	D
AD	a_1	b_{12}	b_{13}	a_4
BC	b_{21}	a_2	a_3	b_{24}
BD	b_{31}	a_2	b_{33}	a_4

(2) 对于 $B\rightarrow C$,对表进行处理,由于属性列 B 上的第二行和第三行具有相同的符号 a_2,所以将属性列 C 上的第二行 a_3 和第三行 b_{33} 改为同一符号 a_3,修改后的结果如表 7-4 所示。

表 7-4 第一次处理过的二维表

	A	B	C	D
AD	a_1	b_{12}	b_{13}	a_4
BC	b_{21}	a_2	a_3	b_{24}
BD	b_{31}	a_2	a_3	a_4

(3) 对于 $D\rightarrow B$,对表 7-4 进行处理,由于属性列 D 上的第一行和第三行具有相同的符号 a_4,所以将属性列 B 上的第一行 b_{12} 和第三行 a_2 改为同一符号 a_2,修改后的结果如表 7-5 所示。

表 7-5 第二次处理过的二维表

	A	B	C	D
AD	a_1	a_2	b_{13}	a_4
BC	b_{21}	a_2	a_3	b_{24}
BD	b_{31}	a_2	a_3	a_4

至此,已经对 F 中的所有函数依赖逐一进行了处理,完成了对 F 的一次扫描,比较表 7-5 和初始表 7-3,二者有明显不同。所以需要继续扫描 F。

(4) 对于 $B\rightarrow C$,对表 7-5 进行处理,由于属性列 B 上的第一、二、三行具有相同的符号 a_2,所以将属性列 C 上的第一行 b_{13} 改为同一符号 a_3,修改后的结果如表 7-6 所示。

表 7-6 第三次处理过的二维表

	A	B	C	D
AD	a_1	a_2	a_3	a_4
BC	b_{21}	a_2	a_3	b_{24}
BD	b_{31}	a_2	a_3	a_4

通过这次修改，可以发现表 7-6 的第一行成为：a_1, a_2, a_3, a_4，满足算法终止条件。因此 ρ 具有无损连接性。

还有一种简单的判断方法是：检验分解后的两个子关系模式间的公共属性集至少包含其中一个关系模式的码。

2. 保持依赖的判别方法

保持函数依赖分解是指在关系模式分解过程中，函数依赖不能丢失的特性，即模式分解不能破坏原来的语义。

设 $R(U,F)$ 的一个分解 $\rho=\{R_1(U_1,F_1),R_2(U_2,F_2),\cdots,R_k(U_k,F_k)\}$，若

$$F^{+}=\left(\bigcup_{i=1}^{k} F_i\right)^{+}$$

则称 ρ 保持函数依赖。

即判断分解后的子关系模式中的全部函数依赖的并集，是否逻辑地蕴含分解前的全部依赖。

一个无损连接的分解不一定是保持函数依赖的分解；反过来，一个具有函数依赖保持性的分解也不一定是无损连接的分解。

在实际数据库设计中，关系模式的分解主要依据两条准则。

(1) 只满足无损连接性。

(2) 既满足无损连接性，又满足函数依赖保持性。

其中，准则(2)比准则(1)更理想，但分解时又受到很多限制。如果一个分解只满足函数依赖保持性，而不满足无损链接性，是没有实用价值的，所以无损连接是模式分解必须要满足的条件。

习题 7

1. 举例解释以下术语：数据依赖、函数依赖、完全函数依赖、部分函数依赖、传递函数依赖、多值依赖。

2. 试区别以下定义：范式、第一范式、第二范式、第三范式、BC 范式、第四范式。

3. 某工厂需建立一个产品生产管理数据库，管理如下信息：车间编号、车间主任姓名、车间电话，车间职工的职工号、职工姓名、性别、年龄、工种，车间生产零件的零件号、零件名称、零件的规格型号，车间生产一批零件有一个批号、数量、完成日期(同一批零件可以包括多种零件)。试完成以下题目：

(1) 画出该数据库系统的 E-R 图。

(2) 试按规范化的要求给出关系数据库模式，并判断各属于第几范式。

4. 设关系模式 $R(A,B,C,D)$，函数依赖集 $F=\{A\rightarrow B,(A,C)\rightarrow D,(A,D)\rightarrow C\}$

(1) 找出 R 的候选码；

(2) 判断 R 满足的范式级别。

Part

数据库安全篇

第8章 数据库的安全性策略

数据库的安全性是指数据库具有控制和保护其数据不被非法用户访问的特性，以防止不合法的使用所造成的数据修改、泄露或破坏。

8.1 数据库安全控制概述

国际上，为降低并消除系统的安全隐患，在计算机安全技术方面已经建立了一套可信标准。目前，在各国所引用或制定的一系列安全标准中，最重要的当推1985年美国国防部正式颁布的《DoD可信计算机系统评估标准》(Trusted Computer System Evaluation Criteria, TCSEC[1]或DoD85)，又称橘皮书。这个标准是为了提供一种标准，使用户可以对计算机系统内敏感信息安全操作的可信程度做出评估，同时也给计算机行业的制造商提供一种可遵循的指导规则，使其产品能够更好地满足敏感应用的安全需求。1991年，美国国家计算机安全中心颁布了《可信计算机系统评估标准关于可信数据库系统的解释》(Trusted Database Interpretation, TDI)，又称紫皮书，将TCSEC内容扩展到数据库管理系统。TDI中定义了数据库管理系统的设计与实现中需满足和用于进行安全性级别评估的标准。

TCSEC建立的安全级别之间具有向下兼容的关系，即较高安全性级别提供的安全保护要包含较低安全级别的所有保护要求，同时提供更多或更完善的保护能力。各个级别功能见表8-1，表中的级别由低向高排列。

表8-1 TCSEC功能表

级别	功　能	举　例
D级	级别最低，几乎没有专门的安全机制	DOS系统
C1级	只提供了非常初级的自主安全保护，能够实现用户和数据的分离，自主存取控制(DAC)，保护或限制用户权限的传播	现有商业系统稍作改进即可满足要求
C2级	提供受控的存取保护，即将C1级的DAC进一步细化，以个人身份注册负责，并实施审计和资源隔离	Oracle 7数据库
B1级	标记安全保护。对系统的数据加以标记，并对标记的主体和客体实施强制存取控制以及审计等安全机制	Trusted Oracle 7数据库

续表

级别	功　能	举　例
B2 级	结构化保护。建立形式化的安全策略模型，并对系统内所有主体和客体实施 DAC 和 MAC(强制存取控制)	数据库方面没有符合 B2 级标准的产品
B3 级	安全域。能够访问监控器，审计跟踪能力更强，并提供系统恢复过程	还处于理论研究阶段，没有产品
A1 级	验证设计，提供 B 级保护的同时给出系统的形式化设计说明和验证，以确信各安全保护真正实现	还处于理论研究阶段，没有产品

可以看出，支持自主存取控制的 DBMS 大致属于 C 级，而支持强制存取控制的 DBMS 则可以达到 B1 级。除了存取控制的安全标准外，为了使 DBMS 达到一定的安全级别，还需要在其他几个方面提供相应的支持，如审计功能。

8.2 数据库安全控制方法

常用的数据库安全保护措施包括用户标识和鉴定、存取控制、跟踪审计、数据库编码以及视图等方法。这些方法可以用以下的计算机安全模型来表达，如图 8-1 所示。

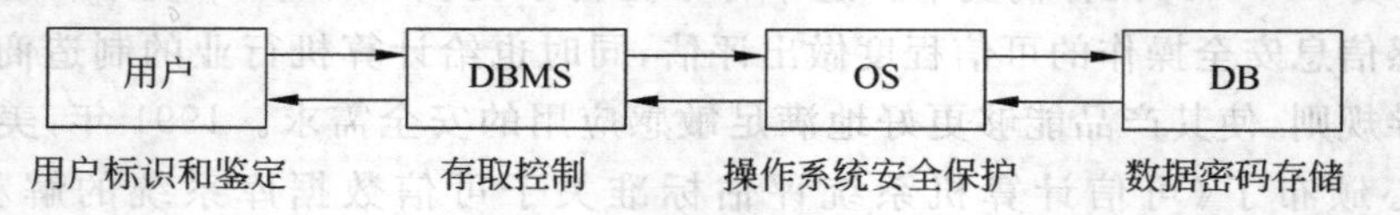

图 8-1　数据库安全保护措施

(1) 在用户要求进入计算机系统时，系统首先根据输入的用户标识进行用户身份鉴定，只有合法的用户才准许进入计算机系统。

(2) 对已进入系统的用户，DBMS 还要进行存取控制，只允许用户执行合法操作。

(3) 操作系统一级也会有自己的保护措施。

(4) 最后还可以把数据加密后存储到数据库中。

例如，在 SQL Server 安全控制策略示意图(见图 8-2)中，SQL Server 的安全控制策略是一个层次结构系统的集合。只有满足上一层系统的安全性要求之后，才可以进入下一层。

各层 SQL Server 安全控制策略是通过各层安全控制系统的身份验证实现的。身份验证是指当用户访问系统时，系统对该用户的账号和口令的确认过程。身份验证的内容包括确认用户的账号是否有效、能否访问系统、能访问系统的哪些数据等。

身份验证方式是指系统确认用户的方式。SQL Server 系统是基于 Windows NT/2000 操作系统的，SQL Server 系统可以安装在 Windows 95(需要安装 Winsock 升级软件)、Windows 98 和 Windows ME 之上(此时，将没有第一层和第二层的安全性控制)，旧的 SQL Server 系统只能运行在 Windows NT/2000 操作系统上。Windows NT/2000 对用户有自

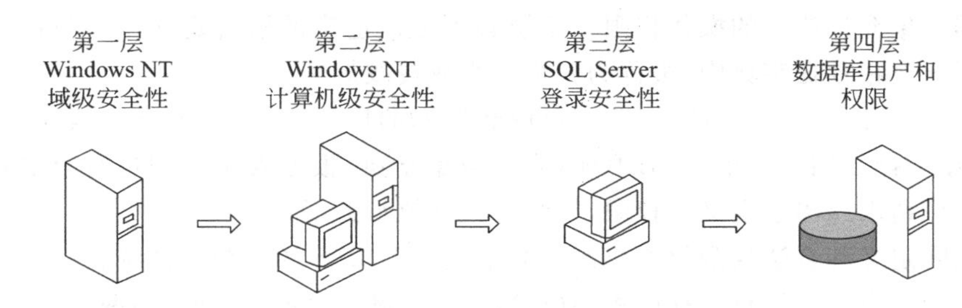

图 8-2 SQL Server 安全性控制策略示意图

己的身份验证方式,用户必须提供自己的用户名和相应的口令才能访问 Windows NT/2000 系统。

这样 SQL Server 的安全系统可在任何服务器上通过两种方式实现：SQL Server 和 Windows 结合使用(SQL Server and Windows)以及只使用 Windows(Windows Only)。访问 Windows NT/2000 系统的用户能否访问 SQL Server 系统就取决于 SQL Server 系统身份验证方式的设置。

8.2.1 用户标识和鉴定

用户标识和鉴定是系统提供的最外层的第一级安全保护措施。其方法是由系统提供一定的方式让用户标识自己的名字或身份。系统内部记录着所有合法用户的标识,每次用户要求进入系统时,由系统对用户身份进行核实,通过鉴定后才提供机器使用权。

获得上机权的用户若要使用数据库,数据库管理系统还要进行用户标识和鉴定。用户标识和鉴定的方法有很多种,而且在一个系统中往往是多种方法并举,以获得更强的安全性。常用的方法有：

用一个用户名或者用户标识号来标明用户身份。系统内部记录着所有合法用户的标识,系统验证此用户是否是合法用户,若是,则可以进入下一步的核实;若不是,则不能使用系统。

为了进一步核实用户,系统常常要求用户输入口令(Password)。为保密起见,用户在终端上输入的口令不显示在屏幕上。系统通过核对口令是否正确来验证用户身份。用户标识与验证在 SQL Server 中对应的是 Windows NT/2000 登录账号和口令以及 SQL Server 用户登录账号和口令。

8.2.2 存取控制

数据库的存取控制机制是定义和控制用户对数据库数据的存取访问权限,以确保只授权给有资格的用户访问数据库并防止和杜绝对数据库中数据的非授权访问。

存取控制机制主要包括两部分。

(1) 定义用户权限,并将用户权限登记到数据字典中。用户权限是指不同的用户对于不同的数据对象允许执行的操作权限。系统必须提供适当的语言定义用户权限，这些定义经过编译后存放在数据字典中，被称为安全规则或授权规则。

(2) 合法权限检查。每当用户发出存取数据库的操作请求后(请求一般应包括操作类型、操作对象和操作用户等信息)，DBMS查找数据字典，根据安全规则进行合法权限检查，若用户的操作请求超出了定义的权限，系统将拒绝执行此操作。

用户权限定义和合法权限检查机制一起组成了DBMS的安全子系统。

存取控制又可以分为自主存取控制(DAC)和强制存取控制(MAC)两类。大型DBMS一般都支持C2级的自主存取控制，有些DBMS同时还支持B1级的强制存取控制。

1. 自主存取控制方法

在自主存取控制方法中，拥有数据对象的用户即拥有对数据的所有存取权限，而且用户可以将其所拥有的存取权限转授给其他用户。大型数据库管理系统几乎都支持自主存取控制，目前的SQL标准也支持自主存取控制，主要通过SQL的数据控制语句来实现。

用户权限主要包括数据对象和操作类型两个要素。定义用户的存取权限称为授权，通过授权规定用户可以对哪些数据进行什么类型的操作。在关系数据库系统中，DBA可以把建立、修改基本表的权限授权给用户，用户在取得授权以后可以建立和修改基本表、索引和视图等。表8-2列出了不同类型的数据对象的操作权限。

表8-2　数据对象类型和操作权限

数据对象	操作权限
表、视图、列(TABLE)	SELECT,INSERT,UPDATE,DELETE,ALL PRIVILEGE
基本表(TABLE)	ALTER,INDEX
数据库(DATABASE)	CREATETAB
表空间(TABLESPACE)	USE
系统	CREATEDBC

数据库中的权限分为两类：一类是维护数据库管理系统的权限，另一类是操作数据库中的对象和数据的权限。后者又包括两种：一种是操作数据库对象的权限，如创建、修改和删除数据库对象；另一种是操作数据库中数据的权限，包括对表或视图中的数据进行增、删、改、查操作。对不同的数据库对象有不同的操作权限，标准SQL也通过简单的单词来表达这些权限。

自主存取控制能够通过授权机制有效地控制其他用户对敏感数据的存取，这种控制是很灵活的。然而，这种灵活性在带来方便的同时，也容易带来另外的问题。由于用户对数据的存取是完全自主独立的，用户可以自由地决定是否将数据的存取权限授予他人，而系统对此无法控制，从而造成数据的泄露问题。造成这种问题的原因是由于这种授权机制仅仅是通过对数据的存取控制进行了安全控制，而数据本身并没有安全性标记。因此，在要求保证更高程度的安全性系统中，需要对系统控制下的所有主客体采取强制存取控制的方法。

2. 强制存取控制方法

所谓强制存取控制方法，是指为保证更高程度的安全性，按照TDI/TCSEC标准中的安全策略要求，采取的强制存取检测手段。它不是用户能直接感知或进行控制的。MAC适用于那些对数据有严格和固定密级分类的部门，例如军事部门或政府部门。

在MAC中，DBMS所管理的全部实体被分为主体和客体两大类。

主体是系统中的活动实体，既包括DBMS所管理的实际用户，也包括代表用户的各进程。客体是系统中的被动实体，是受主体操纵的，包括文件、基表、索引、视图等等。对于主体和客体，DBMS为其每个实例(值)指派一个敏感度标记(Label)。

敏感度标记被分成若干级别，例如绝密(Top Secret)、机密(Secret)、可信(Confidential)、公开(Public)等。主体的敏感度标记称为许可证级别(Clearance Level)，客体的敏感度标记称为密级(Classification Level)。MAC机制就是通过对比主体的Label和客体的Label，最终确定主体是否能够存取客体。

当某一用户(或一主体)以标记Label注册入系统时，系统要求他对任何客体的存取必须遵循如下规则：

(1) 仅当主体的许可证级别大于或等于客体的密级时，该主体才能读取相应的客体；

(2) 仅当主体的许可证级别等于客体的密级时，该主体才能写入相应的客体。

规则(1)的意义很明显。对于第二种规则，在某些系统中的要求有些差别。这些系统规定：仅当主体的许可证级别小于或等于客体密级时，该主体才能写入相应的客体，即用户可以为写入的数据对象赋予高于自己的许可证级别的密级。一旦数据被写入，该用户自己也不能再读该数据对象了。这两种规则的共同点在于它们均禁止了拥有高许可证级别的主体更新低密级的数据对象，从而防止了敏感数据的泄露。

强制存取控制是对数据本身进行密级标记，无论数据如何复制，标记与数据都是一个不可分的整体，只要符合密级标记要求的用户才可以操纵数据，从而提供了更高级别的安全性。

较高安全性级别提供的安全保护要包括较低级别的所有保护，因此在实现强制存取控制时要首先实现自主存取控制，即由自主存取控制和强制存取控制共同构成数据库管理系统的安全机制。在这种机制里，系统首先进行强制存取控制，再对通过强制存取控制检查的允许存取的数据对象进行自主存取控制检查，这种检查由系统自动完成，只有通过自主存取检查的数据对象才可以进行存取。

3. 视图机制

进行存取权限控制时可以为不同的用户定义不同的视图，把数据对象限制在一定的范围内。也就是说，通过视图机制把需要保密的数据对无权存取的用户隐藏起来，从而自动地对数据提供一定程度的安全性保护。

8.2.3 审计

任何系统的安全性措施都不可能是完美无缺的，间谍或其他要盗窃、破坏数据的人总是想方设法打破控制。所以对于敏感数据或者对数据的处理极为重要时，就必须以审计技术作为监控手段，监测可能的不合法行为。

审计是对选定的用户动作的监控和记录，主要用于监视并记录对数据库服务器的各类操作行为，通过对网络数据的分析，实时地、智能地解析对数据库服务器的各种操作，并记入审计数据库中以便日后进行查询、分析、过滤，实现对目标数据库系统的用户操作的监控和审计。它可以监控和审计用户对数据库中的数据库表、视图、序列、包、存储过程、函数、库、索引、同义词、快照、触发器等的创建、修改和删除等，分析的内容可以精确到 SQL 操作语句一级。它还可以根据设置的规则，智能地判断出违规操作数据库的行为，并对违规行为进行记录、报警。

通过审计功能，凡是与数据库安全性相关的操作均可被记录下来。只要检测审计记录，系统安全员便可掌握数据库的使用状况。例如，检查库中实体的存取模式，监测指定用户的行为。审计系统可以跟踪用户的全部操作，这也使审计系统具有一种威慑力，提醒用户安全使用数据库。

审计是很费时间和空间的活动，所以 DBMS 往往将它作为可选择的功能之一，允许 DBA 根据应用对安全性的要求，灵活地打开或关闭审计功能。审计功能一般用于安全性要求较高的部门。

8.2.4 数据加密

对于高度敏感性数据，例如，财务数据、军事数据、国家机密等，除以上安全措施外，还可以采用数据加密技术。这样，那些企图通过不正常渠道(例如不是通过 DBMS，而是通过自己编的程序)来存取数据的人，就只能看到一些无法辨认的二进制数。用户正常检索数据时，首先要提供密码钥匙，由系统进行解码后，才能得到可识别的数据。

一个良好的数据库加密系统应该满足以下基本要求。

1. 字段加密

在目前条件下，加/解密的粒度是每个记录的字段数据。如果以文件或列为单位进行加密，必然会形成密钥的反复使用，从而降低加密系统的可靠性或者因加/解密时间过长而无法使用。只有以记录的字段数据为单位进行加/解密，才能适应数据库操作，同时进行有效的密钥管理并完成“一次一密”的密码操作。

2. 密钥动态管理

数据库客体之间隐含着复杂的逻辑关系，一个逻辑结构可能对应着多个数据库物理客体，所以数据库加密不仅密钥量大，而且组织和存储工作比较复杂，需要对密钥实现动态管理。

3. 合理处理数据

这包括几方面的内容。首先要恰当地处理数据类型，否则 DBMS 将会因加密后的数据不符合定义的数据类型而拒绝加载；其次，需要处理数据的存储问题，实现数据库加密后，应基本上不增加空间开销。在目前条件下，数据库关系运算中的匹配字段，如表间连接码、索引字段等数据不宜加密。文献字段虽然是检索字段，但也应该允许加密，因为文献字段的检索处理采用了有别于关系数据库索引的正文索引技术。

4. 不影响合法用户的操作

加密系统对数据操作响应时间的影响应尽量短，在现阶段，平均延迟时间不应超过1/10s。此外，对数据库的合法用户来说，数据的录入、修改和检索操作应该是透明的，不需要考虑数据的加/解密问题。

目前不少数据库产品均提供了数据加密例行程序，系统可以根据用户的要求自动对存储和传输的数据进行加密处理。另一些数据库产品虽然本身未提供加密程序，但提供了接口，允许用户用其他厂商的加密程序对数据加密。所有提供加密机制的系统必然也提供相应的解密程序。这些解密程序本身也必须具有一定的安全性保护措施，否则数据加密的优点也就无法体现了。

由于数据加密和解密也是很费时间的操作，而且数据加密与解密程序会占用大量系统资源，因此DBMS往往也将其作为可选特征，允许用户自由选择，只对高度机密的数据加密。

8.3 事务

8.3.1 事务的概念

事务是用户定义的一个数据库操作系列，这些操作要么全部做，要么全部不做，是一个不可分割的工作单位。例如，在关系数据库中，一个事务可以是一条SQL语句、一组SQL语句或整个程序。事务和程序不同，通常情况下，一个程序包含多个事务。

设想网上购物的一次交易，其付款过程至少包括以下几步数据库操作：

- 更新客户所购商品的库存信息；
- 保存客户付款信息，可能包括与银行系统的交互；
- 生成订单并且保存到数据库中；
- 更新用户相关信息，例如购物数量等。

正常情况下，这些操作将顺利进行，最终交易成功，与交易相关的所有数据库信息也会成功地更新。但是，如果在这一系列过程中任何一个环节出了差错，例如在更新商品库存信息时发生异常、该顾客银行账户余额不足等，都将导致交易失败。一旦交易失败，数据库中的所有信息都必须保持交易前的状态不变，比如最后一步更新用户信息时失败而导致交易失败，那么必须保证这笔失败的交易不影响数据库的状态，即库存信息没有被更新、用户也没有付款、订单也没有生成；否则，数据库的信息将会一片混乱而不可预测。

事务正是用来保证这种情况下交易的准确性和可预测性的技术。

8.3.2 事务的特性

事务应该具有4个特性,可以说对数据库中数据的保护是围绕着实现事务的这4个特性而进行的。

(1) 原子性(Atomicity)。一个事务中的所有操作,是一个逻辑上不可分割的单位。系统在执行事务的时候,要么全部执行该事务中所有的操作,要么一个也不做。例如,银行转账事务,如果从支票账户中成功地取出了资金,就必须确保该资金放入存款账户中(COMMIT TRANSACTION),或重新放回到支票账户中(ROLLBACK TRANSACTION)。

(2) 一致性(Consistency)。事务执行的结果必须使数据库从一个一致性状态变到另一个一致性状态。用户在定义事务的时候,必须保证事务的一致性。例如,在一次转账过程中,第一步操作是从A账户减去10万元,第二步操作是给B账户加入10万元,如果只做一个操作,那么用户的整个账面上就会出错,少了10万元,这时数据就处于不一致状态。所以,原子性和持久性是密切相关的。只有这两步操作全部完成或全部不完成,才能保证数据在修改前是一致的,在修改后也是一致的。

(3) 隔离性(Isolation)。隔离性指一个事务的执行不能被其他事务干扰。为了提高事务的吞吐率,大多数DBMS允许同时执行多个事务。在多个事务同时执行的情况下,由于事务要存取数据库中的共享数据,所以事务之间会相互干扰。DBMS要保证多个事务的并发执行的效果要等同于系统一次只执行一个事务,一个事务执行完毕,再执行下一个事务,即串行执行事务的效果。例如,一个事务要查看某数据,要么是另一并发事务修改该数据之前的状态,要么是另一事务修改该数据之后的状态,事务不会查看中间状态的数据。

(4) 持久性(Durability)。持久性指一个事务一旦提交,它对数据库中数据的改变就应该是永久的。即使出现系统故障,也不影响其执行结果。

事务的这4个特性一般简称为事务的ACID特性。保证事务的ACID特性是事务处理的重要任务。其中:

- 事务的原子性和持久性由DBMS系统的恢复机制来保证,本书将在8.4节对其进行详细阐述。
- 事务的隔离性是由DBMS系统的并发控制机制实现的,本书将在8.5节对其进行详细阐述。
- 事务的一致性是由事务管理机制的综合机制,包括并发控制机制和恢复机制共同保证的。当然前提是用户在定义事务的时候,事务逻辑是正确的。

8.3.3 定义事务

在SQL中,定义事务的语法为:

```
BEGIN TRANSACTION [事务名] [WITH MARK['description']]
```

```
<sql 语句>
COMMIT or ROLLBACK;
```

事务通常以 BEGIN TRANSACTION 开始，以 COMMIT 或 ROLLBACK 结束。COMMIT 表示提交，即提交事务的所有操作。具体地说，就是将事务中所有对数据库的更新写回到磁盘的物理数据库中去，事务正常结束。ROLLBACK 表示回滚，即在事务运行的过程中发生了某种故障，事务不能继续执行，系统将事务中对数据库的所有已完成的更新操作全部撤销，回滚到事务开始时的状态。

事务名指分配给事务的名称，必须符合标识符规则，但标识符所包含的字符数不能大于32。仅在 WITH MARK 选项、嵌套的事务语句的最外层语句对中使用事务名。

WITH MARK['description']：指定在日志中标记事务。description 是描述该标记的字符串。如果 description 是 Unicode 字符串，那么在将长于 255 个字符的值存储到 msdb.dbo.logmarkhistory 表之前，先将其截断为 255 个字符。如果 description 为非 Unicode 字符串，则长于 510 个字符的值将被截断为 510 个字符。如果使用了 WITH MARK，则必须指定事务名。WITH MARK 允许将事务日志还原到命名标记。

事务的开始与结束可以由用户显式控制。如果用户没有显式地定义事务，则由 DBMS 按默认规定自动划分事务。

【例 8-1】 在 market 数据库中，goods_history 是和 goods 结构相同的一个表。定义一个事务 delete_goods，执行删除商品的操作。在该事务中，首先将不再销售的商品信息存入历史记录表 goods_history，然后将该商品的信息从 goods 中删除。

```
BEGIN TRANSACTION delete_goods
INSERT INTO goods_history SELECT * FROM goods WHERE gno='002'
DELETE FROM goods WHERE gno='002'
COMMIT TRANSACTION;
```

8.4 数据库的恢复技术

数据库的备份和恢复是数据库管理员维护数据库安全性和完整性必不可少的操作，合理地进行备份和恢复可以将可预见和不可预见的问题对数据库造成的伤害降到最低。恢复就是利用存储在系统其他地方的冗余数据来修复数据库中被破坏的或不正确的数据。因此，恢复机制涉及两个关键问题：第一，如何建立冗余数据；第二，如何利用这些冗余数据实施数据库恢复。

恢复机制保证了事务的原子性和持久性。

8.4.1 数据备份

1. 数据备份概述

所有的数据恢复的方法都基于数据备份。数据备份是制作数据库后备副本的过程，是由 DBA 定期地将数据库复制到磁带或另一个磁盘上，并将这些备用的数据文本妥善地保存起来，当数据库遭到破坏时就可以将后备副本重新装入，把数据库恢复起来。

但是，重装后备副本只能将数据库恢复到备份时的状态，备份以后的所有更新事务必须重新运行才能恢复到故障时的状态。图 8-3 是数据库运行过程示意图。系统在 T_1 时刻停止运行事务，进行数据库备份，在 T_2 时刻备份完毕，得到 T_2 时刻的数据库的一致性副本。当系统运行到 T_3 时刻发生故障。系统重新启动后（T_3 到 T_4 期间），恢复程序重装数据库后备副本将数据库恢复至 T_2 时刻的状态，T_2 到 T_3 期间所有的事务无法恢复。要想保证数据库在 T_2 到 T_3 期间所有的事务不丢失掉，必须重新运行自 T_2 时刻至 T_3 时刻的所有更新事务（T_4 到 T_5 期间），或通过日志文件将这些事务对数据库的更新重新写入数据库，从而确保数据库在 T_5 时刻恢复到故障发生时刻 T_3 时的一致性状态。

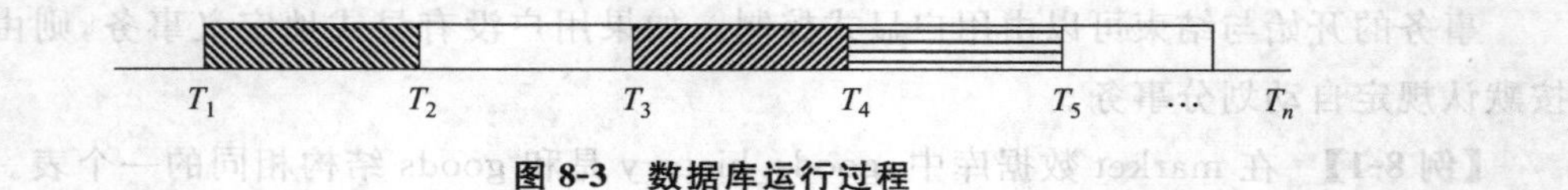

图 8-3 数据库运行过程

备份是十分耗费时间和资源的，不能频繁进行。DBA 应根据应用情况确定适当的备份时间和周期。

根据不同的标准，备份可分为不同的类型。

(1) 按照备份时系统是否停止对外服务划分。

根据备份时系统是否停止对外服务，备份可分为静态备份和动态备份。静态备份是指系统停止对外服务，不允许用户运行事务，只进行备份操作。静态备份实现简单，但备份必须等待正运行的用户事务结束才能进行。同样，新的事务必须等待备份结束才能开始，显然，这会降低数据库系统的可用性。

动态备份是指备份期间允许用户对数据库进行存取操作，即备份和用户事务可以并发执行。动态备份克服了静态备份的缺点，它不用等待正在运行的用户事务结束，也不会影响新事务的运行。这对于需要提供不间断服务的系统是必需的，但是实现技术复杂，而且它不能保证副本中的数据正确有效。因此，为了能够利用动态备份得到的副本进行故障恢复，还需要把动态备份期间各事务对数据的修改活动登记下来，建立日志文件。后备副本加上日志文件就能把数据库恢复到某一时刻的正确状态了。

(2) 按照备份的内容划分。

根据备份的内容还可以分为完全备份、事务日志备份、差异备份和文件备份 4 种方式。

① 完全备份：这是大多数人常用的方式，它可以备份整个数据库，包含用户表、系统表、索引、视图和存储过程等所有数据库对象。但它需要花费更多的时间和空间，所以，一般

推荐一周做一次完全备份。

② 事务日志备份：事务日志是一个单独的文件，它记录数据库的改变，备份的时候只需要复制自上次备份以来对数据库所做的改变，所以只需要很少的时间。为了使数据库具有鲁棒性，推荐每小时甚至更频繁地备份事务日志。

③ 差异备份：也叫增量备份。它是只备份数据库一部分的另一种方法，它不使用事务日志，相反，它使用整个数据库的一种新映像。它比最初的完全备份小，因为它只包含自上次完全备份以来所改变的数据库。它的优点是存储和恢复速度快。推荐每天做一次差异备份。

④ 文件备份：数据库可以由硬盘上的许多文件构成。如果这个数据库非常大，并且一个晚上也不能将它备份完，那么可以使用文件备份每晚备份数据库的一部分。由于一般情况下数据库不会大到必须使用多个文件存储，所以这种备份不是很常用。

2. 日志文件

日志文件是用来记录事务的每一次对数据库更新操作的文件，包括用户的更新操作以及由此引起的系统内部的更新操作。有了日志文件，DBMS 就可以根据日志文件进行事务故障恢复和系统故障恢复，并结合后备副本进行介质故障恢复。

日志文件从逻辑上来看是由若干条记录构成的，这些记录叫作日志记录(Log Record)。每个日志记录中的内容记录了事务对数据库中数据的一次更新操作。同一个事务的日志记录组织成了一个链表。不同的数据库系统采用的日志文件格式并不完全一样。根据记录的数据粒度可以有两种格式：以记录为单位的日志文件和以数据块为单位的日志文件。无论哪种格式，日志文件都需要登记事务的名称以及对数据库所做的操作更新。

为保证数据库是可恢复的，登记日志文件时必须遵循两条原则：

(1) 登记的次序严格按并发事务执行的时间次序。

(2) 必须先写日志文件，后写数据库。

把对数据的修改写到数据库中和把表示这个修改的日志记录写到日志文件中是两个不同的操作。有可能在这两个操作之间发生故障，即这两个写操作只完成了一个。如果先写了数据库修改，而在运行记录中没有登记这个修改，则以后就无法恢复这个修改了。如果先写日志，但没有修改数据库，那么按日志文件恢复时只不过是多执行一次不必要的撤销(UNDO)操作，并不会影响数据库的正确性。所以为了安全，一定要先写日志文件，即首先把日志记录写到日志文件中，然后写数据库的修改。这就是“先写日志文件”的原则。

日志文件的长度是有限的，当日志文件被写满以后，要对它进行备份。

3. 数据备份的语法格式

在 SQL 中，可以通过 BACKUP DATABASE 语句实现，根据备份类型的不同，备份语句也有所不同。

```
BACKUP DATABASE{database_name|@database_name_var}
To <backup_device>[,...n]
[with {differential|<general_with_options>[,...n]}]
[;]
```

参数说明如下。

- database_name：要备份的数据库名称。
- @database_name_var：存储要备份的数据库名称的变量。
- backup_device：指定用于备份操作的逻辑备份设备或物理备份设备。如果使用逻辑备份设备，应该使用下列格式指定逻辑备份设备的名称，即：

```
{logical_device_name|@logical_device_name_var }
```

如果使用物理备份设备，使用下列格式指定磁盘文件或磁带，即：

```
{disk|tape}={'physical_device_name'|@physical_device_name_var }
```

differential：指定只备份上次完全备份后更改的数据库部分，即差异部分。

注意：*必须在执行过一次完全备份之后，才能使用该参数。*

- general_with_options：备份操作的 with 选项，包含备份选项、媒体集选项、错误处理选项和数据传输选项等。具体说明如下。

expiredate={date|@date_var}：指定备份集到期的时间。

retaindays={days|@days_var}：指定备份集经过多少天后到期。

注意：*如果同时使用 expiredate 和 retaindays 选项，则 retaindays 的优先级别将高于 expiredate。*

- Password={password|@password_variable}：为备份集指定密码，如果为备份集设置了密码，则必须提供密码才能对该备份集执行任何还原操作；
- {Noinit|init}：控制备份操作是追加还是覆盖备份媒体中的现有备份集，默认为追加到媒体中最新的备份集(noinit)；
- {noskip|skip}：控制备份操作是否在覆盖媒体中的备份集之前检查它们的过期日期和时间，noskip 为默认设置，指示 backup 语句可以在覆盖媒体上的所有备份集之前先检查它们的过期日期。

【例 8-2】 完全备份数据库 market，使用物理备份设备。

```
backup database market to disk='d:\backup\market.bak';
```

【例 8-3】 差异备份数据库 market，使用物理备份设备。

```
backup database market
to disk='d:\backup\market_add.bak'
with differential;
```

4. 事务日志备份

实现事务日志备份的 backup 语句的语法格式如下：

```
Backup log{database_name|@database_name_var}
To <backup_device>[,...n]
[with {differential|<general_with_options>[,...n]}]
[;]
```

各参数的含义与完全备份的含义相同。

【例 8-4】 备份 market 数据库的事务日志。

```
backup log market to disk='d:\backup\market_log.bak'
```

注意：事务日志备份不支持 with differential 参数。

5. 文件和文件组备份

实现文件和文件组备份的语法格式如下：

```
Backup database {database_name|@database_name_var}
<file_or_filegroup>[,...n]
To <backup_device>[,...n]
[with {differential|<general_with_options>[,...n]}]
[;]
```

参数说明如下。

file_or_filegroup：指定要进行备份的文件或文件组名，如果要对文件进行备份，可以使用下列格式指定要备份的文件的逻辑名称，即：

```
file={logical_file_name|@logical_file_name_var}
```

如果要对文件组进行备份，可以使用下列格式指定要备份的文件组的名称，即：

```
filegroup={logical_filegroup_name|@logical_filegroup_name_var}
```

其他参数的含义与完全备份语句的含义相同。

【例 8-5】 备份 market 数据库的文件。

```
backup database market
file='market'
to disk='d:\backup\market_log.bak';
```

8.4.2 故障

数据库系统中可能发生的各种各样的故障，大致可以分为以下几类。

1. 事务故障

事务故障是指事务在执行过程中发生的故障，此类故障只发生在单个或多个事务上，系统能正常运行，其他事务不受影响。事务故障有些是预期的，通过事务程序本身可以发现并处理，如果发生故障，则使用 ROLLBACK 回滚事务，使事务回到前一种正确状态。有些是非预期的，不能由事务程序处理的，如运算溢出，违反了完整性约束，并发事务发生死锁后被系统选中强制撤销等，使事务未能正常完成就终止。这时事务处于一种不一致状态。后面讨论的事务故障仅指这类非预期的故障。

发生事务故障时，事务对数据库的操作没有到达预期的终点(要么全部做 COMMIT，要么全部不做 ROLLBACK),破坏了事务的原子性和一致性,这时可能已经修改了部分数据,因此数据库管理系统必须提供某种恢复机制,强行回滚该事务对数据库的所有修改,使系统回到该事务发生前的状态,这种恢复操作称为撤销(UNDO)。所谓撤销,就是进行逆操作。

2. 系统故障

系统故障主要是由于服务器在运行过程中,突然发生由于硬件错误(如 CPU 故障)、操作系统故障、DBMS 错误、停电等原因造成的非正常中断,致使整个系统停止运行,所有事务全部突然中断,内存缓冲区中的数据全部丢失,但硬盘、磁带等外设上的数据未受损失。

系统故障的恢复要分别对待,其中有些事务尚未提交完成,其恢复方法是撤销(UNDO),与事务故障处理相同;有些事务已经完成,但其数据部分或全部保留在内存缓冲区中,由于缓冲区数据的全部丢失,致使事务对数据库修改的部分或全部丢失,同样会使数据库处于不一致状态,这时应将这些事务已提交的结果重新写入数据库,这时需要重做(REDO)提交的事务。所谓重做,就是先使数据库恢复到事务前的状态,然后按顺序重做每一个事务,使数据库恢复到一致状态。

3. 介质故障

介质故障是指外存故障。介质故障使数据库的数据全部或部分丢失,并影响正在存取出错介质上数据的事务。介质故障可能性小,但破坏性最大。一般将系统故障称为软故障(Soft Crash),介质故障称为硬故障(Hard Crash)。对于介质故障,通常是将数据从建立的备份上先还原数据,然后使用日志进行恢复。

8.4.3 数据恢复策略

1. 事务故障的恢复

事务故障是指事务未运行至正常终止点前被撤销,这时恢复程序应撤销(UNDO)此事务已对数据库进行的修改,具体做法如下。

(1) 反向阅读日志文件,从最后向前扫描日志文件,找出该事务的所有更新操作。

(2) 对每一个更新操作进行逆操作。即将日志记录中“更新前的值”写入数据库。若记录中是插入操作,则做删除操作;若记录中是删除操作,则做插入操作;若是修改操作,则用修改前的值代替修改后的值。

(3) 如此处理直至读到此事务的开始标记,事务故障恢复完成。

事务故障的修复是由系统自动完成的,对用户是透明的。

2. 系统故障的恢复

系统故障发生时,造成数据库不一致状态的原因有两个:一是由于一些未完成事务对数据库的更新已写入数据库;二是由于一些已提交事务对数据库的更新还留在缓冲区没来得及写入数据库。因此,系统故障的恢复操作就是要撤销故障发生时未完成的事务,重做已完成的事务。

系统故障的恢复步骤如下:

(1) 根据日志文件建立重做队列和撤销队列。

具体做法是从头扫描日志文件，找出在故障发生前已经提交的事务（这些事务有BEGIN TRANSACTION记录，也有COMMIT记录），将其事务标识记入重做（REDO）队列。同时还要找出故障发生时尚未完成的事务（这些事务有BEGIN TRANSACTION记录，但无COMMIT记录），将其事务标识记入UNDO队列。

（2）对撤销队列中的事务进行UNDO处理。

进行UNDO处理的方法是反向扫描日志文件，对第（1）步中得到的UNDO队列中的每个UNDO事务的更新操作执行逆操作（即对插入操作执行删除操作，对删除操作执行插入操作，对修改操作则将数据的修改前值写回）。

（3）对重做队列中的事务进行REDO处理。

进行REDO处理的方法是正向扫描日志文件，对第（1）步中得到的REDO队列中的每个REDO事务重新执行登记的操作，即将日志记录中"更新后的值"写入数据库。

系统故障的恢复是由系统在重新启动时自动完成的，不需要用户干预。

3. 介质故障的恢复

在发生介质故障时，磁盘上的物理数据库和日志文件被破坏，这是最严重的一种故障，恢复方法是重装数据库，然后重做已完成的事务。具体步骤如下：

（1）装入最新的数据库后备副本，使数据库恢复到最近一次备份时的一致状态。对于动态备份的数据库副本，还要同时装入备份时刻的日志文件副本，利用与恢复系统故障时相同的方法（REDO＋UNDO），才能将数据库恢复至一致性状态。

（2）装入有关的日志文件副本，重做已完成的事务。即正向读日志文件，找出故障发生时已提交事务的标识，将其记入重做队列。然后正向阅读日志文件，根据REDO队列中记录，重做所有已完成事务，即将日志记录中"更新后的值"写入数据库。

介质故障的恢复需要DBA的参与，但DBA只需要重装最近备份的数据库副本和有关的日志文件副本，然后执行系统提供的恢复命令即可，具体的恢复操作仍由数据库管理系统自动完成。

4. 恢复的语法格式

SQL语言也提供了数据库恢复操作的RESTORE命令，根据要恢复到备份类型的不同，RESTORE语句也有所不同。

1）恢复完全备份

恢复完全备份的语法格式：

```
RESTORE DATABASE{database_name|@database_name_var}
[FROM<backup_device>[,...n]]
[WITH
{[recovery|norecovery|standby={standby_file_name|@standby_file_name_var}]|
<general_with_options>[,...n]
}[,...n]
][;]
```

参数说明如下。

- database_name：要恢复到的数据库名称。
- @database_name_var：存储要恢复到数据库名称的变量。
- FROM＜backup_device＞：指定用于备份操作的逻辑备份设备或物理备份设备。如果使用逻辑备份设备，应该使用下列格式指定逻辑备份设备的名称，即：

```
{logical_device_name| @logical_device_name_var}
```

如果使用物理备份设备，则使用下列格式指定磁盘文件或磁带，即：

```
{disk|tape}={'physical_device_name'| @physical_device_name_var}
```

如果省略 FROM 子句，则说明使用该数据库以前的备份内容恢复数据库，且必须在 with 子句中指定 norecovery、recovery 或 standby。

- norecovery：指示还原操作不回滚任何未提交的事务，如果稍后必须应用另一个恢复操作，则应指定 norecovery 或 standby 选项。还原数据库备份和一个或多个事务日志时，会需要多个 restore 语句(例如，还原一个完整数据库备份并随后还原一个差异数据库备份)时，restore 需要对所有语句使用 with norecovery 选项，但最后的 restore 语句除外。最佳方法是按多步骤还原顺序对所有语句都使用 with norecovery，直到达到所需的恢复点为止，然后仅使用单独的 restore with recovery 语句执行恢复。
- recovery：指示还原操作回滚任何未提交的事务，在恢复执行完成后即可随时使用数据库，是默认设置。如果安排了后续 restore 操作，则应改为指定 norecovery 或 standby。
- standby＝standby_file_name：指定一个允许撤销恢复效果的备用文件。
- general_with_options：恢复操作的 with 选项，包含还原操作选项、备份集选项、错误管理选项、数据传输选项等。具体含义如下。

move 'logical_file_name_in_backup' to 'operating_system_file_name'[…n]指定对于逻辑名称由 logical_file_name_in_backup 指定的数据或日志文件，应当通过将其还原到 operating_system_file_name 所指定的位置来对其进行移动。默认情况下，logical_file_name 将其还原到其原始位置。

replace 指定即使存在另一个具有相同名称的数据库，SQL Server 也应该创建指定的数据库及其相关文件。在这种情况下将删除现有的数据库。如果不指定 replace 选项，则会执行安全检查。这样可以防止意外覆盖其他数据库。安全检查可确保在以下条件同时存在的情况下，restore database 语句不会将数据库还原到当前服务器：在 restore 语句中命名的数据库已存在于当前服务器中，并且该数据库名称与备份集中记录的数据库名称不同。

restricted_user 限制只有 db_owner、dbcreator 或 sysadmin 角色的成员才能访问新近还原的数据库。

【例 8-6】 恢复完全备份的 market 数据库。

```
RESTORE DATABASE market FROM disk='d:\backup\market.bak';
```

注意：当 market 数据库处于使用状态下不能恢复，只能关闭后在其他数据库下执行恢复命令才可以成功恢复数据库。

2）恢复差异备份

使用 RESTORE 语句恢复差异备份的语法与恢复完全备份的 RESTORE 语句的语法格式一致，需要注意的是，在进行恢复差异备份之前，首先需要恢复差异备份之前的完全备份，具体的操作过程为：首先执行带 norecovery 选项的 RESTORE DATABASE 语句，恢复差异备份之前的完全备份；然后使用 RESTORE DATABASE 语句指定要恢复差异备份的数据库名称，和要从中还原差异备份的备份设备名称；如果恢复了差异备份之后，还要恢复事务日志备份，则应该使用 norecovery 选项，否则使用 recovery 选项；最后执行 RESTORE DATABASE 语句恢复差异备份。

【例 8-7】 恢复差异备份。

```
RESTORE DATABASE market
FROM disk='d:\backup\market.bak'
WITH norecovery
RESTORE DATABASE market
FROM disk='d:\backup\market1.bak';
```

其中，market. bak 是 market 的完全备份，market1. bak 是 market 的差异备份。

3）恢复事务日志备份

恢复事务日志备份的语法格式如下：

```
RESTORE LOG{database_name|@database_name_var}
[FROM<backup_device>[,...n]]
[WITH
{[recovery|norecovery|standby={standby_file_name|@standby_file_name_var}]|<
general_with_options>[,...n]|,<point_in_time_with_options>
}[,...n]
][;]
```

参数说明如下。

point_in_time_with_options：时点还原选项，仅用于完整恢复模式和大容量日志恢复模式，有 3 个选项可选，即{stopat | stopatmark | stopbeforemark}。通过在 stopat、stopatmark 或 stopbeforemark 子句中指定目标恢复点，可以将数据库还原到特定时间点或事务点。指定的时间或事务始终从日志备份还原。在还原序列的每个 RESTORE LOG 语句中，必须在相同的 stopat、stopatmark 或 stopbeforemark 子句中指定目标时间或事务。stopat={'datetime'|@datetime_var}指定将数据库还原到它在 datetime 或 @datetime_var 参数指定的日期和时间时点状态，如果指定的 stopat 时间是在最后日志备份之后，则数据库将继续处于未恢复状态。stopatmark={'mark_name'|'lsn:lsn_number'}[after 'datetime'] 指定恢复至指定的恢复点，恢复中包括指定的生成时已经提交的事务。lsn_number 参数指定了一个日志序列号。只有 RESTORE LOG 语句支持 mark_name 参数。此参数在日志备

份中标识一个事务标记。在 RESTORE LOG 语句中，如果省略 after datetime，则恢复操作将在含有指定名称的第一个标记处停止。如果指定了 after datetime，则恢复操作将于达到 datetime 时或之后在含有指定名称的第一个标记处停止。stopbeforemark＝{'mark_name'|'lsn:lsn_number'}[after 'datetime']指定恢复至指定的恢复点为止。在恢复中不包括指定的事务，且在使用 with recovery 时将回滚，其他参数和 stopmark 选项中的参数含义相同。

其余选项的含义和 RESOURCE DATABASE 语句中的选项相同。

4）恢复文件和文件组备份

恢复文件和文件组备份的 Restore 语句的语法格式如下：

```
RESTORE DATABASE{database_name|@database_name_var}
<file_or_filegroup>[,...n]
[FROM<backup_device>[,...n]]
WITH
{
[recovery|norecovery]
[,<general_with_options>[,...n]]
}[,...n]
[;]
```

参数说明如下。

用于恢复文件和文件组备份的 RESTORE DATABASE 语句和用于完全备份和差异备份的 RESTORE DATABASE 语句的主要差别在＜file_or_filegroup＞语句块，该语句块的格式如下：

```
{file={logicacl_file_name_in_backup|@logicacl_file_name_in_backup_var}|
filegroup={ logicacl_filegroup_name| @logicacl_filegroup_name_var}}
```

其他参数的含义和用于完全备份的 RESTORE DATABASE 语句中的参数含义相同。

如果在创建文件备份之后对文件进行了修改，则需要使用带 norecovery 选项的 RESTORE 语句对文件备份进行恢复，然后用 RESTORE LOG 语句恢复事务日志。

8.5 并发控制

并发控制机制是衡量一个数据库系统性能的重要标志之一。数据库系统的并发控制机制协调并发操作以保证事务的隔离性，从而保证数据的一致性。在数据库系统中，并发控制是以事务为单位进行的。

8.5.1 并发异常问题

数据库系统区别于文件系统的一个典型特征就是能够实现数据的高度共享，允许多个用户同时访问同一数据，每个用户对数据的处理操作是不同的。其实，每个用户的操作分别是一个事务，同一数据被多用户操作，就是被不同的事务操作。这就涉及多个事务的执行顺序问题，调度就是研究如何确定这种顺序。如果多个事务一个接一个地运行，执行完一个事务的所有操作以后才去执行下一个事务的操作，这样的调度称为串行调度。如果多个事务同时交叉地并行执行，则称事务的调度为并发调度。显然，串行调度很容易实现，但是它没有充分利用系统的资源，单位时间内执行的事务个数很少。为了发挥数据库共享资源的特点，应该允许多个用户并行地存取数据库，即对多个事务进行并发调度。

并发调度虽然可以充分利用各种系统资源，提高系统的执行效率，但是对并发操作如果不进行合适的控制，可能会导致数据库中数据的不一致性。

一个最常见的并发操作的例子是火车订票系统中的订票操作。例如，在该系统中的一个活动系列：

(1) 甲售票员读出某次列车的车票余额 A，设 $A=100$。

(2) 乙售票员读出同一次列车的车票余额 A，也为 100。

(3) 甲售票点卖出一张车票，修改车票余额 $A=A-1$，所以 $A=99$，把 A 写回数据库。

(4) 乙售票点也卖出一张车票，修改机票余额 $A=A-1$，所以 $A=99$，把 A 写回数据库。

结果是什么？明明卖出两张车票，但数据库中车票余额只减少了 1，显然与现实情况不符。在数据库领域，这种情况称为数据的不一致性。经过分析，其实产生这种不一致性的原因是甲、乙两个售票员并发操作引起的。甲、乙的售票操作可分别看作两个事务，在并发操作情况下，对甲、乙两个事务的操作序列的调度是随机的。若按上面的调度序列执行，甲事务的修改就被丢失。这是由于第(4)步中乙事务修改 A 并写回后覆盖了甲事务的修改。

归纳起来，并发操作所带来的数据异常包括 3 类：丢失修改、不可重复读和读“脏”数据。

1. 丢失修改

丢失修改是指事务 1 与事务 2 从数据库中读入同一数据并修改，事务 2 的提交结果破坏了事务 1 提交的结果，导致事务 1 的修改被丢失。前面预定火车票的例子就属于这种情况，可以用图 8-4 形象地表示。

2. 不可重复读

不可重复读是指事务 1 读取数据后，事务 2 执行更新操作，当事务 1 再次读取该数据时，得到与前一次不同的值。具体而言，不可重复读包括 3 种情况：

(1) 事务 1 读取某一数据后，事务 2 对其做了修改，当事务 1 再次读该数据时，得到与前一次不同的值。

例如，$T1$、$T2$ 两个事务同时访问数据库中的两个数据 A 和 B。事务 $T1$ 先读取 A 和 B，然后求和 $A+B$；此时，事务 $T2$ 读取了数据 B，并对其进行了更新(B 变成原来的 2 倍)；紧接着，$T1$ 事务再次读取数据 A 和 B，这次得到 A 和 B 的数值与第一次读取的不同了(B 由 100 变为 200，二者求和的结果也发生了变化)，如图 8-5 所示。

(2) 事务 1 按一定条件从数据库中读取某些数据记录后，事务 2 删除了其中部分记录，当事务 1 再次按相同条件读取数据时，发现某些记录“神秘”消失了。

(3) 事务 1 按一定条件从数据库中读取某些数据记录后，事务 2 插入了一些记录，当事务 1 再次按相同条件读取数据时，发现多了一些记录。

$T1$	$T2$
读 A=100	
	读 A=100
A:=A-1 写 A=99	
	A:=A-1 写 A=99

图 8-4　丢失修改问题

$T1$	$T2$
读 A=50 读 B=100 A+B=150	
	读 B=100 B:=B*2 写 B=200
读 A=50 读 B=200 A+B=250	

图 8-5　不可重复读问题

后两种不可重复读有时也称为幻行现象。

3. 读“脏”数据

读“脏”数据是指事务 1 修改某一数据，并将其写回磁盘，事务 2 读取同一数据后，事务 1 由于某种原因被撤销，这时事务 1 已修改过的数据恢复原值，事务 2 读到的数据就与数据库中的数据不一致，是不正确的数据，又称为“脏”数据。

例如，在图 8-6 中，事务 $T1$ 将 C 值修改为 200，事务 $T2$ 读到 C 为 200，而事务 $T1$ 由于某种原因被撤销，其修改作废，C 恢复原值 100，这时事务 $T2$ 读到的就是不正确的“脏”数据了。

$T1$	$T2$
读 C=100 C:=C*2 写 C=200	
	C=200
ROLLBACK	

图 8-6　读“脏”数据示例

通过上面的例子可以看出，不施加任何限制的并发调度会使数据库处于不一致性状态，因此必须对用户的操作实行某种限制，使得系统能在处理更多事务的同时又能保证数据库处于一致性状态。

产生上述数据不一致性的主要原因是并发操作破坏了事务的隔离性。并发控制就是要用正确的方式调度并发操作，使一个用户事务的执行不受其他事务的干扰，从而避免造成数据的不一致性。显而易见，串行调度是不会将数据库置于不一致性状态的。因此，为了保证并发调度的正确性，DBMS 必须提供一定的并发控制机制保证调度是可串行化的。所谓“可串行化”，是指多个事务的并发执行结果必须与按某一次序串行地执行这些事务时的结果相同。DBMS 采用的保证事务调度的“可串行化”方法有基于封锁的调度方法、基于时间戳的方法、基于检验的方法(乐观控制法)、多版本方法等。

8.5.2 基于封锁的调度

封锁方法是最常用的并发控制方法。

所谓封锁(Locking)，就是对一个数据对象在一定时间一定强度的独占。具体说来，就是事务在对某个数据对象(例如数据库、表、数据块、记录、数据项等)操作之前，先向系统发出请求，对其加锁。加锁成功后事务才可以对该数据对象进行操作，操作完成以后，在某个时刻，事务要释放锁。在事务释放它的锁之前，其他事务不能更新此数据对象。

利用封锁就可以强制让那些竞争同样资源的事务之间形成等待关系，而让那些相互没有关系的事务之间可以随意地执行。必须说明的是，封锁的目的是强制让一些操作等待，这和提高事务的并发度是矛盾的，调度的根本目的是在确保正确性的前提下，尽可能地提高事务之间的并发度。

1. 排他锁和共享锁

DBMS提供的最常用的封锁类型有两种：排他锁(Exclusive Locks，简称X锁)和共享锁(Share Locks，简称S锁)。

排他锁又称为写锁。若事务 T 对数据对象 A 加上X锁，则只允许 T 读取和修改 A，其他任何事务都不能再对 A 加任何类型的锁，直到 T 释放 A 上的锁。这就保证了其他事务在 T 释放 A 上的锁之前不能再读取和修改 A。

共享锁又称为读锁。若事务 T 对数据对象 A 加上S锁，则事务 T 可以读 A 但不能修改 A，其他事务只能再对 A 加S锁，而不能加X锁，直到 T 释放 A 上的S锁。这就保证了其他事务可以读 A，但在 T 释放 A 上的S锁之前不能对 A 作任何修改。

排他锁与共享锁的控制方式可以用如表8-3所示的相容矩阵来表示。

表8-3　封锁类型的相容矩阵

$T1$	$T2$		
	X	S	—
X	N	N	Y
S	N	Y	Y
—	Y	Y	Y

在如表8-3所示的封锁类型相容矩阵中，最左边一列表示事务 $T1$ 已经获得的数据对象上的锁的类型，其中横线表示没有加锁。最上面一行表示另一事务 $T2$ 对同一数据对象发出的封锁请求。封锁请求能否被满足用矩阵中的Y和N表示，其中Y表示事务 $T2$ 的封锁要求与 $T1$ 已持有的锁相容，封锁请求可以满足。N表示 $T2$ 的封锁请求与 $T1$ 已持有的锁冲突，$T2$ 的请求被拒绝。

被封锁的数据对象的范围可大可小，可以是属性、元组，也可以是表、数据库等。把封锁对象的大小称为封锁粒度。封锁粒度直接影响到封锁的代价和并发度。一般而言，封锁粒度越大，并发度就越小，同时所需要的锁资源就越少，封锁的代价就越小；反之，封锁粒度越小，并发度就越大，所需要的锁资源就越多，封锁的代价就越大。因此，如果系统能够根据事务的特征，选择合适的封锁粒度，并且在必要时进行封锁粒度的转换，将是非常理想的。这种方法称为多粒度封锁，有兴趣的读者可参阅相关文献。

2. 三级封锁协议

所谓封锁协议，就是在对数据对象加锁、持锁和释放锁时所约定的一些规则。具体而言，包括何时加锁、何时释放锁，以及持有什么类型的锁。不同的封锁规则形成不同的封锁协议。它们分别在不同的程度上对正确控制并发操作提供一定的保证。

下面介绍保证一致性的三级封锁协议。

1）一级封锁协议

一级封锁协议规定事务 T 在更新数据对象之前，必须对该数据对象加排他锁，并且直到事务 T 结束时才可以释放该锁。

一级封锁协议可以防止丢失修改问题的发生。例如，在图 8-7 表示的火车售票例子中由于多个事务的并发调度遵守了一级封锁协议，从而防止了前面提到的丢失修改问题。

$T1$	$T2$	并发控制管理器
Xlock(A)		
		Grant-X(A,$T1$)
	Xlock(A)	
读 A=100 A:=A−1 写 A=99 Unlock(A)		
		Grant-X(A,$T2$)
	Xlock(A) 读 A=99 A:=A−1 写 A=98 Unlock(A)	

图 8-7　一级封锁协议防止丢失修改问题

但是，一级封锁协议不能防止不可重复读和读脏数据的问题。这是因为一级封锁协议没有要求读数据时也要加锁。下面的二级封锁协议就是在一级封锁协议的基础上增加了对读取数据时的封锁规定。

2）二级封锁协议

二级封锁协议是指除遵守一级封锁协议之外，还必须在读取数据对象之前先对其加共享锁，读完后即可释放该共享锁。该协议除了可以防止丢失修改问题以外，还可以进一步防止读“脏数据”。

图 8-8 表示利用该协议解决了图 8-6 中的读“脏数据”问题。

但是，二级封锁协议不能防止不可重复读的问题。主要原因就是对数据对象的共享锁在读完数据后就被释放了。下面的三级封锁协议就是在二级封锁协议的基础上，再规定共享锁必须在事务结束后才释放的要求。

3）三级封锁协议

三级封锁协议是指除遵守一级封锁协议之外，还必须在读取数据对象之前先对其加共享锁，直到事务结束后才释放该共享锁。该协议除了可以防止丢失修改和不读“脏数据”，还可以进一步防止不可重复读。

图 8-9 利用该协议解决了图 8-5 中的不可重复读问题。

上述 3 种协议的主要区别在于何种操作需要申请封锁以及何时释放锁。尽管利用三级封锁协议可以解决并发事务在执行过程中遇到的 3 种数据不一致性问题：丢失修改、读“脏数据”和不可重复读。但是，却带来了其他问题：活锁和死锁。

*T*1	*T*2	并发控制管理器
Xlock(*C*)		
		Grant-X(*C*,*T*1)
读 *C*=100 *C*:=*C**2 写 *C*=200		
	Slock(*C*)	
ROLLBACK Unlock(*C*)		
		Grant-X(*C*,*T*2)
	Slock(*C*) *C*=100 Unlock(*C*)	

图 8-8 二级封锁协议防止读“脏”数据问题

*T*1	*T*2	并发控制管理器
Slock(*A*) Slock(*B*)		Grant-S(*A*,*T*1)
读 *A*=50 读 *B*=100 *A*+*B*=150		Grant-S(*B*,*T*1)
	Xlock(*B*)	
读 *A*=50 读 *B*=100 *A*+*B*=150 Unlock(*B*) Unlock(*A*)		
	Xlock(*B*) 读 *B*=100 *B*:=*B**2 写 *B*=200 Unlock(*B*)	Grant-X(*B*,*T*2)

图 8-9 三级封锁协议防止不可重复读问题

4）两阶段封锁协议

两阶段封锁协议(Two-Phase Locking，2PL)是指所有事务必须分两个阶段对数据项加锁和解锁。

- 扩展阶段。在对任何数据进行读、写操作之前，首先要申请并获得对该数据的封锁。
- 收缩阶段。在释放一个封锁之后，事务不再申请和获得任何其他封锁。

“两段”锁的含义是，事务分为两个阶段：第一阶段，事务处于增长阶段，事务根据需要获得锁；第二阶段，一旦该事务释放了锁，它就进入缩减阶段，不能再发出加锁申请。

可以证明，若并发执行的所有事务均遵守两阶段锁协议，则对这些事务的任何并发调度策略都是可串行化的。

需要说明的是，事务遵守两阶段锁协议是可串行化调度的充分条件，而不是必要条件。也就是说，若并发事务都遵守两阶段锁协议，则对这些事务的任何并发调度策略都是可串行化的；若对并发事务的一个调度是可串行化的，不一定所有事务都符合两阶段锁协议。

3. 活锁和死锁

1）活锁

在多个事务并发执行的过程中，由于随机调度，可能会存在某个有机会获得锁的事务却永远也没有得到锁，这种现象称为活锁。活锁可以采用“先来先服务”的排队策略进行预防，避免并发过程中的随机调度产生的活锁现象。

2）死锁

在多个事务并发执行的过程中，还会出现另外一种称为死锁的现象，即多个并发事务处于相互等待的状态。其中的每一个事务都在等待它们中的另一个事务释放封锁，这样才可以继续执行下去，但任何一个事务都没有释放自己已获得的锁，也无法获得其他事务已拥有的锁，所以只好相互等待下去，死锁的情形如图 8-10 所示。

$T1$	$T2$	并发控制管理器
Xlock(A)		
	Xlock(B)	Grant-X(A,$T1$) Grant-X(B,$T2$)
	Xlock(A)	
Xlock(B)		

图 8-10　死锁

在图 8-10 中，事务 $T1$ 和 $T2$ 分别锁住了数据对象 A 和 B，而后 $T1$ 又申请对数据对象 B 加锁，$T2$ 也申请对数据对象 A 加锁，而这两个数据对象都已经分别被对方事务控制且没有释放，所以双方事务只好相互等待。这样，双方因为得不到自己想要的锁，所以无法继续往下执行；同时也没有机会释放已得到的锁，所以对对方事务的等待是永久性的，这就是死锁。

数据库中预防死锁的方法通常有如下两种方法：

(1) 一次封锁法。一次封锁法要求每个事务必须一次将所有要使用的数据全部加锁，否则就不能继续执行。例如，在图 8-10 的例子中，如果事务 $T1$ 将数据对象 A 和 B 一次加锁，$T1$ 就可以执行下去，而 $T2$ 等待。$T1$ 执行完后释放 A 和 B 上的锁，$T2$ 继续执行。这样就不会发生死锁。

另外要注意两段锁协议和防止死锁的一次封锁法的异同之处。一次封锁法要求每个事务必须一次将所有要使用的数据全部加锁，否则就不能继续执行，因此一次封锁法遵守两段锁协议；但是两段锁协议并不要求事务必须一次将所有要使用的数据全部加锁，因此遵守两段锁协议的事务可能发生死锁。

(2) 顺序封锁法。顺序封锁法是预先对数据对象规定一个封锁顺序，所有事务都按这个顺序实行封锁。在图 8-10 的例子中，规定封锁顺序是 A、B，$T1$ 和 $T2$ 都按此顺序封锁，必须先封锁 A。当 $T2$ 请求 A 时，由于 $T1$ 已经锁住 A，$T2$ 就只能等待。$T1$ 释放 A 和 B 上的锁后，$T2$ 继续运行。这样就不会发生死锁。

4. 死锁的诊断与解除

系统采用某些方式诊断当前系统中是否有死锁发生。如果有死锁发生则设法解除死锁。数据库系统中诊断死锁的方法和操作系统类似，一般使用超时法或事务等待图法。

(1) 超时法。如果一个事务的等待时间超过了规定的时限，就认为发生了死锁。超时法实现简单，但其不足也很明显。一是有可能误判死锁，事务因为其他原因使等待时间超过时限，系统会误认为发生了死锁。二是时限若设置得太长，死锁发生后不能及时发现。

(2) 等待图法。事务等待图是一个有向图 $G=(T,U)$。T 为节点的集合，每个节点表示正运行的事务；U 为边的集合，每条边表示事务等待的情况。若 $T1$ 等待 $T2$，则 $T1$、$T2$ 之间画一条有向边，从 $T1$ 指向 $T2$，如图 8-11 所示。

事务等待图动态地反映了所有事务的等待情况。并发控制子系统周期性地(比如每隔 1min)检测事务等待图，如果发现图中存在回路，则表示系统中出现了死锁。

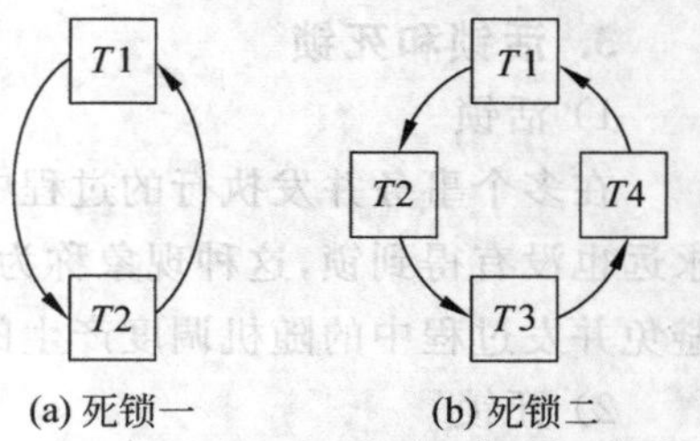

(a) 死锁一　　(b) 死锁二

图 8-11　事务等待图法

图 8-11(a)表示事务 $T1$ 等待 $T2$,$T2$ 等待 $T1$,产生了死锁。图 8-11(b)表示事务 $T1$ 等待 $T2$,$T2$ 等待 $T3$,$T3$ 等待 $T4$,$T4$ 又等待 $T1$,产生了死锁。

DBMS 的并发控制子系统一旦检测到系统中存在死锁,就要设法解除。通常采用的方法是选择一个处理死锁代价最小的事务,将其撤销,释放此事务持有的所有的锁,使其他事务得以继续运行下去。当然,对撤销的事务所执行的数据修改操作必须加以恢复。

8.5.3 基于时间戳的调度

所谓时间戳(Timestamp),是指数据库管理系统赋予事务的唯一的一个时间,以标记该事务开始执行。时间戳可以是系统时钟值,也可以是逻辑计数器的值。时间戳方法的基本原理是系统以事先选定的事务次序(即按照事务时间戳的升序顺序)作为串行化的判定标准,然后判定事务调度是否和这个串行执行结果一致。如果某个事务的操作违反了这个次序,就迫使该事务回退而不是等待。因此,也称该方法为时间戳排序协议。

时间戳方法的基本手段就是"回退",让那些可能破坏串行化的事务终止来保证其他事务的正常执行。直观上看,这种方法的代价较大,并发度不会高。但是,实际应用中真正产生冲突的还是少数情况,回退现象并不多。

首先,引入几个记号。

TS(T):表示事务 T 的时间戳。

TS(T_i)<TS(T_j):表示事务 T_i 在事务 T_j 之前开始执行。

W-timestamp(Q):表示在数据项 Q 上成功执行 Write(Q)操作的所有事务中的最大时间戳。

R-timestamp(Q):表示在数据项 Q 上成功执行 Read(Q)操作的所有事务中的最大时间戳。

这是两个系统全局变量,当系统成功执行新的 Write(Q)或者 Read(Q)操作时,这些变量的值会被更新。

时间戳排序协议如下:

(1) 假定事务 T 执行操作 Read(Q)。

若 TS(T)<W-timestamp(Q),这表示事务 T 要读入的数据项 Q 值已被执行序列中更后面的事务写过了,这时,应强迫 T 回退。

若 TS(T)>=W-timestamp(Q),这表示事务 T 可以读这个 Q 值,因此,执行 Read(Q)操作,R-timestamp(Q)=Max(R-timestamp(Q),TS(T))。

(2) 假定事务 T 执行操作 Write(Q)。

若 TS(T)<R-timestamp(Q),这表示数据项 Q 值已被执行序列中更后面的事务写过了,不能再执行 Write(Q)操作,因此,强迫 T 回退。

若 TS(T)>=W-timestamp(Q),这表示数据项 Q 值已被执行序列中更后面的更新事务写过了,不能再执行 Write(Q)操作,因此,也要强迫 T 回退。

否则,执行 Write(Q)操作,并令 W-timestamp(Q)=TS(T)。

(3) 被回退的事务，系统重新赋予它新的时间戳，并重新启动。

按照这个协议进行调度，结果一定和事务的时间戳顺序一致，因为所有可能产生不一致的事务都被强制回退了。

8.5.4 基于有效性检验的调度方法

无论是封锁协议还是时间戳排序协议都是以“预防”为主的策略，也就是说，为了确保数据库的一致性，采用封锁等手段，是以延迟操作执行或者终止事务等影响并发度为代价的做法。这种策略在冲突较多的场合是合适的。但是，在很多应用中，特别是只读应用中，其实事务之间没有那么多的冲突发生，对于这样的应用，即使不采用任何的并发控制手段，也不一定会破坏数据库的一致性。因此，在这种情况下，可以采用代价更小的“诊治”型的调度策略。也就是先不加限制地让事务执行，只有记录下已经读到和将要写的数据项的集合，然后在真正写之前，执行一个“有效性检查”的动作，看是否会和其他活动事务产生冲突，如果冲突就让这个事务回滚，否则就真正执行写动作。

假设事务的整个生命周期可划分为 3 个阶段。

读阶段：事务在这个阶段读取数据项并将值保存在事务的局部变量中。所有随后的写操作均在这些局部变量上进行，并不对数据库进行真正的更新。

有效性检查阶段：判断是否可以将局部变量上的更新复制到数据库中，而不会违反可串行性。

写阶段：事务在通过有效性检查后，进行实际的数据库更新，否则将事务回滚。

每个事务的这 3 个阶段都必须是顺序执行的。

在介绍具体调度协议之前，先引入几个记号。

Start(T)：事务 T 开始执行的时间；

Validation(T)：事务 T 完成读阶段并开始有效性检查阶段的时间；

Finish(T)：事务 T 完成写阶段的时间；

RS(T)：事务 T 的读集合；

WS(T)：事务 T 的写集合；

选择 Validation(T) 作为事务的时间戳，并以这个时间戳的顺序作为可行性的判断标准。

事务的有效性检查方法如下：

对于任何比 T 更老的事务 T_i，有 TS(T_i)＜TS(T)，如果满足以下的条件之一：

(1) Finish(T_i)＜START(T)。这表示 T_i 在 T 开始之前就已经完成了。

(2) WS(T_i)∩RS(T)＝∅，并且 Finish(T_i)＜Validation(T)。

(3) WS(T_i)∩RS(T)＝∅，WS(T_i)∩WS(T)＝∅且 Validation(T_i)＜Validation(T)。

那么就可以保证 T_i 和 T 是可串行化的。

8.5.5 多版本并发控制机制

在时间戳排序协议中，当 TS(T)＜W-timestamp(Q)时，因为事务 T 的读操作 read(Q)要读取的值已被覆盖而被拒绝执行，系统请求事务 T 回退。如果每一个数据项的旧值副本被保存在系统中，这个问题就可以解决了。

在多版本机制中，每个 Write(Q)操作都创建 Q 的一个新的版本，这样一个数据项就有个版本序列 $Q_1, Q_2, \cdots, Q_n$ 与之相关联。每一个版本 Q_k 都像一个独立的数据项一样对待，也就是拥有版本的值、创建 Q_k 的事务的时间戳 W-timestamp(Q_k)、成功读取 Q_k 的事务的最大时间戳 R-timestamp(Q_k)。

多版本协议描述如下：

(1) 假设版本 Q_k 具有小于或等于 TS(T)的最大时间戳。

(2) 若事务 T 发出 read(Q)，则返回版本 Q_k 的内容。

(3) 若事务 T 发出 write(Q)，则：

① 当 TS(T)＜R-timestamp(Q_k)时，回退 T。

② 当 TS(T)＝W-timestamp(Q_k)时，覆盖 Q_k 的内容。

③ 否则，创建 Q 的新版本。

(4) 一个数据项的两个版本 Q_k 和 Q_l，其 W-timestamp 都小于系统中最老的事务的时间戳，那么这两个版本中较旧的那个版本将不再被用到，因而可以从系统中删除。

可以进一步改进多版本协议。区分事务的类型为只读事务和更新事务。对于只读事务，发生冲突的可能性很小，可以采用多版本时间戳。对于更新事务，采用较保守的 2PL 协议。这样的混合协议称为 MV2PL。

目前的很多商用数据库系统，例如 Oracle 数据库、国产 KingbaseES 数据库都是采用 MV2PL 的。

习题 8

1. 数据库安全控制常用的方法是什么？
2. 什么是事务？事务的 ACID 特性各指什么？如何定义一个事务？
3. 数据库运行中可能产生的故障有哪几类？简述各类故障应如何恢复。
4. 数据库中为什么要有并发控制？
5. 三级封锁协议是如何实现并发控制的？

Part

应 用 篇

第9章 典型关系数据库管理系统 SQL Server 2016 介绍

本章介绍典型的关系数据库管理系统——微软公司的 SQL Server 2016 软件，主要介绍该系统的体系结构、如何安装和配置以及特有的数据管理平台 SQL Server Management Studio。

9.1 SQL Server 2016 系统概述

SQL Server 是一个关系数据库管理系统。它最初是由 Sysbase、Microsoft 和 Ashton-Tate 3 家公司共同开发的，并于 1988 年推出了第一个 OS/2 版本。SQL Server 版本近年来不断更新，其发展历程在表 9-1 中详细阐明。

表 9-1 SQL Server 发展历程

年份	版　本	说　明
1988	SQL Server	与 Sybase 共同开发的、运行于 OS/2 上的联合应用程序
1993	SQL Server 4.2 一种桌面数据库	一种功能较少的桌面数据库，能够满足小部门数据存储和处理的需求。数据库与 Windows 集成，界面易于使用并广受欢迎
1994		微软与 Sybase 终止合作关系
1995	SQL Server 6.05 一种小型商业数据库	对核心数据库引擎做了重大的改写。这是首次“意义非凡”的发布，性能得以提升，重要的特性得到增强。在性能和特性上，尽管以后的版本还有很长的路要走，但这一版本的 SQL Server 具备了处理小型电子商务和内联网应用程序的能力，而在花费上却少于其他的同类产品
1996	SQL Server 6.5	SQL Server 逐渐突显实力，以至于 Oracle 推出了运行于 Windows NT 平台上的 7.1 版本作为直接的竞争
1998	SQL Server 7.0 一种 Web 数据库	再一次对核心数据库引擎进行了重大改写。这是相当强大的、具有丰富特性的数据库产品的明确发布，该数据库介于基本的桌面数据库（如 Microsoft Access）与高端企业级数据库（如 Oracle 和 DB2）之间（价格上亦如此），为中小型企业提供了切实可行（并且还廉价）的可选方案。该版本易于使用，并提供了对于其他竞争数据库来说需要额外购买的昂贵的重要商业工具（例如，分析服务、数据转换服务），因此获得了良好的声誉

续表

年份	版　本	说　明
2000	SQL Server 2000 一种企业级数据库	SQL Server 在可扩缩性和可靠性上有了很大的改进，成为企业级数据库市场中重要的一员（支持企业的联机操作，其所支持的企业有 NASDAQ、戴尔和巴诺等）。虽然 SQL Server 在价格上有很大的上涨，减缓了其最初被接纳的进度，但它卓越的管理工具、开发工具和分析工具仍然赢得了新的客户。到 2002 年，SQL Server 取得了 45％的市场份额，而 Oracle 的市场份额下滑至 27％
2005	SQL Server 2005	对 SQL Server 的许多地方进行了改写，例如，通过名为集成服务（Integration Service）的工具来加载数据，引入了.NET Framework，允许构建.NET SQL Server 专有对象，从而使 SQL Server 具有灵活的功能，正如包含 Java 的 Oracle 所拥有的那样
2008	SQL Server 2008	SQL Server 2008 以处理目前能够采用的许多种不同的数据形式为目的，通过提供新的数据类型和使用语言集成查询（LINQ），在 SQL Server 2005 的架构的基础之上打造出了 SQL Server 2008。SQL Server 2008 同样涉及处理像 XML 这样的数据、紧凑设备（compact device）以及位于多个不同地方的数据库安装。另外，它提供了在一个框架中设置规则的能力，以确保数据库和对象符合定义的标准，并且，当这些对象不符合该标准时，还能够就此进行报告
2008	SQL Server 2008 R2	经过改进的 SQL Server 2008 R2 增强了开发能力，提高了可管理性，强化了商业智能及数据仓库。两个新版本可用于大规模数据中心和数据仓库：SQL Server 2008 R2 数据中心版和 SQL Server 2008 R2 并行数据仓库版。这两个豪华版本增强了企业级的伸缩性，例如它们为最苛刻的工作负荷提供了更有力的支持，为应用程序和数据中心的服务器提供更有效率的管理。通过增强核心版本解决业务难题：SQL Server 2008 R2 Standard 和 SQL Server 2008 R2 Enterprise。新的改进包括：PowerPivot for Excel 和 PowerPivot for SharePoint 支持大量复杂事件处理和可托管的自助式商业智能
2012	SQL Server 2012	SQL Server 2012 不仅延续现有数据平台的强大能力，全面支持云技术与平台，并且能够快速构建相应的解决方案，实现私有云与公有云之间数据的扩展与应用的迁移。SQL Server 2012 提供对企业基础架构最高级别的支持，专门针对关键业务应用的多种功能与解决方案，可以提供最高级别的可用性及性能。在业界领先的商业智能领域，SQL Server 2012 提供了更多、更全面的功能以满足不同人们对数据以及信息的需求，包括支持来自于不同网络环境的数据的交互、全面的自助分析等创新功能。针对大数据以及数据仓库，SQL Server 2012 提供从数太字节到数百太字节全面端到端的解决方案。作为微软的信息平台解决方案，SQL Server 2012 的发布，可以帮助数以千计的企业用户突破性地快速实现各种数据体验，完全释放对企业的洞察力

续表

年份	版　本	说　明
2014	SQL Server 2014	2014版本最重要的特色是新增了线上交易(OLTP)数据处理引擎Hekaton,其内存最佳化数据表与索引功能可将数据表存储到内存来处理,而不是硬盘,在新的架构中,SQL Server的应用处理效能平均可以提升10倍。据微软的说法,它甚至能够提升高达30倍的速度
2016	SQL Server 2016	增强的In-memory性能使处理事务的速度提高了多达30倍,查询速度比基于磁盘的关系数据库提高了100倍以上,并提供实时运营分析。新的Always Encrypted技术可帮助保护数据(无论是静止还是移动,无论在本地还是在云中),它将主密钥与应用程序放在一起,无须更改应用程序。Stretch Database技术通过将中层和底层OLTP数据以一种安全且透明的方式延伸至Microsoft Azure,让更多历史数据触手可及,而无须更改应用程序。内置高级分析功能提供了可扩展性和性能优势,因为可以直接在核心SQL Server事务性数据库中构建和运行高级分析算法。可以在包含Windows、iOS和Android本地应用程序的移动设备上实现丰富可视化。通过使用PolyBase进行T-SQL查询,简化了关系和非关系数据的管理。更快的混合备份,高可用性,以及将本地数据库备份和还原到Microsoft Azure并将SQL Server AlwaysOn辅助数据库置于Azure中的灾难恢复方案

SQL Server具有如下特点:

(1) 真正的客户机/服务器体系结构。

(2) 图形化用户界面,使系统管理和数据库管理更加直观、简单。

(3) 丰富的编程接口工具,为用户进行程序设计提供了更大的选择余地。

(4) SQL Server与Windows NT完全集成,利用了NT的许多功能,如发送和接收消息、管理登录安全性等。SQL Server也可以很好地与Microsoft BackOffice产品集成。

(5) 具有很好的伸缩性,可跨越从运行Windows 95/98的膝上型电脑到运行Windows 2000的大型多处理器等多种平台使用。

(6) 对Web技术的支持,使用户能够很容易地将数据库中的数据发布到Web页面上。

(7) SQL Server提供数据仓库功能,这个功能只在Oracle和其他更昂贵的DBMS中才有。

SQL Server 2016与以前版本相比较,又具有以下新特性。

1. 全程加密技术

全程加密技术(Always Encrypted)支持在SQL Server中保持数据加密,只有调用SQL Server的应用才能访问加密数据。该功能支持客户端应用所有者控制保密数据,指定哪些人有权限访问。SQL Server 2016通过验证加密密钥实现了对客户端应用的控制。该加密密钥永远不会传递给SQL Server。使用该功能,可以避免数据库或者操作系统管理员接触客户应用程序敏感数据(包括静态数据和动态数据)。该功能现在支持将敏感数据存储在云端管理数据库中,并且永远保持加密,即便是云供应商也看不到数据。

2. 动态数据屏蔽

如果希望一部分人可以看到加密数据，而另一些人只能看到加密数据混淆后的乱码，那么动态数据屏蔽(Dynamic Data Masking)就有用武之地了。利用动态数据屏蔽功能，可以将 SQL Server 数据库表中待加密数据列混淆，那些未授权用户看不到这部分数据；还可以定义数据的混淆方式，例如，如果在表中接收存储信用卡号，但是希望只看到卡号后 4 位，使用动态数据屏蔽功能定义屏蔽规则就可以限制未授权用户只能看到信用卡号后 4 位，而有权限的用户可以看到完整信用卡信息。

3. JSON 支持

JSON(Java Script Object Notation)指轻量级数据交换格式。在 SQL Server 2016 中，可以在应用和 SQL Server 数据库引擎之间用 JSON 格式交互。微软公司在 SQL Server 中增加了对 JSON 的支持，可以解析 JSON 格式数据然后以关系格式存储。此外，利用对 JSON 的支持，还可以把关系型数据转换成 JSON 格式数据。微软公司还增加了一些函数，以提供对存储在 SQL Server 中的 JSON 数据执行查询。有了这些内置增强支持 JSON 操作的函数，应用程序使用 JSON 数据与 SQL Server 交互就更容易了。

4. 多 TempDB 数据库文件

如果运行的是多核计算机，那么运行多个 tempdb 数据文件就是最佳实践做法。在 SQL Server 2014 版本之前，安装 SQL Server 之后总是不得不手工添加 tempdb 数据文件。在 SQL Server 2016 中，可以在安装 SQL Server 的时候直接配置需要的 tempdb 文件数量。这样就不再需要安装完成之后再手工添加 tempdb 文件了。

5. PolyBase

PolyBase 支持查询分布式数据集。有了 PolyBase，可以使用 T-SQL 语句查询 Hadoop 或者 SQL Azure blob 存储。可以使用 PolyBase 写临时查询，实现 SQL Server 关系型数据与 Hadoop 或者 SQL Azure blog 存储中的半结构化数据之间的关联查询。此外，还可以利用 SQL Server 的动态列存储索引针对半结构化数据来优化查询。如果组织跨多个分布式位置传递数据，PolyBase 就成了利用 SQL Server 技术访问这些位置的半结构化数据的便捷解决方案了。

6. Query Store

如果经常使用执行计划，就可以使用新版的 Query Store 功能。在 SQL Server 2016 之前的版本中，可以使用动态管理视图(Dynamic Management View，DMV)来查看现有执行计划。但是，DMV 只支持查看计划缓存中当前活跃的计划。如果离开了计划缓存，便看不到计划的历史情况。有了 Query Store 功能，SQL 现在可以保存历史执行计划。不仅如此，该功能还可以保存那些历史计划的查询统计。这是一个很好的补充功能，可以利用该功能随着时间推移跟踪执行计划的性能。

7. 行级安全(Row Level Security)

SQL 数据库引擎具备了行级安全特性以后，就可以根据 SQL Server 登录权限限制对行数据的访问。限制行是通过内联表值函数过滤谓词定义实现的。安全策略将确保过滤器谓词获取每次 SELECT 或者 DELETE 操作的执行。在数据库层面实现行级安全意味着应用程序开发人员不再需要维护代码限制某些登录或者允许某些登录访问所有数据。有了这一功能，用户在查询包含行级安全设置的表时，甚至不知道查询的数据是已经过滤后的部分数据。

8. SQL Server 支持 R 语言

微软公司收购 Revolution Analytics 公司之后，现在可以在 SQL Server 上针对大数据使用 R 语言实现高级分析功能了。SQL Server 支持 R 语言处理以后，数据科学家可以直接利用现有的 R 代码并在 SQL Server 数据库引擎上运行。这样就不用为了执行 R 语言处理数据而把 SQL Server 数据导出来处理。

9. Stretch Database

Stretch Database 功能提供了把内部部署数据库扩展到 Azure SQL 数据库的途径。有了 Stretch Database 功能，访问频率最高的数据会存储在内部数据库，而访问较少的数据会离线存储在 Azure SQL 数据库中。当设置数据库为 stretch 时，那些比较过时的数据就会在后台迁移到 Azure SQL 数据库。如果需要运行查询同时访问活跃数据和 stretched 数据库中的历史信息，数据库引擎会将内部数据库和 Azure SQL 数据库无缝对接，查询会返回所需要的结果，就像在同一个数据源一样。该功能使得 DBA 工作更容易了，DBA 可以归档历史信息转到更廉价的存储介质，无须修改当前实际的应用代码，这样就可以使常用的内部数据库查询保持最佳性能状态。

10. 历史表

历史表会在基表中保存数据的旧版本信息。有了历史表功能，SQL Server 会在每次基表有行更新时自动管理迁移旧的数据版本到历史表中。历史表在物理上是与基表独立的另一个表，但是与基表是有关联关系的。如果已经构建或者计划构建自己的方法来管理行数据版本，那么应该先看看 SQL Server 2016 中新提供的历史表功能，然后再决定是否需要自行构建解决方案。

9.2 SQL Server 2016 体系结构

SQL Server 2016 具有大规模处理联机事务处理、数据仓库和商业智能等许多强大功能，这与其内部的完善的体系结构是密切相关的。SQL Server 2016 本身由关系数据库、复制服务、数据库转化服务、通知服务、分析服务和报告服务等有层次地构成一个整体，通过管理工具集成管理。表 9-2 列出了 SQL Server 2016 的主要组成部件。

表 9-2　组成部件表

服务器组件	说　明
数据库引擎	数据库引擎是用于存储、处理和保护数据的核心服务。数据库引擎提供了受控访问和快速事务处理，以满足企业内最苛刻的数据消费应用程序的要求。数据库引擎还提供了大量的支持以保持高可用性

续表

服务器组件	说　明
R Services	Microsoft R 服务提供了多种将受欢迎的 R 语言并入企业工作流的方法。R Services（数据库中）将 R 语言与 SQL Server 集成，以便轻松通过调用 T-SQL 存储过程生成、重新导流模型，并对模型评分。Microsoft R Server 在企业中为 R 提供多平台可扩展支持，并且支持 Hadoop 和 Teradata 等数据源
Data Quality Services	SQL Server Data Quality Services（DQS）提供知识驱动型数据清理解决方案。DQS 可以生成知识库，然后使用此知识库，同时采用计算机辅助方法和交互方法，执行数据更正和消除重复的数据。可以使用基于云的引用数据服务，并可以生成一个数据管理解决方案将 DQS 与 SQL Server Integration Services 和 Master Data Services 相集成
Integration Services	Integration Services 是一个生成高性能数据集成解决方案的平台，其中包括对数据仓库提供提取、转换和加载（ETL）处理的包
Master Data Services	Master Data Services 是用于主数据管理的 SQL Server 解决方案。基于 Master Data Services 生成的解决方案可帮助确保报表和分析均基于适当的信息。使用 Master Data Services，可以为主数据创建中央存储库，并随着主数据随时间变化而维护一个可审核的安全对象记录
Analysis Services	Analysis Services 是一个针对个人、团队和公司商业智能的分析数据平台和工具集。服务器和客户端设计器通过使用 Power Pivot、Excel 和 SharePoint Server 环境，支持传统的 OLAP 解决方案、新的表格建模解决方案以及自助式分析和协作。Analysis Services 还包括数据挖掘，以便发现隐藏在大量数据中的模式和关系
复制	复制是一组技术，用于在数据库间复制和分发数据和数据库对象，然后在数据库间进行同步操作以维持一致性。使用复制时，可以通过局域网和广域网、拨号连接、无线连接和 Internet，将数据分发到不同位置以及分发给远程用户或移动用户
Reporting Services	Reporting Services 提供企业级的 Web 报表功能，从而可以创建从多个数据源提取数据的表，发布各种格式的表，以及集中管理安全性和订阅

管 理 工 具	说　明
SQL Server Management Studio	SQL Server Management Studio 是一个集成环境，用于访问、配置、管理和开发 SQL Server 的组件。Management Studio 使各种技术水平的开发人员和管理员都能使用 SQL Server。Management Studio 的安装需要 Internet Explorer 6 SP1 或更高版本
SQL Server 配置管理器	SQL Server 配置管理器为 SQL Server 服务、服务器协议、客户端协议和客户端别名提供基本配置管理
SQL Server Profiler	SQL Server Profiler 提供了一个图形用户界面，用于监视数据库引擎实例或 Analysis Services 实例
数据库引擎优化顾问	数据库引擎优化顾问可以协助创建索引、索引视图和分区的最佳组合

续表

管理工具	说明
Business Intelligence Development Studio	Business Intelligence Development Studio 是 Analysis Services、Reporting Services 和 Integration Services 解决方案的 IDE。BI Development Studio 的安装需要 Internet Explorer 6 SP1 或更高版本
连接组件	安装用于客户端和服务器之间通信的组件，以及用于 DB-Library、ODBC 和 OLE DB 的网络库

9.3 SQL Server 2016 的安装

9.3.1 安装环境要求

表 9-3 列出了在 Windows 操作系统上安装和运行 SQL Server 至少需要满足的硬件和软件要求。

表 9-3 硬件和软件要求

组件	要求
.NET Framework	SQL Server 2016 RC1 和更高版本需要 .NET Framework 4.6 才能运行数据库引擎、Master Data Services 或复制。SQL Server 2016 安装程序会自动安装 .NET Framework。还可以从 .NET Framework 适用于 Windows 的 Microsoft .NET Framework 4.6(Web 安装程序）中手动安装
网络软件	SQL Server 支持的操作系统具有内置网络软件。独立安装的命名实例和默认实例支持以下网络协议：共享内存、命名管道、TCP/IP 和 VIA。注意：故障转移群集不支持共享内存和 VIA
硬盘	SQL Server 要求最少 6GB 的可用硬盘空间。磁盘空间要求将随所安装的 SQL Server 组件不同而发生变化
驱动器	从磁盘进行安装时需要相应的 DVD 驱动器
监视器	SQL Server 要求有 Super-VGA (800×600px)或更高分辨率的显示器
Internet	使用 Internet 功能需要连接 Internet

注意：在虚拟机上运行 SQL Server 的速度要慢于在本机运行，因为虚拟化会产生系统开销。对于 PolyBase 功能没有附加的硬件和软件要求。

表 9-4 列出了 SQL Server 2016 对处理器和内存的要求，表 9-5 列出了 SQL Server 2016 对操作系统的要求。

表 9-4 SQL Server 2016 对处理器和内存的要求

组　件	要　求
内存	最低要求： Express 版本：512MB 所有其他版本：1GB 建议： Express 版本：1GB 所有其他版本：至少 4GB 并且应该随着数据库大小的增加而增加，以便确保最佳的性能
处理器速度	最低要求：x64 处理器：1.4GHz 建议：2.0GHz 或更快
处理器类型	x64 处理器：AMD Opteron、AMD Athlon 64、支持 Intel EM64T 的 Intel Xeon、支持 EM64T 的 Intel Pentium Ⅳ

表 9-5 SQL Server 2016 各版本对操作系统的要求

SQL Server 2016 版本	支持的操作系统	
	Windows Server 2016 Datacenter	Windows Server 2012 R2 Foundation
	Windows Server 2016 Standard	Windows Server 2012 Datacenter
	Windows Server 2012 R2 Datacenter	Windows Server 2012 Standard
	Windows Server 2012 R2 Standard	Windows Server 2012 Essentials
	Windows Server 2012 R2 Essentials	Windows Server 2012 Foundation
SQL Server Enterprise	Windows Server 2016 Datacenter	Windows 10 家庭版
SQL Server Web	Windows Server 2016 Standard	Windows 10 专业版
SQL Server Standard	Windows Server 2012 R2 Datacenter	Windows 10 企业版
SQL Server Developer	Windows Server 2012 R2 Standard	Windows 10 IoT 企业版
SQL Server Express	Windows Server 2012 R2 Essentials	Windows 8.1
	Windows Server 2012 R2 Foundation	Windows 8.1 专业版
	Windows Server 2012 Datacenter	Windows 8.1 企业版
	Windows Server 2012 Standard	Windows 8
	Windows Server 2012 Essentials	Windows 8 专业版
	Windows Server 2012 Foundation	Windows 8 企业版

在安装 SQL Server 的过程中，Windows Installer 会在系统驱动器中创建临时文件。在运行安装程序以安装或升级 SQL Server 之前，请检查系统驱动器中是否有至少 6.0GB 的可用磁盘空间用来存储这些文件。即使在将 SQL Server 组件安装到非默认驱动器中时，此项要求也适用。实际硬盘空间需求取决于系统配置和安装的功能。表 9-6 提供了 SQL Server 各组件对磁盘空间的要求。

表 9-6　SQL Server 各组件对磁盘空间的要求

功　　能	磁盘空间要求/MB
数据库引擎和数据文件、复制、全文搜索以及 Data Quality Services	1480
数据库引擎带有 R Services(数据库内)	2744
数据库引擎带有针对外部数据的 PolyBase 查询服务	4194
Analysis Services 和数据文件	698
Reporting Services	967
Microsoft R Server	280
Reporting Services-SharePoint	1203
用于 SharePoint 产品的 Reporting Services Add-in for SharePoint Products	325
数据质量客户端	121
客户端工具连接	328
Integration Services	306
客户端组件(除 SQL Server 联机丛书组件和 Integration Services 工具之外)	445
Master Data Services	280
用于查看和管理帮助内容的 SQL Server 联机丛书组件	27
所有功能	8030

9.3.2　安装过程

SQL Server 2016 安装向导基于 Windows Installer，与 SQL Server 2005 很大不同的是它提供了一个功能树以用来安装所有 SQL Server 组件，包括计划(见图 9-1)、安装(见图 9-2)、维护(见图 9-3)、工具(见图 9-4)、资源(见图 9-5)、高级(见图 9-6)、选项(见图 9-7)等功能。

在了解了 SQL Server 2016 的安装平台后，就可以开始正式安装了。下面介绍利用 SQL Server 2016 的安装向导安装 SQL Server 2016 的全过程。

(1) 在如图 9-2 所示"安装"页面中，单击"全新 SQL Server 独立安装或向现有安装添加功能"选项。进入"SQL Server 2016 安装程序"页面，安装的第一项是产品密钥，在"产品密钥"页中，选择相应的版本，输入产品密钥(见图 9-8)，然后单击"下一步"按钮。

(2) 进入"许可条款"按钮页面，阅读许可协议，然后选中"我接受许可条款"以接受许可条款和条件，然后单击"下一步"按钮(见图 9-9)。

(3) 进入"全局规则"页面(见图 9-10)，可确定在安装 SQL Server 安装程序支持文件时可能发生的问题，必须更正所有失败，安装程序才能继续。所有操作完毕后，单击"下一步"按钮。

(4) 进入"Microsoft 更新"页面(见图 9-11)，使用 Microsoft Update 检查重要更新。所有操作完毕后，单击"下一步"按钮。

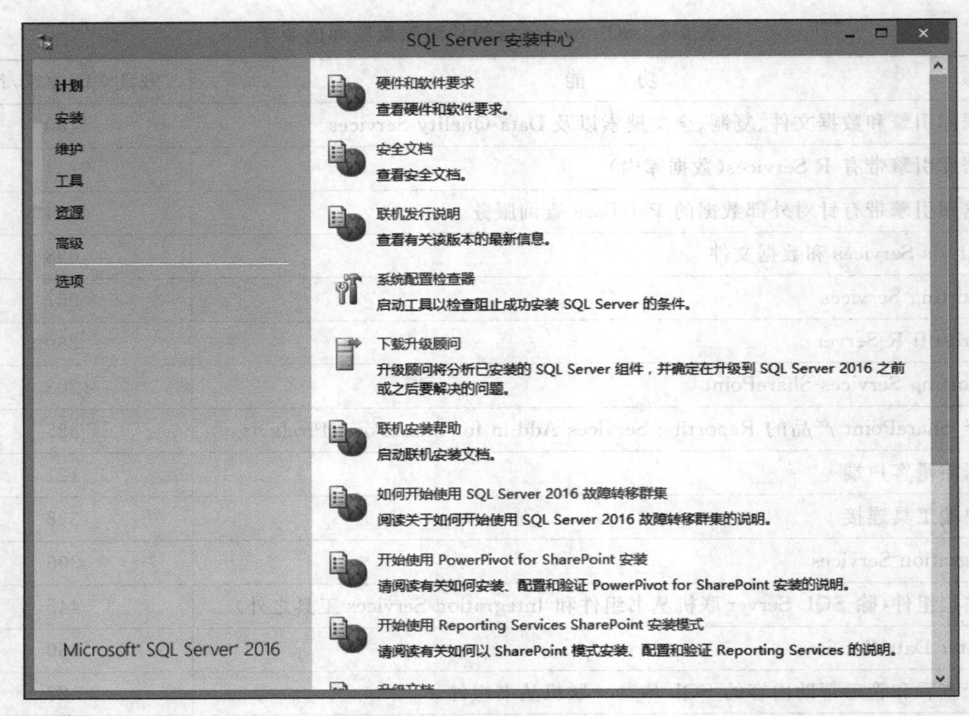

图 9-1 “计划”功能中的内容

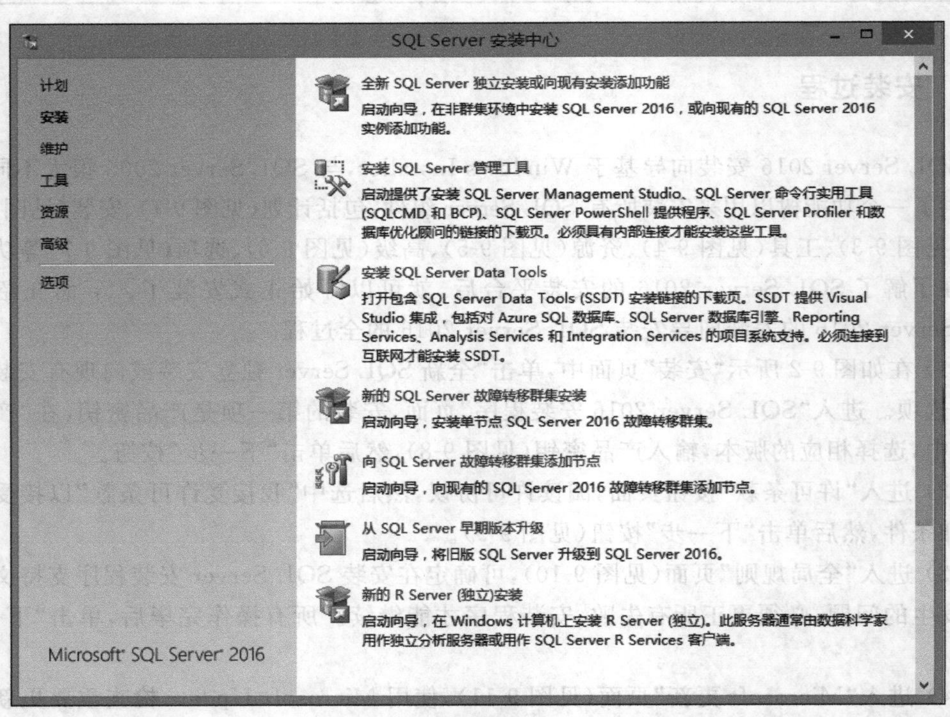

图 9-2 “安装”功能中的内容

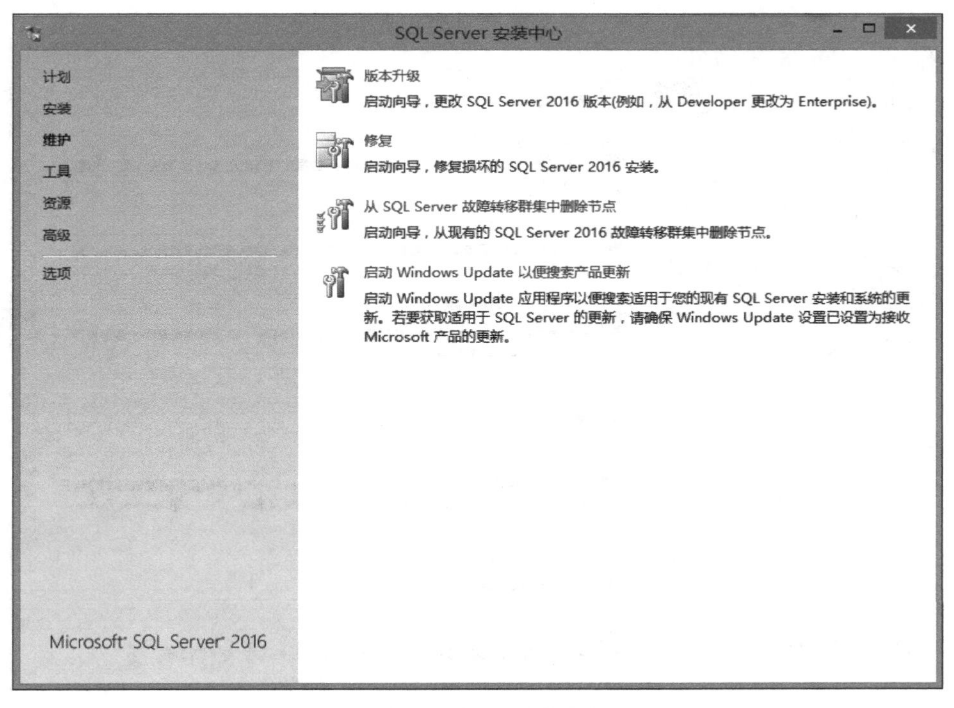

图 9-3　“维护”功能中的内容

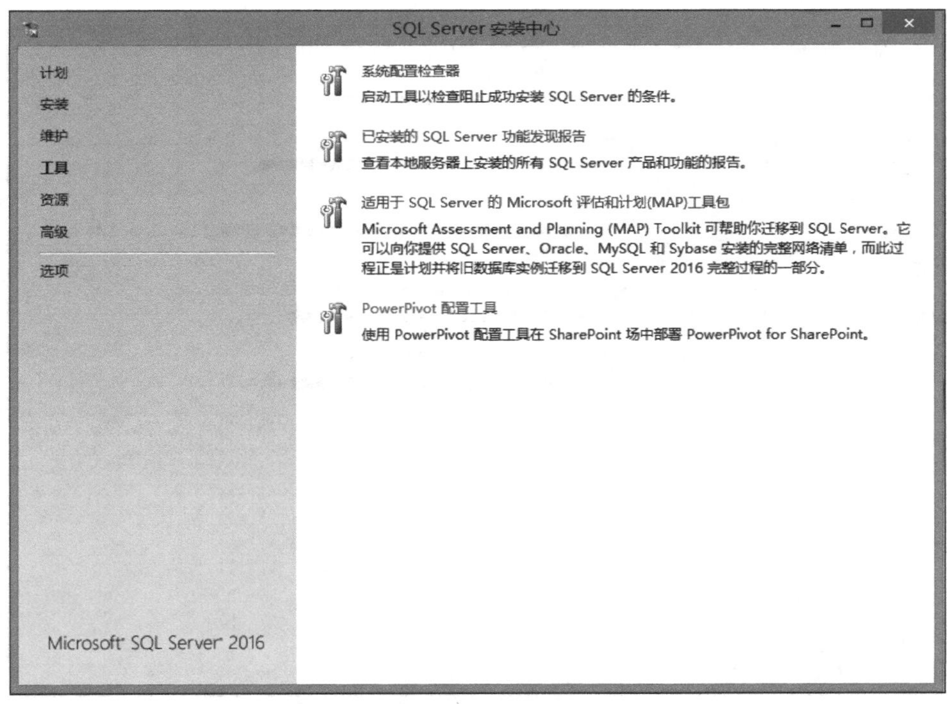

图 9-4　“工具”功能中的内容

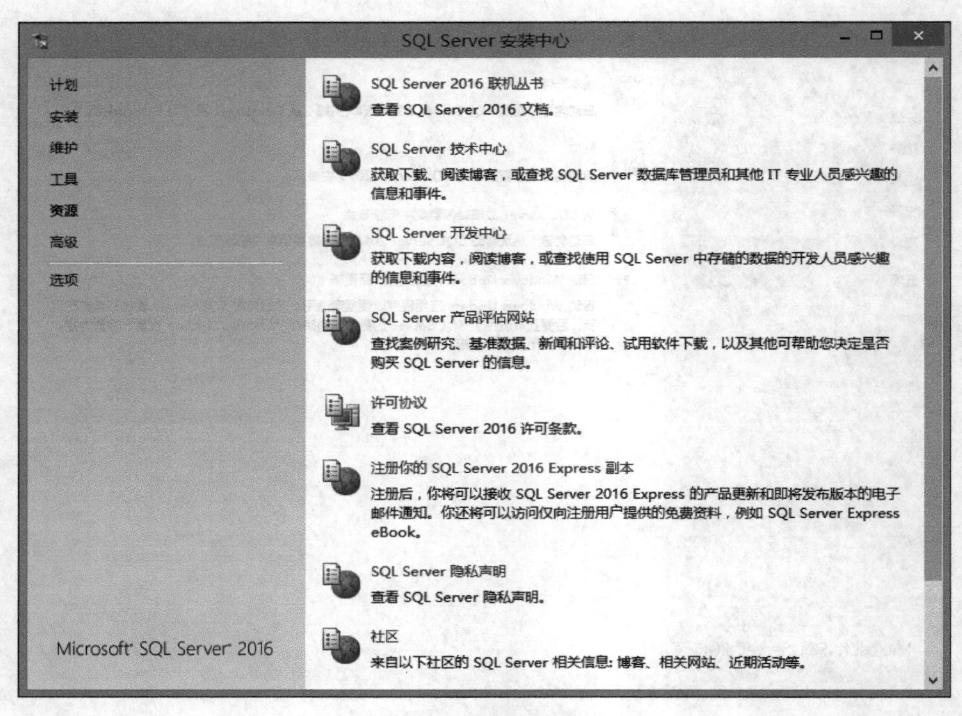

图 9-5 “资源”功能中的内容

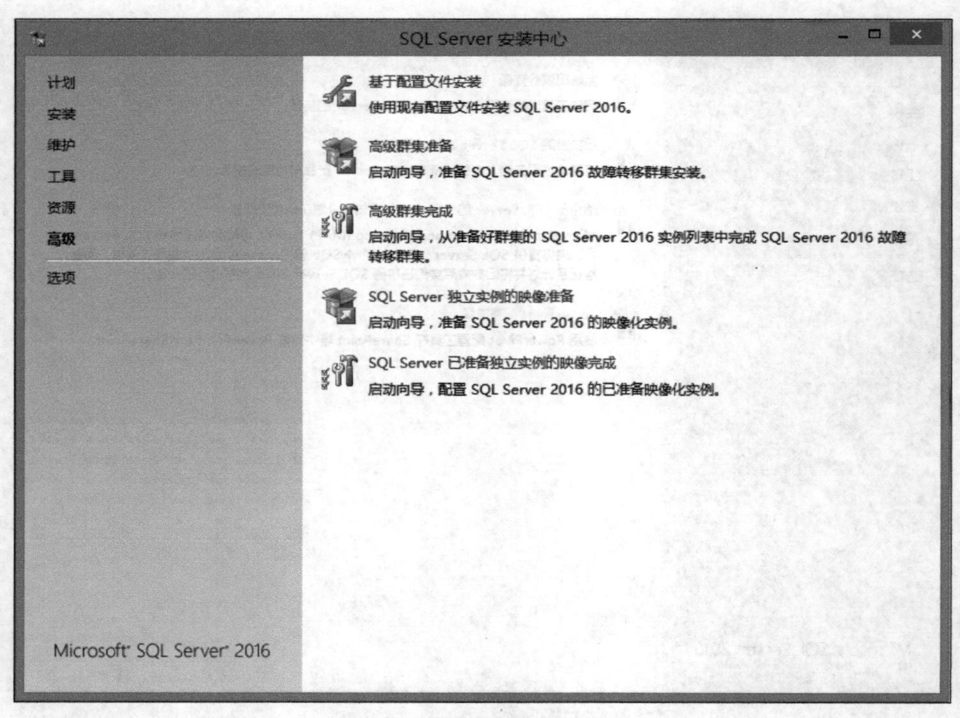

图 9-6 “高级”功能中的内容

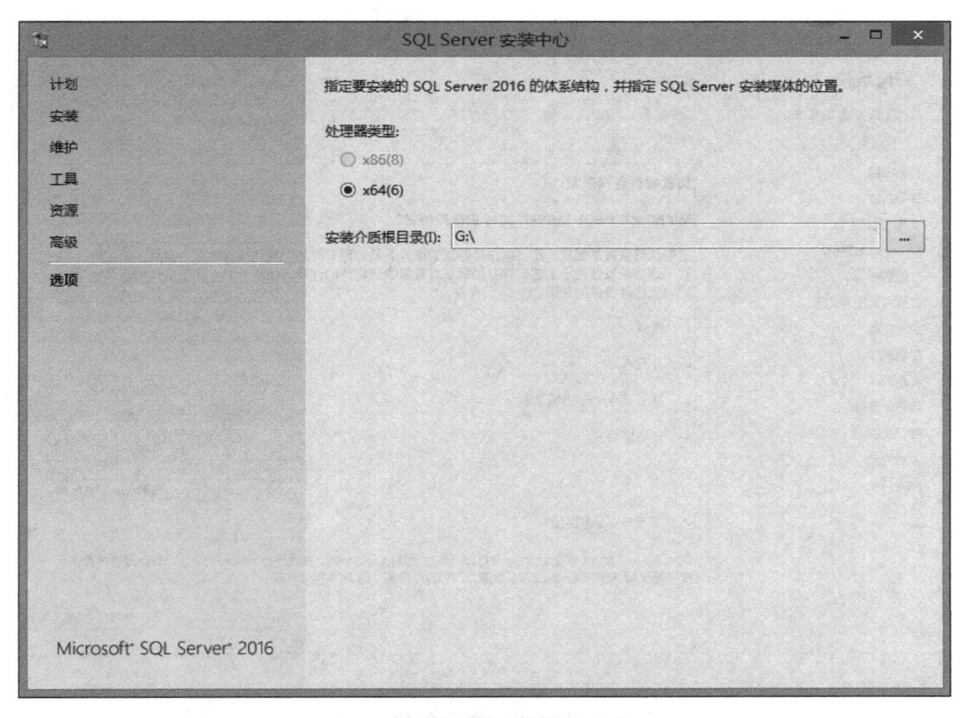

图 9-7　“选项”功能中的内容

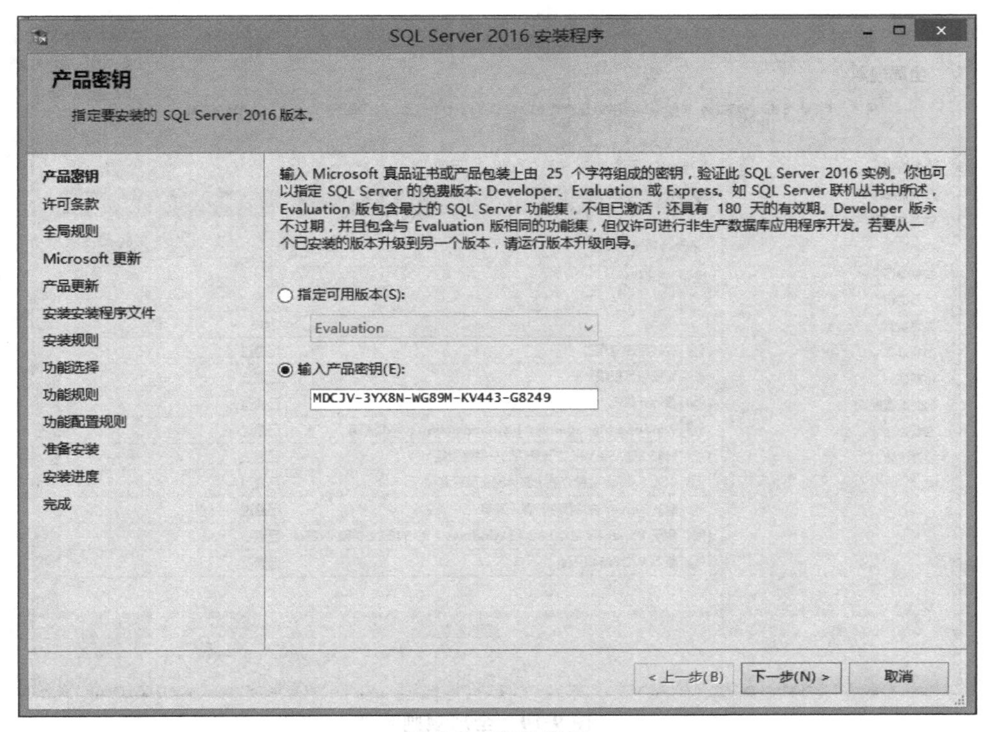

图 9-8　产品密钥

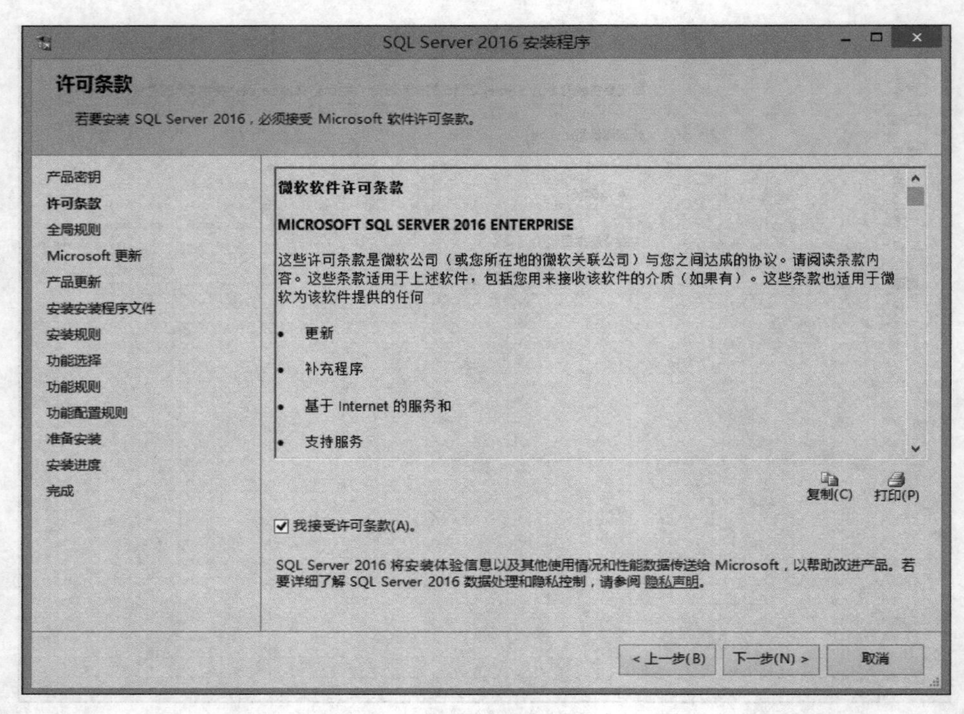

图 9-9　许可条款

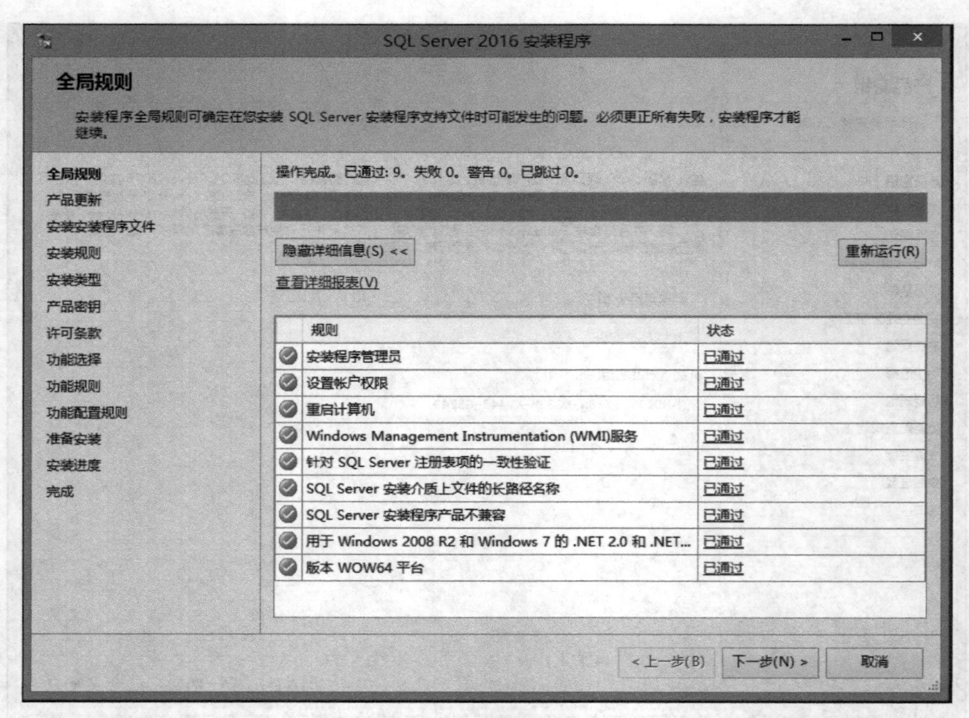

图 9-10　全局规则

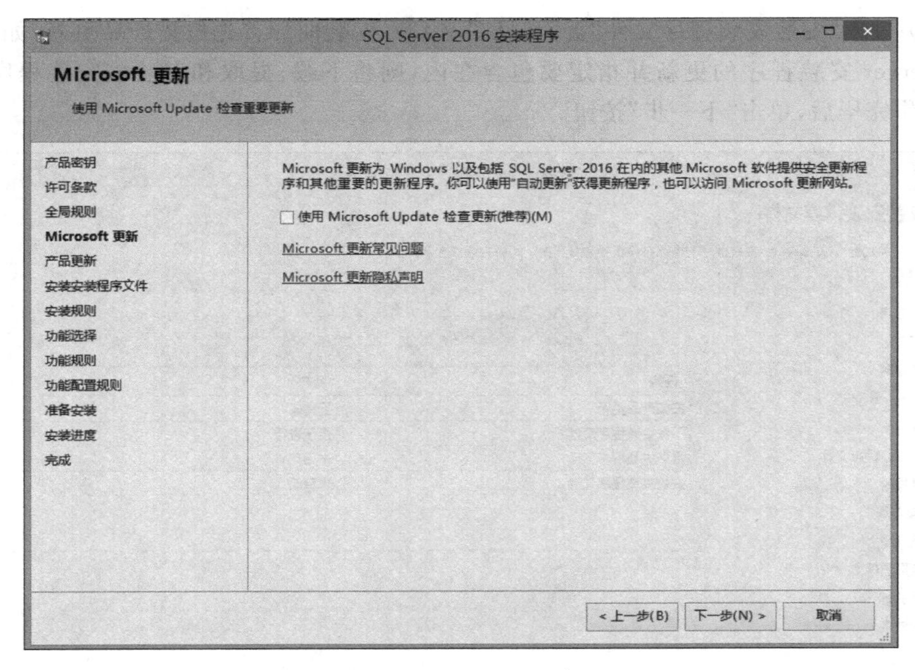

图 9-11　Microsoft 更新

(5) 进入"产品更新"页面(见图 9-12),确保始终安装最新的更新以增强 SQL Server 安全性和性能。所有操作完毕后,单击"下一步"按钮。

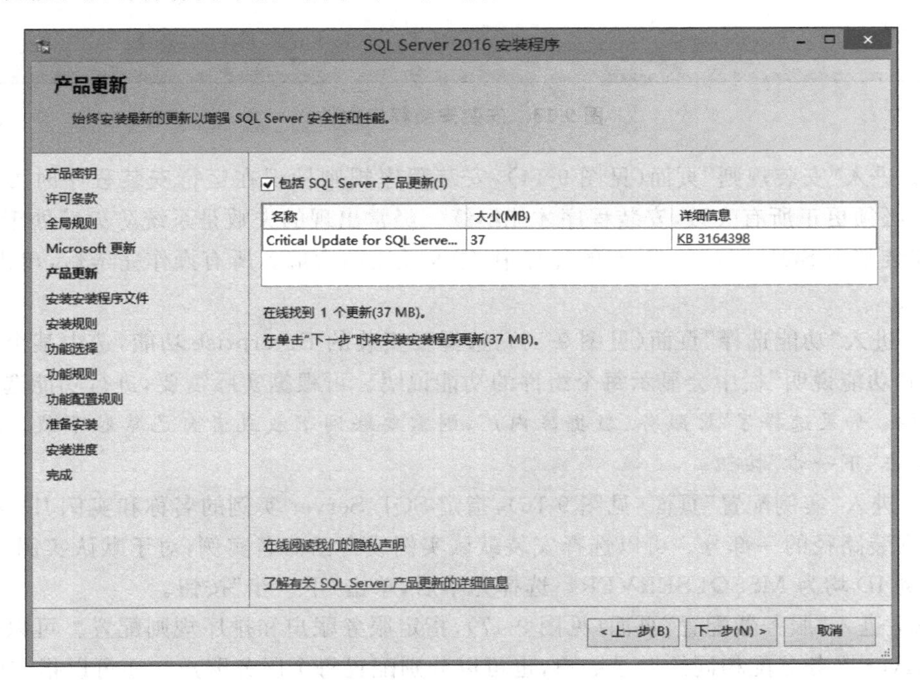

图 9-12　产品更新

(6) 进入“安装安装程序文件”页面(见图 9-13),安装向导首先扫描产品更新,如果找到 SQL Server 安装程序的更新并指定要包含在内,则将下载、提取和安装该安装程序文件。所有操作完毕后,单击“下一步”按钮。

SQL Server 2016 安装程序

安装安装程序文件

如果找到 SQL Server 安装程序的更新并指定要包含在内,则将安装该更新。

产品密钥
许可条款
全局规则
Microsoft 更新
产品更新
安装安装程序文件
安装规则
功能选择
功能规则
功能配置规则
准备安装
安装进度
完成

任务	状态
扫描产品更新	已完成
下载安装程序文件	正在进行
提取安装程序文件	未启动
安装安装程序文件	未启动

< 上一步(B)　下一步(N) >　取消

图 9-13　安装安装程序文件

(7) 进入“安装规则”页面(见图 9-14),安装程序规则标识在运行安装程序时可能发生的问题,必须更正所有失败,安装程序才能继续。经常出现的失败是系统防火墙处于开启状态,在安装整个 SQL Server 2016 的过程中,需要关闭防火墙。所有操作完毕后,单击“下一步”按钮。

(8) 进入“功能选择”页面(见图 9-15),选择要安装的 Enterprise 功能,选中某个复选框后,右侧“功能说明”栏中会显示每个组件的功能说明。可根据实际需要,进行功能选择。

注意:如果选择了“R 服务(数据库内)”,则需要联网下载或者自己单独下载。选择完毕后,单击“下一步”按钮。

(9) 进入“实例配置”页面(见图 9-16),指定 SQL Server 实例的名称和实例 ID,实例 ID 将成为安装路径的一部分。可以选择安装默认实例或自己命名实例,对于默认实例,实例名称和实例 ID 均为 MSSQLSERVER。选择完毕后,单击“下一步”按钮。

(10) 进入“服务器配置”页面(见图 9-17),指定服务账户和排序规则配置。可以为所有 SQL Server 服务分配相同的登录账户,也可以分别配置每个服务账户。还可以指定服务是

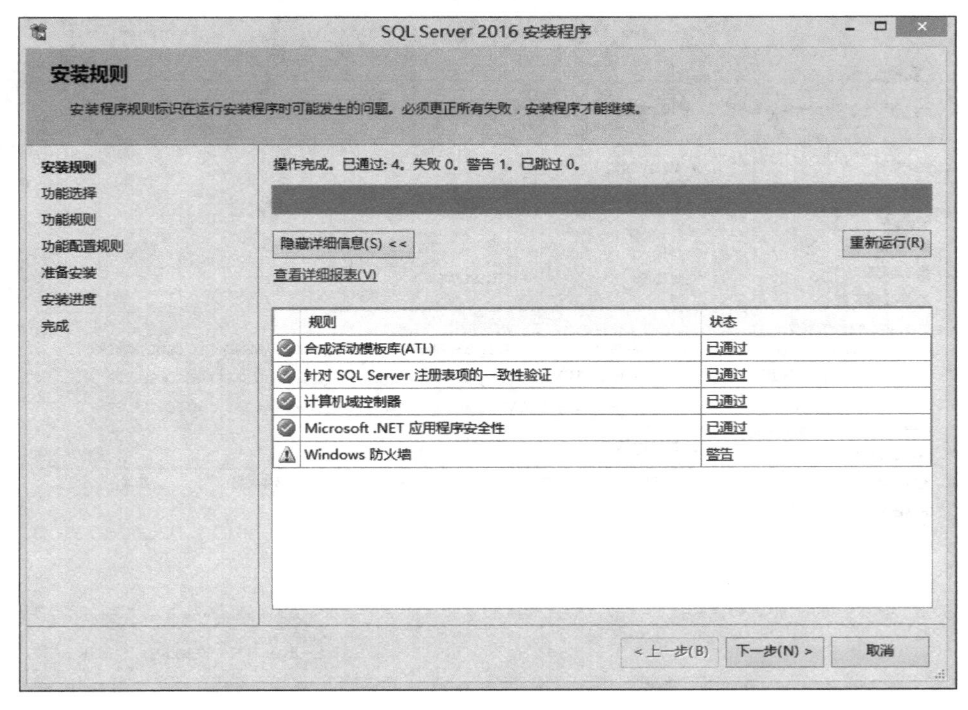

图 9-14 安装规则

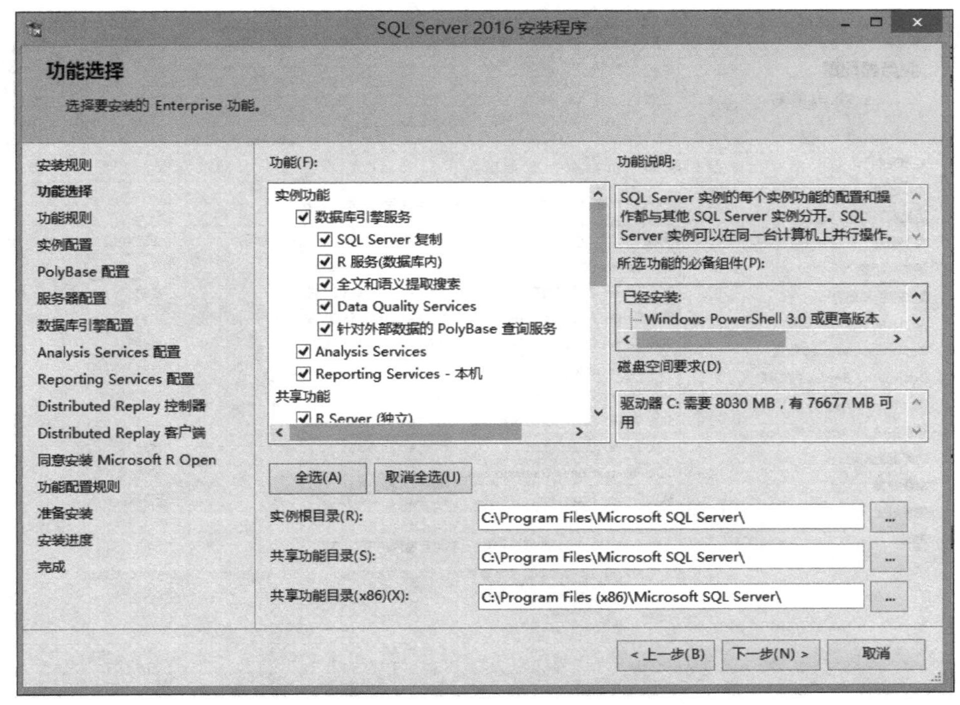

图 9-15 功能选择

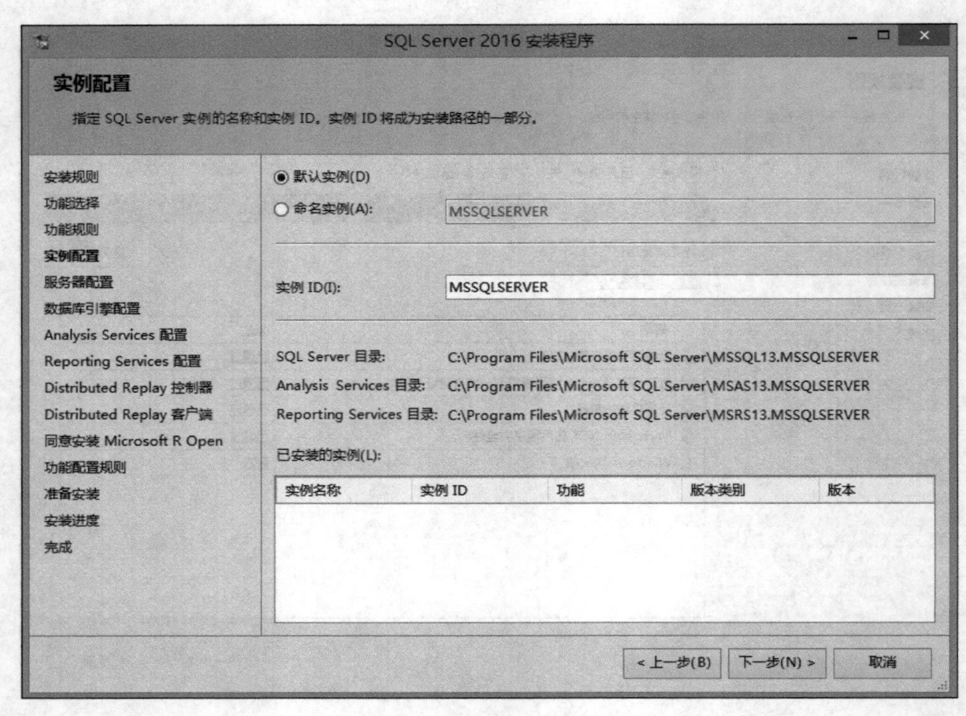

图 9-16　实例配置

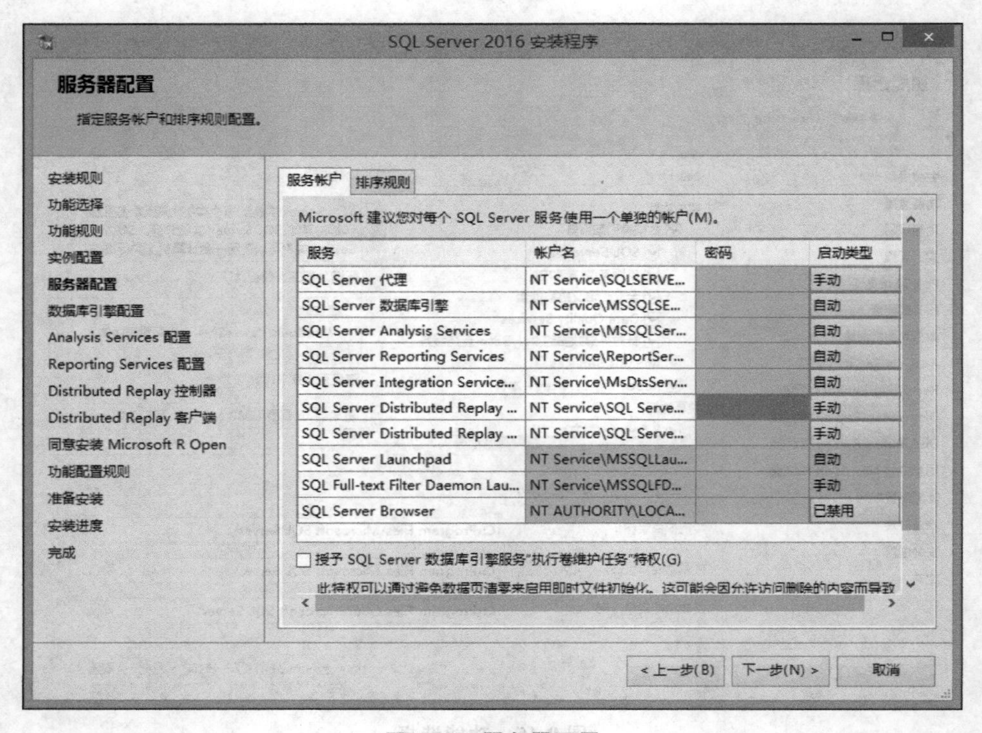

图 9-17　服务器配置

自动启动、手动启动还是禁用。Microsoft 建议对各服务账户进行单独配置，以便为每项服务提供最低特权，即向 SQL Server 服务授予它们完成各自任务所需的最低权限。这里服务器配置添加了“执行卷维护任务”特权，建议选中相应的复选框，以前需要在组策略管理器里设置，现在方便了很多。配置完毕后，单击“下一步”按钮。

(11) 进入“数据库引擎配置”页面(见图 9-18)，指定登录数据库服务器的账户信息设置。可以选择“Windows 身份验证模式”，无须再设置登录密码；也可以选择“混合模式(SQL Server 身份验证和 Windows 身份验证)”(见图 9-19)，可以输入自设的密码。在该页还需至少为 SQL Server 实例指定一个系统管理员。若要添加用于运行 SQL Server 安装程序的账户，则单击“添加当前用户”按钮。若要向系统管理员列表中添加账户或从中删除账户，则单击“添加”或“删除”按钮，然后编辑将拥有 SQL Server 实例的管理员特权的用户、组或计算机列表。配置完毕后，单击“下一步”按钮。

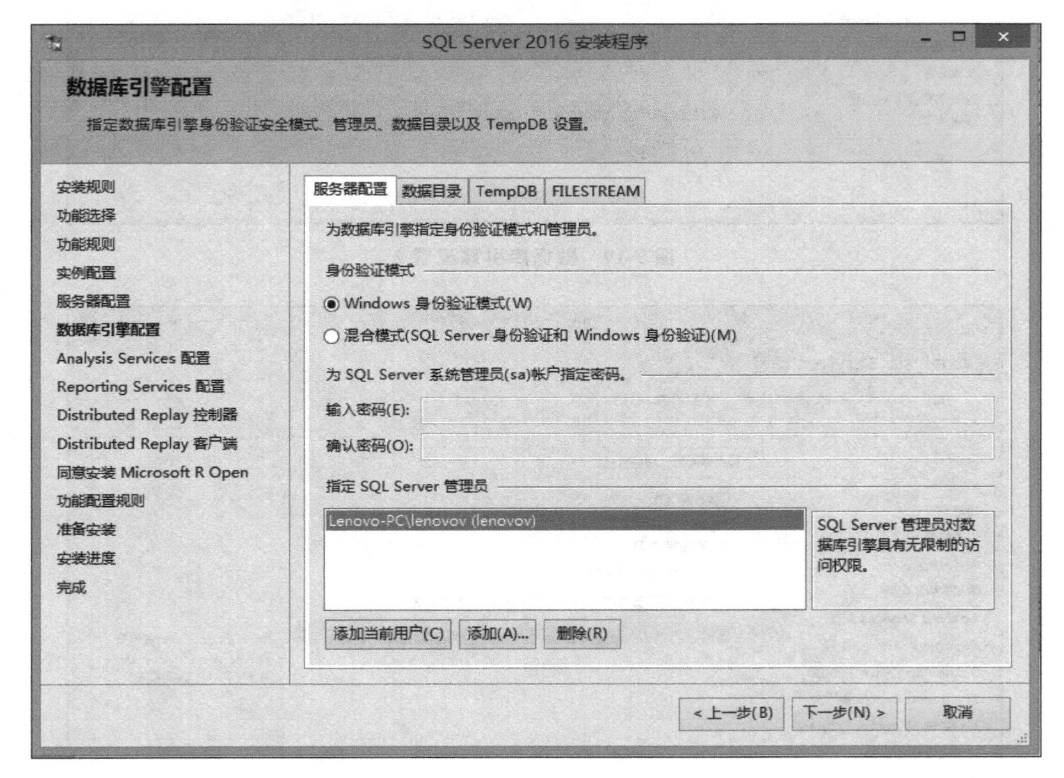

图 9-18 数据库引擎配置 1

(12) 进入“Analysis Services 配置”页面(见图 9-20)，指定 Analysis Services 服务器模式、管理员和数据目录，指定哪些用户具有对 Analysis Services 的管理权限，推荐添加当前用户，数据目录页面(见图 9-21)可以取默认路径，也可以自己更改。配置完毕后，单击“下一步”按钮。

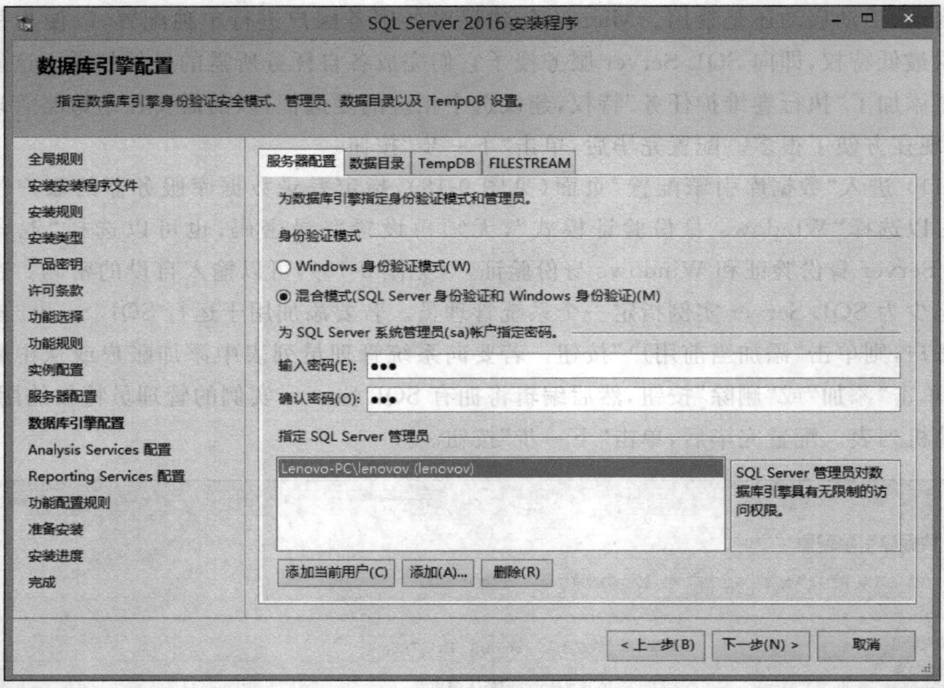

SQL Server 2016 安装程序

数据库引擎配置

指定数据库引擎身份验证安全模式、管理员、数据目录以及 TempDB 设置。

全局规则
安装安装程序文件
安装规则
安装类型
产品密钥
许可条款
功能选择
功能规则
实例配置
服务器配置
数据库引擎配置
Analysis Services 配置
Reporting Services 配置
功能配置规则
准备安装
安装进度
完成

服务器配置 | 数据目录 | TempDB | FILESTREAM

为数据库引擎指定身份验证模式和管理员。

身份验证模式

○ Windows 身份验证模式(W)
◉ 混合模式(SQL Server 身份验证和 Windows 身份验证)(M)

为 SQL Server 系统管理员(sa)帐户指定密码。

输入密码(E): ●●●
确认密码(O): ●●●

指定 SQL Server 管理员

Lenovo-PC\lenovov (lenovov)

SQL Server 管理员对数据库引擎具有无限制的访问权限。

添加当前用户(C) 添加(A)... 删除(R)

< 上一步(B) 下一步(N) > 取消

图 9-19 数据库引擎配置 2

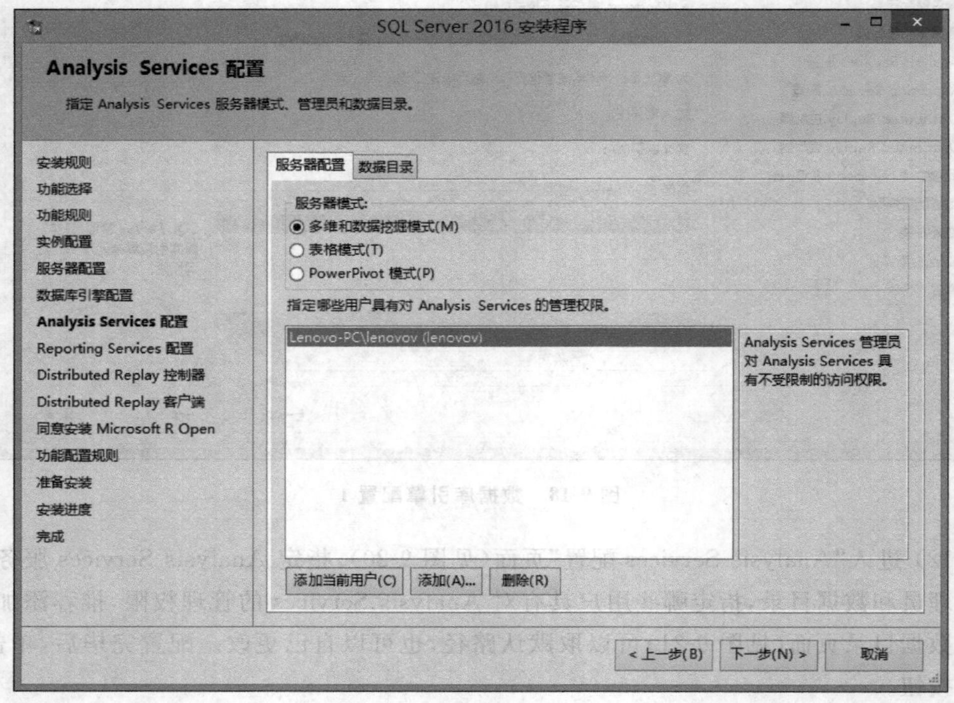

图 9-20 Analysis Services 配置 1

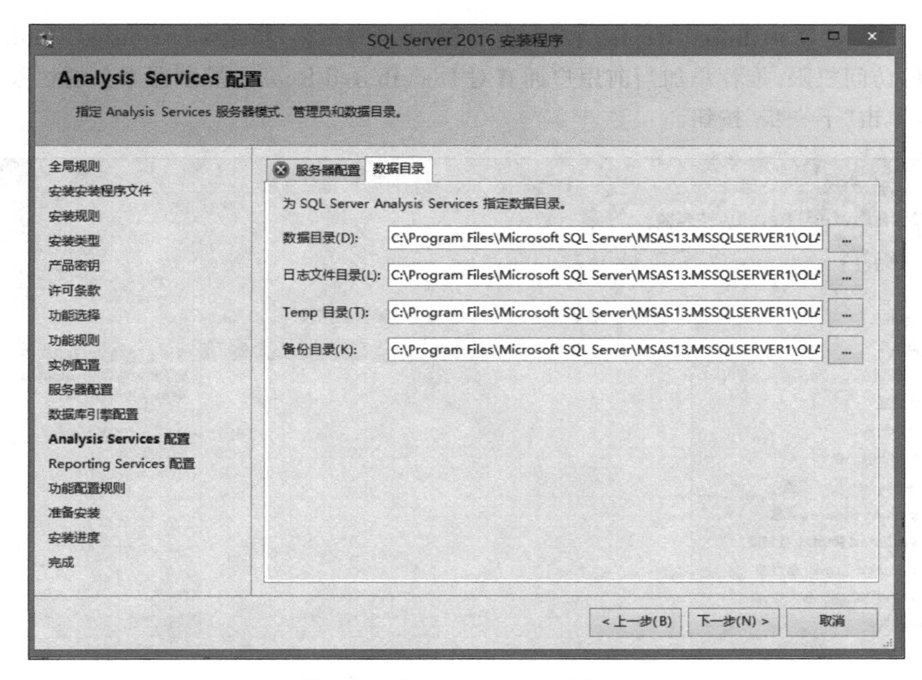

图 9-21　Analysis Services 配置 2

(13) 进入“Reporting Services 配置”页面(见图 9-22),指定 Reporting Services 配置模式。配置完毕后,单击“下一步”按钮。

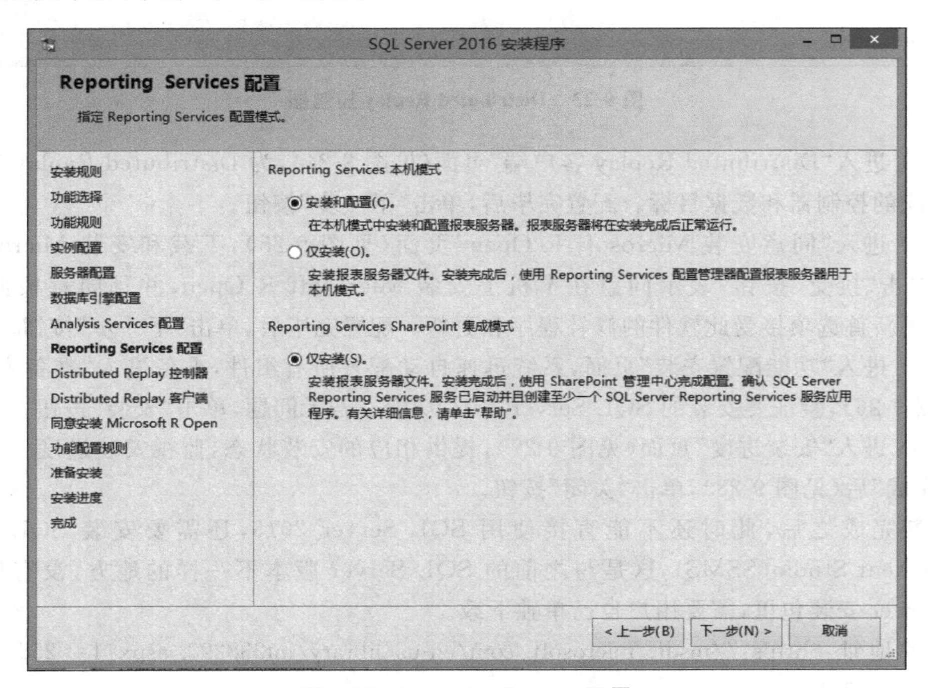

图 9-22　Reporting Services 配置

(14) 进入"Distributed Replay 控制器"页面(见图 9-23),指定 Distributed Replay 控制器服务的访问权限,推荐添加当前用户拥有对 Distributed Replay 控制器服务的权限。配置完毕后,单击"下一步"按钮。

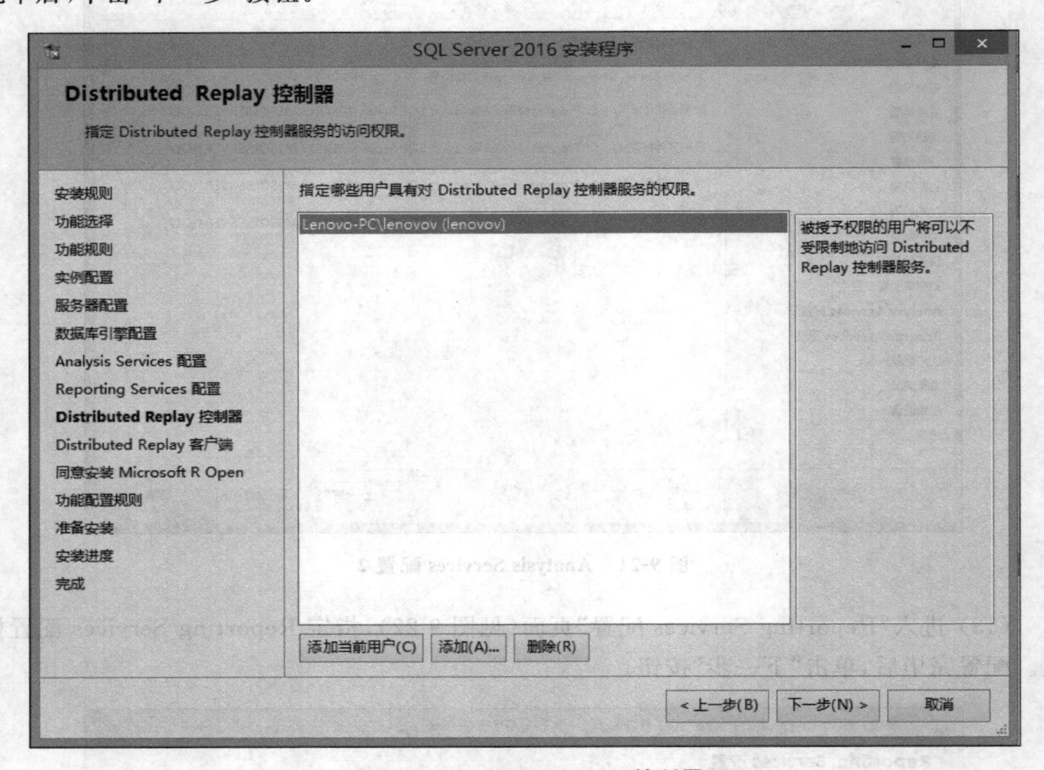

图 9-23　Distributed Replay 控制器

(15) 进入"Distributed Replay 客户端"页面(见图 9-24),为 Distributed Replay 客户端指定相应的控制器和数据目标。配置完毕后,单击"下一步"按钮。

(16) 进入"同意安装 Microsoft R Open"页面(见图 9-25),下载和安装 Microsoft R Open,单击"接受"按钮,表示同意在本机上安装 Microsoft R Open,并且同意根据 SQL Server 更新首选项接受此软件的修补程序和更新。配置完毕后,单击"下一步"按钮。

(17) 进入"功能配置安装"页面,系统迅速自动配置所有组件,准备进入"准备安装"页面(见图 9-26),验证要安装的 SQL Server 2016 功能。若无问题,单击"安装"按钮。

(18) 进入"安装进度"页面(见图 9-27),提供相应的安装状态,监视安装进度。当提示"安装完成"后(见图 9-28),单击"关闭"按钮。

安装完成之后,此时还不能直接使用 SQL Server 2016,还需要安装 SQL Server Management Studio(SSMS),这是与之前的 SQL Server 版本不一样的地方,没有集成到 SQL Server 安装包里,需要用户自己单独下载。

下载地址:https://msdn.microsoft.com/en-us/library/mt238290.aspx?f=255&MSPPError=-2147217396

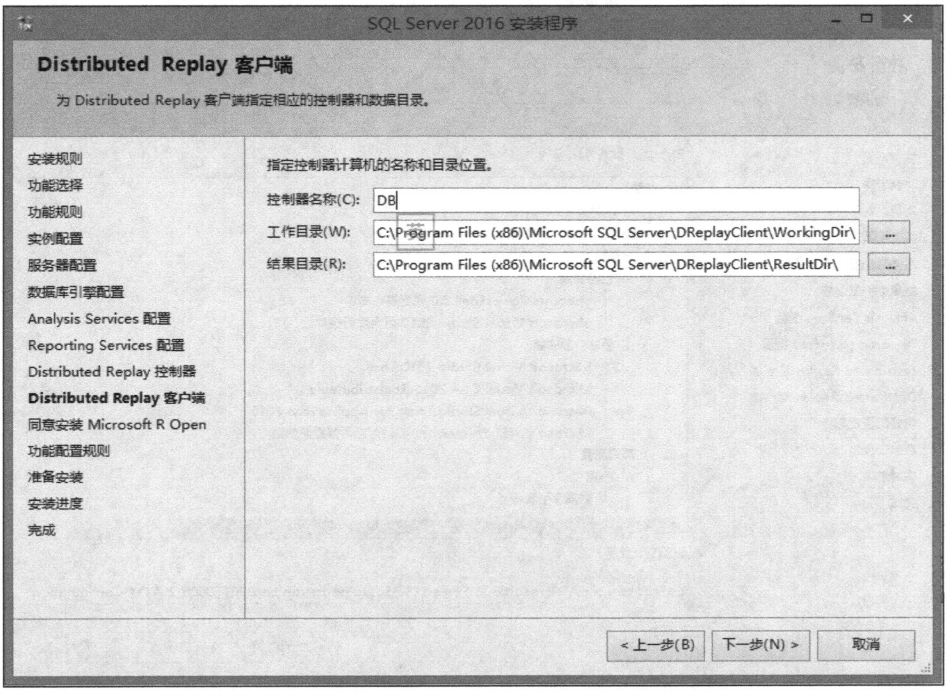

SQL Server 2016 安装程序

Distributed Replay 客户端

为 Distributed Replay 客户端指定相应的控制器和数据目录。

安装规则
功能选择
功能规则
实例配置
服务器配置
数据库引擎配置
Analysis Services 配置
Reporting Services 配置
Distributed Replay 控制器
Distributed Replay 客户端
同意安装 Microsoft R Open
功能配置规则
准备安装
安装进度
完成

指定控制器计算机的名称和目录位置。

控制器名称(C): DB

工作目录(W): C:\Program Files (x86)\Microsoft SQL Server\DReplayClient\WorkingDir\

结果目录(R): C:\Program Files (x86)\Microsoft SQL Server\DReplayClient\ResultDir\

< 上一步(B)　下一步(N) >　取消

图 9-24　Distributed Replay 客户端

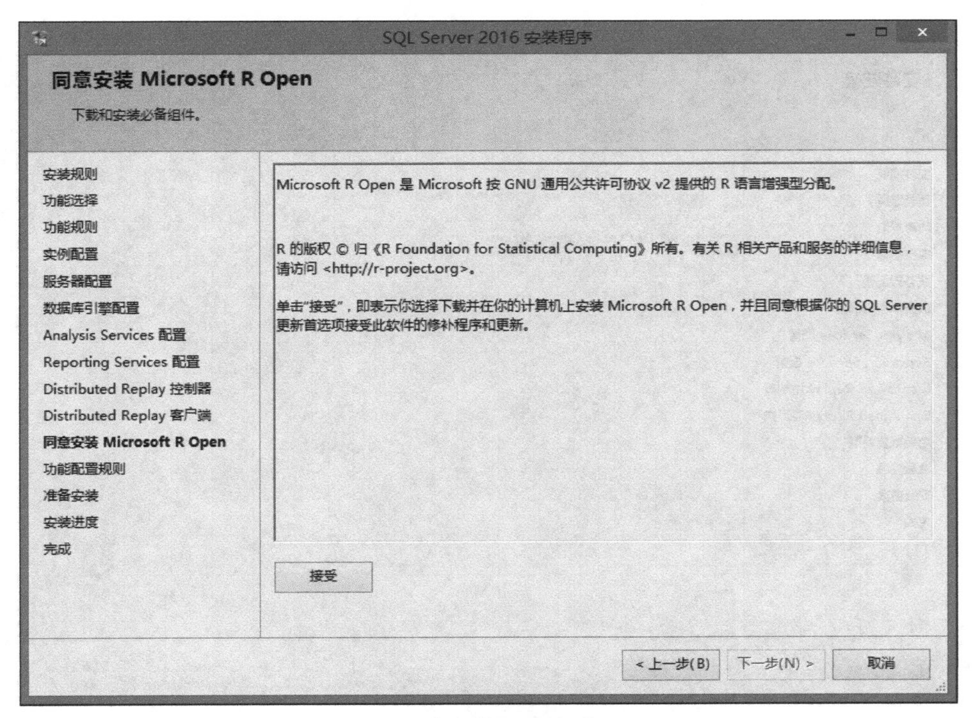

图 9-25　同意安装 Microsoft R Open

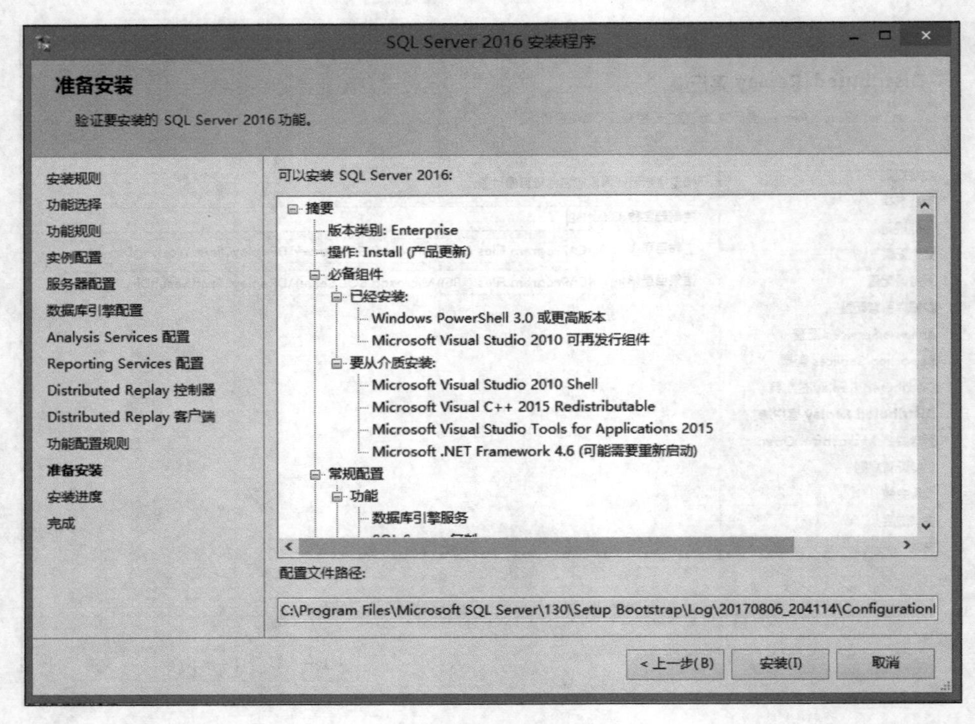

图 9-26 准备安装

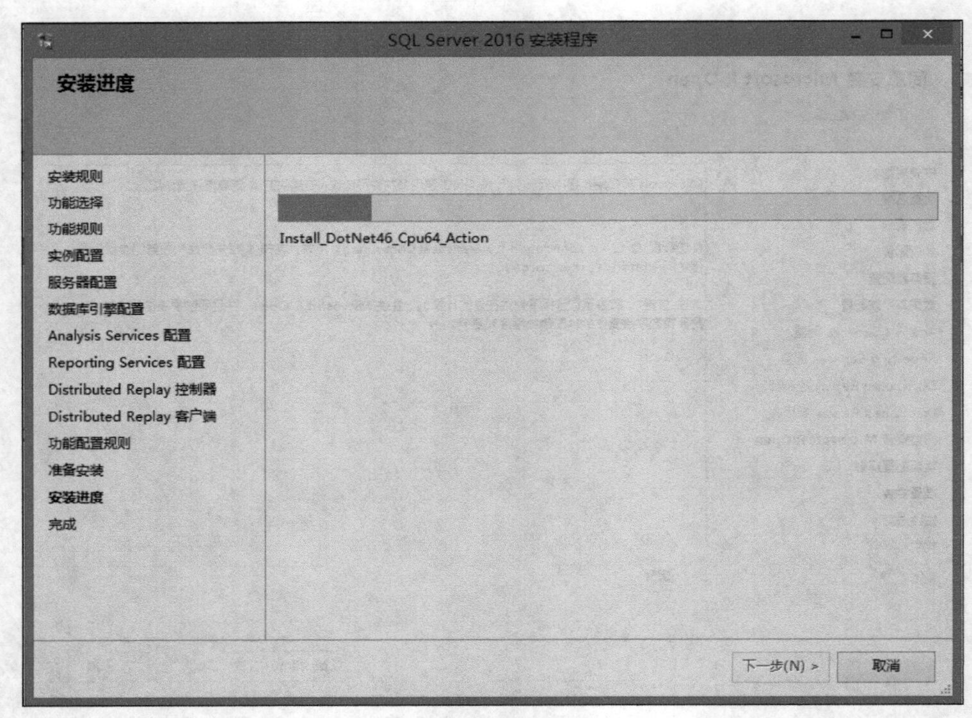

图 9-27 安装进度

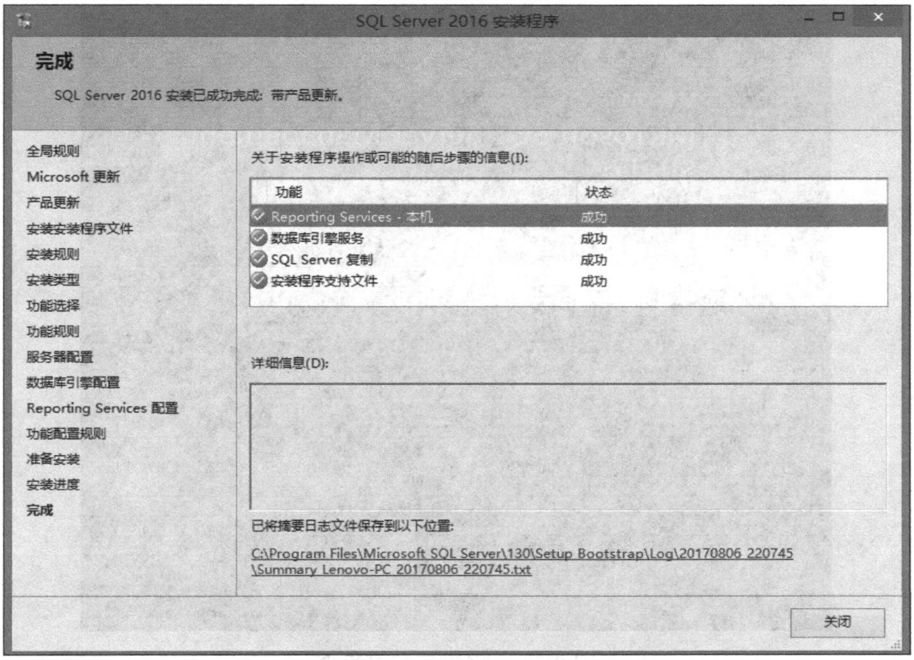

图 9-28　安装完成

下载安装程序后，直接双击.exe 安装文件进入安装过程。图 9-29 是 SSMS 的启动页面，单击“安装”按钮，进入安装过程(见图 9-30)，这个过程需要几分钟，请耐心等待，安装完毕如图 9-31 所示。

版本 17.1
Microsoft SQL Server Management Studio
欢迎使用。单击“安装”，立即开始体验吧。
单击“安装”按钮即表明本人接受 许可条款 和 隐私声明。
SQL Server Management Studio 向 Microsoft 传输关于你的安装体验的信息，以及其他使用情况与性能数据，以帮助改进产品。若要了解有关 SQL Server Management Studio 数据处理与隐私控件的详细信息，请参阅上面的隐私声明链接。
安装
关闭

图 9-29　SSMS 安装页面

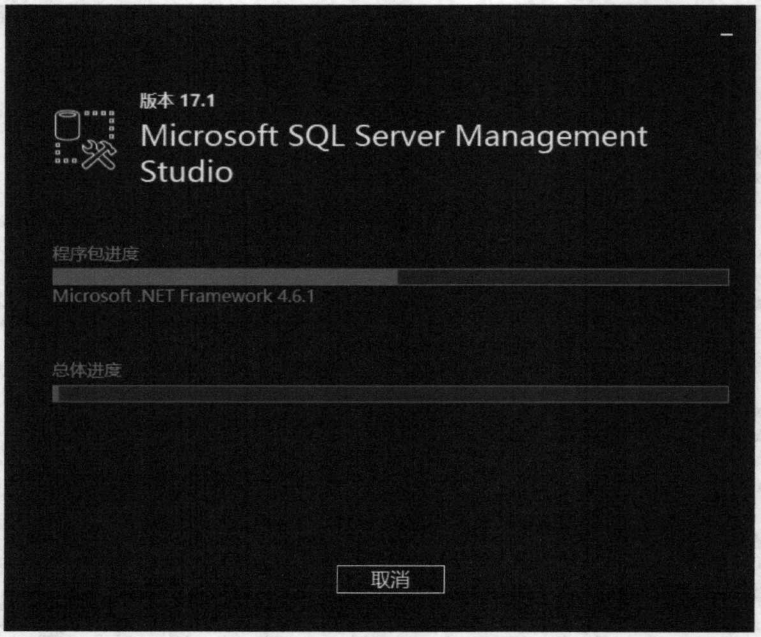

图 9-30　SSMS 安装过程中

图 9-31　SSMS 安装完毕

此时 Microsoft SQL Server 2016 已经成功安装在计算机中，可以应用它完成数据库设计和开发的工作了。

9.4　SQL Server 2016 配置

成功安装完毕后，SQL Server 2016 已经实现了它的所有默认配置，可以为用户提供最安全和最可靠的使用环境。当然，在需要的时候，用户可以根据自己的使用要求，对 SQL

Server 2016 进行个性化配置。

9.4.1 SQL Server 2016 数据库服务器服务的启动和停止

SQL Server 以服务的形式存在，其最常用的、最核心的 SQL Server 数据库服务器服务，还包括服务器代理、全文检索、报表服务和分析服务等。本书只介绍 SQL Server 数据库服务器的管理。

SQL Server 数据库服务器服务是整个 SQL Server 最核心的服务，这项服务管理所有组成数据库的文件、处理 T-SQL 语句与执行存储过程等功能。必须启动此服务，用户端才可能访问 SQL Server 内的数据。

1. 启动 SQL Server 2016 数据库服务器服务

SQL Server 2016 数据库服务器服务启动可以通过 Windows Services、SQL Server Configuration Manager 和命令方式 3 种方式来完成。

1）利用 Windows Services 启动服务

在 Windows 的“控制面板”窗口中双击“管理工具”图标，打开“管理工具”窗口，之后双击“服务”图标，就会看到 Windows Services 窗口，在此可以看到系统中各项服务的状态（见图 9-32），SQL Server 数据库服务器服务对应名称 SQL Server（MSSQLSERVER），可以在此服务名称上双击，通过属性窗口来控制服务的状态或更改其设置，如图 9-33 所示。

文件(F) 操作(A) 查看(V) 帮助(H)

服务(本地)

服务(本地)

选择一个项目来查看它的描述。

名称	描述	状态	启动类型	登录为
Software Protection	启用 ...		自动(延迟...	网络服务
Spot Verifier	验证...		手动(触发...	本地系统
SQL Full-text Filter Daemon Launcher (MSSQLSERV...	Servi...	正在...	手动	NT Ser...
SQL Server (MSSQLSERVER)	提供...	正在...	自动	NT Ser...
SQL Server Analysis Services (MSSQLSERVER)	为商...	正在...	自动	NT Ser...
SQL Server Analysis Services CEIP (MSSQLSERVER)	CEIP...	正在...	自动	NT Ser...
SQL Server Browser	将 S...		禁用	本地服务
SQL Server CEIP service (MSSQLSERVER)	CEIP...	正在...	自动	NT Ser...
SQL Server Distributed Replay Client	One ...		手动	NT Ser...
SQL Server Distributed Replay Controller	Prov...		手动	NT Ser...
SQL Server Integration Services 13.0	为 S...	正在...	自动	NT Ser...
SQL Server Integration Services CEIP service 13.0	CEIP...	正在...	自动	NT Ser...
SQL Server Reporting Services (MSSQLSERVER)	管理...	正在...	自动	NT Ser...
SQL Server VSS Writer	提供...	正在...	自动	本地系统
SQL Server 代理 (MSSQLSERVER)	执行...		手动	NT Ser...
SSDP Discovery	当发...	正在...	手动	本地服务
Still Image Acquisition Events	启动...		手动	本地系统

图 9-32 查看 SQL 服务

2）利用 SQL Server Configuration Manager 启动服务

SQL Server Configuration Manager 是 SQL Server 2016 的主要管理工具，主要用于管理 SQL Server 服务器端的相关服务。从“开始”菜单中选择“SQL Server 2016 配置管理器”，启动 SQL Server Configuration Manager，如图 9-34 所示。

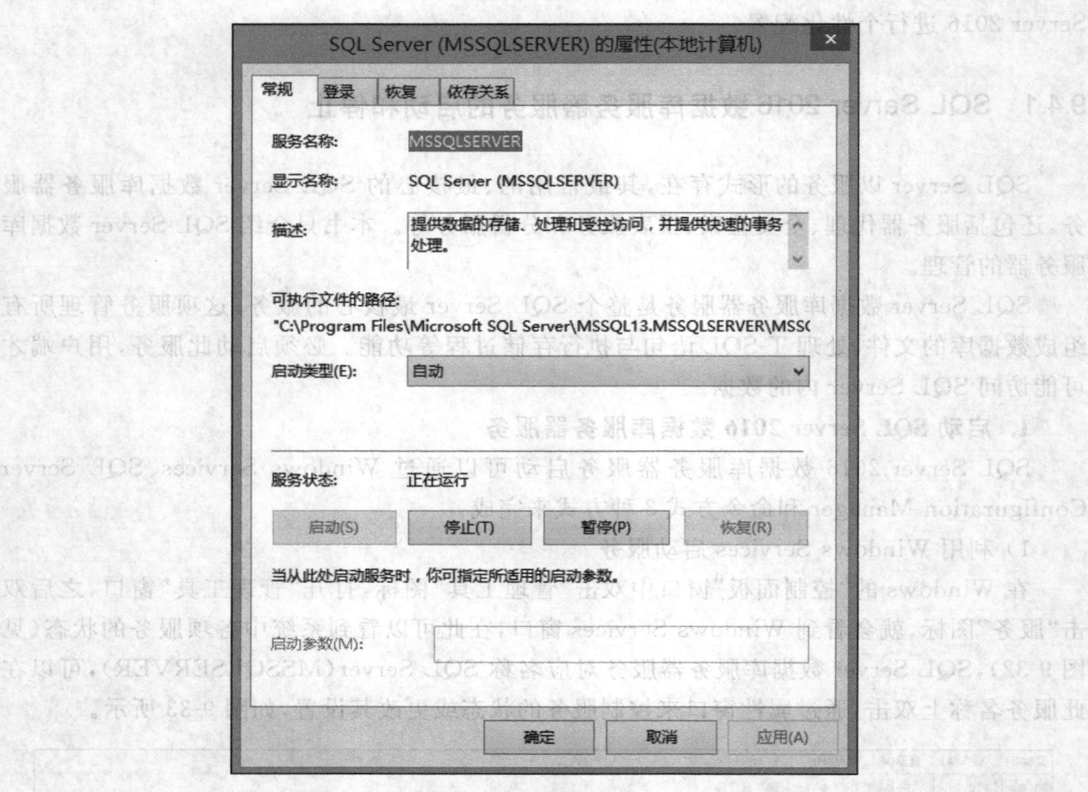

图 9-33　SQL SERVER(MSSQLSERVER)属性设置

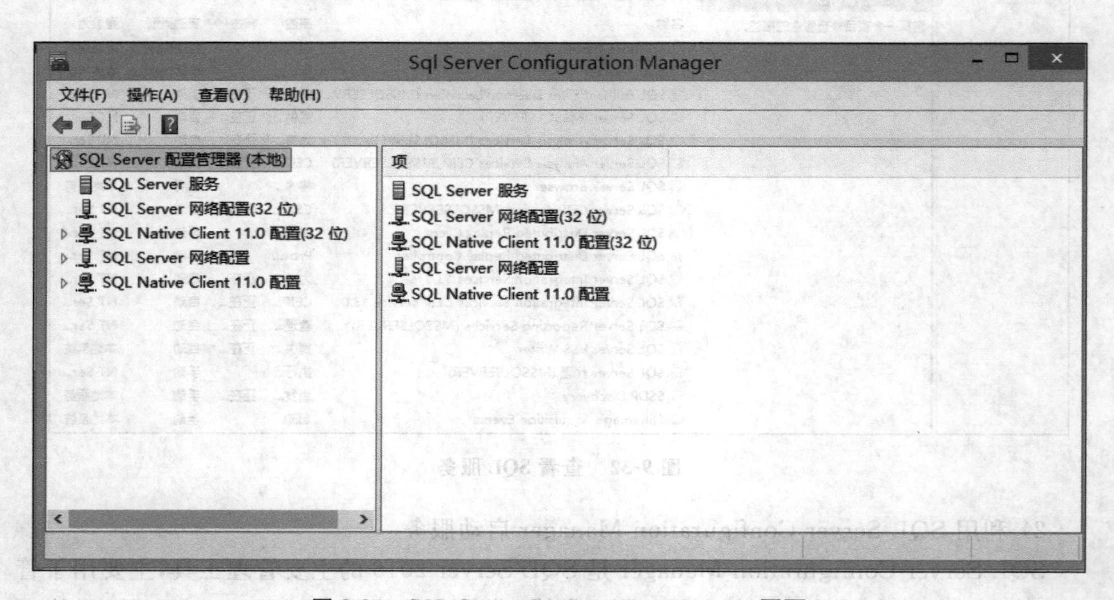

图 9-34　SQL Server Configuration Manager 页面

单击“SQL Server 服务”选项，在右边的窗口里可以看到本地所有的 SQL Server 服务，包括不同实例的服务。如果要启动、停止、暂停或重新启动 SQL Server 服务，右击服务名称，在弹出的快捷菜单里选择“启动”“停止”“暂停”或“重新启动”命令即可。如果要查看或更改 SQL Server 服务属性的话，选择“属性”即可，如图 9-35 所示。

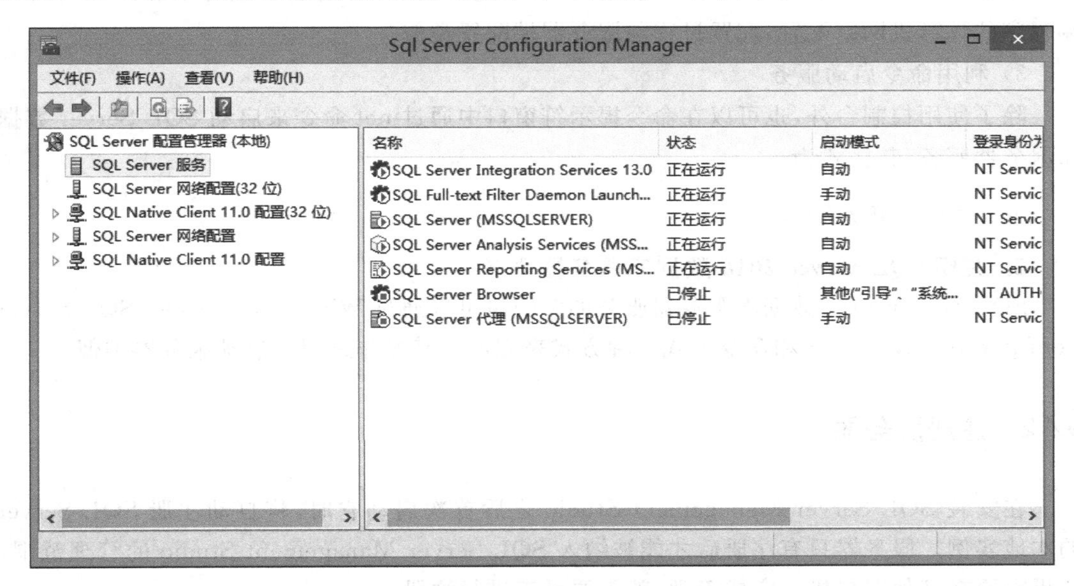

图 9-35　查看或更改 SQL Server 服务属性页面

单击“SQL Server 网络配置”选项，在右边的窗口里可以看到本地所有实例支持的网络协议及其使用状态等网络配置(见图 9-36)。通常在 SQL Server 正确安装之后，不需要更改服务器网络连接。但是如果需要重新配置服务器连接，以使 SQL Server 监听特定的网络协议、端口和管道，则可以使用 SQL Server 配置管理器对网络重新配置。

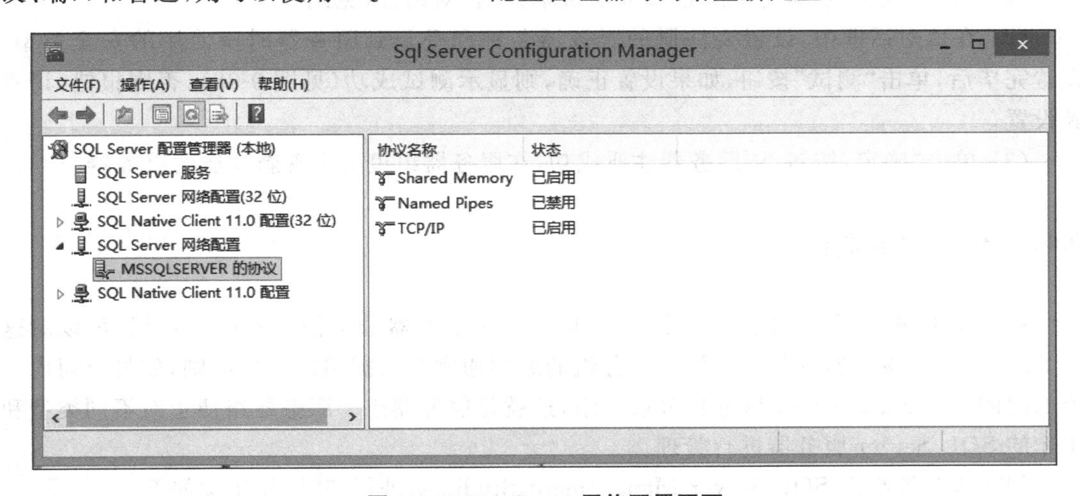

图 9-36　SQL Server 网络配置页面

若要启用或禁用 SQL Server 协议，右击协议名称，在弹出的快捷菜单中选择“启用”或“禁用”命令即可；若要查看或更改 SQL Server 协议属性，右击协议名称，在弹出的快捷菜单中选择“属性”命令即可。

单击“SQL Native Client 10.0 配置”(32 位)选项，在右边的窗口里可以看到运行客户端程序的计算机网络配置，配置过程与服务器端配置类似。

3) 利用命令启动服务

除了使用控制台外，也可以在命令提示符窗口中通过 net 命令来启动 SQL Server 数据库服务器服务，其格式为

```
NET START <服务名称>;
```

2. 关闭 SQL Server 2016 数据库服务器服务

SQL Server 2016 数据库服务器服务的关闭也可以通过 Windows Services、SQL Server Configuration Manager 和命令方式 3 种方式来完成。其操作过程与启动服务器类似。

9.4.2 注册服务器

在安装 SQL Server Management Studio 之后首次启动它时，将自动注册 SQL Server 的本地实例。服务器只有注册后才能被纳入 SQL Server Management Studio 的管理范围。如果需要在其他客户机上完成管理，就需要手工进行注册。

可以通过 SQL Server Management Studio 注册服务器，其过程如下。

(1) 启动 SQL Server Management Studio，选择“视图”→“已注册的服务器”命令，打开“已注册的服务器”窗口。在这个窗口中，显示了当前系统中的服务器和所有已在 SQL Server Management Studio 注册的服务器，选择某一服务器组，右击，在出现的快捷菜单中选择“新建服务器注册”命令，出现“新建服务器注册”对话框(见图 9-37)。

(2) 在该对话框中，设置要注册的服务器名称和登录到服务器时所使用的安全类型。设置完毕后，单击“测试”按钮，如果设置正确，则显示测试成功(见图 9-38)，否则报错，请重新设置。

(3) 单击“确定”按钮，则服务器注册成功，在服务器组里会出现新注册的服务器。

9.4.3 创建服务器组

在一个网络系统中，可能存在多个 SQL Server 服务器分别保存不同的数据，可以对这些 SQL Server 服务器进行分组管理。分组的原则通常是依据组织结构原则，如将公司内一个部门的几台 SQL Server 服务器分成一组，这就是服务器组。服务器组便于对不同类型和用途的 SQL Server 服务器进行管理。

创建服务器组由 SQL Server Management Studio 来进行，其操作步骤如下。

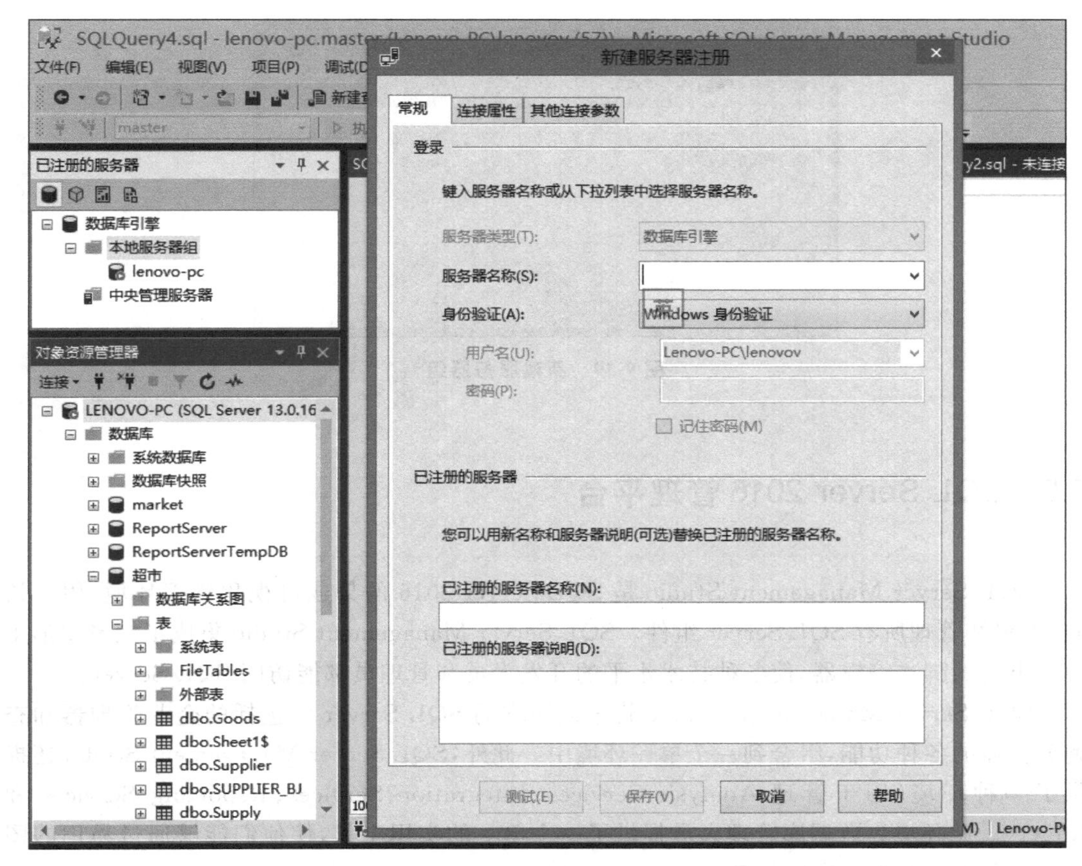

图 9-37 新建服务器注册

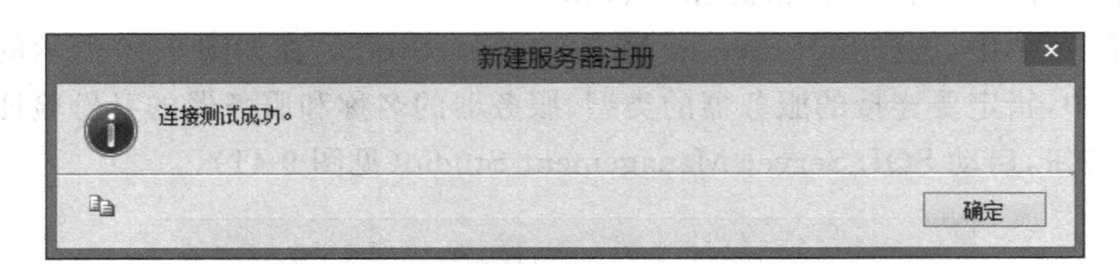

图 9-38 测试成功

(1) 启动 SQL Server Management Studio，选择“视图”→“已注册的服务器”命令，打开“已注册的服务器”窗口。

(2) 在“已注册的服务器”窗口中，显示了当前系统中的服务器组和所有已在 SQL Server Management Studio 注册的服务器，选择某一服务器组，右击，在弹出的快捷菜单中选择“新建服务器组”命令。

(3) 在“新建服务器组属性”对话框中，设置要创建的服务器组名称和相关说明，单击“确定”按钮，则服务器组创建成功，如图 9-39 所示。

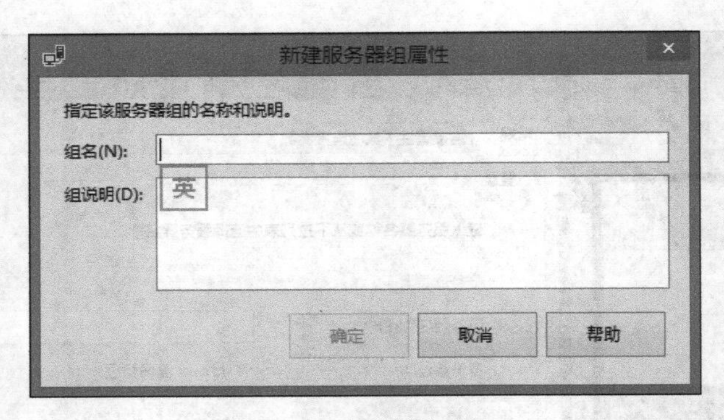

图 9-39 新建服务器组

9.5 SQL Server 2016 管理平台

SQL Server Management Studio 是 SQL Server 2016 的集成可视化管理环境，用于访问、配置和管理所有 SQL Server 组件。SQL Server Management Studio 集成了大量图形工具和丰富的脚本编辑器，使各种技术水平的开发人员和管理员都能访问 SQL Server。

SQL Server Management Studio 将早期版本的 SQL Server 中包括的企业管理器和查询分析器的各种功能，组合到一个单一环境中。此外，SQL Server Management Studio 还提供了一种环境，用于管理 Analysis Services、Integration Services、Reporting Services 和 Xquery。此环境为数据库管理人员提供了一个单一的实用工具，使他们能够通过易用的图形工具和丰富的脚本完成任务。

1. 启动 SQL Server Management Studio

从“开始”菜单中，选择 SQL Server Management Studio，在如图 9-40 所示的“连接到服务器”对话框中，指定要连接的服务器的类型、服务器的名称和服务器的身份验证方式，然后单击“连接”按钮，启动 SQL Server Management Studio(见图 9-41)。

图 9-40 “连接到服务器”对话框

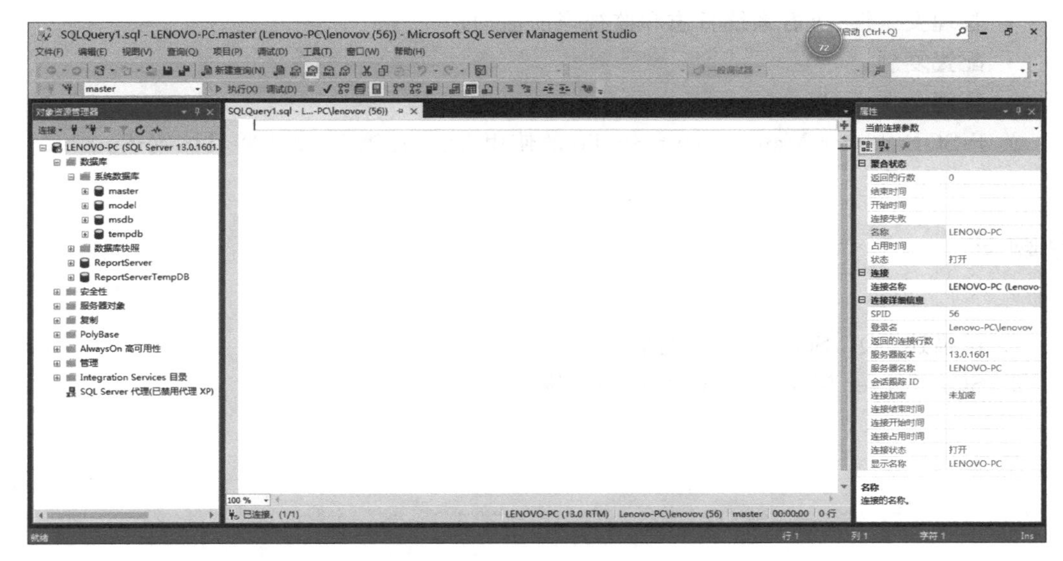

图 9-41　连接成功的 SQL Server Management Studio 页面

2. SQL Server Management Studio 的工具窗口

SQL Server Management Studio 为所有开发和管理阶段提供了功能很强大的工具窗口，这些工具窗口可以通过“视图”菜单获取，主要包括以下内容。

(1) 使用对象资源管理器。浏览服务器、创建和定位对象、管理数据源以及查看日志。

(2) 管理已注册的服务器。存储经常访问的服务器的连接信息。

(3) 使用解决方案资源管理器。在称为 SQL Server 脚本的项目中存储并组织脚本及相关连接信息。可以将几个 SQL Server 脚本存储为解决方案，并使用源代码管理工具管理随时间演进的脚本。

(4) 使用 SQL Server Management Studio 模板。基于现有模板创建查询，还可以创建自定义查询，或改变现有模板以使它适合需要。

(5) 动态帮助。单击组件或类型代码时，显示相关帮助主题的列表。

3. SQL Server Management Studio 的工具组件

SQL Server Management Studio 的工具组件包括已注册的服务器、对象资源管理器、解决方案资源管理器、模板资源管理器、对象资源管理详细信息页和文档窗口。

主要实现以下功能：

- 注册服务器、配置服务器属性；
- 连接到数据库引擎；
- 管理数据库；
- 创建对象，如数据库、表、多维数据集、数据库用户和登录名；
- 管理文件和文件组；
- 附加或分离数据库；
- 启动脚本编写工具；

• 管理安全性、查看系统日志和监视当前活动；
• 配置复制；
• 管理全文索引。

关于 SQL Server Management Studio 的使用方法，在第 10 章中将具体阐述。

习题 9

1. 试描述 SQL Server 2016 组成架构。
2. SQL Server Management Studio 有哪些功能？

Chapter 10

第 10 章　SQL Server 2016 的 SQL 编程技术

本章介绍如何利用 SQL Server 2016 进行数据库管理工作。每一项技术都用两种方法加以阐述：一种是利用 SQL Server 2016 本身的对象资源管理器，另一种是利用 T-SQL 语句。

10.1　创建数据库

10.1.1　利用对象资源管理器创建数据库

SQL Server Management Studio 启动后，在“对象资源管理器”中选择“数据库”，右击，在弹出的快捷菜单中单击“新建数据库”命令，进入“新建数据库”对话框（见图 10-1）。

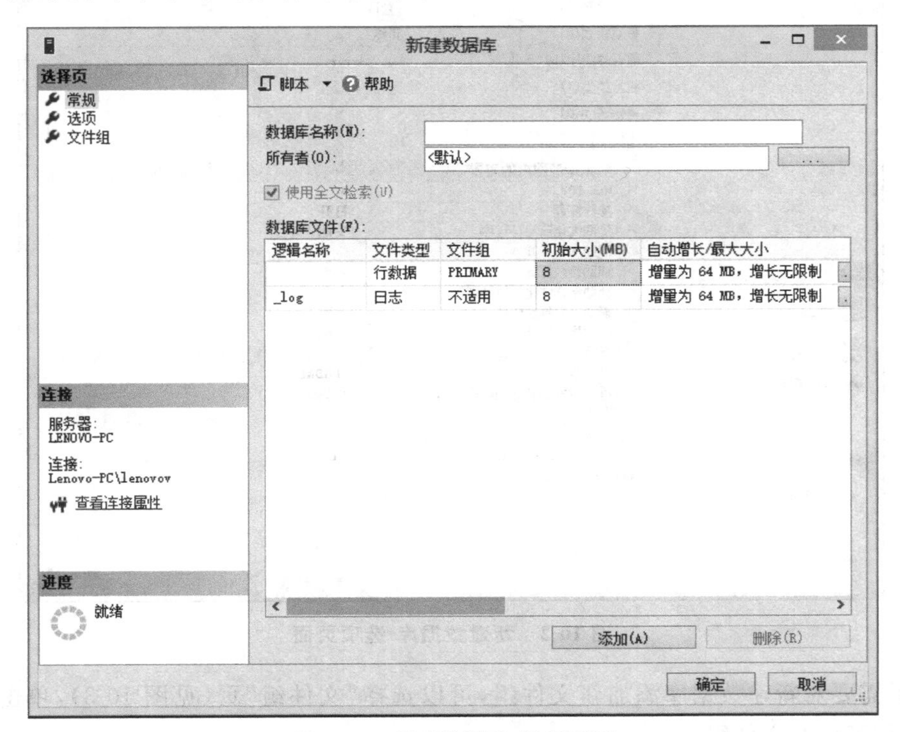

图 10-1　新建数据库-常规页面

在“新建数据库”对话框中，可以定义数据库的名称、所有者，是否使用全文索引、数据文件和日志文件的逻辑名称和路径、文件组、初始大小和增长方式等。输入数据库名称，例如，要建“超市”数据库，在“数据库名称”文本框中输入“超市”即可。值得注意的是，数据库的名称必须遵循 SQL Server 2016 命名规则：名字的长度为 1～128 个字符；名称的第一个字符必须是字母或“_”“@”和“#”中的任意字符；名称中间不能包含空格，也不能包含 SQL Server 2016 的保留字，如 master 等。

在“所有者”编辑框中可以选择数据库的所有者。数据库的所有者是对数据库有完全操作权限的用户，默认值表示当前登录 Windows 系统的是管理员账户，如果需要更改所有者名称，则在“所有者”后的文本框中输入新名称即可。

系统默认选择“使用全文索引”，表示启用数据库的全文搜索，使数据库中的变长复杂数据类型也可以建立索引。

一旦给定数据库名称以后，“数据库文件”栏里“逻辑名称”一列都更改为已给定的数据库名称开头的新逻辑名称。可以修改逻辑文件的初值大小、自动增长方式、路径等信息。

单击页面左上方的“选项”按钮，出现如图 10-2 所示页面，对排序规则、恢复模式、兼容级别、恢复选项、游标选项等数据库选项进行设置。

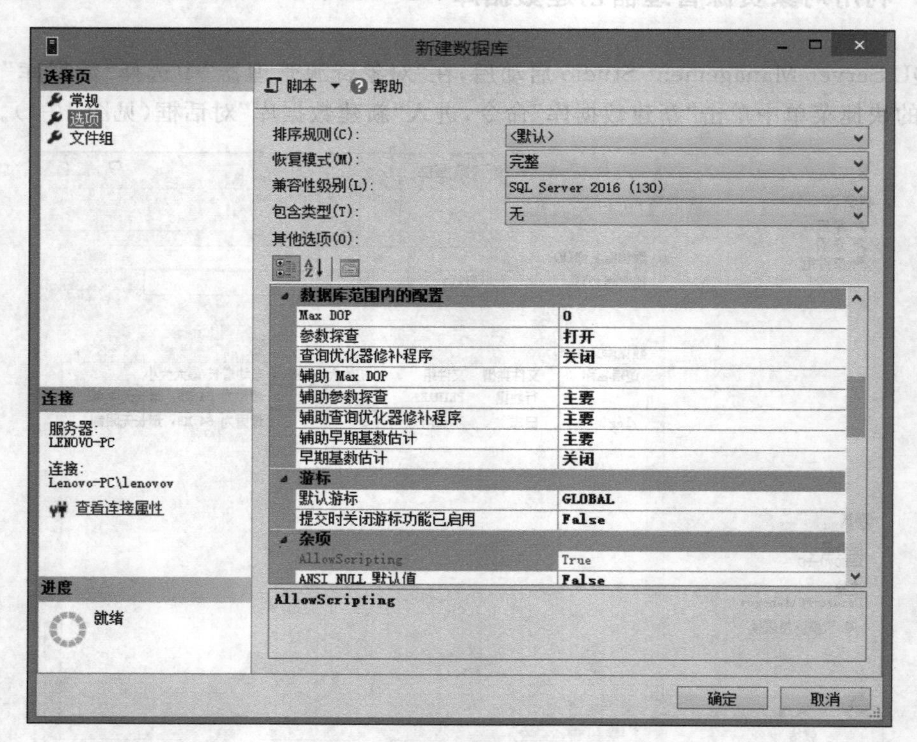

图 10-2 新建数据库-选项页面

如果需要对新建数据库添加新文件组，可以选择“文件组”页（见图 10-3），单击“添加”按钮，添加其他的文件组。

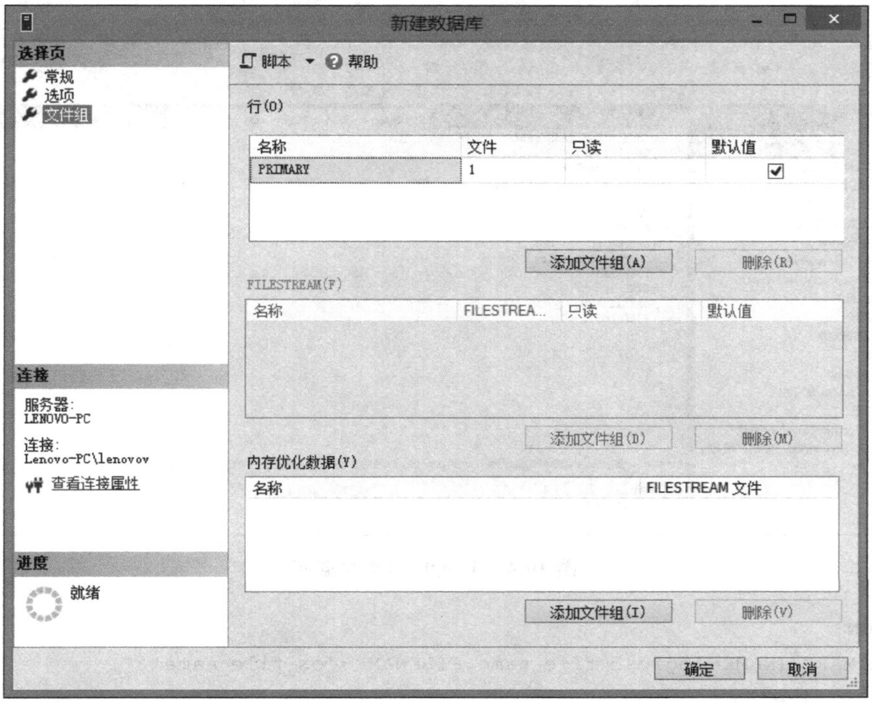

图 10-3　新建数据库-文件组页面

当完成新建数据库的各个选项后，单击“确定”按钮，SQL Server 数据库引擎会依据用户的设置完成数据库的创建。

10.1.2　利用 T-SQL 语句创建数据库

除了可以利用对象资源管理器图形化创建数据库外，还可以使用 T-SQL 语言所提供的 CREATE DATABASE 语句来创建数据库。

在 SQL Server Management Studio 中，单击标准工具栏的“新建查询”按钮，启动 SQL 编辑器窗口，如图 10-4 所示，在编辑器窗口里输入 T-SQL 语句，单击“执行”按钮，SQL 编辑器就将 T-SQL 命令提交到服务器执行，并返回执行结果。

在 SQL Server 2016，创建数据库的 T-SQL 命令语法如下：

```
CREATE DATABASE database_name
ON
{[PRIMARY](NAME=logical_file_name,FILENAME='os_file_name'
[,SIZE=size]
[,MAXSIZE={max_size|UNLIMITED}]
[,FILEGROWTH=growth_increment])
}[,...n]
```

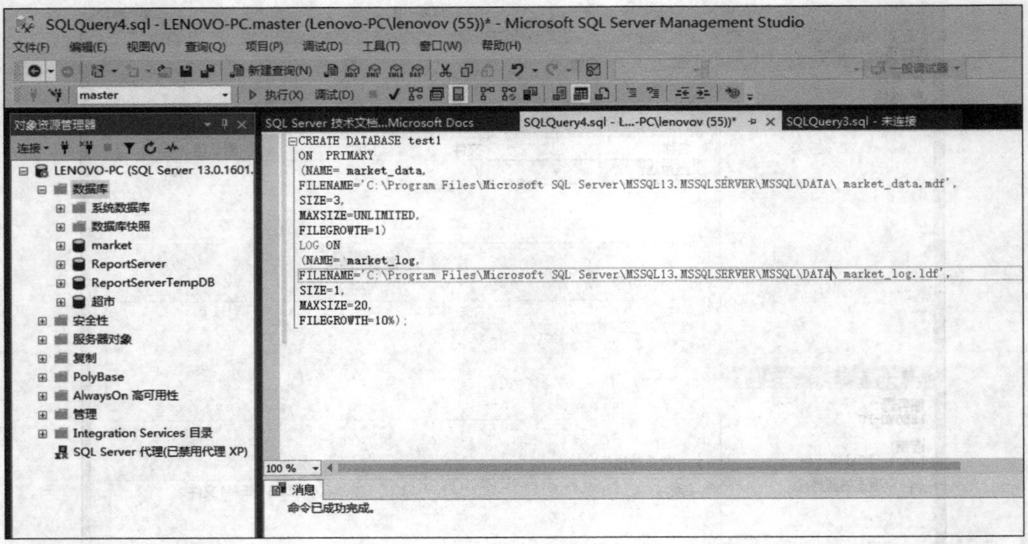

图 10-4　T-SQL 创建数据库

```
LOG ON
{[PRIMARY](NAME=logical_file_name,FILENAME='os_file_name'
[,SIZE=size]
[,MAXSIZE={max_size|UNLIMITED}]
[,FILEGROWTH=growth_increment])
}[,...n];
```

参数说明如表 10-1。

表 10-1　CREATE DATABASE 命令的参数

参　数　名	说　　明
database_name	新数据库的名称
ON	指定显示定义用来存储数据库数据部分的磁盘文件(日志文件)
PRIMARY	在主文件组中指定文件
LOG ON	指定显示定义用来存储数据库日志部分的磁盘文件(日志文件)
NAME	指定文件的逻辑名称
FILENAME	指定操作系统文件名称。os_file_name 是创建文件时由操作系统使用的路径和文件名,指定路径必须存在。文件的类型必须为.mdf 或.ldf,具体见例 10-1
SIZE	指定文件的大小。Size 是文件的初始大小,用户可以以兆字节(MB)或千字节(KB)为单位。如果没有为主文件提供初始大小,则数据库引擎将使用 Model 数据库中的主文件的大小;如果指定了辅助数据文件或日志文件,但未指定该文件的初始大小,则数据库引擎将以 1MB 作为该文件的大小

续表

参 数 名	说 明
MAXSIZE	指定文件可增大的最大大小。可以使用兆字节(MB)或千字节(KB)为单位,默认值为兆字节(MB)。如果不指定文件的最大尺寸,则文件将增长到磁盘被充满为止
UNLIMITED	指定文件将增长到整个磁盘。在 SQL Server 2016 中,规定日志文件可增长的最大大小为 2TB,而数据文件的最大大小为 16TB
FILEGROWTH	指定文件的自动增量。文件的 FILEGROWTH 设置不能超过 MAXSIZE 设置。如果未指定 FILEGROWTH,则数据文件的默认值为 1MB,日志文件的默认增长比例为 10%,并且最小值为 64KB

SQL Server 2016 使用 CREATE DATABASE 语句创建数据库的步骤如下:首先,SQL Server 2016 数据库引擎使用系统数据库 Model 数据库的副本初始化该数据库及其元数据;接着为数据库分配 Service Broker GUID;最后,使用空页填充数据库的剩余部分(包含记录数据库中空间使用情况的内部数据页除外)。在一个 SQL Server 的实例中最多可以指定 32 767 个数据库。

【例 10-1】 利用 T-SQL 命令创建 test 数据库。

```
CREATE DATABASE test
ON  PRIMARY
(NAME=market_data,
FILENAME='C:\Program Files\Microsoft SQL Server\MSSQL13.MSSQLSERVER\MSSQL\
DATA\ market_data.mdf',
SIZE=3,
MAXSIZE=UNLIMITED,
FILEGROWTH=1)
LOG ON
(NAME=market_log,
FILENAME='C:\Program Files\Microsoft SQL Server\MSSQL13.MSSQLSERVER\MSSQL\
DATA\ market_log.ldf',
SIZE=1,
MAXSIZE=20,
FILEGROWTH=10%);
```

10.2 数据定义技术

1. 利用表设计器创建数据表

在 SQL Server Management Studio 中,提供了一个前端的、填充式的表设计器以简化表的设计工作,利用图形化的方法可以非常方便地创建数据表。利用这种方法创建 Goods 表的步骤如下。

(1) 启动 SQL Server Management Studio，连接到 SQL Server 2016 数据库实例。

(2) 展开 SQL Server 实例，选择"数据库"→market→"表"，右击，然后在弹出的快捷菜单中选择"新建表"命令，打开表设计器(见图 10-5)。

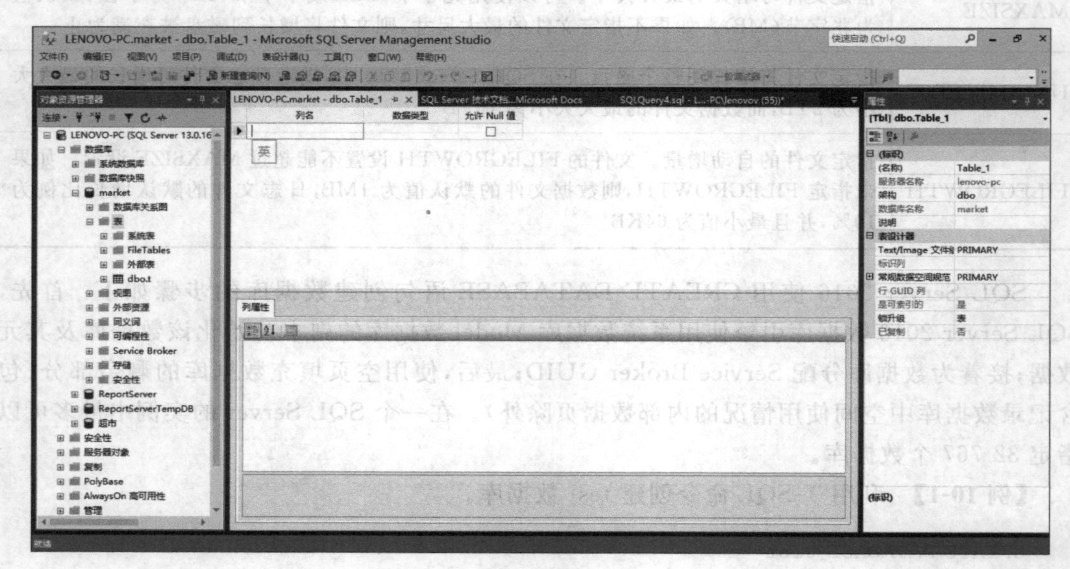

图 10-5　表设计器页面

(3) 在表设计器里，可以定义各列的名称、数据类型、长度、是否允许为空等属性。

(4) 当完成新建表的各个列的属性设置后，单击工具栏上的"保存"按钮，弹出"选择名称"对话框，输入新建表名 Goods，SQL Server 数据库引擎会依据用户的设置完成新表的创建。

2. 利用 T-SQL 语句创建数据表

利用第 4 章介绍的 CREATE TABLE 语句也可以在 SQL Server 2016 中创建数据表。

(1) 启动 SQL Server Management Studio，连接到 SQL Server 2016 数据库实例。

(2) 展开 SQL Server 实例，选择"数据库"→market 选项，在工具栏上单击"新建查询"按钮，在中间窗口里(见图 10-6)输入如下命令：

```
CREATE TABLE Goods
(Gno CHAR(10) PRIMARY KEY,
Gname CHAR(50),
Price FLOAT)
```

(3) 单击"执行"按钮，即可在 market 数据库中创建一个名为 Goods 的数据表。

3. 利用对象资源管理器创建视图

视图的原理在第 4 章中已经阐述，SQL Server 2016 也提供了在 SQL Server Management Studio 中，利用对象资源管理器创建视图的功能。

(1) 启动 SQL Server Management Studio，连接到 SQL Server 2016 数据库实例。

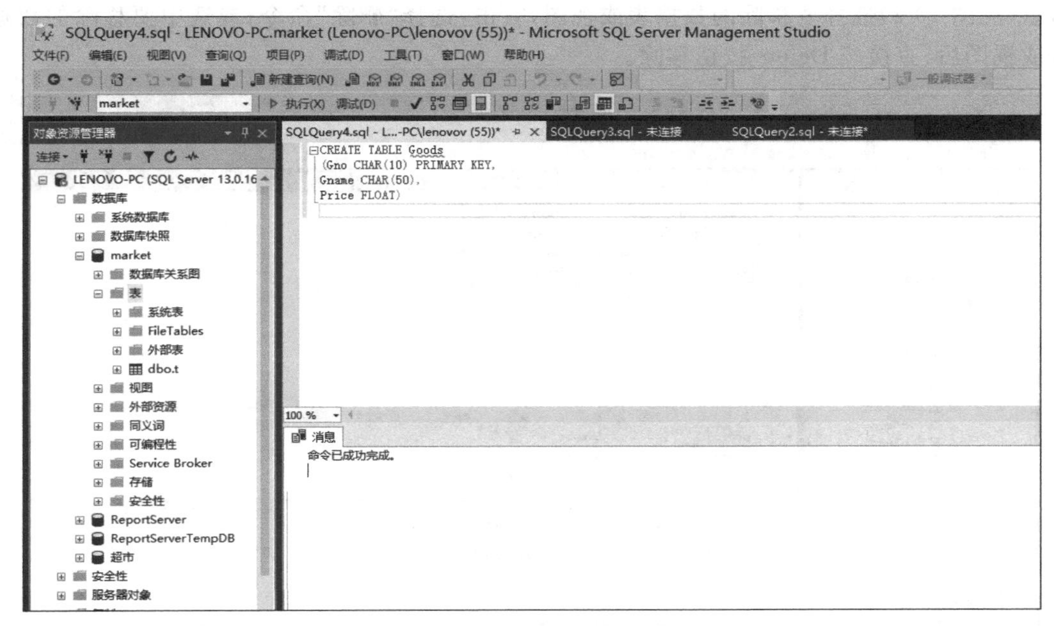

图 10-6　创建表的查询窗口

(2) 展开 SQL Server 实例，选择“数据库”→market→“视图”选项，右击，然后在弹出的快捷菜单中选择“新建视图”命令，打开“视图设计器”。

(3) 在弹出的“添加表”窗口中(见图 10-7)，添加创建视图所需要的表，添加完毕后，单击“关闭”按钮，返回到“视图设计器”窗口。若还需要添加新的表，可以在“关系图”窗格的空白处右击，从弹出的快捷菜单里选择“添加表”命令，则会弹出“添加表”窗口，然后继续添加创建视图所需要的表或视图。如果要移除已经添加的数据表或视图，则可以在“关系图”窗

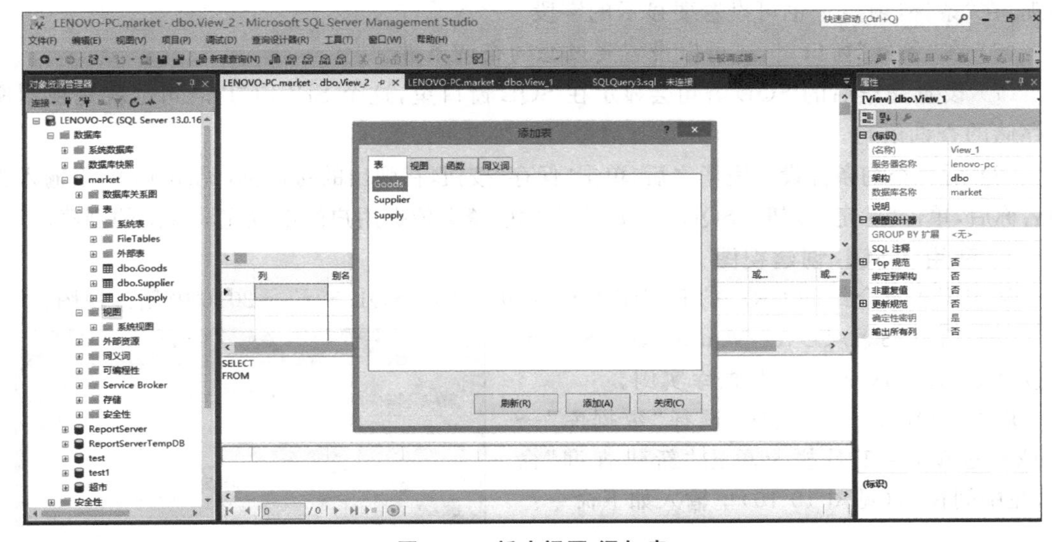

图 10-7　新建视图-添加表

口里(见图 10-8)选择要移除的数据表或视图,右击,选择"删除"命令;或选中要移除的数据表或视图后,直接按 Delete 按钮移除。

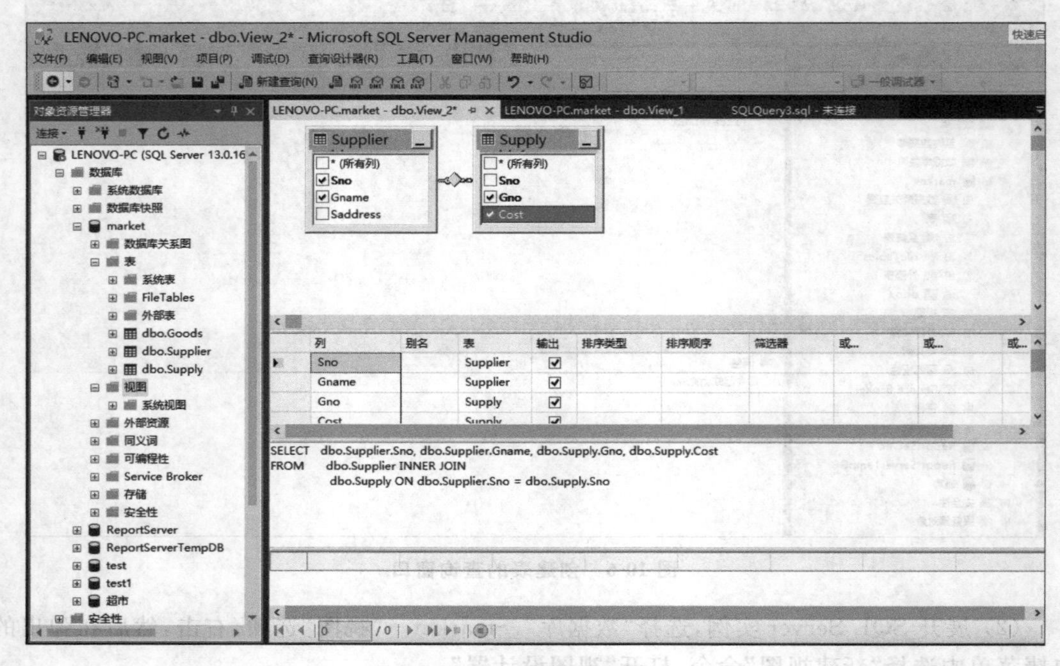

图 10-8 新建视图-关系图

(4) 在"关系图"窗口里,可以建立表与表之间的 JOIN...ON 关系,如果两个表有相同的属性列,则添加完表后在"关系图"窗口中会自动在两个表之间用一根线连接。

(5) 在"关系图"窗口里,选择数据表字段前端的复选框,可以设置视图要显示的字段;同理,在"条件"窗口里也可设置要显示的字段。

(6) 在"条件"窗口里,还可以设置要过滤的查询条件。

(7) 设置完毕后的 SQL 语句会显示在 SQL 窗口里,这个 SELECT 语句也就是视图所要存储的查询语句。

(8) 所有查询条件设置完毕之后,单击"保存"按钮,在弹出的对话框(见图 10-9)里输入视图名称后,单击"确定"按钮。SQL Server 数据库引擎会依据用户的设置完成视图的创建。

4. 利用 T-SQL 创建视图

利用第 4 章介绍的 CREATE VIEW 语句也可以在 SQL Server 2016 中创建视图。

(1) 启动 SQL Server Management Studio,连接到 SQL Server 2016 数据库实例。

展开 SQL Server 实例,选择"数据库"→market 选项,在工具栏上单击"新建查询"命令,在中间窗口(见图 10-10)里输入如下命令:

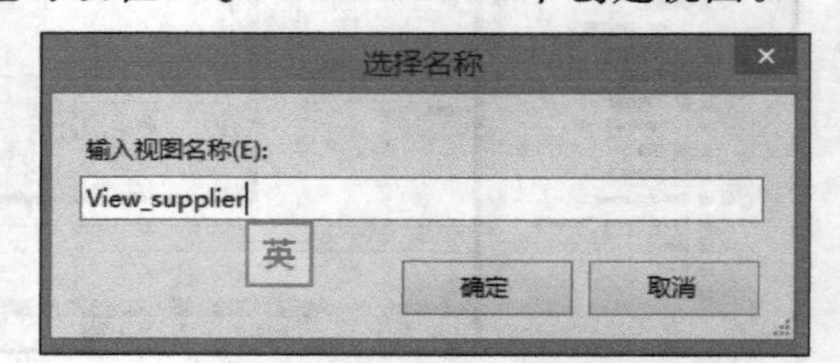

图 10-9 新建视图-选择名称

```
CREATE VIEW Suppiler_Bj
```

```
AS
SELECT Sno,Sname
FROM Supplier
WHERE Saddress='北京';
```

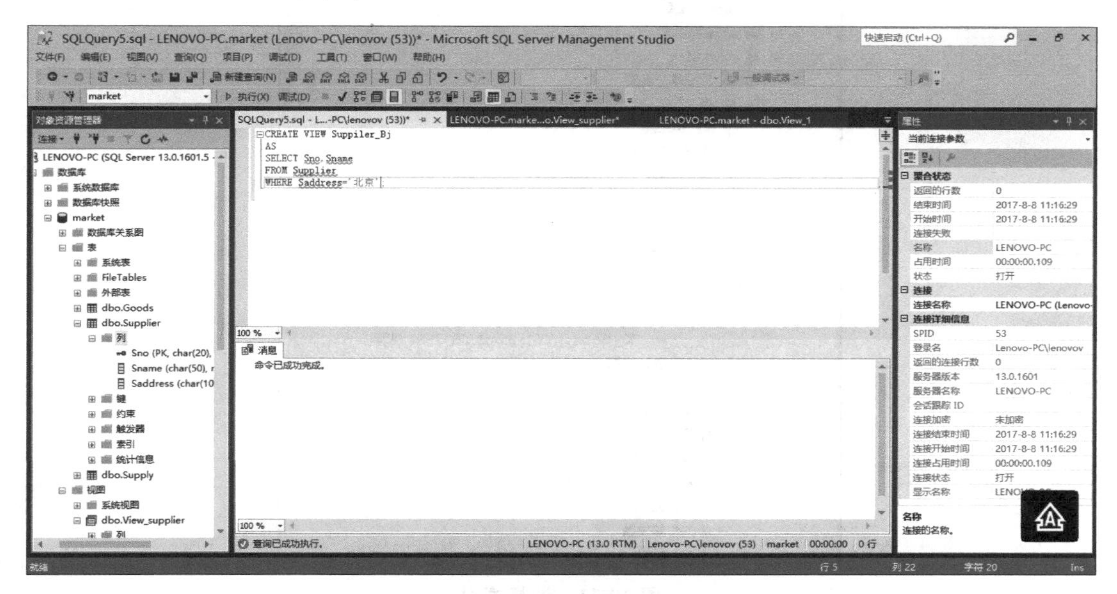

图 10-10　创建视图查询窗口

(2) 单击“执行”按钮，即可在 market 数据库中创建一个名为 Supplier_bj 的视图。

5. 利用对象资源管理器创建索引

索引的原理在第 4 章中已经阐述，SQL Server 2016 在 SQL Server Management Studio 中也提供了利用对象资源管理器创建索引的功能。

(1) 启动 SQL Server Management Studio，连接到 SQL Server 2016 数据库实例。

(2) 展开 SQL Server 实例，选择“数据库”→market→“表”选项，选择要创建索引的表，在其下属的菜单中选中索引，如图 10-11 所示。对象资源管理器会列出当前所选数据表中已建立的索引，包括索引的名称和类型。然后右击，在弹出的快捷菜单中选择“新建索引”命令，打开“新建索引”对话框(见图 10-12)。

(3) 在“新建索引”对话框里，在“索引名称”文本框输入要创建的索引名，在“索引类型”编辑框选择“聚集”或“非聚集”选项，通过“唯一”复选框来决定是否设置唯一索引。

(4) 单击“添加”按钮，弹出“从'dbo. Goods'中选择列”对话框，如图 10-13 所示，在对话框列表中选择要创建索引的列，然后单击“确定”按钮，返回“新建索引”对话框，可以继续设置索引列的排序顺序。

(5) 在“新建索引”对话框的“选项”页里(见图 10-14)，可以根据需要选择各选项按钮来设置各索引选项。所有设置完毕后，单击“确定”按钮，SQL Server 数据库引擎会依据用户的设置完成索引的创建。

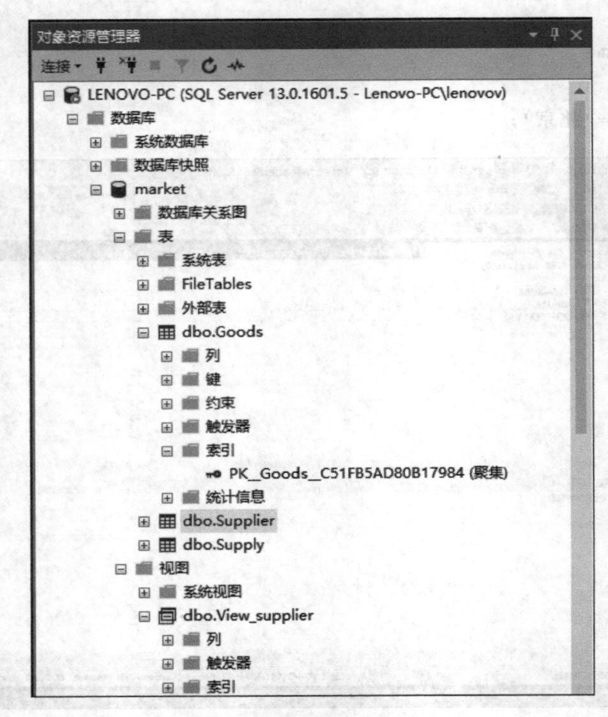

图 10-11 选择索引

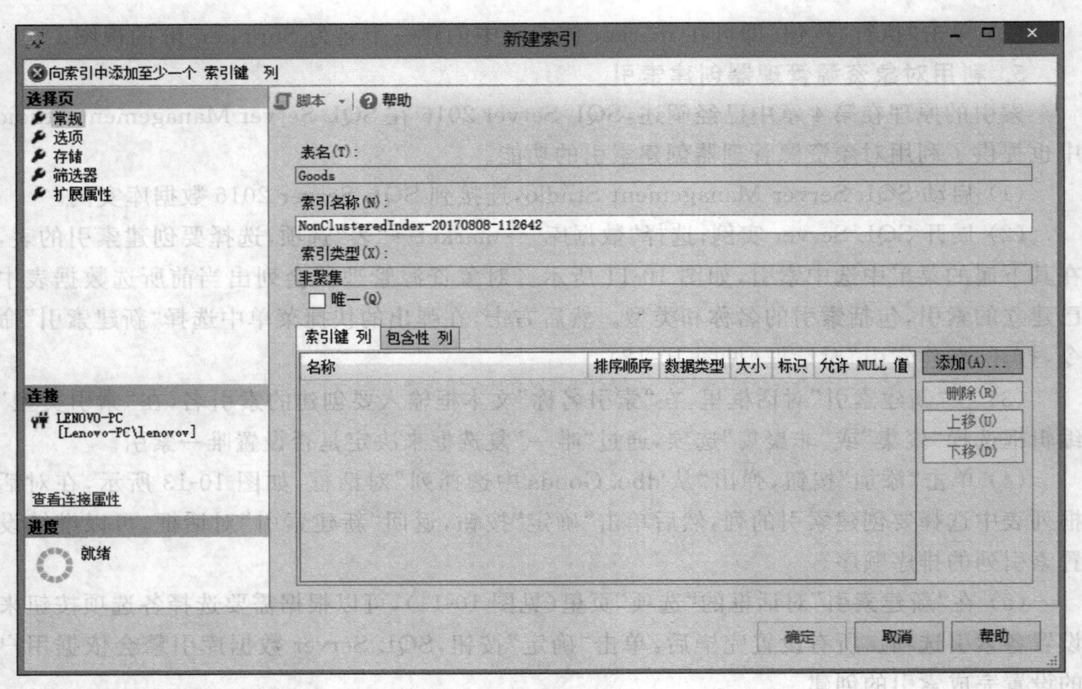

图 10-12 新建索引

从"dbo.Goods"中选择列

选择列

选择要添加到索引中的表列:

名称	数据类型	大小	标识	允许 NULL 值
Gno	char(10)	10	否	否
Gname	char(50)	50	否	是
Price	float	8	否	是

确定　取消　帮助

图 10-13　新建索引时选择列窗口

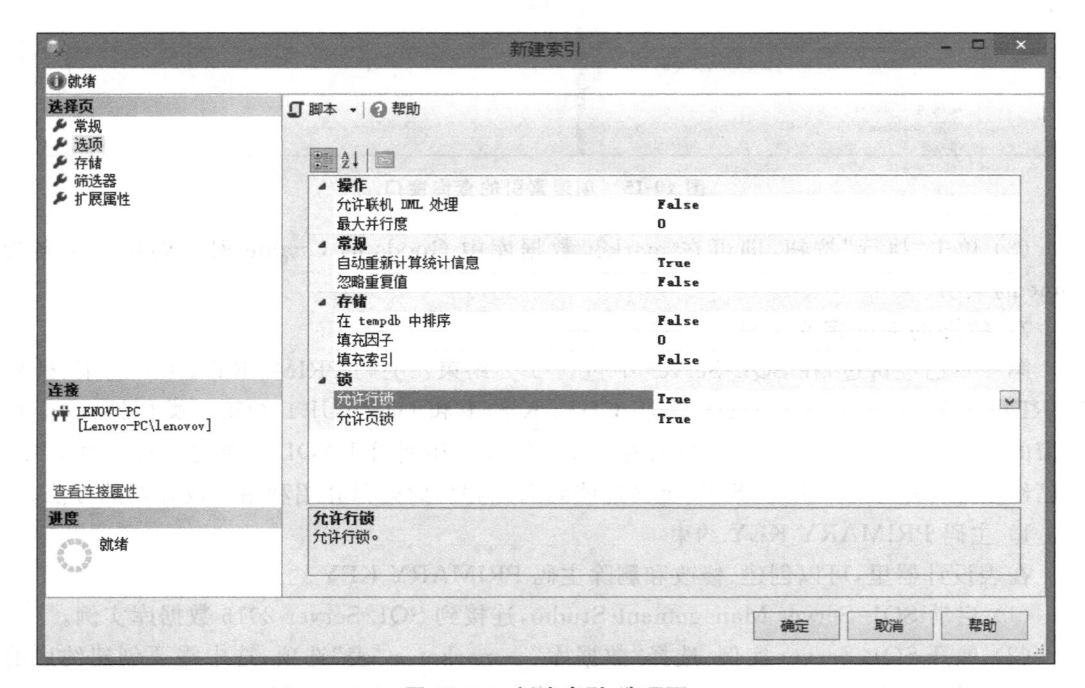

图 10-14　新建索引-选项页

6. 利用 T-SQL 创建索引

同理,利用第 4 章介绍的 CREATE INDEX 语句也可以在 SQL Server 2016 中创建视图。

(1) 启动 SQL Server Management Studio,连接到 SQL Server 2016 数据库实例。

(2) 展开 SQL Server 实例,选择"数据库"→market 选项,在工具栏上单击"新建查询"按钮,在中间窗口(见图 10-15)里输入如下命令:

```
CREATE UNIQUE INDEX Name on Goods(Gname);
```

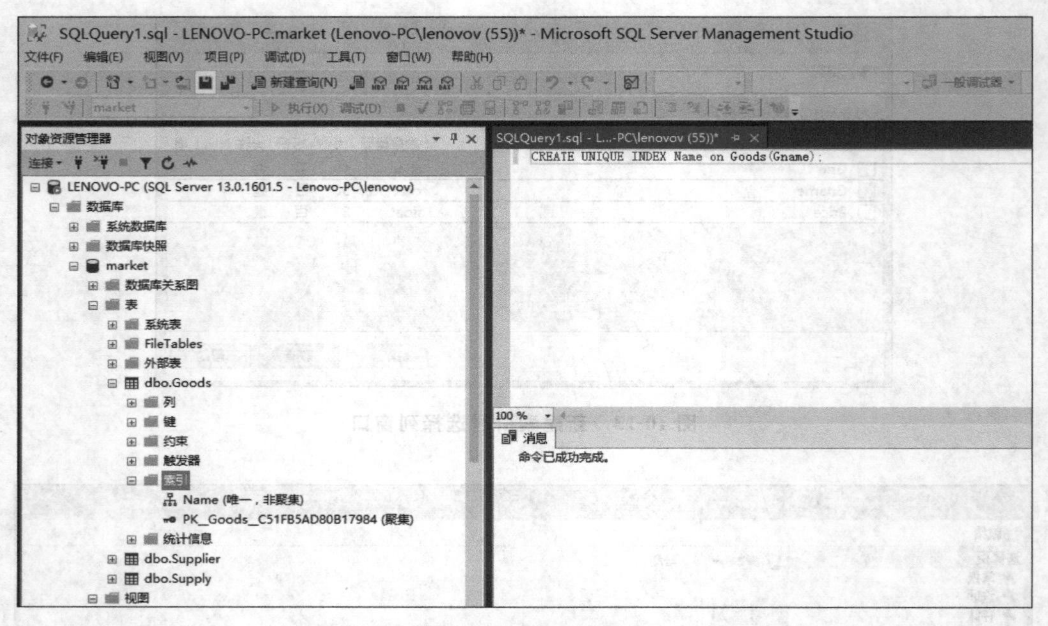

图 10-15 创建索引的查询窗口

(3) 单击“执行”按钮，即可在 market 数据库中 Goods 的 Gname 列上创建一个名为 name 的索引。

7. 数据约束的定义方法

第 4 章已经讲过，在 SQL Server 中包含 5 类约束：主码 PRIMARY KEY 约束、外码 FOREIGN KEY 约束、UNIQUE 约束、CHECK 约束和 DEFAULT 约束。类似地，这 5 种约束的定义方法也分别有两种：利用表设计器的方法和利用 T-SQL 命令的方法。由于第 4 章已经重点介绍了如何用 T-SQL 定义这些约束，因此，此处只介绍利用表设计器的方法。

1) 主码 PRIMARY KEY 约束

在表设计器里，可以创建、修改和删除主码 PRIMARY KEY 约束。

(1) 启动 SQL Server Management Studio，连接到 SQL Server 2016 数据库实例。

(2) 展开 SQL Server 实例，选择“数据库”→market→“表”选项，选中需要创建约束的表，右击，然后在弹出的快捷菜单中选择“设计”命令，打开“表设计器”。

(3) 选中需要设置为 PRIMARY KEY 约束的列，右击，在快捷菜单中选择“设置主键”命令，完成主键设置，此时该列的最左端将显示钥匙图标(见图 10-16)。

(4) 若需要修改主键，需要先删除主键，再重新创建主键。

(5) 删除主键时，选中主键列，右击，在弹出的快捷菜单中选择“删除主键”命令，主键图标就会消失，表面删除主键操作成功。

2) 外码 FOREIGN KEY 约束

在表设计器里，可以创建、修改和删除主码 FOREIGN KEY 约束。例如，设置 Supply 数据表的 Gno 列为外码，参照的列是 Goods 表达 Gno 列，在表设计器的操作过程如下：

LENOVO-PC.market - dbo.Goods

列名	数据类型	允许 Null 值
Gno	char(10)	☐
Gname	char(50)	☑
Price	float	☑
		☐

图 10-16　利用表设计器创建主码约束

(1) 启动 SQL Server Management Studio,连接到 SQL Server 2016 数据库实例。

(2) 展开 SQL Server 实例,选择“数据库”→market→“表”选项,选中需要创建约束的表,右击,然后在弹出的快捷菜单中选择“设计”命令,打开表设计器。

(3) 选中需要设置为 FOREIGN KEY 约束的列,右击,在快捷菜单中选择“关系”命令,打开“外键关系”对话框,如图 10-17 所示。

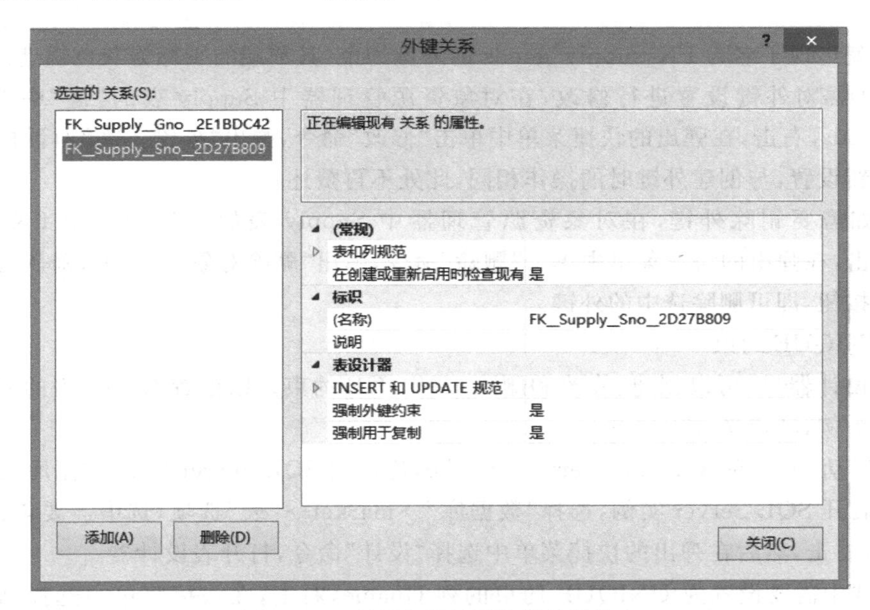

图 10-17　利用表设计器编辑外码约束

(4) 在“外键关系”对话框中,单击“添加”按钮,增加新的外键关系,对新增外键关系进行设置,单击“表和规范”栏右边的“...”按钮,打开“表和列”对话框。

(5) 在“表和列”对话框中,可以重新命名外键关系名,可以在“关系名”文本框中输入新的名称;在“主键表”下拉列表框中选择被参照的表,并单击“主键表”下的下拉按钮,选择其中的 Gno 列作为被参照列;在“外键表”文本框中已经自动填好了当前表名 Supply,并单击“外键表”下的下拉按钮选择其中的 Gno 作为参照列(见图 10-18)。

(6) 设置完毕,单击“确定”按钮返回“外键关系”对话框,检查一下各项设置是否正确,如无问题,单击“关闭”按钮,即完成外键约束的定义。此时在对象资源管理器中 Supply 表

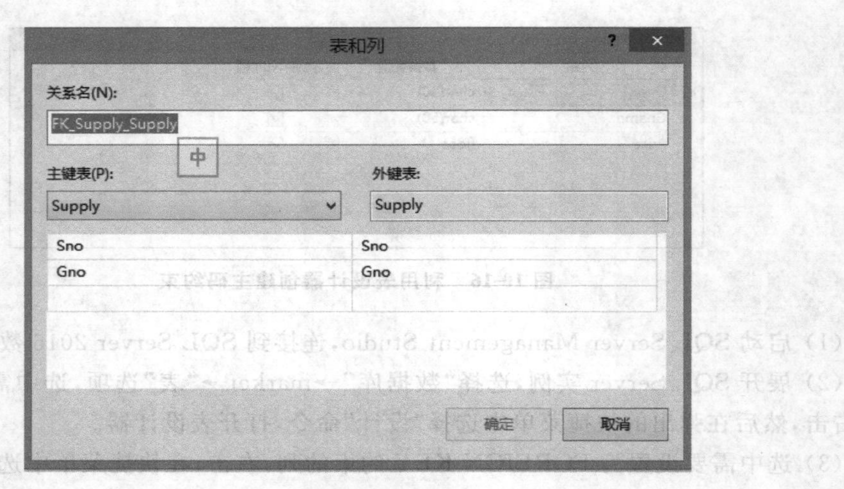

图 10-18　利用表设计器编辑外码约束-表和列

的“键”中就出现了名为 FK_supply_goods 的外键约束，其前端的图标为灰色钥匙。

(7) 如需对外键设置进行修改，在对象资源管理器中 Supply 表的“键”中选中 FK_supply_goods，右击，在弹出的快捷菜单中单击“修改”命令，弹出“外键关系”对话框，可以根据需要重新设置，与创建外键时的操作相同，此处不再赘述。

(8) 如需要删除外键，在对象资源管理器中 Supply 表的“键”中选中 FK_supply_goods，右击，在弹出的快捷菜单中单击“删除”命令，弹出“删除对象”对话框，确认无误后，单击“确定”按钮，即可删除选中的外键。

3) UNIQUE 约束

在表设计器里，可以创建、修改和删除 UNIQUE 约束。以设置 Goods 表的 Gname 列不能重复为例，其定义过程如下。

(1) 启动 SQL Server Management Studio，连接到 SQL Server 2016 数据库实例。

(2) 展开 SQL Server 实例，选择“数据库”→market→“表”选项，选中需要创建约束的表 Goods，右击，然后在弹出的快捷菜单中选择“设计”命令，打开表设计器。

(3) 选中需要设置为 UNIQUE 约束的列 Gname，右击，在快捷菜单中选择“索引/键”命令，打开“索引/键”对话框(见图 10-19)。

(4) 在“索引/键”对话框中，单击“添加”按钮，增加新的索引/键关系，在“常规”栏的“列”下拉列表框中选择要创建索引的列，在“是唯一的”下拉列表框中选择“是”选项；在“标识”栏中，可以重新设置其名称。

(5) 设置完毕后，单击“关闭”按钮返回表设计器窗口，再次单击工具栏的“保存”按钮，即完成 UNIQUE 约束的创建。在 Goods 表的“索引”中可以看见新创建的 UNIQUE 约束。

(6) 如需修改 UNIQUE 约束，则进入“索引/键”对话框，重新设置即可，与创建过程类似。

(7) 如需删除 UNIQUE 约束，进入“索引/键对话框”，在左边窗口选中要删除的约束

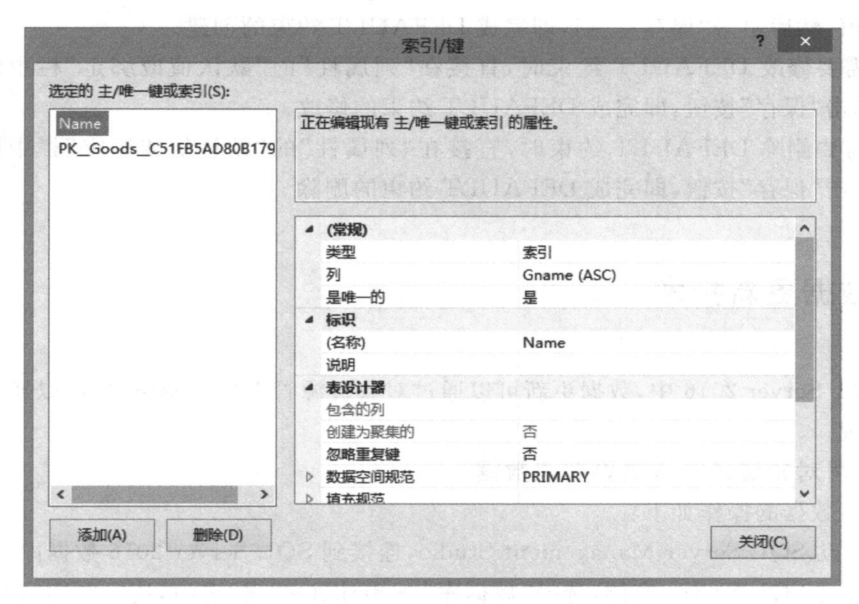

图 10-19　“索引/键”对话框

名，单击“删除”按钮即可。

4）CHECK 约束

在表设计器里，可以创建、修改和删除 CHECK 约束。假设 market 数据库是一个便民超市，所经营商品均是低于 1000 的生活用品，因此，需要设置 Goods 的 Price 列取值在 0～1000 范围内，设置过程如下：

(1) 启动 SQL Server Management Studio，连接到 SQL Server 2016 数据库实例。

(2) 展开 SQL Server 实例，选择“数据库”→market→“表”选项，选中需要创建约束的表 Goods，右击，然后在弹出的快捷菜单中选择“设计”命令，打开表设计器。

(3) 选中需要设置为 CHECK 约束的列 Price，右击，在快捷菜单中选择“CHECK 约束”命令，打开“CHECK 约束”对话框。

(4) 在“CHECK 约束”对话框中，单击“添加”按钮，增加新的 CHECK 约束，对新增的 CHECK 约束进行设置，在“常规”栏里，单击“表达式”文本框右端的按钮，设置 CHECK 条件；在“标识”栏里，设置 CHECK 约束名称。

(5) 设置完毕后，单击“关闭”按钮返回表设计器窗口，再次单击“保存”按钮，即可在对象资源管理器的 Goods 表的“约束”中看见新创建的 CHECK 约束。

5）DEFAULT 约束

在表设计器里，可以创建、修改和删除 DEFAULT 约束。

(1) 启动 SQL Server Management Studio，连接到 SQL Server 2016 数据库实例。

(2) 展开 SQL Server 实例，选择“数据库”→market→“表”选项，选中需要创建约束的表，右击，然后在弹出的快捷菜单中选择“设计”命令，打开表设计器。

(3) 选中需要设置为 DEFAULT 约束的列，在下面的“列属性”的“默认值或绑定”栏中输入默认值,然后单击“保存”按钮,即完成 DEFAULT 约束的创建。

(4) 需要修改 DEFAULT 约束时,直接在“列属性”的“默认值或绑定”栏中修改默认值,然后单击“保存”按钮,即完成 DEFAULT 约束的修改。

(5) 需要删除 DEFAULT 约束时,直接在“列属性”的“默认值或绑定”栏中删除默认值,然后单击“保存”按钮,即完成 DEFAULT 约束的删除。

10.3 数据更新技术

在 SQL Server 2016 中,数据更新可以通过对象资源管理器来操作,也可以通过 T-SQL 语句来实现。

1. 利用对象资源管理器更新表数据

插入表数据的操作如下:

(1) 启动 SQL Server Management Studio,连接到 SQL Server 2016 数据库实例。

(2) 展开 SQL Server 实例,选择“数据库”→market→“表”选项,选中要插入数据的表,右击,选择“编辑前 200 行”命令,如图 10-20 所示,显示出当前表中的数据,单击表格中最后一行,填写相应数据信息,即可完成插入数据的功能。

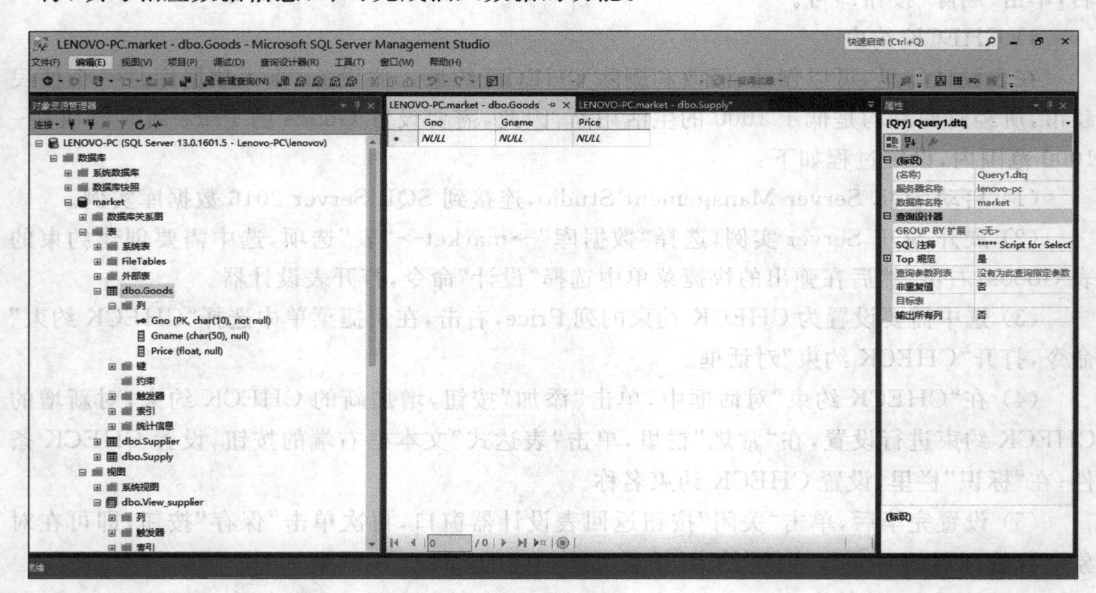

图 10-20 单击“编辑前 200 行”命令后的窗口

(3) 如果需要修改数据,在图中选中需要修改的行,直接修改数据即可。

(4) 如果需要删除数据,在图中选中需要删除数据的行,右击,在弹出的快捷菜单中单击“删除”命令即可,或者直接按 Delete 键也可以。

2. 利用 T-SQL 语句更新表数据

在 SQL Server 2016 中,利用 T-SQL 语句更新表数据的方法与第 4 章中介绍的更新表数据的方法相同,这里简单举例说明。

(1) 启动 SQL Server Management Studio,连接到 SQL Server 2016 数据库实例。

(2) 展开 SQL Server 实例,选择“数据库”→market 选项,在工具栏上单击“新建查询”命令,在中间窗口(见图 10-21)里输入如下命令:

```
INSERT INTO Goods
VALUES('s01','牙膏',3);
```

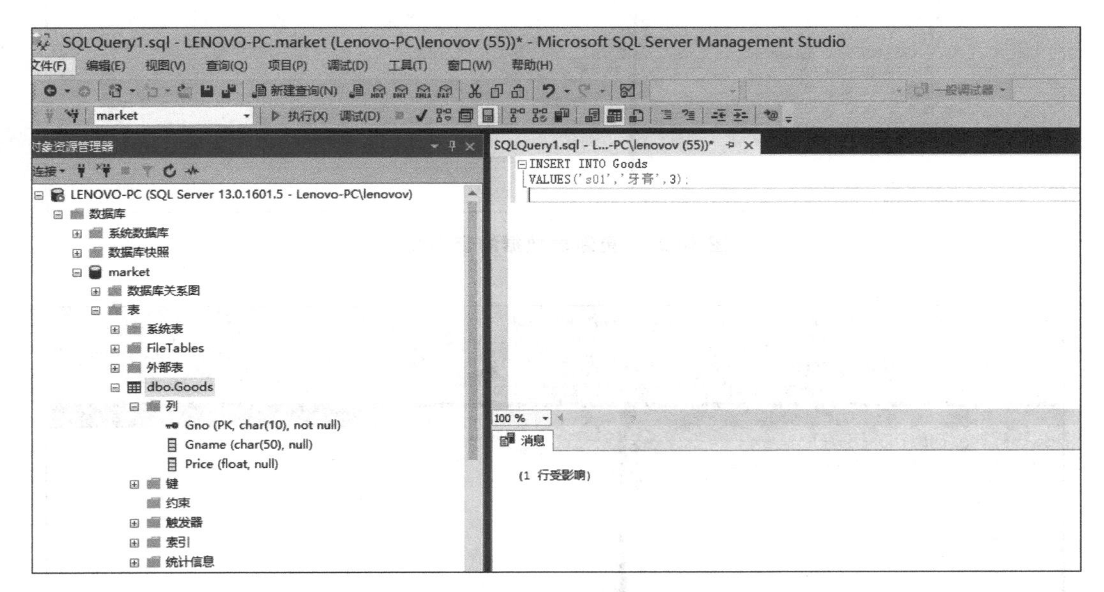

图 10-21　插入表数据的查询窗口

(3) 单击“执行”按钮,即可在 market 数据库中 Goods 表里插入一条数据。

(4) 单击“新建查询”按钮,在中间窗口(见图 10-22)里输入如下命令:

```
UPDATE Goods
SET Gname='中华草本牙膏'
WHERE Gno='s01';
```

(5) 单击“执行”按钮,刚才插入 Goods 表里的数据的 Gname 列被修改为“中华草本牙膏”。

(6) 如需要删除数据,单击“新建查询”按钮,在中间窗口(见图 10-23)里输入如下命令:

```
Delete From Goods
WHERE Gno='s01';
```

(7) 单击“执行”按钮,刚才插入 Goods 表里的一行元组被删除。

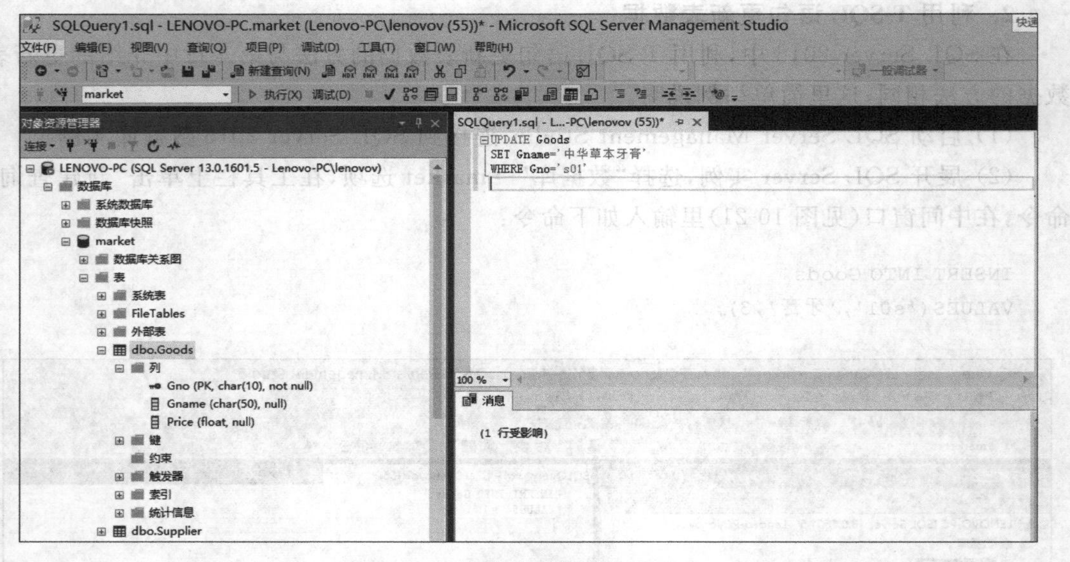

图 10-22　更新表数据的查询窗口

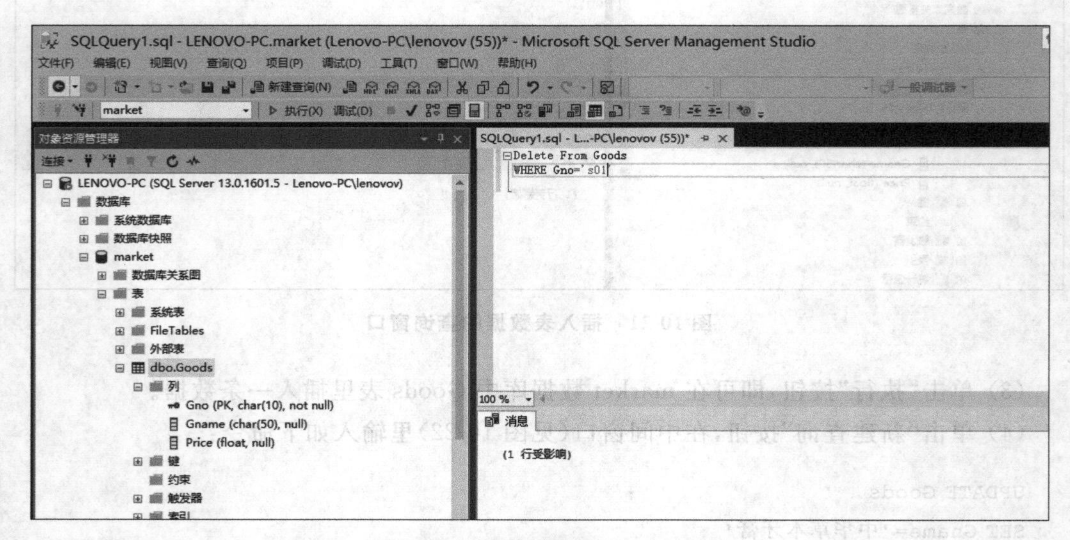

图 10-23　删除表数据的查询窗口

10.4　数据查询技术

在 SQL Server 2016 中，利用 T-SQL 命令实现数据查询功能，关于数据查询的语法在第 4 章已经详细介绍，这里仅介绍其具体的操作过程。

(1) 启动 SQL Server Management Studio，连接到 SQL Server 2016 数据库实例。

(2) 展开 SQL Server 实例，选择“数据库”→market 选项，在工具栏上单击“新建查询”按钮，在中间窗口里输入查询命令，例如：

```
SELECT *
FROM Goods
WHERE Gname LIKE '[牙]% ';
```

(3) 单击“执行”按钮，即可在中间下部窗口显示查询结果。

10.5 存储过程

1. 利用对象资源管理器管理存储过程

在对象资源管理器里可以创建、修改和删除存储过程。

(1) 启动 SQL Server Management Studio，连接到 SQL Server 2016 数据库实例。

(2) 展开 SQL Server 实例，选择“数据库”→market →“可编程性”选项，选中“存储过程”节点，右击选择“新建存储过程”命令，如图 10-24 所示。

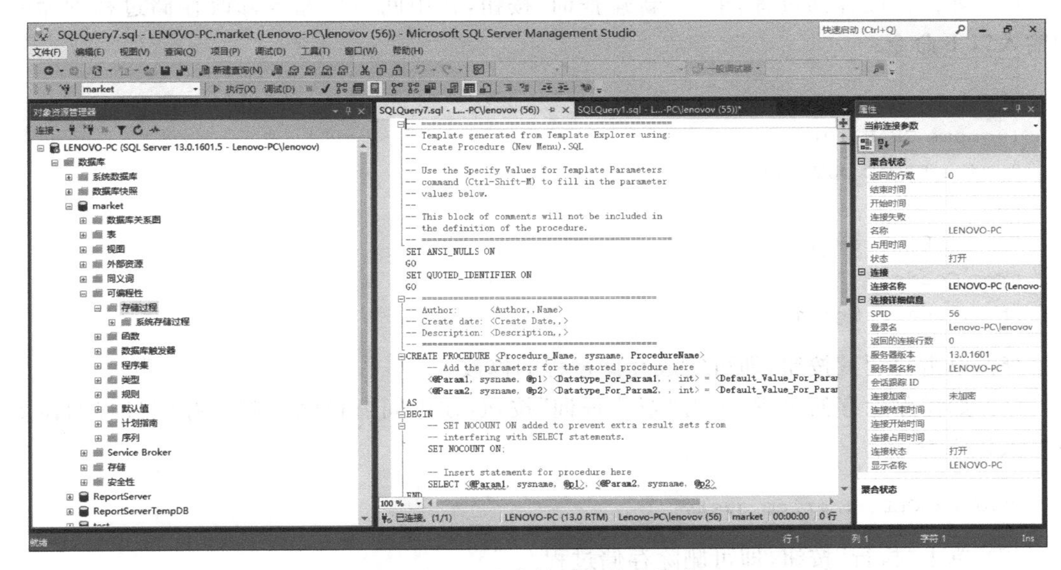

图 10-24 新建存储过程的查询窗口

(3) 在新建的查询窗口中可以看到关于创建存储过程的语句模板，根据模板注释信息填上相应内容，单击“执行”按钮即可完成存储过程的创建工作。

(4) 如需修改存储过程，在对象资源管理器的触发器节点上选择要修改的存储过程，右击，在弹出的快捷菜单上单击“修改”命令，即可在新建的查询窗口中修改存储过程。修改完毕后，单击“执行”按钮即可完成存储过程的修改工作。

(5) 如需删除存储过程，在对象资源管理器的存储过程节点上选择要删除的存储过程，右击，在弹出的快捷菜单上选择“删除”命令，即可删除存储过程。

2. 利用 T-SQL 管理存储过程

在 SQL Server 2016 中，利用 T-SQL 语句更新表数据的方法与第 5 章中介绍的管理存储过程的方法相同，这里简单举例说明。

(1) 启动 SQL Server Management Studio，连接到 SQL Server 2016 数据库实例。

(2) 展开 SQL Server 实例，选择“数据库”→market 选项，在工具栏上单击“新建查询”按钮，在中间窗口里输入如下命令：

```
CREATE PROCEDURE Price_query
(@gno CHAR(10),
@price FLOAT OUTPUT)
AS
SELECT @price=price
FROM Goods
WHERE Gno=@gno;
```

(3) 单击“执行”按钮，即可创建一个存储过程。

(4) 如需修改存储过程，单击“新建查询”按钮，在中间窗口输入修改存储过程的命令，如输入以下命令：

```
ALTER PROCEDURE Price_query
(@gname CHAR(10),
@price FLOAT OUTPUT)
AS
SELECT @price=Price
from Goods
where gname=@gname;
```

(5) 单击“执行”按钮，即可完成存储过程的修改。

(6) 如需删除存储过程，单击“新建查询”按钮，在中间窗口输入删除存储过程的命令，如输入以下命令：

```
DROP PROCEDURE price_query
```

(7) 单击“执行”按钮，即可删除存储过程。

3. 执行存储过程

在 SQL Server 2016 中，通过 Execute(简写 exec)命令执行已经创建成功的存储过程。具体语法在第 5 章已经阐明，这里仅简单举例。

(1) 启动 SQL Server Management Studio，连接到 SQL Server 2016 数据库实例。

(2) 展开 SQL Server 实例，选择“数据库”→market 选项，在工具栏上单击“新建查询”按钮，在中间窗口里输入如下命令：

```
DECLARE @t FLOAT
```

```
EXECUTE price_query @gno='002',@price=@t OUTPUT
SELECT @t;
```

(3) 单击“执行”按钮,即可在中间下部窗口看见执行结果。

10.6 触发器

1. 利用对象资源管理器管理触发器

在对象资源管理器里可以创建、修改和删除触发器。

(1) 启动 SQL Server Management Studio,连接到 SQL Server 2016 数据库实例。

(2) 展开 SQL Server 实例,选择“数据库”→market→“表”选项,选中要创建触发器的表,展开。在其展开树中,找到“触发器”节点,右击并选择“新建触发器”命令,会弹出如图 10-25 所示的新建触发器查询窗口。

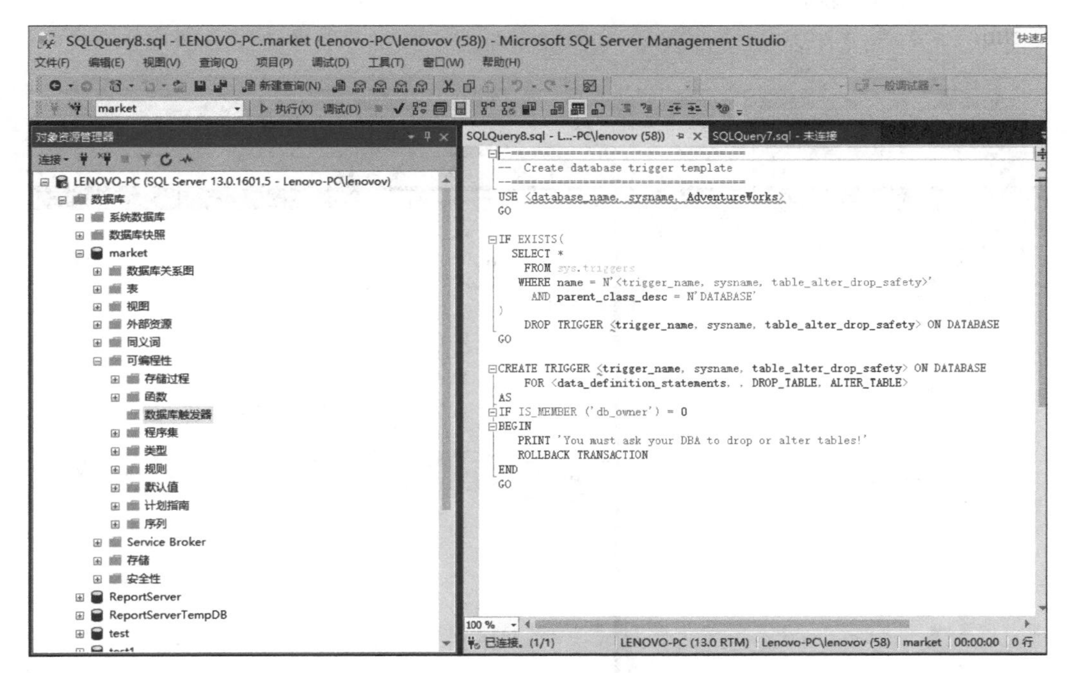

图 10-25 新建触发器

(3) 在新建的查询窗口中可以看到关于创建触发器的语句模板,根据模板注释信息填上相应内容,单击“执行”按钮即可完成触发器的创建工作。

(4) 如需修改触发器,在对象资源管理器的触发器节点上选择要修改的触发器,右击,在弹出的快捷菜单上选择“修改”命令,即可在新建的查询窗口中修改触发器,修改完毕后,单击“执行”按钮即可完成触发器的修改工作。

(5) 如需删除触发器,在对象资源管理器的触发器节点上选择要删除的触发器,右击,在弹出的快捷菜单上单击“删除”命令，即可删除触发器。

2. 利用 T-SQL 管理触发器

在 SQL Server 2016 中，利用 T-SQL 语句管理触发器的方法与第 4 章中介绍的管理触发器的方法相同，这里仅简单举例说明。

(1) 启动 SQL Server Management Studio，连接到 SQL Server 2016 数据库实例。

(2) 展开 SQL Server 实例，选择“数据库”→market 选项，在工具栏上单击“新建查询”按钮，在中间窗口(见图 10-26)里输入如下命令：

```
CREATE TRIGGER test1
ON Goods FOR UPDATE
AS
IF UPDATE (Price)
BEGIN
    RAISERROR('不能修改价格！',16,10)
    ROLLBACK TRAN
END;
```

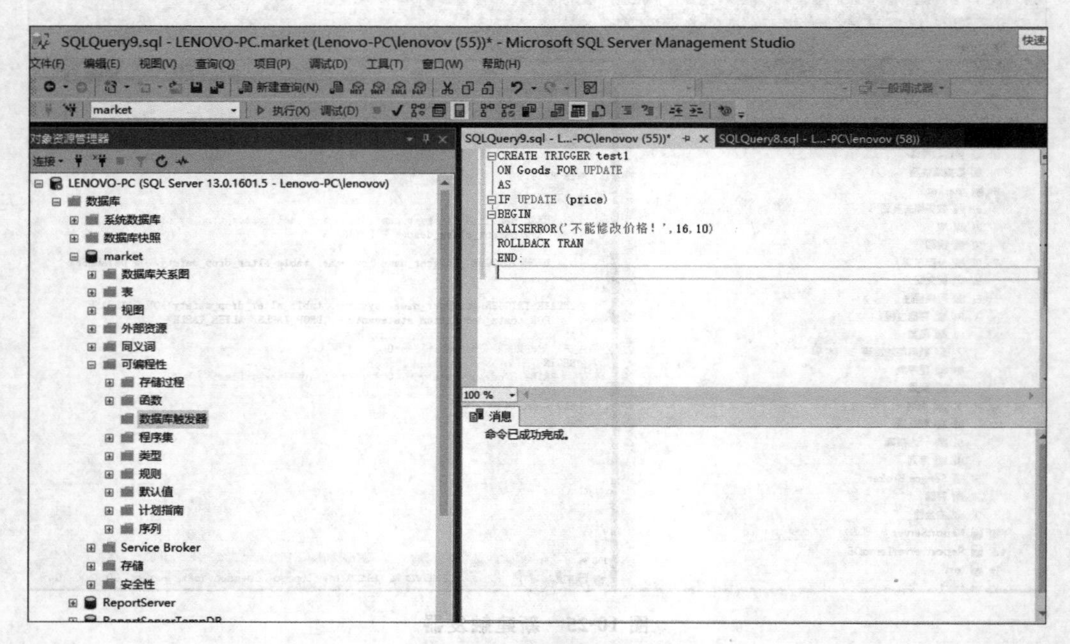

图 10-26　新建触发器的命令窗口

(3) 单击“执行”按钮，即可创建一个触发器。

(4) 如需修改触发器，单击“新建查询”按钮，在中间窗口输入修改触发器的命令，如输入以下命令：

```
ALTER TRIGGER test1
ON GOODS FOR UPDATE
```

```
AS
IF UPDATE (Gname)
BEGIN
    RAISERROR('不能修改名称! ',16,10)
    ROLLBACK TRAN
END;
```

(5) 单击“执行”按钮，即可完成触发器的修改。

(6) 如需删除触发器，可单击“新建查询”按钮，在中间窗口输入删除触发器的命令，如输入以下命令：

```
DROP TRIGGER test1;
```

(7) 单击“执行”按钮，即可删除触发器。

10.7　应用程序调用数据库的方法

10.7.1　ODBC 技术

开放式数据库互连(Open Database Connectivity，ODBC)是微软公司开放服务体系(Windows Open Services Architecture，WOSA)中有关数据库的一个组成部分，它建立了一组规范并提供一组访问数据库的标准 API。ODBC 为开发者提供了设计、开发独立于 DBMS 的应用的能力。应用程序可以利用 SQL 来完成其大部分数据库访问任务，有助于实现应用和数据库的分离，提高应用系统的数据访问透明性和可移植性。ODBC 是一个函数调用级接口标准，它为 C/C++ C++ 、BASIC 等高级程序设计语言开发应用程序提供了访问各种数据源(当然包括 DBMS)的统一接口。

作为规范，它具有规范应用开发和规范 DBMS 应用接口的两重功效或约束力。

1. ODBC 的结构

ODBC 通过驱动程序提供数据库独立性。驱动程序和具体的数据库有关，但基于 ODBC 的应用程序对数据库的操作不依赖于任何 DBMS，也不直接与 DBMS 交互，所有的数据库操作由对应数据库服务器的 ODBC 驱动程序完成。也就是说，不论是 Oracle 数据库还是 SQL Server、Access，均可通过 ODBC API 进行访问。一个完整的 ODBC 应用体系包含应用程序、驱动程序管理器、驱动程序和数据源 4 个部件(见图 10-27)。

ODBC 由 4 部分构成，其主要功能如下。

(1) ODBC 数据库应用程序(Application)：用宿主语言和 ODBC 函数编写的应用程序用于访问数据库。其主要任务是管理安装的 ODBC 驱动程序和管理数据源。具体而言，使用 ODBC 接口的应用程序可执行以下任务。

① 请求与数据源的连接和会话(SQLConnect)。

② 向数据源发送 SQL 请求(SQLExecDirect 或 SQLExecute)。

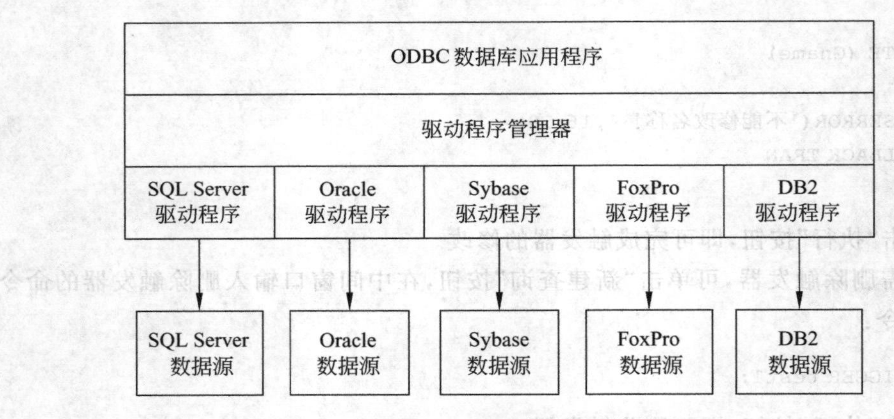

图 10-27　ODBC 应用体系结构

③ 对 SQL 请求的结果定义存储区和数据格式。

④ 请求结果。

⑤ 处理错误。

⑥ 如果需要，把结果返回给用户。

⑦ 对事务进行控制，请求执行或回退操作(SQLTransact)。

⑧ 终止对数据源的连接(SQLDisconnect)。

(2) 驱动程序管理器(Driver Manager)：驱动程序管理器包含在 ODBC32. DLL 中，对用户是透明的。其任务是管理 ODBC 驱动程序，为应用程序加载、调用和卸载 DB 驱动程序，是 ODBC 中最重要的部件。

应用程序要访问一个数据库，首先必须用 ODBC 管理器注册一个数据源，管理器根据数据源提供的数据库位置、数据库类型及 ODBC 驱动程序等信息，建立起 ODBC 与具体数据库的联系。这样，只要应用程序将数据源名提供给 ODBC，ODBC 就能建立起与相应数据库的连接。应用程序也就可以通过驱动程序管理器与数据库交换信息。驱动程序管理器负责将应用程序对 ODBC API 的调用传递给正确的驱动程序，而驱动程序在执行完相应的操作后，将结果通过驱动程序管理器返回给应用程序。

由微软提供的驱动程序管理器是带有输入库的动态链接库 ODBC32. DLL，其主要目的是装入驱动程序，此外还执行以下工作。

① 处理几个 ODBC 初始化调用。

② 为每一个驱动程序提供 ODBC 函数入口点。

③ 为 ODBC 调用提供参数和次序验证。

(3) DB 驱动程序(DBMS Driver)：指一些 DLL，提供了 ODBC 和数据库之间的接口。处理 ODBC 函数，向数据源提交用户请求执行的 SQL 语句。

驱动程序是实现 ODBC 函数和数据源交互的 DLL，当应用程序调用 SQL Connect 或者 SQL Driver Connect 函数时，驱动程序管理器装入相应的驱动程序，它对来自应用程序的 ODBC 函数调用进行应答，按照其要求执行以下任务。

① 建立与数据源的连接。

② 向数据源提交请求。

③ 在应用程序需求时，转换数据格式。

④ 返回结果给应用程序。

⑤ 将运行错误格式化为标准代码返回。

⑥ 在需要时说明和处理光标。

(4) 数据源(Data Source)：是 DB 驱动程序与 DBS 之间连接的命名。数据源包含了数据库位置和数据库类型等信息，实际上是一种数据连接的抽象。

数据源(Data Source Name，DSN)是驱动程序与 DBMS 连接的桥梁，数据源不是 DBMS，而是用于表达一个 ODBC 驱动程序和 DBMS 特殊连接的命名。在连接中，用数据源名来代表用户名、服务器名、连接的数据库名等，可以将数据源名看成是与一个具体数据库建立的连接。

数据源由用户想要存取的数据和与它相关的操作系统、DBMS 及网络环境组成。数据源分为如下 3 类。

用户 DSN：ODBC 用户数据源存储了如何与指定数据库提供者连接的信息。只对当前用户可见，而且只能用于当前机器上。这是指这个配置只对当前的机器有效，而不是说只能配置本机上的数据库。它可以配置局域网中另一台机器上的数据库。

系统 DSN：ODBC 系统数据源存储了如何指定数据库提供者连接的信息。系统数据源对当前机器上的所有用户都是可见的。也就是说，在这里配置的数据源，只要是这台机器的用户都可以访问。用户 DSN 和系统 DSN 的设置数据由 ODBC 内部管理，用户是查看不到的。

文件 DSN：ODBC 文件数据源允许用户连接数据提供者。文件 DSN 可以由安装了相同驱动程序的用户共享。这是介于用户 DSN 和系统 DSN 之间的一种共享情况。文件数据源是 ODBC 3.0 以上版本增加的一种数据源，用于企业用户。这些 DSN 其实是一些 *.dsn 文件，它们以文本格式保存着与数据源建立连接所需要的所有设置数据。这些文件通常存放在 Program Files\Common File\ODBC\Data Sources 下，这个设置是可以通过设置目录来改变的，从某种意义上讲，File DSN 相对要更透明一些。要注意的是，对本地数据库来说，通常要在 User DSN(用户 DSN)选项卡上创建一个项；对远程数据库，则在 System DSN(系统 DSN)选项卡上创建。任何情况下，都不能在 User DSN(用户 DSN)和 System DSN(系统 DSN)选项卡上创建同名的项。通常会出现的问题是，如果试图访问远程数据库，就会从 Web 服务器获得非常奇怪和矛盾的错误消息。

2. 建立 ODBC 数据源

在计算机中选择“控制面板”→“管理工具”→“数据源 ODBC”快捷方式，打开 ODBC 数据源管理器，如图 10-28 所示，在创建数据源之前，先切换到“驱动程序”选项卡，查看系统所安装的 ODBC 驱动程序，检查是否有拟创建的数据源的驱动程序，例如，如果要创建 SQL Server 数据库的数据源，就应检查 SQL Server 的驱动程序名是否出现在列表里，如果没有，需要去相关网站下载其驱动程序。

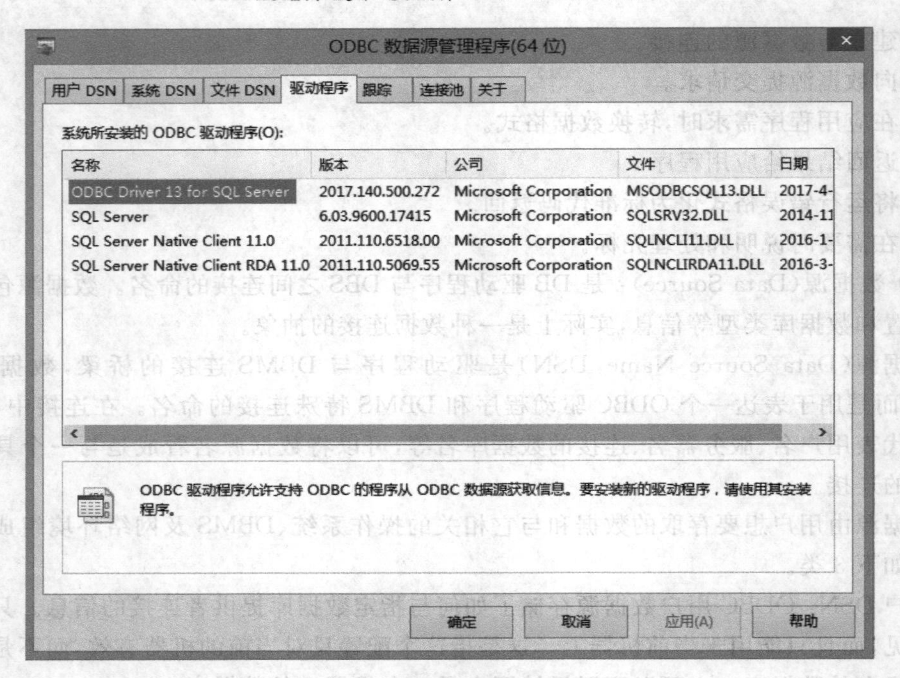

图 10-28　ODBC 数据源管理器

确保驱动程序已经在计算机中以后，就可以开始创建数据源的工作了。切换到需要创建的数据源类型，例如创建“用户 DSN”，单击“添加”按钮，弹出“创建新数据源”窗口(见图 10-29)，选择相应的驱动程序，例如选择 SQL Server，单击“完成”按钮，进入“创建到 SQL Server 的新数据源”窗口(见图 10-30)。

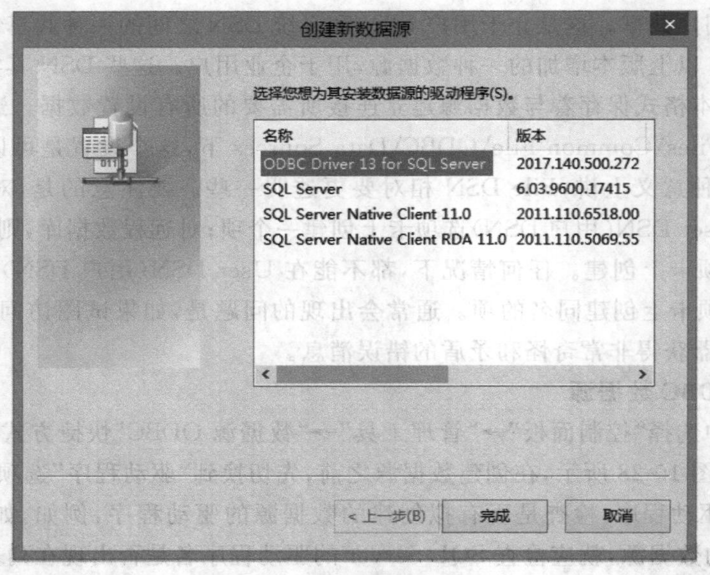

图 10-29　“创建新数据源”窗口

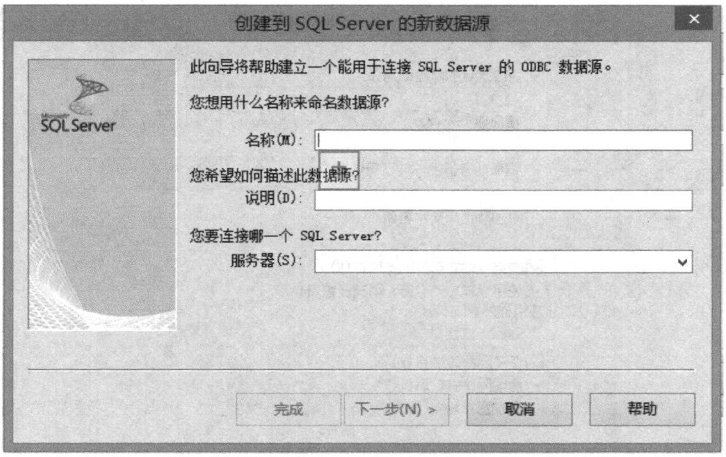

图 10-30　“创建到 SQL Server 的新数据源”窗口

在此窗口里，设置数据源名称，ODBC 程序根据这个名字去寻找和访问数据源。注意选择一个有意义并且容易记忆的名字。在“说明”文本框里，可以添加一些文字说明该数据源的用途等信息。在“服务器”文本框里，选择新创建的数据源的服务器名称。设置完毕后，单击“下一步”按钮。

在图 10-31 中，设置登录方式，可以选择“集成 Windows 身份验证”方式，此时不需设置其他信息；也可以选择“使用用户输入登录 ID 和密码的 SQL Server 验证”单选按钮，就需要设置“登录 ID”和“密码”了，设置完毕后，单击“下一步”按钮。

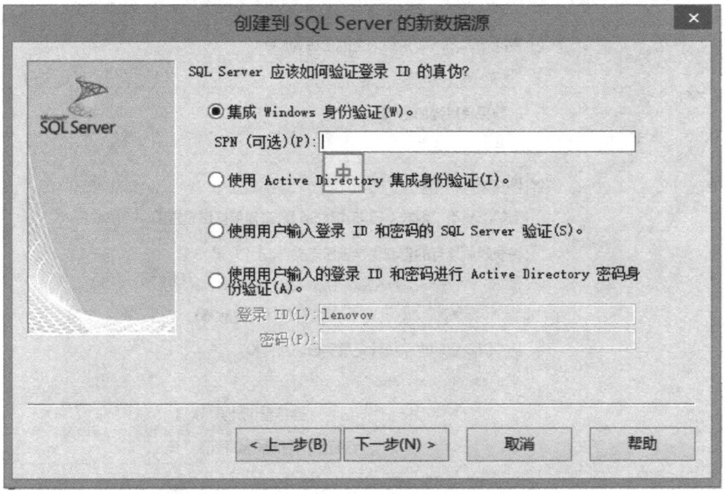

图 10-31　创建到 SQL Server 的新数据源-设置登录方式

在图 10-32 中，可以在“更改默认的数据库为”复选框下的下拉列表中选择指定的数据库 market，单击“下一步”按钮。

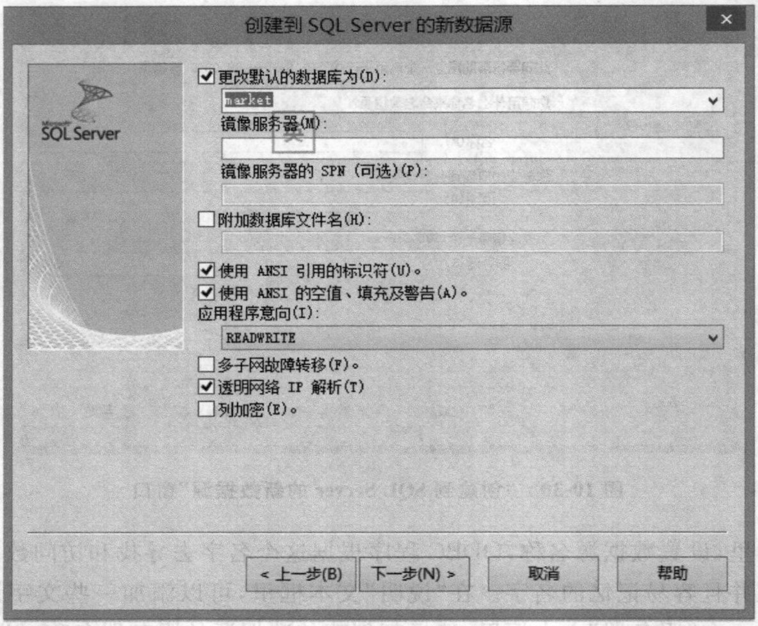

图 10-32　更改默认的数据库窗口 1

在图 10-33 中，可以在“更改 SQL Server 系统消息的语言为”复选框下的下拉列表中选择拟指定的语言。所有设置完毕后，单击“完成”按钮。

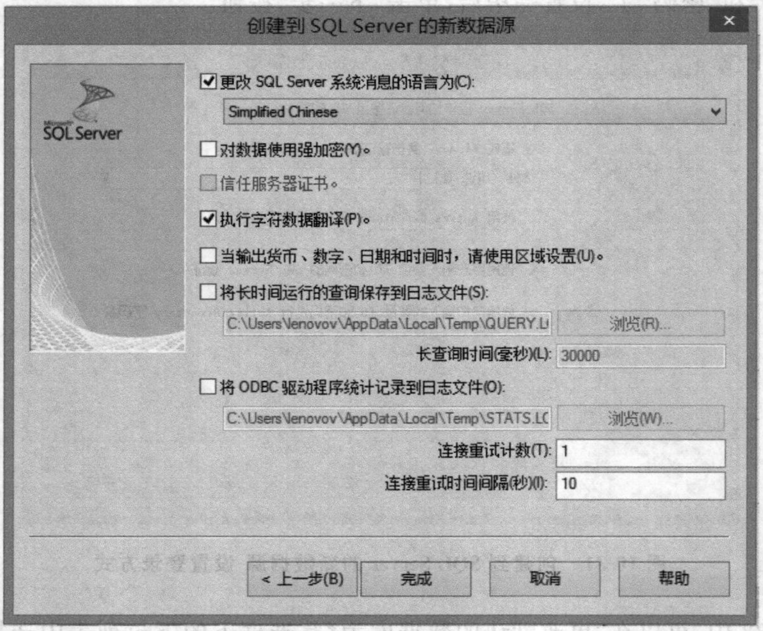

图 10-33　更改默认的数据库窗口 2

进入"ODBC Microsoft SQL Server 安装"界面(见图 10-34),显示出新建数据源的各种配置信息,可以单击"测试数据源"按钮以验证数据源配置是否成功,弹出"Microsoft SQL Server 数据源测试"窗口(见图 10-35),其中会显示测试结果,如果"测试成功",则单击"确定"按钮,回到"ODBC 数据源管理程序"窗口,会看到新添加的数据源出现在"用户 DSN"中,如图 10-36 所示。

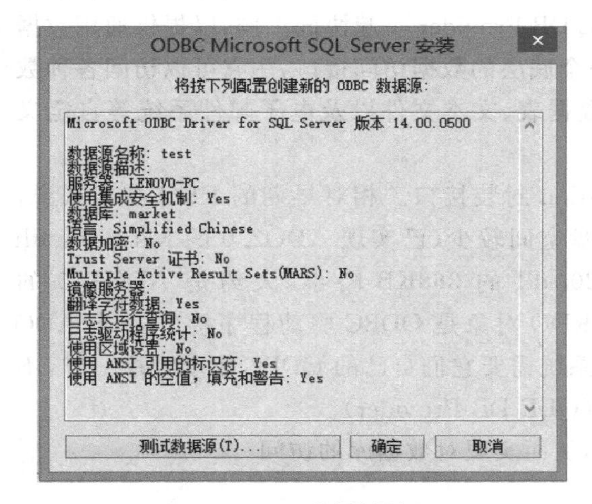

图 10-34　测试数据源

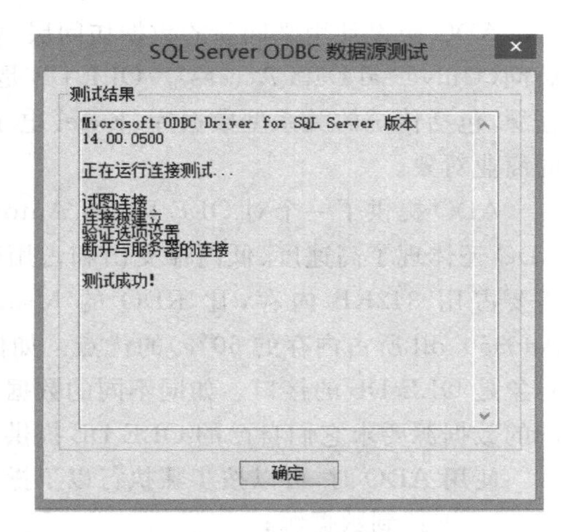

图 10-35　测试结果

图 10-36　添加成功的数据源 TEST

10.7.2 ADO 技术

ActiveX Data Objects (ADO) 是微软最新的数据访问技术。ADO 编程接口是通过 OLE DB 来实现对数据库的访问和操作。

ADO 被设计用来同新的数据访问层 OLE DB Provider 一起协同工作,以提供通用数据访问(Universal Data Access)。OLE DB 是一个底层的数据访问接口,用它可以访问各种数据源,包括传统的关系型数据库、Excel 电子数据表、文本文件以及电子邮件系统等自定义的商业对象。

ADO 提供了一个对 OLE DB 的 Automation 封装接口。相对早期的 RDO 技术来说,ADO 还体现了高速度、低内存支出和占用磁盘空间较少(已实现 ADO2.0 的 Msado15.dll 需要占用 342KB 内存,比 RDO 的 Msado20.dll 的 368KB 略小,大约是 ADO3.5 的 Ado350.dll 所占内存的 60%)的优点。如同 RDO 对象是 ODBC 驱动程序接口一样,ADO 对象是 OLE DB 的接口。如同不同的数据库系统需要它们自己的 ODBC 驱动程序一样,不同的数据源要求它们自己的 OLE DB 提供者(OLE DB Provider)。

使用 ADO 时,可以按步骤执行以下操作,从而实现对数据库的访问。

- 连接到数据源;
- 指定访问数据源的命令;
- 执行命令;
- 对查询数据进行更新、增加、删除等操作以及执行其他数据库操作;
- 将执行结果更新到数据库;
- 关闭连接。

ADO 主要对象介绍

ADO 把绝大部分的对数据库的操作封装在 7 个对象中,这 7 个对象是:Connection 对象、Recordset 对象、Command 对象、Property 对象、Error 对象、Parameter 对象、Field 对象。同传统的数据对象层次(DAO 和 RDO)不同,ADO 可以独立创建。因此可以只创建一个 Connection 对象,但是可以有多个独立的 Recordset 对象来使用它。

1) Connection 对象

Connection 对象用于建立与数据库的连接,通过连接可从应用程序访问数据源。它保存诸如指针类型、连接字符串、查询超时、连接超时和默认数据库这样的连接信息。Connection 对象的主要属性和方法见表 10-2。

2) Recordset 对象

存取数据库的内容;用来存储数据操作返回的记录集。Recordset 对象只代表一个记录集,这个记录集是一个连接的数据库中的表,或者是 Command 对象的执行结果返回的记录集。在 ADO 对象模型中,是在行中检查和修改数据的最主要的方法,所有对数据的操作几乎都是在 Recordset 对象中完成的。Record 对象用于指定行、移动行、添加、更改、删除记录。Recordset 的所有属性和功能见表 10-3。

表 10-2　Connection 对象的主要属性和方法

分类	名　　称	功能描述
属性	ConnectionString	一个连接字符串,指定数据库的名称以及 OLE DB Provider
	ConnectionTimeout	连接超时限制,可以限制放弃连接尝试并发出错误消息之前应用程序等待的时间
	Mode	修改数据的可用权限,该属性只能在关闭 Connection 对象时方可设置,可以设置为读或写权限,也可设置为防止其他用户的读/写权限
	CursorLocation	设定游标引擎的位置
	DefaultDatabase	设置连接的默认数据库名称
	IsolationLevel	为在连接上打开的事务设置隔离级别,可选读/写两种属性,只有在下次调用 BeginTrans 方法时,该设置才生效
	Provider	指定 OLEDB 提供者
	Version	读取使用中的 ADO 的版本信息
方法	Open	建立到数据源的物理连接
	Close	关闭到数据源的物理连接
	Execute	执行连接的命令,并使用 CommandTimeout 属性对执行进行配置
	BeginTrans	开始一个新事务
	CommitTrans	保存任何更改并结束当前事务
	RollbackTrans	取消当前事务中所做的任何更改并结束事务
	Error	返回检查数据源所返回的错误
	OpenSchema	获取数据库模式信息

表 10-3　Recordset 的所有属性和方法

分类	名　　称	功能描述
属性	CursorType	确定游标类型。可以有 4 种选择:adOpenForwardOnly(仅向前游标)、adOpenKeyset(键集游标)、adOpenDynamic(动态游标)、adOpenStatic(静态游标)
	CursorLocation	设置或返回游标服务的位置。通常,可以选择使用客户端游标库或位于服务器上的某个游标库
	BOF、EOF	标明当前记录的位置。BOF 指向当前记录集的第一个记录之前,EOF 指向当前记录集的最后一个记录之后。打开 Recordset 时,当前记录位于第一个记录(如果有),并且 BOF 和 EOF 属性被设置为 False。如果没有记录,BOF 和 EOF 属性设置为 True

续表

分类	名　　称	功 能 描 述
方法	MoveFirst	移动游标到第一条记录
	MoveLast	移动游标到最后一条记录
	MoveNext	移动游标到下一条记录
	Move	移动游标
	MovePrevious	移动游标到上一条记录
	Update、UpdateBatch	更新记录集有两种方式：立即更新，采用 Update 方法，对数据的所有修改将立即被写入数据源中；批量更新，首先将多个记录的更改存入缓存，然后使用 UpdateBatch 方法一次写回数据库

注意：在一个 Connection 中可以创建多个 RecordSet 对象，而不必为每一个 RecordSet 对象分别创建 Connection 对象。

3）Command 对象

使用 Command 对象可以查询数据库并返回 Recordset 对象中的记录，以便执行大量操作或处理数据库结构。Command 对象的主要属性和方法见表 10-4。

表 10-4　Command 对象的主要属性和方法

分类	名　　称	功 能 描 述
属性	ActiveConnection	确定在其上将执行指定 Command 对象或打开指定 Recordset 的 Connection 对象。可以将多个 Command 对象同一个 Connection 对象关联
	CommandText	设置或返回命令的可执行文本
	CommandType	在 Execute 方法使用中用 CommandType 属性可以优化 CommandText 属性的计算，并且可以有以下取值： • AdCmdText——将 CommandText 作为命令或存储过程调用的文本进行计算 • AdCmdTable——将 CommandText 作为其列全部由内部生成的 SQL 查询返回的表格的名称进行计算 • AdCmdTableDirect——将 CommandText 作为其列全部返回的表格的名称进行计算 • AdCmdStoredProc——将 CommandText 作为存储过程名称进行计算 • AdCmdUnknown——默认值。CommandText 属性中的命令类型未知 • AdCommandFile——将 CommandText 作为持久 Recordset 文件名进行计算 • AdExecuteNoRecords——指示 CommandText 为不返回行的命令或存储过程。如果检索任意行，则将丢弃这些行且不返回值。总是与 AdCmdText 和 AdCmdStoredProc 进行组合
	Name	返回对象的名称，是只读属性
	Prepared	设置或返回执行前是否保存命令的编译版本
方法	Execute	执行一个命令或返回一个 Recordset 对象

4）Parameter 对象

Parameter 对象表示 Command 对象中参数化查询或存储过程中的参数或自变量，包括输入参数、输出参数以及存储过程返回值。Parameter 对象的主要属性和方法见表 10-5。

表 10-5　Parameter 对象的主要属性和方法

分类	名　　称	功 能 描 述
属性	Name	返回参数的名称，是只读属性
	Value	设置或返回参数的值
	Type	设置或返回参数的数据类型，可以设置为二进制数据类型
	Precision	设置并返回长整型值，该值是当 Type 属性是数值型时列中数值的最高精度，对于所有其他数据类型，将忽略 Precision
方法	AppendChunk	将长二进制或字符数据追加到 Parameter 对象，Parameter 对象上的第一个调用 AppendChunk 将数据写入参数，并覆盖任何现有数据，随后 Parameter 对象上调用 AppendChunk 可以添加到现有的参数数据中。如要清空参数数据，则可以传送一个空值的 AppendChunk 调用
	CreateParameter	可用指定的名称、类型、方向、大小和值创建新的 Parameter 对象。在参数中传送到所有值都将写入相应的 Parameter 属性

5）Error 对象

Error 对象返回操作过程中的错误信息。当发生错误时，一个或多个 Error 对象将被放到 Connection 对象的 Errors 集合中。当另一个 ADO 操作产生错误时，Errors 集合将被清空，并在其中放入新的 Error 对象集。因此，读取 Errors 集合中的值就可以分析在操作过程中发生了哪些错误。

Error 对象的主要属性和方法见表 10-6。

表 10-6　Error 对象的主要属性和方法

分类	名　　称	功 能 描 述
属性	Description	返回关于错误的文本信息，是只读属性
	Count	确定给定集合中对象的数目。集合成员的编号从零开始，如果 Count 属性为零，则表示集合中将不存在对象，即没有错误发生
	Source	标识产生错误的对象。在向数据源发出请求之后，如果 Errors 集合中有多个 Error 对象，则将会用到该属性
方法	Clear	对 Errors 集合使用 Clear 方法，以删除集合中全部现有的 Error 对象。发生错误时，ADO 将自动清空 Errors 集合，并用基于新错误的 Error 对象填充集合

6）Field 对象

Field 对象代表 Recordset 对象中的一列，所有 Field 对象组成一个 Fields 集合。Field 对象的主要属性和方法见表 10-7。

表 10-7 Field 对象的主要属性和方法

分类	名 称	功能描述
属性	Name	返回字段的名称，是只读属性
	Value	读取或设置字段的数据
	Type	返回字段的数据类型
	Precision	返回数值字段的精度
	Numericscale	表示数值字段的取值范围
	Definedsize	返回已声明的字段大小
	Actualsize	返回实际的字段大小
方法	AppendChunk	将长二进制或字符数据追加到对象中，在 Field 对象上的第一个 AppendChunk 调用将数据写入字段，并覆盖任何现有数据，随后调用 AppendChunk 则添加到现有数据中
	GetChunk	返回大型文本或二进制数据 Field 对象的全部或部分内容。第二次 GetChunk 调用将检索从前一次 GetChunk 调用停止处开始的数据。但是，如果从一个字段检索数据然后在当前记录中设置或读取另一个字段的值，ADO 将认为已从第一个字段中检索出数据。如果在第一个字段上再次调用 GetChunk 方法，ADO 将把调用解释为新的 GetChunk 操作并从记录的起始处开始读取数据

7) Property 对象

Property 对象代表 ADO 的动态特征，每个 ADO 对象都由一些 Property 对象组成。Property 对象有两种类型：内置属性和动态属性。内置属性是在 ADO 中内置的、并且可以用于任何新对象的属性，有些是只读的属性，不能进行更改。动态属性由基本的数据提供者定义，并出现在相应的 ADO 对象的 Properties 集合中。

动态 Property 对象有 4 个自己的内置属性，见表 10-8。

表 10-8 动态 Property 对象的内置属性

属性名称	功能描述
Name	返回属性的字符串
Value	包含属性设置的变体型
Type	指定属性的数据类型的整数
Attributes	指示特定于提供者的属性特征的长整型值

总之，ADO 提供了统一的开发对象，利用 ADO 组件，用户能够很方便地在 Visual Basic、ASP、Delphi 等开发工具中使用，目前它是应用程序存取数据库的主要手段。

10.7.3 JDBC 技术

Java数据库连接(Java DataBase Connectivity, JDBC)是一种用于执行SQL语句的Java API,可以为多种关系数据库提供统一访问,它由一组用Java语言编写的类和接口组成。JDBC提供了一种基准,据此可以构建更高级的工具和接口,使数据库开发人员能够编写数据库应用程序,同时,JDBC也是个商标名。

Java数据库连接体系结构是用于Java应用程序连接数据库的标准方法。JDBC对Java程序员而言是API,对实现与数据库连接的服务提供商而言是接口模型。作为API,JDBC为程序开发提供标准的接口,并为数据库厂商及第三方中间件厂商实现与数据库的连接提供了标准方法。JDBC使用已有的SQL标准并支持与其他数据库的连接标准,如ODBC之间的桥接。JDBC实现了所有这些面向标准的目标并且具有简单、严格类型定义且高性能实现的接口。

Java和JDBC的结合使信息传播变得容易和经济。企业可继续使用它们安装好的数据库,并能便捷地存取信息,即使这些信息是存储在不同数据库管理系统上。新程序的开发期很短。安装和版本控制将大为简化。程序员可只编写一遍应用程序或只更新一次,然后将它放到服务器上,随后任何人就都可得到最新版本的应用程序。对于商务上的销售信息服务,Java和JDBC可为外部客户提供获取信息更新的更好方法。

JDBC API既支持数据库访问的两层模型(C/S),同时也支持三层模型(B/S)。在两层模型中(见图10-37),Java Applet或应用程序将直接与数据库进行对话。这将需要一个JDBC驱动程序来与所访问的特定数据库管理系统进行通信。用户的SQL语句被送往数据库中,而其结果将被送回给用户。数据库可以位于另一台计算机上,用户通过网络连接到上面。这就叫作客户机/服务器配置,其中用户的计算机为客户机,提供数据库的计算机为服务器。网络可以是Intranet(它可将公司职员连接起来),也可以是Internet。在三层模型中(见图10-38),命令先是被发送到服务的"中间层",然后由它将SQL语句发送给数据库。数据库对SQL语句进行处理并将结果送回到中间层,中间层再将结果送回给用户。中间层的另一个好处是,用户可以利用易于使用的高级API,而中间层将把它转换为相应的低级调用。最后,在许多情况下三层结构都可提供一些性能上的好处。

到目前为止,中间层通常都用C或C++这类语言来编写,这些语言执行速度较快。然而,随着最优化编译器(它把Java字节代码转换为高效的特定于机器的代码)的引入,用Java来实现中间层将变得越来越实际。这将是一个很大的进步,它使人们可以充分利用Java的诸多优点(如坚固、多线程和安全等特征)。JDBC对于从Java的中间层来访问数据库非常重要。

JDBC库中所包含的API通常与数据库使用于:

(1) 连接到数据库;

(2) 创建SQL或MySQL语句;

(3) 在数据库中执行SQL或MySQL查询;

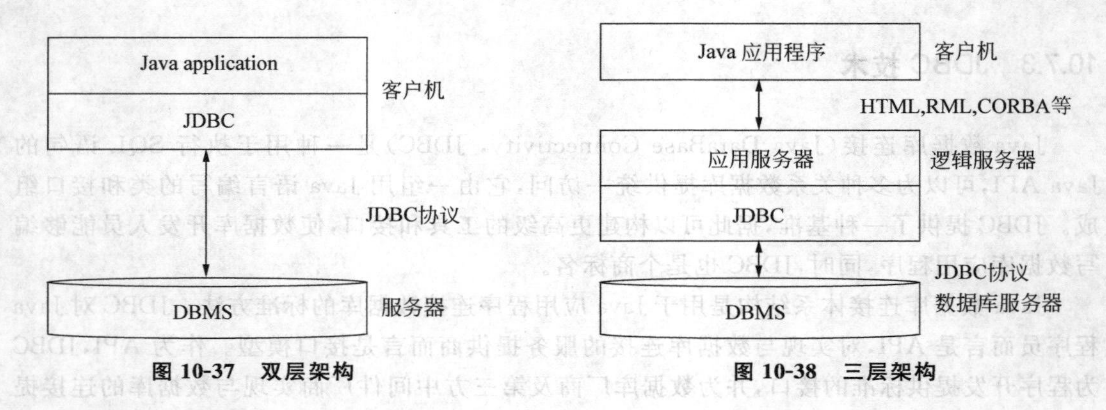

图 10-37　双层架构　　　图 10-38　三层架构

(4) 查看和修改数据库中的数据记录。

1) 打开连接

Connection 对象代表与数据库的连接。连接过程包括所执行的 SQL 语句和在该连接上所返回的结果。一个应用程序可与单个数据库有一个或多个连接,或者可与许多数据库有连接。与数据库建立连接的标准方法是调用 DriverManager. getConnection 方法。该方法接受含有某个 URL 的字符串。DriverManager 类(即 JDBC 管理层)将尝试找到可与那个 URL 所代表的数据库进行连接的驱动程序。DriverManager 类存有已注册的 Driver 类的清单。当调用方法 getConnection 时,它将检查清单中的每个驱动程序,直到找到可与 URL 中指定的数据库进行连接的驱动程序为止。Driver 的方法 connect 使用这个 URL 来建立实际的连接。

用户可绕过 JDBC 管理层直接调用 Driver 方法。这在以下特殊情况下将很有用:当两个驱动器可同时连接到数据库中,而用户需要明确地选用其中特定的驱动器时。但一般情况下,让 DriverManager 类处理打开连接这种事将更为简单。

2) 普通 URL

由于统一资源定位符(URL)常引起混淆,先对一般 URL 作简单说明,然后再讨论 JDBCURL。URL 提供在 Internet 上定位资源所需的信息。可将它想象为一个地址。URL 的第一部分指定了访问信息所用的协议,后面总是跟着冒号。常用的协议有 ftp(代表"文件传输协议")和 http(代表"超文本传输协议")。如果协议是 file,表示资源是在某个本地文件系统上而非在 Internet 上。

URL 的其余部分(冒号后面的)给出了数据资源所处位置的有关信息。如果协议是 file,则 URL 的其余部分是文件的路径。对于 ftp 和 http 协议,URL 的其余部分标识了主机并可选地给出某个更详尽的地址路径。

3) JDBC URL

JDBC URL 提供了一种标识数据库的方法,可以使相应的驱动程序能识别该数据库并与之建立连接。实际上,驱动程序编程员将决定用什么 JDBC URL 来标识特定的驱动程序。用户不必关心如何来形成 JDBC URL,他们只需使用与所用的驱动程序一起提供的 URL 即可。JDBC 的作用是提供某些约定,驱动程序编程员在构造 JDBC URL 时应该遵循这些约定。

由于JDBC URL要与各种不同的驱动程序一起使用，因此这些约定应非常灵活。首先，它们应允许不同的驱动程序使用不同的方案来命名数据库。例如，odbc子协议允许（但并不是要求）URL含有属性值。其次，JDBC URL应允许驱动程序编程员将一切所需的信息编入其中。这样就可以让要与给定数据库对话的Applet打开数据库连接，而无须要求用户去做任何系统管理工作。最后，JDBC URL应允许某种程度的间接性。也就是说，JDBC URL可指向逻辑主机或数据库名，而这种逻辑主机或数据库名将由网络命名系统动态地转换为实际的名称。这可以使系统管理员不必将特定主机声明为JDBC名称的一部分。网络命名服务（例如DNS、NIS和DCE）有多种，而对于使用哪种命名服务并无限制。JDBC URL的标准语法如下所示。

```
<jdbc协议>:<子协议>:<子名称>
```

它由3部分组成，各部分间用冒号分隔，3个部分可分解如下。

(1) jdbc协议：JDBC URL中的协议总是jdbc。

(2) ＜子协议＞：驱动程序名或数据库连接机制（这种机制可由一个或多个驱动程序支持）的名称。子协议名的典型示例是odbc，该名称是为用于指定ODBC风格的数据资源名称的URL专门保留的。例如，为了通过JDBC-ODBC桥来访问某个数据库，可以用如下所示的URL：jdbc：odbc：TEST。本例中，子协议为odbc，子名称TEST是本地ODBC数据资源。如果要用网络命名服务（这样JDBC URL中的数据库名称不必是实际名称），则命名服务可以作为子协议。例如，可用如下所示的URL：jdbc：dcenaming：market。本例中，该URL指定了本地DCE命名服务应该将数据库名称market解析为更为具体的可用于连接真实数据库的名称。

(3) ＜子名称＞：一种标识数据库的方法。子名称可以依不同的子协议而变化。它还可以有子名称的子名称（含有驱动程序编程员所选的任何内部语法）。使用子名称的目的是为定位数据库提供足够的信息。然而，位于远程服务器上的数据库需要更多的信息。例如，如果数据库是通过Internet来访问的，则在JDBC URL中应将网络地址作为子名称的一部分包括进去，且必须遵循如下所示的标准URL命名约定：

```
//主机名:端口/子协议
```

4) 子协议odbc

子协议odbc是一种特殊情况。它是为用于指定ODBC风格的数据资源名称的URL而保留的，并具有下列特性：允许在子名称（数据资源名称）后面指定任意多个属性值。odbc子协议的完整语法为：

```
jdbc:odbc:<数据资源名称>[;<属性名>=<属性值>]
```

5) 发送SQL

连接一旦建立，就可用来向它所涉及的数据库传送SQL语句。JDBC对可被发送的SQL语句类型不加任何限制。这就提供了很大的灵活性，即允许使用特定的数据库语句甚至非 SQL 语句。然而，它要求用户自己负责确保所涉及的数据库可以处理所发送的 SQL 语句，例如，如果某个应用程序试图向不支持存储程序的 DBMS 发送存储程序调用，就会失败并抛出异常。JDBC 要求驱动程序应至少能提供 ANSI SQL-2 Entry Level 功能才可算是符合 JDBC 标准的。这意味着用户至少可信赖这一标准级别的功能。

JDBC 提供了 3 个类，用于向数据库发送 SQL 语句。Connection 接口中的 3 个方法可用于创建这些类的实例。下面列出这些类及其创建方法。

(1) Statement：由方法 Createstatement 所创建。Statement 对象用于发送简单的 SQL 语句。

(2) PreparedStatement：由方法 PreparedStatement 所创建。PreparedStatement 对象用于发送带有一个或多个输入参数(IN 参数)的 SQL 语句。PreparedStatement 拥有一组方法，用于设置 IN 参数的值。执行语句时，这些 IN 参数将被送到数据库中。PreparedStatement 的实例扩展了 Statement，因此它们都包括了 Statement 的方法。PreparedStatement 对象有可能比 Statement 对象的效率更高，因为它已被预编译过并存放在那里以供将来使用。

(3) CallableStatement：由方法 Preparecall 所创建。CallableStatement 对象用于执行 SQL 存储程序——一组可通过名称来调用(就像函数的调用那样)的 SQL 语句。CallableStatement 对象从 PreparedStatement 中继承了用于处理 IN 参数的方法，而且还增加了用于处理 OUT 参数和 INOUT 参数的方法。

不过通常来说，Createstatement 方法用于简单的 SQL 语句(不带参数)，PreparedStatement 方法用于带一个或多个 IN 参数的 SQL 语句或经常被执行的简单 SQL 语句，而 Preparecall 方法用于调用已存储过程。

6) 事务支持

事务由一个或多个这样的语句组成：这些语句已被执行、完成并被提交或还原。当调用方法 Commit 或 Rollback 时，当前事务即告结束，另一个事务随即开始。默认情况下，新连接将处于自动提交模式。也就是说，当执行完语句后，将自动对那个语句调用 Commit 方法。这种情况下，由于每个语句都是被单独提交的，因此一个事务只由一个语句组成。如果禁用自动提交模式，事务将要等到 Commit 或 Rollback 方法被显式调用时才结束，因此它将包括上一次调用 Commit 或 Rollback 方法以来所有执行过的语句。对于第二种情况，事务中的所有语句都将作为组来提交或还原。

方法 Commit 使 SQL 语句对数据库所做的任何更改成为永久性的，它还将释放事务持有的全部锁。而方法 Rollback 将丢弃那些更改。有时用户在另一个更改生效前不想让此更改生效。这可通过禁用自动提交并将两个更新组合在一个事务中来达到。如果两个更新都是成功的，则调用 Commit 方法，从而使两个更新结果成为永久性的；如果其中之一或两个更新都失败了，则调用 Rollback 方法，以将值恢复为进行更新之前的值。

大多数 JDBC 驱动程序都支持事务。事实上，符合 JDBC 的驱动程序必须支持事务。DatabaseMetaData 给出的信息描述 DBMS 所提供的事务支持水平。

7）事务隔离

如果DBMS支持事务处理，那么它必须有某种途径来管理两个事务同时对一个数据库进行操作时可能发生的冲突。用户可指定事务隔离级别，以指明DBMS应该花多大精力来解决潜在冲突。

事务隔离级别越高，为避免冲突所花的精力也就越多。Connection接口定义了5级，其中最低级别指定了根本就不支持事务，而最高级别则指定当事务在对某个数据库进行操作时，任何其他事务不得对那个事务正在读取的数据进行任何更改。通常，隔离级别越高，应用程序执行的速度也就越慢。在决定采用什么隔离级别时，开发人员必须在性能需求和数据一致性需求之间进行权衡。当然，实际所能支持的级别取决于所涉及的DBMS的功能。

当创建Connection对象时，其事务隔离级别取决于驱动程序，但通常是所涉及的数据库的默认值。用户可通过调用Setisolationlevel方法来更改事务隔离级别。新的级别将在该连接过程的剩余时间内生效。要想只改变一个事务的事务隔离级别，必须在该事务开始前进行设置，并在该事务结束后进行复位。不提倡在事务的中途对事务隔离级别进行更改，因为这将立即触发Commit方法的调用，使在此之前所做的任何更改都会变成永久性的。

习题10

1. 如何利用对象资源管理器创建数据库？
2. 如何利用对象资源管理器创建数据表？
3. 如何利用对象资源管理器创建视图？
4. 如何利用对象资源管理器创建索引？
5. 如何利用对象资源管理器更新表数据？
6. 如何利用对象资源管理器管理存储过程？
7. 如何利用对象资源管理器管理触发器？

第 11 章 SQL Server 2016 的数据库保护技术

一个企业的信息管理系统存储着大量的业务数据，这些业务数据往往涉及企业的商业机密。如何确保这些数据的安全是数据库管理系统需要重点考虑的问题。本章主要介绍利用 SQL Server 2016 的数据保护技术。

11.1 数据安全性技术

11.1.1 概述

数据库的安全性包括两方面的含义：既要保证那些具有数据访问权限的用户能够登录到数据库服务器，并且能够访问数据以及对数据库对象实施各种权限范围内的操作；同时，又要防止所有的非授权用户的非法操作。

SQL Server 2016 数据库系统设置了 3 层严密有效的安全管理模式。

第一层是 SQL Server 服务器级别的安全性，通过控制服务器登录账号和密码保证合法用户访问数据库。在 SQL Server 中预先设置了若干固定的服务器角色，为具有服务器管理员资格的用户分配权限，具有固定的服务器角色的用户可以拥有服务器级别的管理权限。

第二层是数据库级别的安全性，用户提供正确的服务器登录账号和密码通过第一层的检查之后，将接受第二层的安全性检查——判断用户是否具有访问某个数据库的权利。如果该用户不具有访问某个数据库的权限，系统将拒绝该用户对数据库的访问请求。

第三层安全性是数据库对象级别的安全性，用户通过前两层的安全性验证之后，在对具体的数据库安全对象进行操作时，将接受权限检查，不具有相应访问权限的用户，将被系统拒绝访问。数据库对象的所有者拥有对该对象全部的操作权限，在创建数据库对象时，SQL Server 会自动把该对象的所有权限赋予该对象的创建者。

11.1.2 身份验证模式

SQL Server 2016 提供两种身份验证模式：Windows 身份验证模式和混合身份验证模式(SQL Server 和 Windows 身份验证模式)。

1. Windows身份验证模式

在Windows身份验证模式下，系统会启用Windows身份验证并禁用SQL Server身份验证，即用户只能通过Windows账号与SQL Server进行连接。该Windows账号是用户启动操作系统的时候输入的账号，即用户身份由Windows系统进行确认。SQL Server本身不要求提供密码，也不进行身份验证。Windows身份验证相对于混合模式更加安全，是系统默认身份验证模式。通过Windows身份验证进行的数据库连接有时候也称为“信任连接”。

2. 混合身份验证模式

在混合身份验证模式下，系统会同时启用Windows身份验证和SQL Server身份验证。用户既可以通过Windows身份验证与数据库连接，也可以通过SQL Server身份验证与数据库连接。当使用后者时，在SQL Server中创建并存储在SQL Server中的账号和密码与Windows系统的账号和密码毫无关系。用户每次登录时，都必须提供正确的登录名和密码。

相对而言，混合模式验证的安全性要差一些。当本地用户访问SQL的时候采用Windows身份验证建立信任连接，当远程用户访问时由于未通过Windows认证，而进行SQL Server认证(使用sa的用户也可以登录SQL)，建立“非信任连接”，从而使得远程用户也可以登录。

3. 管理身份验证模式

在安装过程中，SQL Server 2016会提示用户选择服务器身份验证模式，根据用户的选择将服务器设置为相应的身份验证模式。在使用过程中，可以根据需要重新设置服务器的身份验证模式。具体过程如下：

(1) 在SQL Server Management Studio的对象资源管理器中，选中服务器，然后右击，在弹出的快捷菜单中选择“属性”命令；

(2) 弹出“服务器属性”对话框，切换到“安全性”页面，如图11-1所示。重新设置服务器身份验证模式，再单击“确定”按钮。

(3) 关闭SQL Server，重新启动，设置生效。

11.1.3 登录账号管理

用户必须提供正确的登录账号和密码才能使用SQL Server 2016，SQL Server 2016将在整个服务器范围的管理登录账号，所有的登录账号都存储在master数据库的syslogins表中。

1. 利用对象资源管理器管理登录账号

SQL Server 2016利用对象资源管理器对登录账号进行管理的过程如下：

(1) 打开“对象资源管理器”，找到“安全性”节点，右击“登录名”，在弹出的快捷菜单中选择“新建登录名”选项。

(2) 进入“登录名-新建”对话框，如图11-2所示。

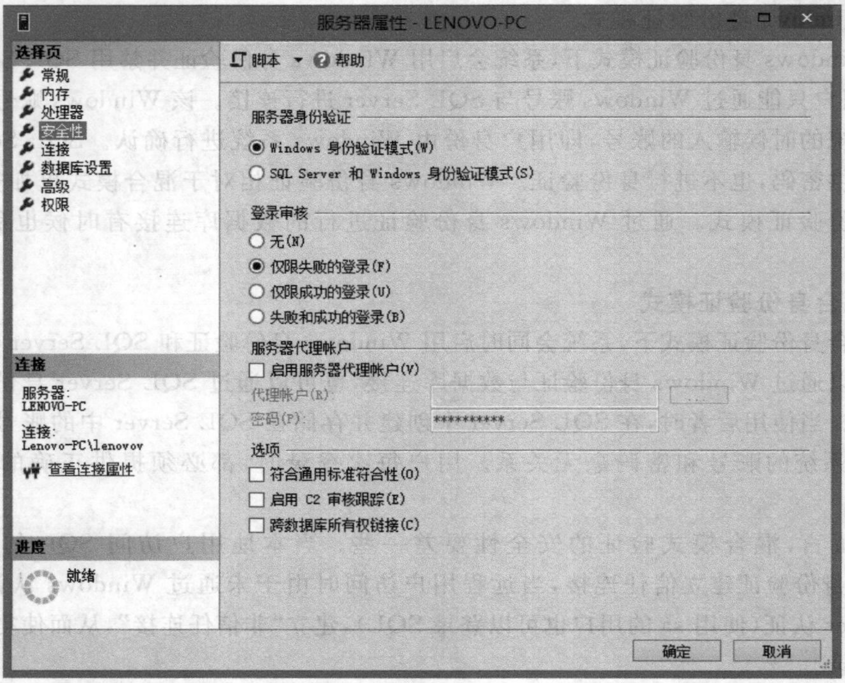

服务器属性 - LENOVO-PC

选择页
常规
内存
处理器
安全性
连接
数据库设置
高级
权限

脚本 ▾ 帮助

服务器身份验证
◉ Windows 身份验证模式(W)
○ SQL Server 和 Windows 身份验证模式(S)

登录审核
○ 无(N)
◉ 仅限失败的登录(F)
○ 仅限成功的登录(U)
○ 失败和成功的登录(B)

服务器代理帐户
☐ 启用服务器代理帐户(V)
代理帐户(R):
密码(P): **********

选项
☐ 符合通用标准符合性(O)
☐ 启用 C2 审核跟踪(E)
☐ 跨数据库所有权链接(C)

连接
服务器:
LENOVO-PC
连接:
Lenovo-PC\lenovov
查看连接属性

进度
就绪

确定 取消

图 11-1 服务器属性

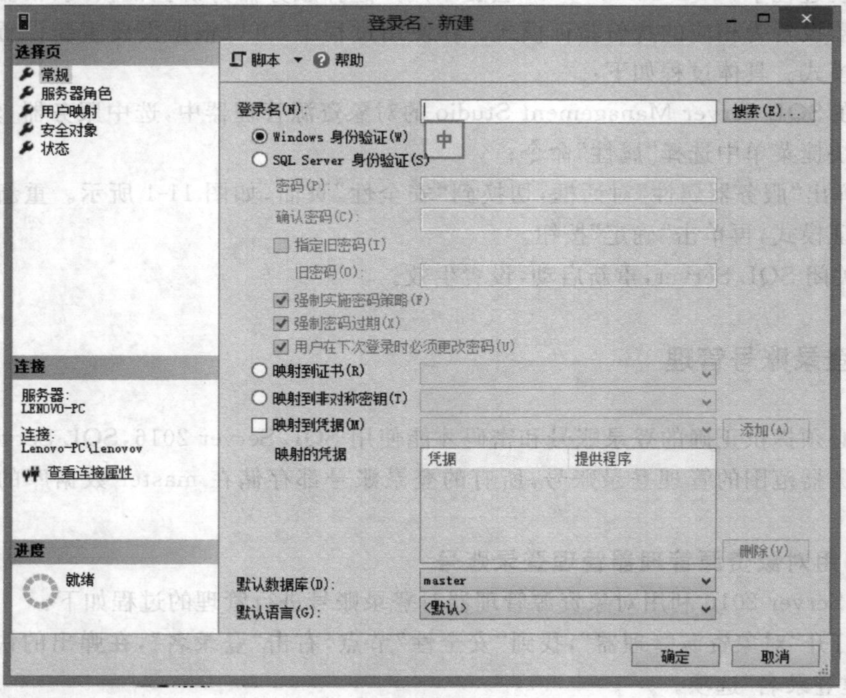

登录名 - 新建

选择页
常规
服务器角色
用户映射
安全对象
状态

脚本 ▾ 帮助

登录名(N): 搜索(E)...
◉ Windows 身份验证(W)
○ SQL Server 身份验证(S)
密码(P):
确认密码(C):
☐ 指定旧密码(I)
旧密码(O):
☑ 强制实施密码策略(F)
☑ 强制密码过期(X)
☑ 用户在下次登录时必须更改密码(U)
○ 映射到证书(R)
○ 映射到非对称密钥(T)
☐ 映射到凭据(M) 添加(A)
映射的凭据

凭据	提供程序

删除(V)

默认数据库(D): master
默认语言(G): <默认>

连接
服务器:
LENOVO-PC
连接:
Lenovo-PC\lenovov
查看连接属性

进度
就绪

确定 取消

图 11-2 “登录名-新建”对话框

在"常规"页面中设置以下内容。

- 登录名：输入要创建的登录账号名，也可以单击右边的"搜索"按钮，打开"选择用户或组"对话框，查找账户。
- Windows 身份验证：选择此项身份验证模式，将通过 Windows 系统安全性验证，无须再设置密码。
- SQL Server 身份验证：选择此项身份验证模式指定该账户为 SQL Server 专用账户，此时，必须输入密码。

注意：SQL Server 2016 不允许使用空密码。一般来讲，"强制实施密码策略""强制密码过期""用户在下次登录时必须更改密码"三项是默认的选择，也可以根据实际情况，自行决定。

- 映射到证书：指定该新建的登录账号与某个证书相关联。
- 映射到非对称密钥：指定该新建的登录账号与某个非对称密钥相关联。

注意：Windows 身份验证、SQL Server 身份验证、映射到证书、映射到非对称密钥 4 个选项互斥，只选择其中一个即可。

- 映射到凭据：此选项将凭据链接到登录名。
- 默认数据库：为新建的登录账号选择默认的数据库。
- 默认语言：为新建的登录账号选择默认的语言。

(3) 切换到"服务器角色"页面，见图 11-3。设置新建的登录账号所属的服务器角色，其中 public 角色是默认选择，不能删除。

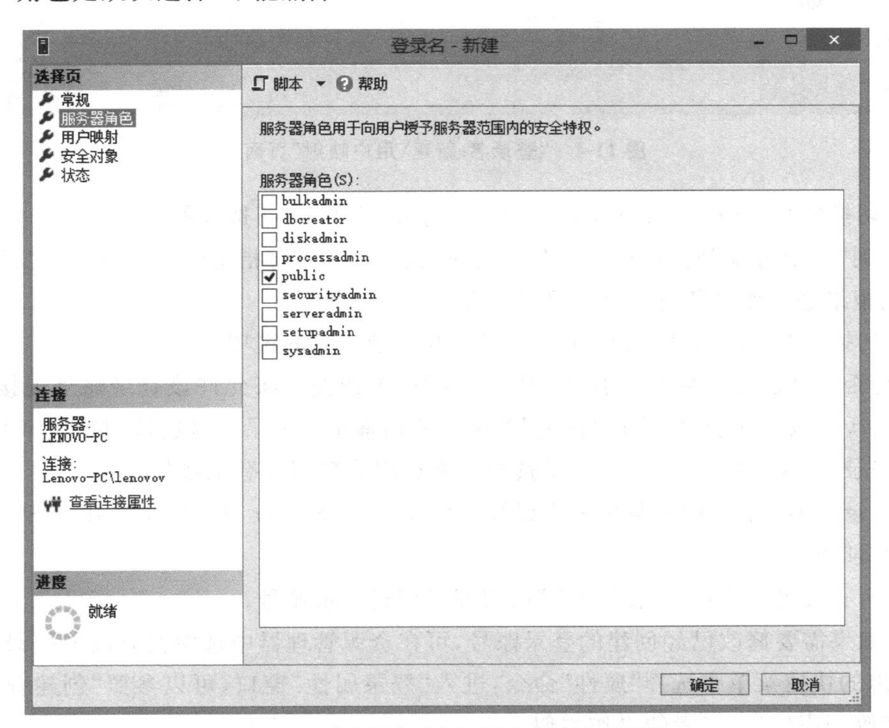

图 11-3　"登录名-新建\服务器角色"页面

(4) 切换到“用户映射”页面，见图 11-4。指定新建的登录账号可以访问的数据库。在“数据库角色成员身份”列表中，可以选择新建的登录账号在指定数据库中的角色。

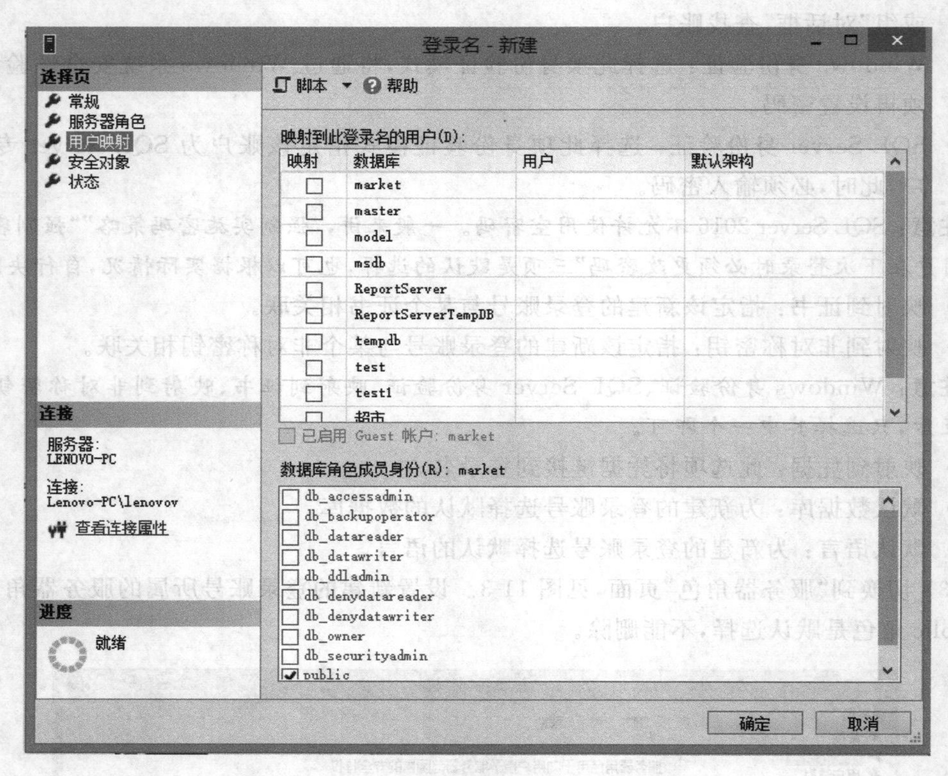

图 11-4 “登录名-新建\用户映射”页面

(5) 切换到“安全对象”页面，见图 11-5。通过“搜索”按钮选择相应类型的安全对象，并将之添加到“安全对象”列表中，然后在下面的列表中，可以将指定的安全对象的权限授予登录账号或拒绝登录账号获得安全对象的权限。

(6) 切换到“状态”页面，见图 11-6。设置与登录相关的选项。

- 是否允许连接到数据库引擎：选择“授予”单选按钮将允许该登录账号连接到 SQL Server 数据库引擎，选择“拒绝”单选按钮则禁止此登录账号连接到数据库引擎。
- 登录：选择“启用”或“禁用”单选按钮来启用或禁用该登录账号。
- 登录已锁定：选中该复选框可以锁定使用 SQL Server 身份验证连接到 SQL Server 登录账号。

(7) 所有设置完毕后，单击“确定”按钮即可创建登录账号。

(8) 如果需要修改已经创建的登录账号，可在资源管理器中选中要修改的登录账号，右击，在弹出的快捷菜单中选择“属性”命令，进入“登录属性”窗口，可以参照“创建登录账号”的方法修改相应信息，二者的操作类似。

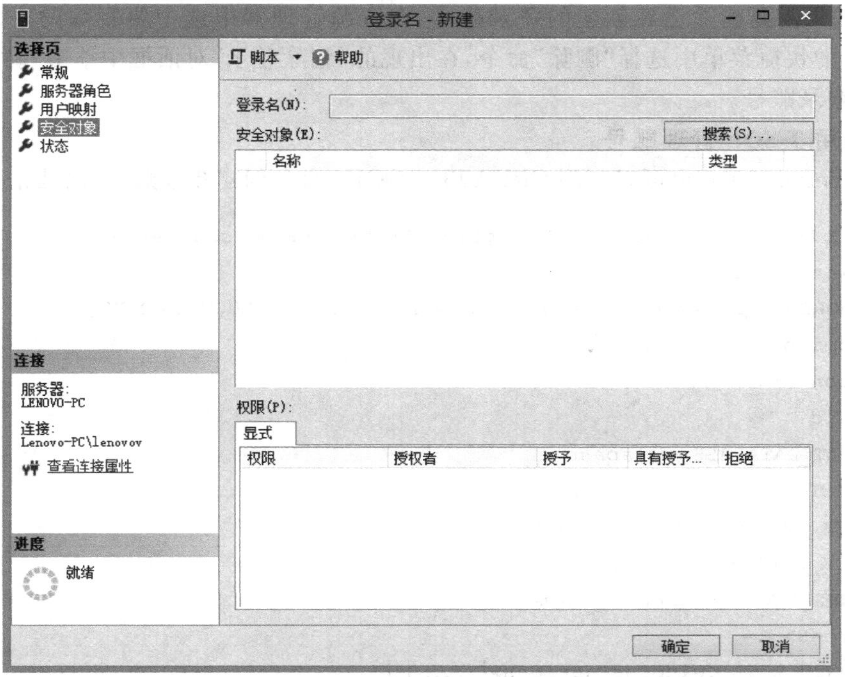

登录名 - 新建

选择页
常规
服务器角色
用户映射
安全对象
状态

脚本 ▾ 帮助

登录名(N):
安全对象(E):　搜索(S)...

名称	类型

连接
服务器:
LENOVO-PC
连接:
Lenovo-PC\lenovov
查看连接属性

进度
就绪

权限(P):
显式

权限	授权者	授予	具有授予...	拒绝

确定　取消

图 11-5　“登录名-新建\安全对象”页面

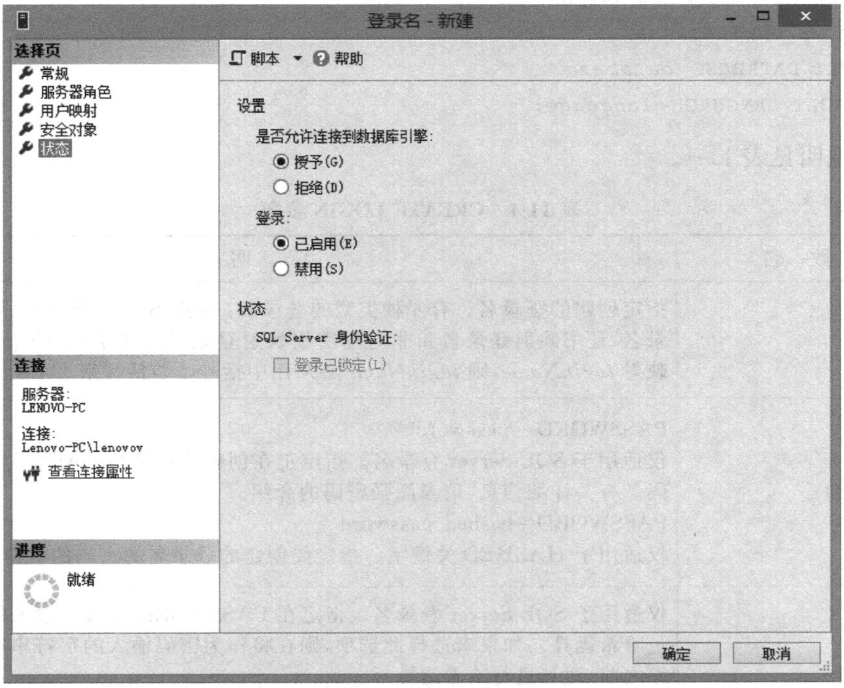

登录名 - 新建

选择页
常规
服务器角色
用户映射
安全对象
状态

脚本 ▾ 帮助

设置
是否允许连接到数据库引擎:
◉ 授予(G)
○ 拒绝(D)
登录:
◉ 已启用(E)
○ 禁用(S)

状态
SQL Server 身份验证:
☐ 登录已锁定(L)

连接
服务器:
LENOVO-PC
连接:
Lenovo-PC\lenovov
查看连接属性

进度
就绪

确定　取消

图 11-6　“登录名-新建\状态”页面

(9) 如果需要删除已经创建的登录账号，在资源管理器中选中要删除的登录账号，右击，在弹出的快捷菜单中选择“删除”命令，在出现的“删除登录”对话框中单击“确定”按钮即可删除该登录账号。

2. 利用 T-SQL 管理账号

SQL Server 2016 也可以利用 CREATE LOGIN 命令创建登录账号，语法格式为：

```
CREATE LOGIN loginName { WITH <option_list1> | FROM <sources> }
<option_list1>::=
PASSWORD={ 'password' | hashed_password HASHED } [ MUST_CHANGE ]
[ , <option_list2>[ ,... ] ]
<option_list2>::=
SID=sid
DEFAULT_DATABASE=database
| DEFAULT_LANGUAGE=language
| CHECK_EXPIRATION={ ON | OFF}
| CHECK_POLICY={ ON | OFF}
| CREDENTIAL=credential_name
<sources>::=
WINDOWS [ WITH <windows_options>[ ,... ] ]
| CERTIFICATE certname
| ASYMMETRIC KEY asym_key_name
<windows_options>::=
DEFAULT_DATABASE=database
| DEFAULT_LANGUAGE=language;
```

参数说明见表 11-1。

表 11-1 CREATE LOGIN 参数

参 数 名	说 明
login_name	指定创建的登录名。有 4 种类型的登录名：SQL Server 登录名、Windows 登录名、证书映射登录名和非对称密钥映射登录名。如果从 Windows 域账户映射 *loginName*，则 *loginName* 必须用中括号([])括起来
PASSWORD	PASSWORD='password' 仅适用于 SQL Server 登录名。指定正在创建的登录名的密码。应使用强密码。有关详细信息，请参阅强密码的介绍。 PASSWORD=hashed_password 仅适用于 HASHED 关键字。指定要创建的登录名的密码的哈希值
HASHED	仅适用于 SQL Server 登录名。指定在 PASSWORD 参数后输入的密码已经过哈希运算。如果未选择此选项，则在将作为密码输入的字符串存储到数据库之前，对其进行哈希运算

续表

参数名	说明
MUST_CHANGE	仅适用于 SQL Server 登录名。如果包括此选项，则 SQL Server 将在首次使用新登录名时提示用户输入新密码
NAME	CREDENTIAL=*credential_name* 将映射到新 SQL Server 登录名的凭据的名称。该凭据必须已存在于服务器中。当前此选项只将凭据链接到登录名。在未来的 SQL Server 版本中可能会扩展此选项的功能
SID	SID=*sid* 仅适用于 SQL Server 登录名。指定新 SQL Server 登录名的 GUID。如果未选择此选项，则 SQL Server 自动指派 GUID
DEFAULT_DATABASE	DEFAULT_DATABASE=*database* 指定将指派给登录名的默认数据库。如果未包括此选项，则默认数据库将设置为 master
DEFAULT_LANGUAGE	DEFAULT_LANGUAGE=*language* 指定将指派给登录名的默认语言。如果未包括此选项，则默认语言将设置为服务器的当前默认语言。即使将来服务器的默认语言发生更改，登录名的默认语言也仍保持不变
CHECK_EXPIRATION	CHECK_EXPIRATION={ON|OFF} 仅适用于 SQL Server 登录名。指定是否对此登录账户强制实施密码过期策略。默认值为 OFF
CHECK_POLICY	CHECK_POLICY={ON|OFF} 仅适用于 SQL Server 登录名。指定应对此登录名强制实施运行 SQL Server 的计算机的 Windows 密码策略。默认值为 ON
WINDOWS	指定将登录名映射到 Windows 登录名
CERTIFICATE	CERTIFICATE *certname* 指定将与此登录名关联的证书名称。此证书必须已存在于 master 数据库中
ASYMMETRIC KEY	ASYMMETRIC KEY *asym_key_name* 指定将与此登录名关联的非对称密钥的名称。此密钥必须已存在于 master 数据库中

【例 11-1】 创建带密码的登录名账户 Abc。

```
CREATE LOGIN Abc
    WITH PASSWORD='123';
```

11.1.4 角色管理

SQL Server 2016 提供了 9 种固定的服务器角色(见图 11-7)和 10 种数据库角色(见

图 11-8)。

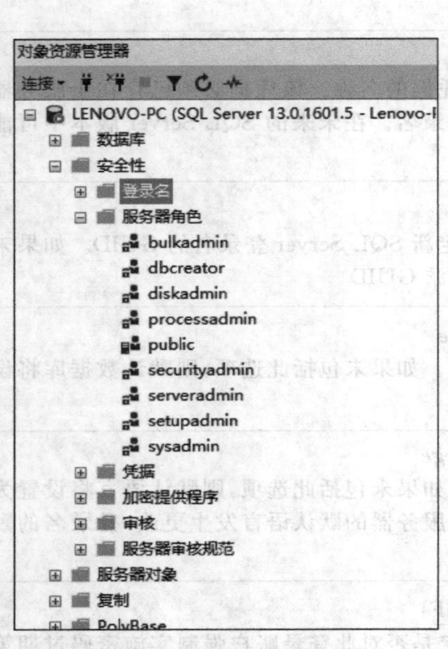

图 11-7 服务器角色

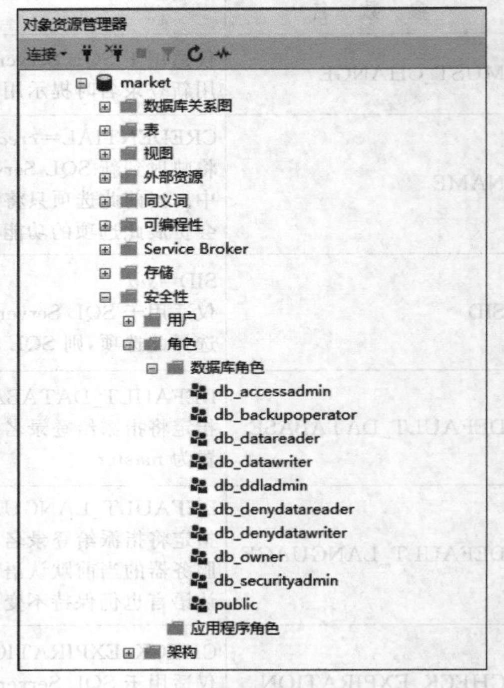

图 11-8 数据库角色

1. 服务器角色

在对象资源管理器中,单击"安全性"节点,在展开的节点中,选择"服务器角色",即可看到 SQL Server 2016 的 9 种服务器角色,如图 11-7 所示。

大家知道,角色是一组权限的组合。SQL Server 2016 的这 9 种服务器角色的权限如表 11-2 所示。

表 11-2 服务器角色的权限

角 色	权 限
sysadmin	可以在服务器上执行任何活动
serveradmin	可以更改服务器范围的配置选项和关闭服务器
securityadmin	可以管理登录名及其属性,可以有 grant、deny、revoke 服务器级别和数据库级别的权限
processadmin	可以终止在 SQL Server 实例中运行的进程
setupadmin	可以添加和删除链接服务器
bulkadmin	可以运行 bulk insert 语句
diskadmin	管理磁盘文件,是固定的服务器角色

续表

角　色	权　限
dbcreator	可以创建、更改、删除和还原数据库，是固定的服务器角色
public	每个 SQL Server 登录账号都属于该角色。如果未向某个登录账户授予特定权限，该用户将继承 public 角色的权限

除了 public 角色外，其余 8 个服务器角色都不可以更改。查看和设置 public 角色的权限步骤如下。

(1) 右击 public 角色，在弹出的快捷菜单中选择“属性”命令。

(2) 在弹出的“服务器角色属性”对话框中(见图 11-9)，可以查看当前 public 角色的权限并进行修改。

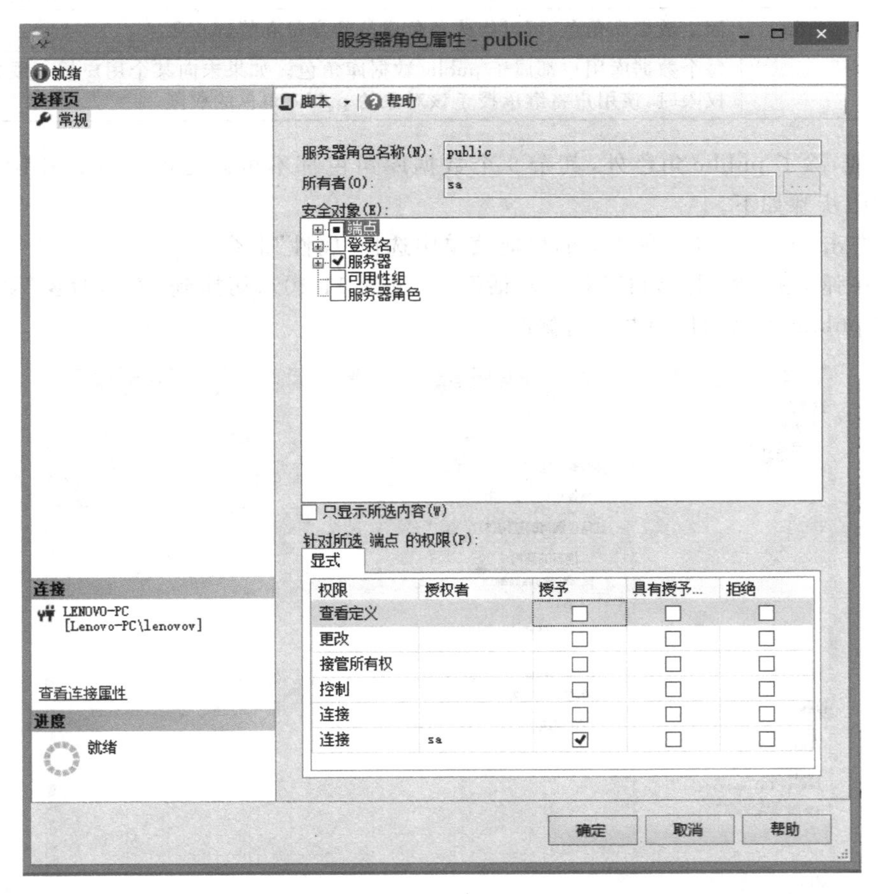

图 11-9　服务器角色属性

2. 数据库角色

SQL Server 2016 的这 10 种数据库角色的权限如表 11-3 所示。

表 11-3 数据库角色的权限

角 色	权 限
db_accessadmin	固定数据库角色,可以为 Windows 登录账号、Windows 组和 SQL Server 登录账号添加或删除数据库访问权限
db_backupoperator	固定数据库角色,可以备份数据库
db_datareader	固定数据库角色,可以在所有用户表中读取数据
db_datawriter	固定数据库角色,可以在所有用户表中添加、删除或更改数据
db_ddladmin	固定数据库角色,可以在数据库中运行任何数据定义语言命令
db_denydatareader	固定数据库角色,不能读取数据库内用户表中的数据
db_denydatawriter	固定数据库角色,不能添加、删除或更改数据库内用户表中的数据
db_owner	固定数据库角色,可以执行数据库的所有活动,在数据库中拥有全部权限
db_securityadmin	固定数据库角色,可以修改角色成员的身份和管理权限
public	每个数据库用户都属于 public 数据库角色。如果未向某个用户授予或拒绝特定权限时,该用户将继承授予该对象的 public 角色的权限

类似地,除了 public 角色外,其余 9 个数据库角色都不可以更改。查看和设置 public 角色的权限步骤如下。

(1) 右击 public 角色,在弹出的快捷菜单中选择“属性”命令。

(2) 在弹出的“数据库角色属性”对话框中(见图 11-10),切换到“安全对象”页面,可以查看当前 public 角色的权限并进行修改。

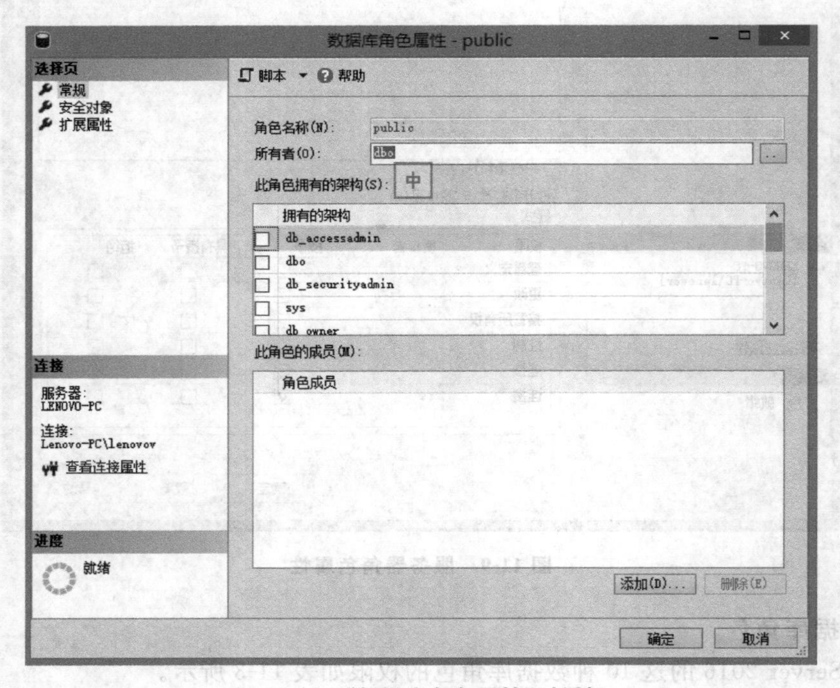

图 11-10 “数据库角色属性”对话框

与服务器角色不同的是，数据库角色除了系统提供的固定的 10 个角色外，用户还可以根据实际的需要自己创建数据库角色。数据库角色是针对具体的数据库而言的，所以创建新数据库角色时也必须在特定的数据库下。创建新数据库角色的过程如下：

（1）打开“对象资源管理器”，展开找到需要创建数据库角色的数据库节点，找到“安全性”节点，单击展开。

（2）展开“角色”节点，在“数据库角色”节点上右击，在弹出的快捷菜单中选择“新建数据库角色”命令，打开“数据库角色-新建”对话框，如图 11-11 所示。

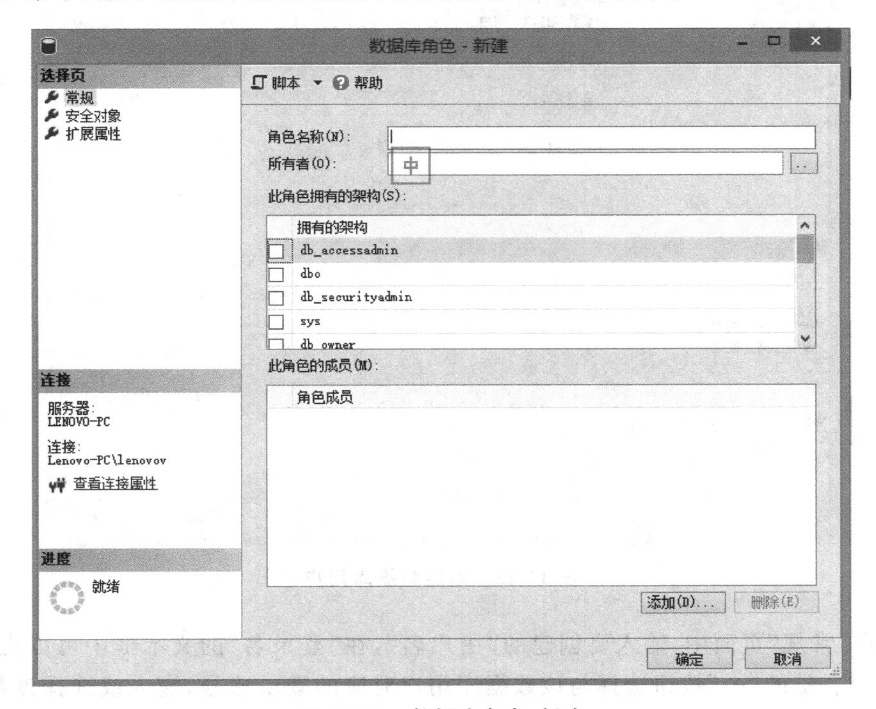

图 11-11　数据库角色-新建

（3）在该对话框中，输入角色名称，选择所有者，选择此角色拥有的架构，单击“添加”按钮即可向该角色添加成员，添加的成员将自动获得该数据库角色的权限，单击“删除”按钮可以把已有的成员从该角色中删除。

（4）单击“确定”按钮，即可创建新的数据库角色。

11.1.5　用户管理

用户管理用于管理谁有权限使用某个数据库中的资源。数据库中的所有用户都存储在每个数据库的 sysusers 表中。可以在创建登录账号时指定将“登录账号”映射到某个数据库中的用户，则系统自动在相应的数据库中创建用户。另外，作为数据库管理员可以通过两种方式创建用户。

1. 利用对象资源管理器创建数据库用户

(1) 打开对象资源管理器,选择要创建数据库用户的数据库,展开;找到"安全性"节点,展开。

(2) 在"用户"节点上右击,在弹出的快捷菜单中选择"新建用户"命令,打开"数据库用户-新建"对话框,如图 11-12 所示。

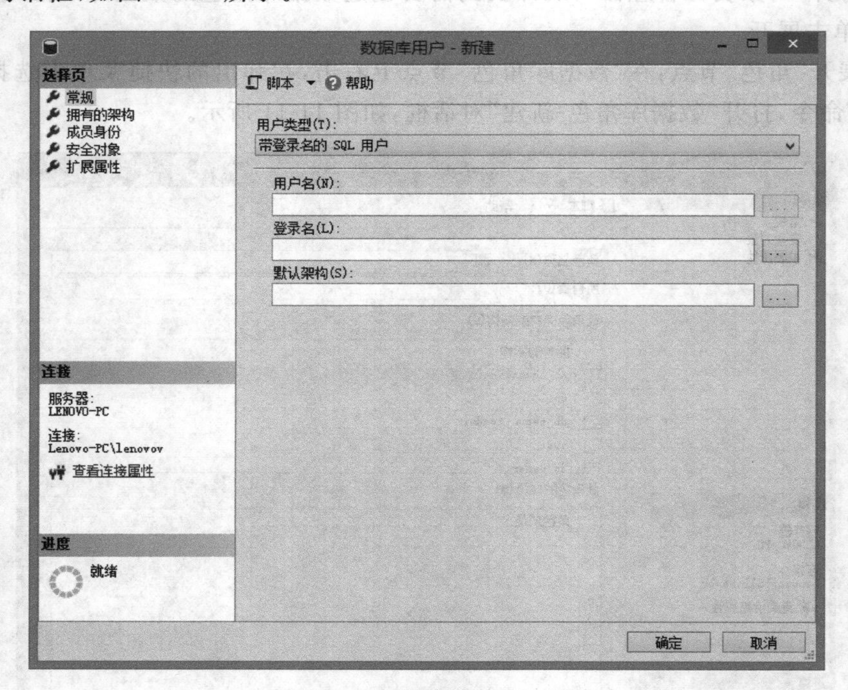

图 11-12　新建数据库用户

(3) 在"常规"页面中,输入要创建的"用户名",在"登录名"的文本框中可以直接输入,也可以通过右端的"…"按钮选择与该数据库用户对应的登录账号,输入或选择该数据库用户的"默认架构"。

在"拥有的架构"页面的"此用户拥有的架构"列表中可以查看和设置该用户拥有的架构;在"成员身份"页面的"数据库角色成员身份"列表中,可以为该数据库用户选择数据库角色。

(4) 在"安全对象"和"扩展属性"中设置相应内容。

(5) 单击"确定"按钮,即可创建数据库用户。在对象资源管理器的"用户"节点下会新增一个数据库用户。

2. 利用 T-SQL 语句创建数据库用户

SQL Server 2016 提供了创建数据库用户 SQL 命令,格式如下:

```
CREATE USER user_name
[{{FOR|FROM}
{LOGIN login_name}|certificate cert_name|asymmetric key asym_key_name}
|WITHOUT LOGIN
]
```

参数说明如下。

- user_name：要创建的数据库用户名。
- for|from login login_name：指定要创建数据库用户的登录名，login_name 必须是数据库中有效的登录名。
- for certificate cert_name：指定要创建数据库用户的证书。
- for asymmetric key asym_key_name：指定创建数据库用户的非对称密钥。
- without login：指定不应将用户映射到现有登录名。

【例 11-2】 在例 11-1 创建的 Abc 登录名中创建用户名 test。

```
CREATE USER test FOR LOGIN Abc
```

11.1.6 权限控制

SQL Server 2016 可以通过对象资源管理器对数据库角色和用户进行权限控制，也可以利用第 5 章介绍的权限控制命令进行权限控制。此处仅介绍利用对象资源管理器进行权限控制的过程。

(1) 打开对象资源管理器，选择要创建数据库用户的数据库，展开；找到“安全性”节点，展开。

(2) 在“用户”节点下，选择需要分配权限的用户节点，右击，在弹出的快捷菜单中选择“属性”命令，打开“数据库用户”对话框，选择“安全对象”页面，如图 11-13 所示。

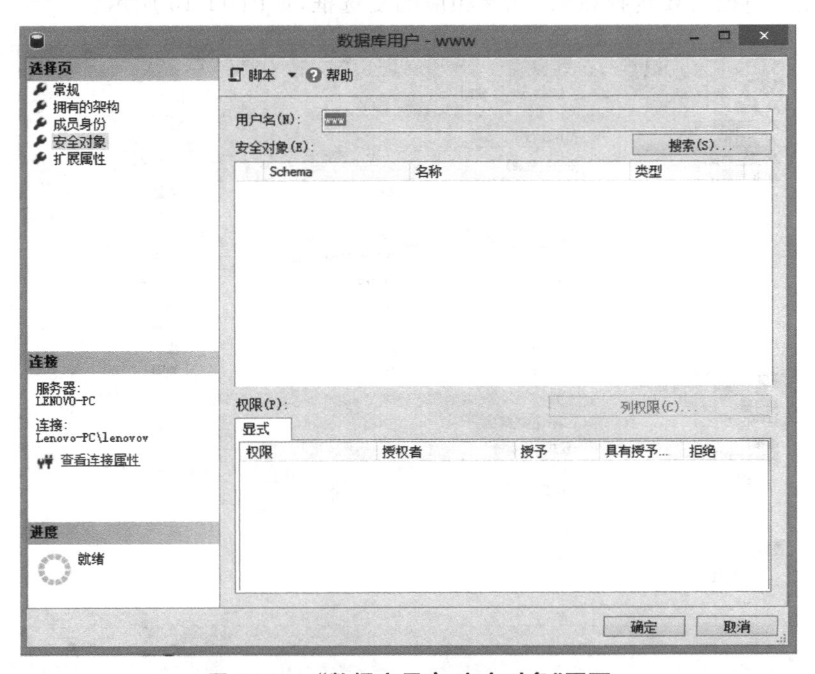

图 11-13 “数据库用户-安全对象”页面

(3) 单击右边的“搜索”按钮，将需要分配给该用户操作权限的对象添加到“安全对象”列表中，如图 11-14 所示。

图 11-14 “选择对象类型”窗口

(4) 在“安全对象”列表中，选中要分配权限的对象，则下面的“权限”列表中将列出该对象的操作权限，根据需要选择权限，选择相应的复选框，如图 11-15 所示。

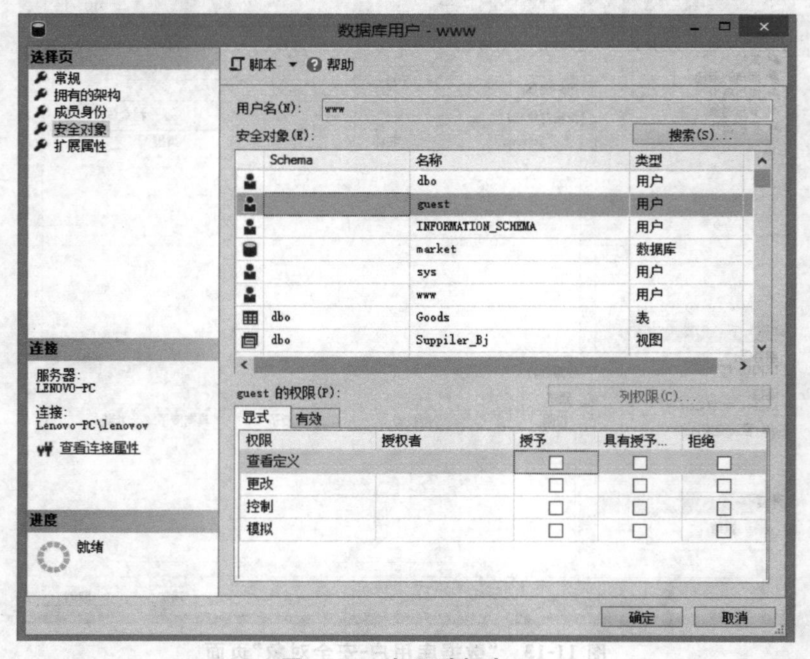

图 11-15 权限选择窗口

(5) 权限分配完毕后，单击“确定”按钮，则该数据库用户将拥有新的权限。

11.2 数据库的备份和恢复

11.2.1 数据库的备份

1. 备份方式

SQL Server 2016 提供 4 种备份方式，以满足不同数据库系统的备份需求。这 4 种方式分别是完整备份、增量备份、事务日志备份、数据库文件和文件组备份。

完整备份：定期备份整个数据库，包括事务日志。当系统出现故障时，可以恢复到最近一次数据库备份时的状态，但在该备份后所提交的事务将全部丢失。

增量备份：又称差异备份，只记录自上次数据库备份后发生更改的数据。如果数据库中的数据经常被修改，则可以使用增量备份的方式减少数据库备份和恢复的时间。差异数据库备份比数据库备份小，而且备份速度快，因此可以更经常地备份，经常备份将减少丢失数据的危险。

事务日志备份：在两次完整备份期间，可以通过事务日志备份来记录数据库的变化，它是自上次备份事务日志后对数据库执行的所有事务的一系列记录。可以使用事务日志备份将数据库恢复到特定的即时点(如输入多余数据前的那一点)或到故障点。

数据库文件和文件组备份：当数据库非常庞大的时候，可以执行数据库文件或者文件组备份，只备份和还原数据库中的个别文件。可以只还原已损坏的文件，而不用还原数据库的其余部分，从而加快了恢复速度。

不同的备份类型适用的范围也不同。完整备份可以只用一步操作完成数据的全部备份，但执行时间比较长。差异备份和日志备份，都不能独立作为一个备份集来使用，需要进行一次完整备份。文件备份必须与事务日志备份一起使用，所以文件备份只适用于完全恢复模型和大容量日志记录恢复模型。

2. 备份操作

SQL Server 2016 的备份操作可以在对象资源管理器中进行，也可以采用 T-SQL 命令进行备份。此处只介绍利用对象资源管理器备份数据库。

(1) 打开对象资源管理器，找到要备份的数据库，展开，右击，在弹出的快捷菜单中选择“任务”→“备份”命令，弹出“备份数据库”对话框，如图 11-16 所示。

(2) 在“备份数据库”对话框设置以下内容。

- 数据库：自动出现刚才在对象资源管理器中选中的数据库，也可以从列表中重新选择其他数据库。
- 恢复模式：默认“完整”模式。
- 备份类型：有 3 种方式可供选择，即完整、差异和事务日志。如果没有执行过完整备份，而直接选择“差异”或“事务日志”备份类型，会出现相应的错误提示。

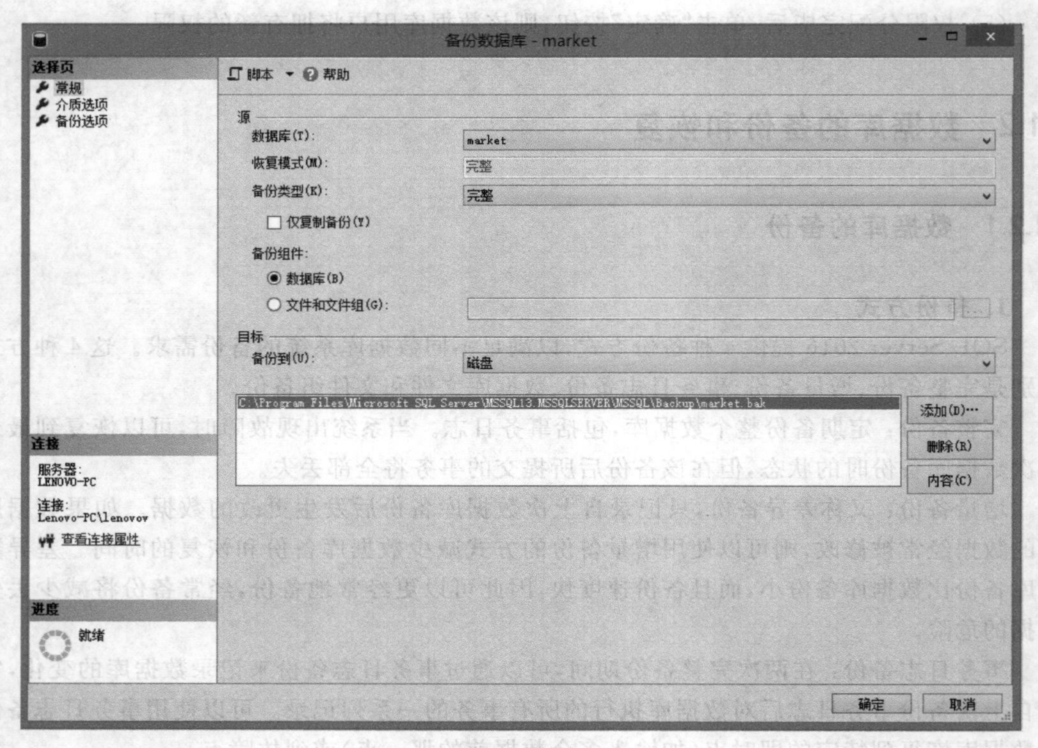

图 11-16 “备份数据库”对话框

- 备份组件：可选“数据库”或“文件和文件组”，如果选择后者，会出现“选择文件和文件组”对话框（见图 11-17），从中选择要备份的文件和文件组即可。

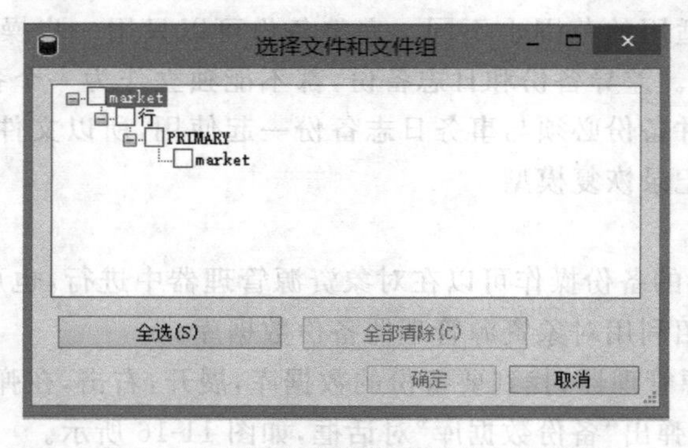

图 11-17 “选择文件和文件组”对话框

- 在“目标”栏中选择“磁盘”或“磁带”，同时添加相应的备份设备到“目标”列表框中。

(3) 切换到“介质选项”页面（见图 11-18），设置以下内容。

- 在“覆盖介质”选项组中，可以选择“备份到现有介质集”或“备份到新介质集并清除所有现有备份集”。
- 选择“备份到现有介质集”，又有两个细项供选择：“追加到现有备份集”或“覆盖所

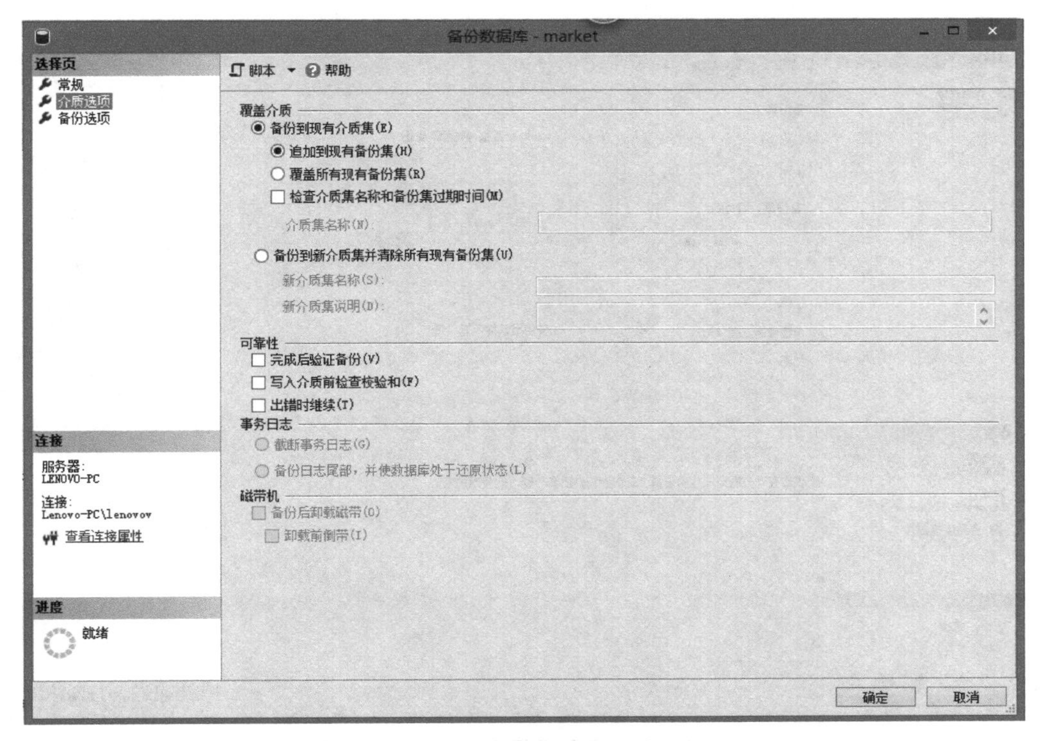

图 11-18　"备份数据库-介质选项"页面

有现有备份集"。选择"追加到现有备份集"表示本次备份内容将追加到以前的备份内容之后，以前的备份内容还将保留，在恢复时可以选择使用何时的备份内容进行备份；选择"覆盖所有现有备份集"表示本次备份内容将覆盖以前的备份，在恢复数据库时只能将数据库恢复到最后一次备份时的状态。

- 如果选中"检查介质集名称和备份集过期时间"复选框，并且在"介质集名称"文本框中输入了名称，将检查介质以确定实际名称是否与此处输入的名称匹配，如果选择了"覆盖所有现有备份集"选项，则检查备份集是否到期，在到期之前不允许覆盖，本次备份无法继续进行。
- 如果选中"备份到新介质集并清除所有现有备份集"，则需要在"新介质集名称"文本框中输入名称，并在"新介质集说明"文本框中用简短文字表述介质集。
- "可靠性"栏有 3 个选择："完成后验证备份"可以验证备份集是否完成以及所有卷是否可读，"写入介质前检查校验和"可以在写入备份介质前验证校验和，"出错时继续"可以在备份过程中出现错误时继续备份。
- "事务日志"选项只有在"常规"页中指定备份类型为"事务日志"时才有效。
- "磁带机"选项只有在"常规"页中备份目标是"磁带"时才有效。

(4) 切换到"备份选项"页面(见图 11-19)，打开数据库备份的备份选项页，设置以下内容。

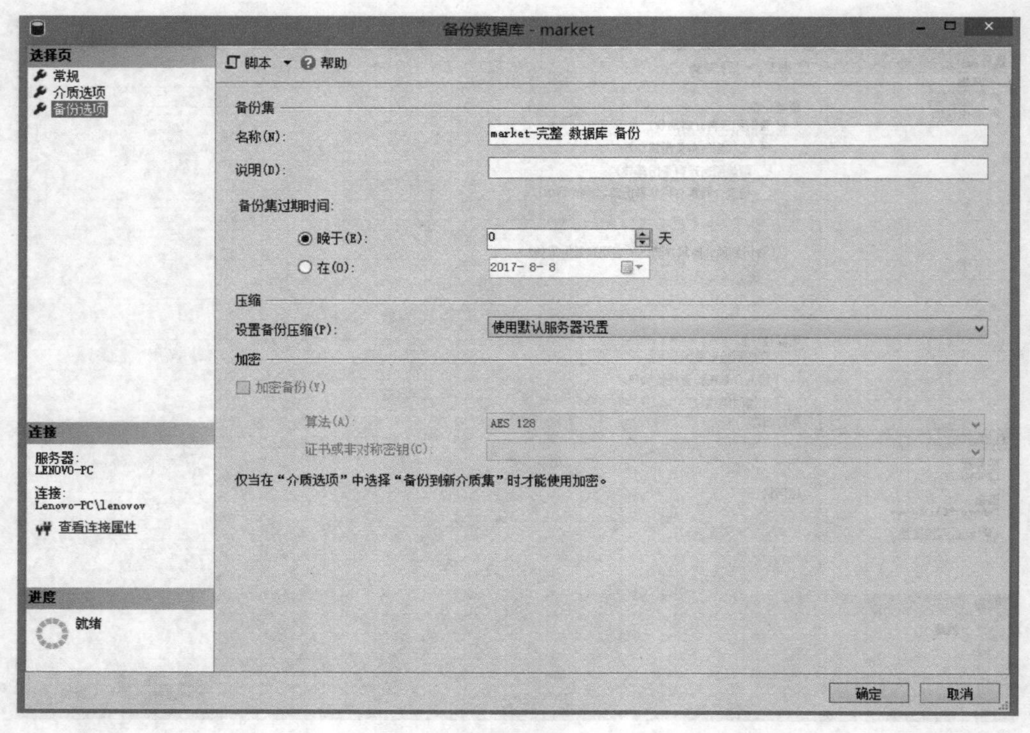

图 11-19 “备份数据库-备份选项”页面

- 备份集栏的名称：输入备份集的名称，也可以接受系统自动生成的名称，如“market-完整数据库备份”，在“说明”里输入备份集的简单文字说明，在“备份集过期时间”中指定备份集在特定天数后过期或特定日期后过期。
- 在“压缩”栏可选择“使用默认服务器设置”，这是默认选项，也可以选择“压缩备份”和“不压缩备份”。
- 在“加密”栏可选择“加密备份”，可以在“算法”下拉列表框中选择加密算法，在“证书或非对称密钥”下拉列表框中选择具体证书。这项功能仅在“介质选项”中选择“备份到新介质集”时才能使用。

（5）所有信息都设置完毕后，单击“确定”按钮，系统将开始数据库备份工作。

11.2.2 数据库的恢复

SQL Server 2016 提供 3 种数据库恢复模式：简单恢复模式、完整恢复模式和大容量日志恢复模式，以便给用户在空间需求和安全保障方面提供更多的选择。

1. 恢复模式简介

简单恢复模式：在简单恢复模式下不做事务日志备份，可最大程度地减少事务日志的管理开销。如果数据库损坏，则简单恢复模式将面临极大的数据丢失风险。数据只能恢复到最后一次备份时的状态。因此，在简单恢复模式下，备份间隔应尽可能短，以防止大量丢失数据。

完整恢复模式：相对于简单恢复模式而言，完整恢复模式和大容量日志恢复模式提供了更强的数据保护功能。这些恢复模式基于备份事务日志来提供完整的可恢复性及在最大范围的故障情形内防止丢失数据。完整恢复模式需要日志备份，此模式完整记录所有事务，并将事务日志记录保留到对其备份完毕为止。如果能够在出现故障后备份日志尾部，则可以使用完整恢复模式将数据库恢复到故障点。完整恢复模式可以恢复到任意时点。

大容量日志恢复模式：通常用作完整恢复模式的附加模式。对于某些大规模大容量操作(如大容量导入或索引创建)，暂时切换到大容量日志恢复模式可提高性能并减少日志空间使用量，该模式需要日志备份。与完整恢复模式相同，大容量日志恢复模式也将事务日志记录保留到对其备份完毕为止，但是大容量日志恢复模式不支持时点恢复。

对于一个数据库的恢复模式，可以通过以下步骤进行查看或修改。

(1) 连接到相应的 SQL Server 实例之后，在“对象资源管理器”中单击相应的服务器名以展开服务器树。

(2) 展开“数据库”节点，右击要查看恢复模式的数据库名，在弹出的快捷菜单中选择“属性”命令。

(3) 将打开“数据库属性”对话框，在“选择页”列表中，单击“选项”，如图 11-20 所示。

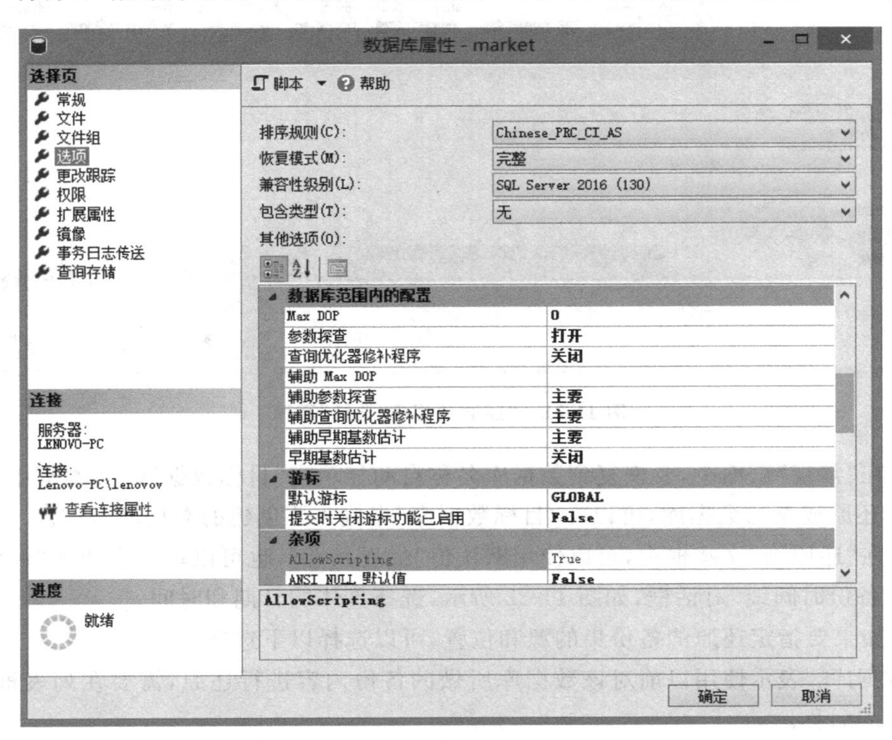

图 11-20　“数据库属性”对话框

(4) 在“恢复模式”下拉列表框中可以看到数据库当前的恢复模式，也可以从列表中选择不同的模式来更改数据库的恢复模式。

2. 恢复操作

SQL Server 2016 的恢复操作可以在对象资源管理器中进行，也可以采用 T-SQL 命令进行恢复。此处只介绍利用对象资源管理器恢复数据库。

(1) 在“对象资源管理器”中单击服务器名称，展开，右击选中要恢复的数据库，在弹出的快捷菜单上选择“任务”→“还原”→“数据库”命令，打开“还原数据库”对话框，如图 11-21 所示。

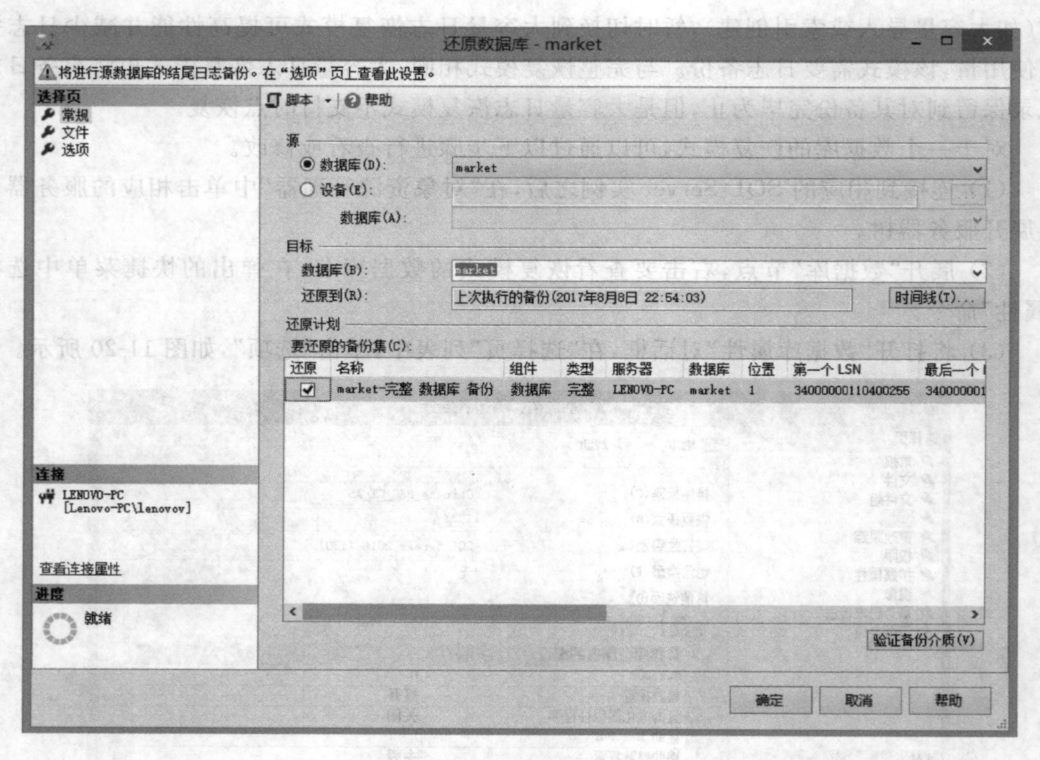

图 11-21 “还原数据库-常规”页面

(2) 在“常规”页面中，要恢复到数据库名称自动显示在“目标数据库”文本框中，如果需要将备份还原成新的数据库，可以在“目标数据库”中输入要创建的数据库名称。

(3) 在“还原到”文本框中，可以使用默认值“最近状态”，也可以单击右边的“时间线”按钮，打开“备份时间线”对话框，如图 11-22 所示，选择具体的日期和时间。

(4) 如果要指定还原的备份集的源和位置，可以选择以下选项。

源数据库：表示使用以前对该数据库所做的备份内容进行还原，需要在列表框中输入源数据库的名称。

源设备：单击右边“浏览”按钮，打开“备份时间线”对话框，如图 11-22 所示。在“备份介质”列表框中，从列出的设备类型中选择一种。单击“添加”按钮可以将一个或多个设备添加到“备份位置”列表框中，单击“确定”按钮返回到“常规”选项卡。

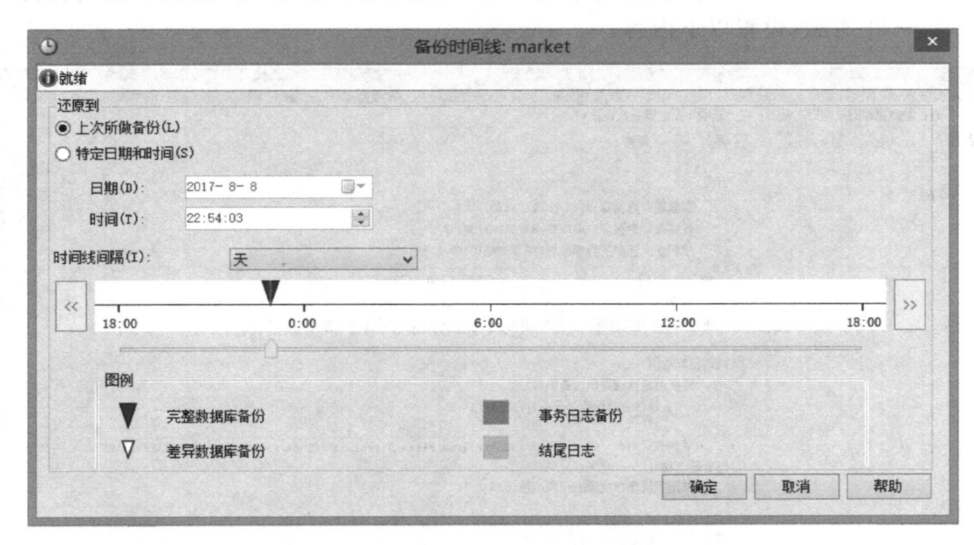

图 11-22　“备份时间线”对话框

(5) 在“选择用于还原的备份集”表格中，选择用于还原的备份。一般来讲，系统会推荐一个恢复计划，如果修改系统建议的恢复计划，可以在表格中更改选择。

(6) 在“文件”页面(如图 11-23 所示)中可以设置还原文件的位置。“将数据库文件还原为”表格中列出了原始数据库文件名称，可以更改到要还原到的任意文件的路径和名称。

图 11-23　“还原数据库-文件”页面

(7) 如果要查看或选择高级选项,可以单击“选择页”中的“选项”,将切换到“选项”页面,如图 11-24 所示,设置以下内容。

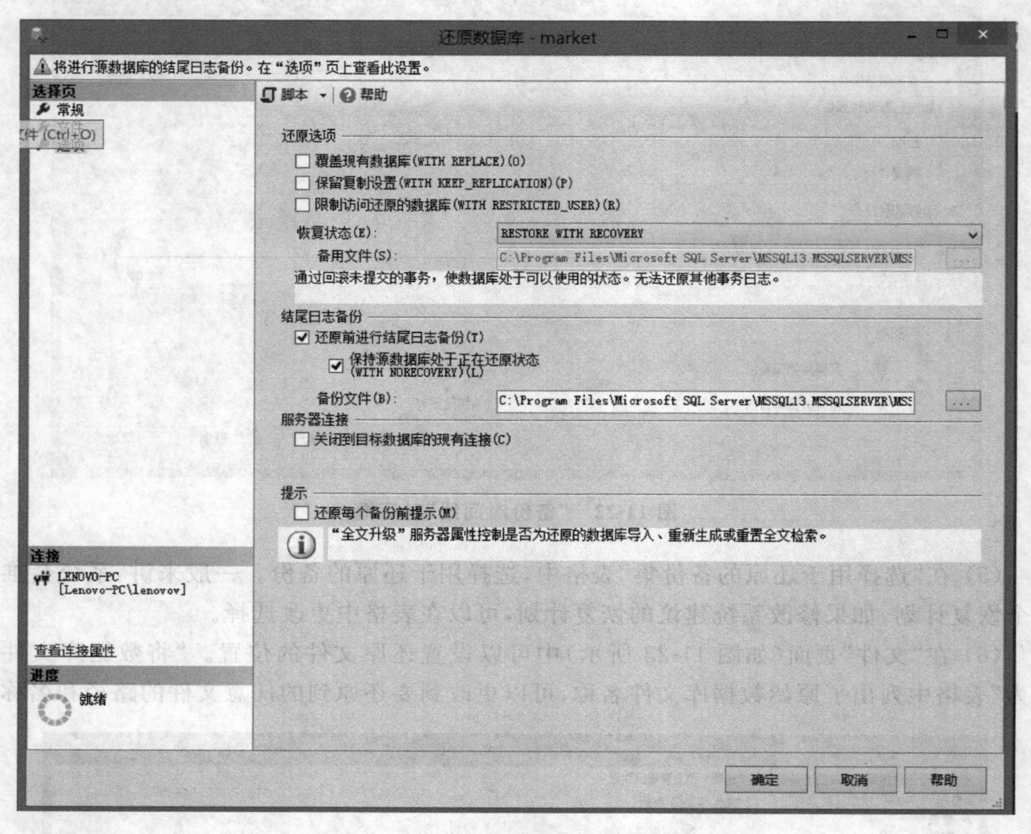

图 11-24 “还原数据库-选项”页面

- 覆盖现有数据库:指定还原操作应覆盖现有数据库及文件,即使已存在同名的其他数据库或文件也覆盖。
- 保留复制设置:将已发布的数据库还原到创建该数据库的服务器之外的服务器时,保留复制设置。该选项只能与“回滚未提交的事务,使数据库处于可以使用的状态”选项一起使用。
- 限制访问还原的数据库:使还原的数据库仅供 db_owner、dbcreator 或 sysadmin 的成员使用。
- 结尾日志备份:可以设置还原前结尾日志备份,可以单击“备份文件”右端的 ··· 按钮设置备份文件所在的路径。
- 服务器连接:可以选择是否关闭到目标数据库的现有连接。
- 还原每个备份前提示:还原初始备份之后,该选项会在还原每个附加备份集之前打开“继续还原”窗口,提示是否需要继续进行还原。

习题 11

1. SQL Server 2016 的两种身份验证模式分别是什么？有何区别？
2. SQL Server 2016 提供的创建数据库用户 SQL 命令是什么？
3. SQL Server 2016 是如何备份数据库的？
4. SQL Server 2016 是如何恢复数据库的？

Part

发 展 篇

Chapter 12

第 12 章　数据库技术的新进展

作为计算机科学领域中发展最快,也是应用最广的技术之一,数据库技术目前已成为计算机信息系统与应用系统的核心技术和重要基础。本章将进一步对数据库技术的演变及发展进行更加深入的讲解。

12.1　数据库技术发展概述

数据库技术产生于 20 世纪 60 年代中期,至今已经历了 3 代演变,造就了 C. W. Bachman、E. F. Codd 和 James Gray 三位图灵奖得主,开创并发展了以数据建模和 DBMS 核心技术为主的一门新学科,带动了软件产业的发展,推动了与数据库相关应用领域的信息化。

12.1.1　影响数据库技术发展的重要因素

数据、应用需求和计算机相关技术是推动数据库发展的重要因素,对未来数据库技术的发展起着举足轻重的作用。在这三方面因素的推动下,数据库技术在数据模型、应用领域和相关技术方面已经出现很多新的突破或发展。下面将主要从这三个方面对计算机技术的发展进行讨论。

1. 数据模型

随着大数据技术的发展,适应大数据的数据库技术的重要价值日益显现。大数据的数据库集合几乎无法使用大多数的数据库管理系统处理,传统的数据库存储技术受到挑战,同时大数据在数据分析和处理过程中涉及多个独立数据库之间数据的共同应用与计算,原数据库的应用率上升,同时这种牵涉甚广的巨型计算对数据库内信息的实效性、真实性、权威性都提出了较高的要求。

就数据库存取的数据类型而言,数据库领域已经从获取、组织、存取、分析和恢复结构化数据,扩展到 HTML、XML 等非结构化和半结构化数据,再扩展到文本、时间、空间、声音、图形图像、视频等多媒体数据,进而还有程序数据、流数据、队列数据和大数据等复杂数据。

就数据库对数据的处理而言,目前 Internet、云计算、电子商务等数据库应用领域需要数据库具备一定的逻辑、智能支持,以应对业务分析的需求。另外,随着微型传感器的广泛应用,搜集产生的海量数据,也需要相应的海量数据库存储和处理技术。随着自然科学,特别是物理学、生物学、保健科学和工程领域中数据库技术的广泛应用,这些领域中产生的大量数据需要复杂的数据模型处理机制支持。

数据类型的多样化、处理这些数据的方法复杂化以及数据量越来越巨大是当前数据库面临的重要挑战。在大规模应用的情况下,不仅存在海量的数据存储需求,而且对资源的需求也是动态变化的,对于这种情形,传统的关系数据库已经无法满足要求。是在原来的数据库管理系统(DataBase Management System,DBMS)中增加对复杂数据类型的存储和处理功能,将新的结构移植到传统的架构上,还是应该重新思考 DBMS 基本架构,是学术界当前要研究的问题。

2. 应用领域

在 Internet 应用环境下,应用已经从企业内部扩展为跨企业间的应用,需要 DBMS 对信息安全和信息集成提供更有力的保障和支持,也对 DBMS 研究团体提出了许多新的挑战。

另一个重要的应用领域是科学研究领域,如物理、生物、生命科学和工程学。这些研究领域产生大量复杂的数据,需要比目前数据库产品所能提供的更高级的支持,同时也需要信息集成机制。此外,还需要对数据分析器产生的数据进行管理,需要存储有序数据和对它们进行查询(如时间序列、图像分析、网格计算和地理信息),需要世界范围内数据网格的集成。

3. 相关技术

相关技术的成熟是推动数据库研究发展的另一个动力。在过去的十年中,大数据和云计算的快速发展离不开数据库技术的支持;数据挖掘技术已成为数据库系统的重要组成部分;Web 搜索引擎使得信息检索成了不可或缺的应用,这个检索技术也需要与经典的数据库搜索技术结合;许多人工智能的研究领域,也产生了能够与数据库技术结合的技术,这些技术使我们能够处理语音、自然语言、不确定性推理、机器学习等问题。

12.1.2 数据库新技术的发展

目前,传统的 DBMS 技术在数据模型、存取方法、查询算法、并发控制、恢复、查询语言以及用户操作界面等方面都面临着巨大变化。例如,磁盘和内存容量变得越来越大,成本却变得越来越低,访问时间和带宽也得到了改善,但是改善的速度却跟不上容量和成本的改善速度。这些变化要求我们对传统数据库存储管理和查询处理算法重新加以评估。另外,处理器高速缓存(Cache)有了爆炸性增长,并且增加了层次,这就要求 DBMS 能够充分利用高速缓存来改进实现算法。

针对上述各方面原因,数据库技术在数据模型、新技术内容、应用领域方面已经出现很多新的突破或发展,具体如图 12-1 所示。下面分别对这几方面进行详细的讨论。

1. 数据模型的发展

数据库的发展集中表现在数据模型的发展。从最初的层次、网状数据模型发展到关系数据模型,数据库技术产生了巨大的飞跃。关系模型的提出,是数据库发展史上具有划时代

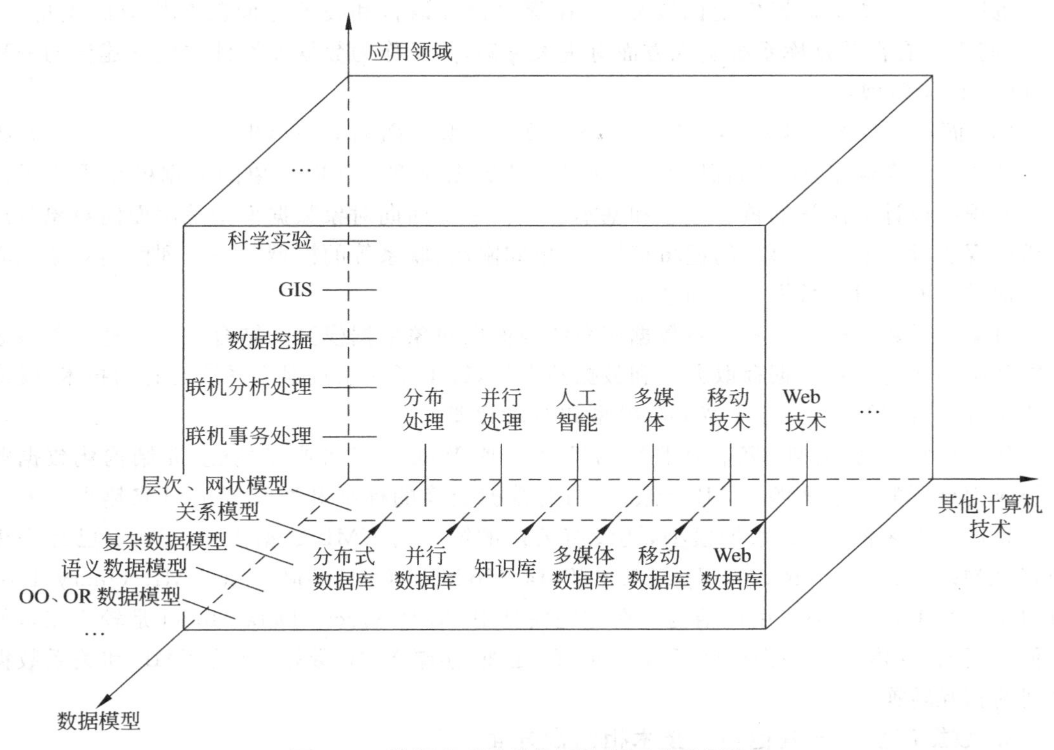

图 12-1 数据库系统的发展和相互关系示意图

意义的重大事件。关系理论研究和关系数据库管理系统研制的巨大成功进一步促进了关系数据库的发展,使关系数据模型成为具有统治地位的数据模型。20 世纪 80 年代之后,几乎所有的数据库系统都是基于关系数据模型,它的应用遍布各个领域。

随着数据库应用领域的扩展,数据对象的多样化,传统的关系数据模型开始暴露出许多弱点,如对复杂对象的表示能力较差,语义表达能力较弱,缺乏灵活丰富的建模能力,对文本、时间、空间、声音、图像和视频等数据类型的处理能力差等。为此,人们提出并发展了许多新的数据模型。

(1) 扩充后的复杂数据模型:对传统的关系模型(1NF)进行扩充,使它能表达比较复杂的数据类型,增强其结构建模能力。目前,复杂数据模型根据其扩展的思路,具体可分为两种。一种是偏重于结构的扩充,也就是嵌套关系模型,它能表达“表中表”,并且表中的一个域可以是一个函数。另一种是侧重于语义的扩充,像 Berkeley 大学的 POSTGRES 系统,它支持关系之间的继承,也支持在关系上定义函数和运算符。

(2) 新提出和发展的数据模型:相比关系模型来说,增加了全新的数据构造器和数据处理原语,以表达复杂的结构和丰富的语义。这类模型中比较有代表性的是函数数据模型(Function Data Model,FDM)、语义数据模型(Semantics Data Model,SDM)以及 E-R 模型等,常常统称它们为语义数据模型。它们的特点是引入了丰富的语义关联,能更自然、恰当地表达客观世界中实体间的联系。

也许是由于语义数据模型比较复杂，在程序设计语言和技术方面没有相应的支持，因此，它们都没有在数据库系统实现方面有重大突破，只是作为数据库设计中概念建模的一种工具（如 E-R 模型）。

(3) 面向对象的数据模型：将上述语义数据模型和面向对象（Object-Oriented，OO）程序设计方法结合起来，学者们提出了面向对象的数据模型。面向对象的数据模型吸收了面向对象程序设计方法学的核心概念和基本思想。一个面向对象数据模型是用面向对象观点来描述现实世界实体（对象）的逻辑组织、对象间限制、联系等的模型。一系列面向对象核心概念构成了面向对象数据模型的基础。

对象关系数据库系统是关系数据库系统与面向对象数据模型的结合。它保持了关系数据库系统的非过程化数据存取方式和数据独立性，继承了关系数据库系统已有的技术，既能支持原有的数据管理，又能支持 OO 模型和对象管理。

(4) XML 数据模型：随着互联网的迅速发展，Web 上各种半结构化、非结构化数据源已经成为重要的信息来源，XML 已成为网上数据交换的标准和数据界的研究热点。人们研究和提出了多种 XML 数据模型，还没有公认的统一的 XML 数据模型。W3C 已经提出的有 XML Information Set、Xpath1. 0 Data Model、DOM model 和 XML Query Data Model。这四种模型都采用树结构。在这些模型中，XML Query Data Model 是较为完全的一种。当前，DBMS 产品都扩展了对 XML 的处理、存储 XML 数据、支持 XML 和关系数据之间的相互转换。

2. 数据库技术与其他相关技术相结合方面

数据库技术与其他计算机技术的内容相结合，是数据库技术的一个显著特征，随之也涌现出以下各种新型的数据库系统（如图 12-2 所示）。

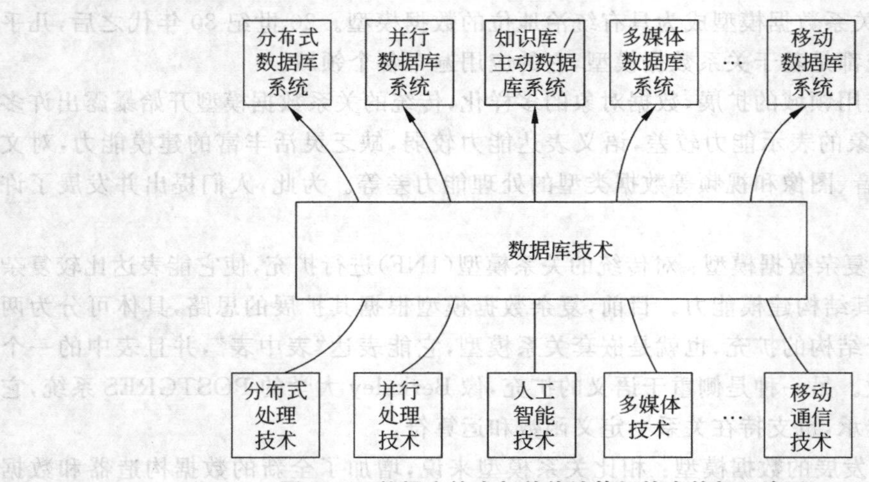

图 12-2 数据库技术与其他计算机技术的相互渗透

(1) 数据库技术与分布处理技术相结合，出现了分布式数据库系统；

(2) 数据库技术与并行处理技术相结合，出现了并行数据库系统；

（3）数据库技术与人工智能技术相结合，出现了知识库系统和主动数据库系统；

（4）数据库技术与多媒体技术相结合，出现了多媒体数据库系统；

（5）数据库技术与模糊技术相结合，出现了模糊数据库系统等；

（6）数据库技术与移动通信技术相结合，出现了移动数据库系统等；

（7）数据库技术与 Web 技术相结合，出现了 Web 数据库等；

（8）数据库技术与大数据技术相结合，出现了分布集群数据库系统等。

3. 面向应用领域的数据库新技术方面

数据库技术被应用到特定的领域中，出现了数据仓库、工程数据库、统计数据库、空间数据库、科学数据库、云数据库等多种数据库（如图 12-3 所示），使数据库领域的应用范围不断扩大。

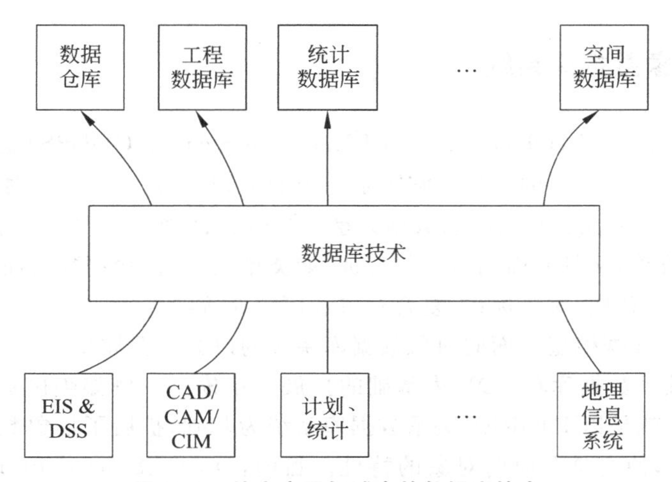

图 12-3　特定应用领域中的数据库技术

这些数据库系统都明显地带有某一领域应用需求的特征。由于传统数据库系统具有局限性，无法直接使用当前 DBMS 市场上销售的通用的 DBMS 来管理和处理这些领域内的数据对象，因而广大数据库工作者针对各个领域的数据库特征探索和研制了各种特定的数据库系统，并取得了丰硕的成果，其中部分已实现应用，为新一代数据库技术的发展做出了贡献。

具体如工程数据库（Engineering DataBase，EDB）是一种能存储和管理各种工程设计图形和工程设计文档，并能为工程设计提供各种服务的数据库。传统的数据库能很好地存储规范数据和进行事务处理，而在 CAD/CAM、CIM、CASE 等 CAX 的工程应用领域，对具有复杂结构和工程设计内涵的工程对象以及工程领域中的大量“非经典”应用，传统的数据库则无能为力。工程数据库正是针对工程应用领域的需求而提出来的，目的是利用数据库技术有效地管理工程对象，并提供相应的处理功能及良好的设计环境。在工程数据库的设计过程中，由于传统的数据模型难以满足工程应用的要求，需要运用当前数据库研究中一些新的模型技术，如扩展的关系模型、语义模型、面向对象的数据模型等。目前的工程数据库的研究和开发虽然已取得了很大的成绩，但要全面达到应用所要求的目标仍有待进一步努力。

至于其他数据库，包括统计数据库、空间数据库、科学数据库等多种数据库等，读者可以查阅相关文献，这里不再进行逐一介绍。

12.2 数据库技术与其他相关技术相结合

数据库技术与其他计算机技术的内容相互结合和渗透，出现了许多新型的数据库系统，具体例如：分布式数据库系统、面向对象数据库系统、云数据库系统、知识库系统和主动数据库系统以及大数据库系统等。由于篇幅有限，本节重点介绍面向对象数据库系统、分布式数据库系统以及云数据库系统。若对其他种类数据库感兴趣，可以查阅相关文献。

12.2.1 面向对象数据库系统

面向对象数据库系统（Object Oriented Database System，OODBS）是数据库技术与面向对象程序设计方法相结合的产物。它既是一个 DBMS，又是一个面向对象系统，因而既具有 DBMS 特性，如持久性、辅助管理、数据共享（并发性）、数据可靠性（事务管理和恢复）、查询处理和模式修改等，又具有面向对象的特征，如类型/类、封装性/数据抽象、继承性、复载/滞后联编、计算机完备性、对象标识、复合对象和可扩充等特性。

对于面向对象数据模型和面向对象数据库系统的研究主要体现在：

(1) 研究以关系数据库和 SQL 为基础的扩展关系模型。例如美国加州大学伯克利分校的 POSTGRES 就是以 INGRES 关系数据库系统为基础，扩展了抽象数据类型（Abstract Data Type，ADT），使之具有面向对象的特性。目前，Oracle、Sybase、Informix 等关系数据库厂商，都在不同程度上扩展了关系模型，推出了对象关系数据库产品。

(2) 以面向对象的程序设计语言为基础，研究持久的程序设计语言，支持面向对象模型。例如，美国 Ontologic 公司的 Ontos 是以面向对象程序设计语言 C++ 为基础的；Servialogic 公司的 GemStone 则是以 Smalltalk 为基础的。

(3) 建立新的面向对象数据库系统，支持面向对象数据模型，例如法国 O2Technology 公司的 O2、美国 Itasca System 公司的 Itasca 等。

下面首先介绍对象程序设计方法和面向对象数据库语言，使得读者对面向对象技术有一个大致了解；然后，再详细结合面向对象数据库的模式演进，以及对象关系数据库等方面的内容。

1. 面向对象程序设计方法

面向对象是一种认识方法学，也是一种新的程序设计方法学。第一个面向对象程序设计语言是 SIMULA 67。20 世纪 80 年代以来，Smalltalk 和 C++ 成为被人们普遍接受的面向对象程序设计语言。

与传统的程序设计方法相比，面向对象的程序设计方法具有深层的系统抽象机制。由于这些抽象机制更符合事件本来的自然规则，因而它很容易被用户理解和描述，进而平滑地转化为计算机模型。面向对象的系统抽象机制是对象、多态性、类和继承性。

面向对象程序设计方法是一种支持模块化设计和软件重用的实际可行的编程方法。它把程序设计的主要活动集中在建立对象和对象之间的联系(或通信)上,从而完成所需要的计算。一个面向对象的程序就是相互联系(或通信)的对象集合。由于现实世界可以抽象为对象和对象联系的集合,所以面向对象的程序设计方法学是一种更接近现实世界的、更自然的程序设计方法学。

面向对象程序设计的基本思想是封装和可扩展性。传统的程序设计为数据结构+算法。而面向对象程序设计就是把数据结构和数据结构上的操作算法封装在一个对象之中。一个对象就是某种数据结构及其运算的结合体,对象之间的通信通过信息传递来实现。用户并不直接操纵对象,而是发一个消息给一个对象,由对象本身来决定用哪个方法实现。这保证了对象的界面独立于对象的内部表达。对象操作的实现(通常称为“方法”)以及对象和结构都是不可见的。

面向对象程序设计的可扩展性体现在继承性和行为扩展两个方面。一个对象属于一个类,每个类都有特殊的操作方法用来产生新的对象,同一个类的对象具有公共的数据结构和方法。类具有层次关系,每个类可以有一个子类,子类可以继承超类(父类)的数据结构和操作。另一方面,对象可以有子对象(实例),子对象还可以增加新的数据结构和新的方法,子对象新增加的部分就是子对象对父对象发展的部分。

2. 面向对象数据库语言

面向对象数据库语言(Object-Oriented Database Language,OODBL)用于描述面向对象数据库模式,说明并操纵类定义与对象实例。OODBL 语言主要包括对象定义语言(Object Definition Language,ODL)和对象操纵语言(Object Manipulation Language,OML),对象操纵语言中一个重要子集是对象查询语言(Object Query Language,OQL)。

1) 面向对象数据库语言的功能

(1) 类的定义与操纵。

面向对象数据库语言可以操纵类,包括定义、生成、存取、修改与撤销类。其中类的定义包括定义类的属性、操作特征、继承性与约束等。

(2) 操作方法的定义。

面向对象数据库语言可用于对象操作方法的定义与实现。在操作实现中,语言的命令可用于操作对象的局部数据结构。对象模型中的封装性允许操作方法由不同程序设计语言来实现,并且隐藏不同程序设计语言实现的事实。

(3) 对象的操纵。

面向对象数据库语言可以用于操纵(即生成、存取、修改与删除)实例对象。

2) 面向对象数据库语言的实现

如同关系数据库的标准查询语言 SQL 一样,面向对象数据库也需要自己的语言。由于面向对象数据库包括类、对象和方法三种要素,所以面向对象数据库语言可以分为类的定义和操纵语言、对象的定义和操纵语言、方法的定义和操纵语言三类。

（1）类的定义和操纵语言。

类的定义和操纵语言包括定义、生成、存取、修改和撤销类的功能。具体的类的定义包括定义类的属性、操作特征、继承性与约束性等。

（2）对象的定义和操纵语言。

对象的定义和操纵语言用于描述对象和实例的结构，并实现对对象和实例的生成、存取、修改以及删除等操作。

（3）方法的定义和操纵语言。

方法的定义和操纵语言用于定义并实现对象(类)的操作方法。方法的定义和操纵语言可用于描述操作对象的局部数据结构、操作过程和引用条件。由于对象模型具有封装性，因而对象的操作方法允许由不同的程序设计语言来实现。

3. 面向对象数据库的模式演进

数据库模式为适应需求的变化而随时间变化称为模式演进。在关系数据库中，模式的变化比较简单。对于面向对象数据库系统，模式的修改相对复杂得多，主要原因是：

（1）面向对象数据库模式改变频繁。因为面向对象数据库模式更接近实际，一方面客观世界的环境与事物总在不断地变化，另一方面人们对客观世界的理解也在不断地加深和变化，因此常常需要频繁地改变数据库的模式。

（2）面向对象数据库模式修改复杂。由于面向对象数据库模型是数据结构与行为的结合，不仅包含复杂的数据结构，而且还有丰富的语义联系。因此模式的修改比关系数据库系统复杂得多。并且这个演进过程本身就是动态的，这更增加了演进过程的复杂性。

由于面向对象数据库系统中数据关系非常复杂，因此在演进的过程中很可能破坏模式的一致性，所以面向对象数据库模式演进实现问题的研究是当前在此领域的重要问题。模式在演进过程中不能出现自身的矛盾与错误，这是模式的一致性，具体包括唯一性约束、存在性约束和子类约束。

- 唯一性约束：命名唯一。在一个模式中类命名必须唯一，同一类中属性名必须唯一，类名与属性名可以相同，但应尽量避免。
- 存在性约束：显式引用的成分必须存在。被引用的类、属性和操作必须在模式定义中的相应位置给予定义，操作还必须有其实现程序。
- 子类约束：子类与超类之间不能出现环状联系，相互联系必须有必要的说明，并应避免由于多继承带来的冲突。

目前主要采取的方法是采用转换机制来实现一致性检测。所谓转换，就是在面向对象数据库中，已有的对象根据新模式的结构进行变换以适应新的模式。根据转换发生的时间，有两种不同的转换方式。

- 立即转换方式：一旦模型变化立即执行所有变换，这种方式转换及时，但系统为执行转换，将发生停顿。
- 延迟转换方式：模式变化后先不转换，延迟到低层数据库或该对象存取时执行转换。这种方法可以避免系统停顿，但会影响运行效率。

4. 面向对象关系数据库

在传统的关系数据模型基础上，提供了元组、数组、集合等丰富的数据类型以及处理新的数据类型操作的能力，并且有继承性和对象标识等面向对象特点，这样形成的数据模型，称为“对象关系数据模型”。基于对象关系模型的DBS称为“对象关系数据库系统”(ORDBS)。ORDBS为那些希望使用具有面向对象特征的关系数据库用户提供了一条捷径。

1）面向对象数据库系统的特点

对象关系数据库系统就是按照这样的目标将关系数据库系统与面向对象数据库系统两方面的特征相结合。对象关系数据库系统除了具有原来关系数据库的各种特点外，还应该具有以下特点。

(1) 扩充数据类型。

目前的商品化RDBMS只支持某一固定的类型集，不能依据某一应用所需的特定数据类型来扩展其类型集。对象关系数据库系统允许用户根据应用需求自己定义数据类型、函数和操作符。例如，某些应用涉及三维向量，系统就允许用户定义一个新的数据类型三维向量，它包含三个实数分量。而且一经定义，这些新的数据类型、函数和操作符将存放在数据库管理系统核心中，可供所有用户共享，如同基本数据类型一样。例如，可以定义数组、向量、矩阵、集合等数据类型以及这些数据类型上的操作。

(2) 支持复杂对象。

能够在SQL中支持复杂对象。复杂对象是指由多种基本数据类型或用户自定义的数据类型构成的对象。

(3) 支持继承的概念。

能够支持子类、超类的概念，支持继承的概念，包括属性数据的继承和函数及过程的继承；支持单继承与多重继承；支持函数重载等。

(4) 提供通用的规则系统。

能够提供强大而通用的规则系统。规则在DBMS及其应用中是十分重要的，在传统的RDBMS中用触发器来保证数据库数据的完整性。触发器可被看成规则的一种形式。对象关系数据库系统要支持的规则系统将更加通用、更加灵活，并且与其他对象关系能力是集成为一体的。例如，规则中的事件和动作可以是任意的SQL语句，也可以使用用户自定义的函数、规则等。这就大大增强了对象关系数据库的功能，使之具有主动数据库和知识库的特性。

2）实现对象关系数据库的方法

当前主要的开发思想是：

- 在现有关系数据库的DBMS基础上扩展，一般是将现有关系数据库的DBMS与某种对象关系数据库产品相结合，使现有面向对象型的DBMS具备对象关系数据库的功能。
- 扩充现有面向对象型的DBMS使之成为对象关系数据库。

12.2.2 分布式数据库系统

分布式数据库是由一组数据组成的，这组数据分布在计算机网络的不同计算机上，网络中的每个节点具有独立处理的能力(称为场地自治)，可以执行局部应用。同时，每个节点也能通过网络通信子系统执行全局应用。分布式数据库的核心管理软件称为分布式数据库管理系统(Distributed DataBase Management System，DDBMS)。图 12-4 给出了一个分布式数据库系统的示意图。

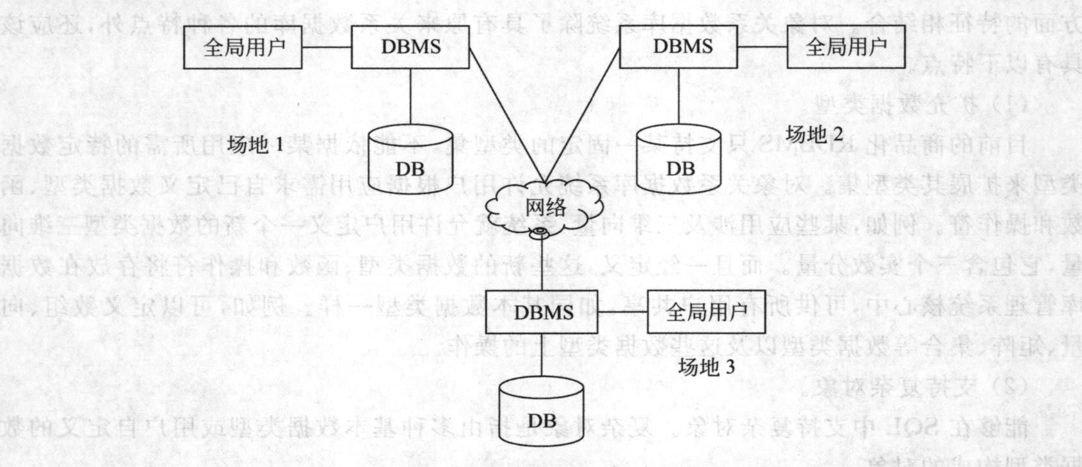

图 12-4　分布式数据库系统的示意图

分布式数据库系统强调了场地自治性以及自治场地之间的协作性，即每个场地是独立的数据库系统，它有自己的数据库、自己的用户、自己的 CPU，运行自己的 DBMS，执行局部应用，具有高度的自治性。同时各个场地的数据库系统又相互协作组成一个整体。这种整体性的含义是，对于用户来说，一个分布式数据库系统从逻辑上看如同一个集中式数据库系统一样，用户可以在任何一个场地执行全局应用。

1. 分布式数据库系统的特点

分布式数据库系统是在集中式数据库系统技术的基础上发展起来的，但不是简单地把集中式数据库分散地实现，它是具有自己的性质和特征的系统。集中式数据库的许多概念和技术，如数据独立性、数据共享和减少冗余度、并发控制、完整性、安全性和恢复等，都有相对应且更加丰富的内容。

1) 数据独立性

数据独立性是数据库方法追求的主要目标之一。在集中式数据库系统中，数据独立性包括数据的逻辑独立性与数据的物理独立性，其含义是用户程序与数据的全局逻辑结构及数据的存储结构无关。

在分布式数据库系统中，数据独立性这一特性更加重要，并具有更多的内容。除了数据的逻辑独立性与物理独立性外，还有数据分布独立性，亦称分布透明性。分布透明性指用户不必关心数据的逻辑分片，不必关心数据物理位置分布的细节，也不必关心重复副本（冗余数据）一致性问题，同时也不必关心局部场地上数据库支持哪种数据模型。分布透明性也可以归入物理独立性的范围。

有了分布透明性，用户的应用程序书写起来就如同数据没有分布一样。当数据从一个场地移到另一场地时不必改写应用程序，当增加某些数据的重复副本时也不必改写应用程序。数据分布的信息由系统存储在数据字典中。用户对非本地数据的访问请求由系统根据数据字典予以解释、转换和传送。

在集中式数据库系统中，数据独立性是通过系统的三级模式（外模式、模式、内模式）和它们之间的二级映像关系得到的。在分布式数据库系统中，分布透明性是由于引入了新的模式和模式间的映像得到的。

2）集中与自治相结合的控制结构

数据库是多个用户共享的资源。在集中式数据库系统内，为了保证数据库的安全性和完整性，对共享数据库的控制是集中的，并没有 DBA 负责监督和维护系统的正常运行。

在分布式数据库系统中，数据的共享有两个层次：

（1）局部共享。即在局部数据库中存储局部场地上各用户的共享数据，这些数据是本场地用户常用的。

（2）全局共享。即在分布式数据库系统的各个场地也存储供其他场地的用户共享的数据，支持系统的全局应用。

因此，相应的控制机构也具有两个层次：集中和自治。分布式数据库系统常常采用集中和自治相结合的控制机构。各局部的 DBMS 可以独立地管理局部数据库，具有自治的功能。同时，系统又设有集中控制机制，协调各局部 DBMS 的工作，执行全局应用。对于不同的系统，集中和自治的程度不尽相同。有些系统高度自治，连全局应用事务的协调也由局部 DBMS、局部 DBA 共同承担，而不要集中控制，不设全局 DBA。有些系统则集中控制程度较高，而场地自治功能较弱。

3）适当增加数据冗余度

在集中式数据库系统中，尽量减少冗余度是系统目标之一。其原因是，冗余数据不仅浪费存储空间，而且容易造成各数据副本之间的不一致性。为了保证数据的一致性，系统要付出一定的维护代价。减少冗余度的目标是用数据共享来达到的。

4）可扩展性

在大多数网络环境中，单个数据库服务器最终会不满足使用。如果服务器软件支持透明的水平扩展，那么就可以增加多个服务器来进一步分布数据和分担处理任务。

而在分布式数据库系统中却希望增加冗余数据，在不同的场地存储同一数据的多个副本，主要原因是：

（1）提高系统的可靠性、可用性。

当某一场地出现故障时，系统可以对另一场地上的相同副本进行操作，不会因一处故障而造成整体系统的瘫痪。

(2) 提高系统性能。

系统可以选择用户最近的数据副本进行操作,减少通信代价,改善整体系统的性能。但是,数据冗余同样会带来和集中式数据库系统中一样的问题。不过,冗余数据增加存储空间的问题将随着硬件磁盘价格的下降得到解决。而冗余副本之间数据不一致的问题则是分布式数据库系统必须着力解决的问题。

一般地讲,增加数据冗余度方便了检索,提高了系统的查询速度、可用性和可靠性,但不利于更新,增加了系统维护的代价。因此应在这些方面做出权衡,进行优化。

5) 全局的一致性、可串行性和可恢复性

分布式数据库系统中各局部数据库应满足集中式数据库的一致性、并发事务的可串行性和可恢复性。除此以外,还应保证数据库的全局一致性、全局并发事务的可串行性和系统的全局可恢复性。这是因为在分布式数据库系统中全局应用要涉及两个以上节点的数据,全局事务可能由不同场地上的多个操作组成。例如某银行转账事务包括两个节点上的更新操作。这样,当其中某一个节点出现故障,操作失败后如何使全局事务回滚,如何使另一个节点撤销(Undo)已执行的操作(若操作已完成或完成一部分),或者不必再执行事务的其他操作(若操作尚未执行),这些技术要比集中式数据库系统复杂和困难得多,是分布式数据库系统必须要解决的。

2. 分布式数据库系统的目标

分布式数据库系统的目标,主要包括技术和组织两个方面。

1) 适应部门分布的组织结构,降低费用

使用数据库的单位在组织上常常是分布的(如分为部门、科室、车间等),在地理上也是分布的。分布式数据库系统的结构符合部门分布的组织结构,允许各个部门对自己常用的数据存储在本地,在本地录入、查询、维护,实行局部控制。由于计算机资源靠近用户,因而可以降低通信代价,提高响应速度,使这些部门使用数据库更方便、更经济。

2) 提高系统的可靠性和可用性

改善系统的可靠性和可用性是分布式数据库系统的主要目标。将数据分布于多个场地,并增加适当的冗余度可以提供更好的可靠性,对于那些可靠性要求较高的系统,这一点尤其重要。一个场地出了故障不会引起整个系统崩溃,因为故障场地的用户可以通过其他场地进入系统,而其他场地的用户可以由系统自动选择存取路径,避开故障场地,利用其他数据副本执行操作,不影响事务的正常执行。

3) 充分利用数据库资源,提高现有集中式数据库的利用率

当在一个大企业或大部门中建成若干个数据库后,为了利用相互的资源,为了开发全局应用,就要研制分布式数据库系统。这种情况可称为自底向上地建立分布式系统。这种方法虽然也要对现存的局部数据库系统做某些改动、重构,但比起把这些数据库集中起来重建一个集中式数据库,无论从经济还是从组织上考虑,分布式数据库都是较好的选择。

4) 逐步扩展处理能力和系统规模

当一个单位扩大规模,要增加新的部门(如银行增加新的分行,工厂增加新的科室、车间)时,分布式数据库系统的结构为扩展系统的处理能力提供了较好的方式,即在分布式数

据库系统中增加一个新的节点。这样比在集中式系统中扩大系统规模要方便、灵活、经济得多。

在集中式系统中为了扩大规模常用的方法有两种：一种是在开始设计时留有较大的余地，这样容易造成浪费，而且由于预测困难，设计结果仍可能不适应情况的变化；另一种方法是系统升级，这会影响现有应用程序的正常运行。并且当升级涉及不兼容的硬件或系统软件有了重大修改而要相应地修改已开发的应用软件时，升级的代价就十分昂贵而常常使得升级的方法不可行。分布式使数据库系统能方便地将一个新的节点纳入系统，不影响现有系统的结构和系统的正常运行，提供了逐渐扩展系统能力的较好途径，有时甚至是唯一的途径。

3. 分布式数据库系统的体系结构

分布式数据库系统的体系结构是在原来集中式数据库系统的基础上增加了分布式处理功能，比集中式数据库系统模式增加了四级模式和映像。

图 12-5 是分布式数据库系统模式结构的示意图。在图的下半部分，就是原来集中式数据库系统的结构，只是加上了“局部”二字，实际上每个“局部”就是一个相对独立的数据库系统。

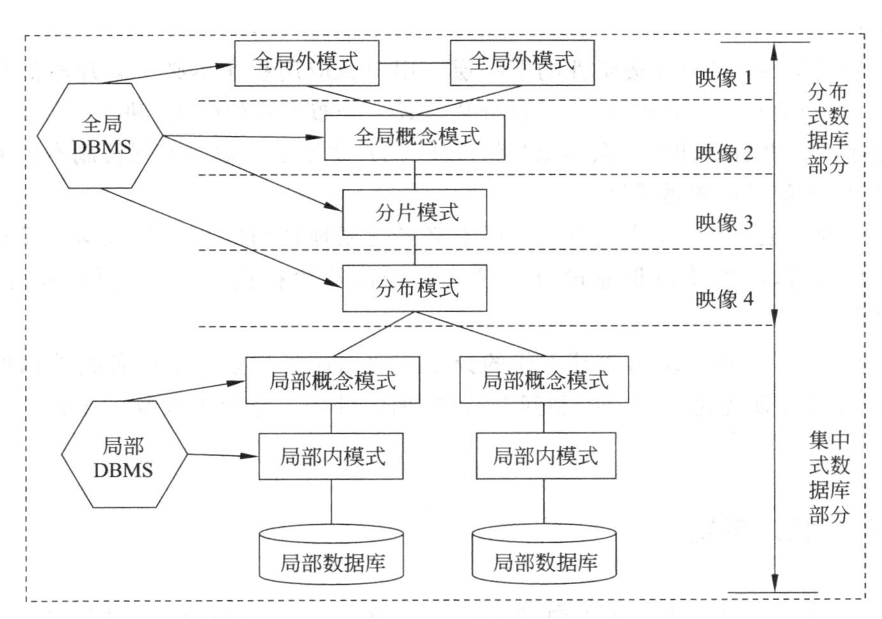

图 12-5 分布式数据库系统模式结构

图的上半部分增加了四级模式和映像，包括：

- 全局外模式——全局应用的用户视图，是全局概念模式的子集。
- 全局概念模式——定义分布式数据库系统的整体逻辑结构，为便于向其他模式映像，一般采取关系模式，其内容包括一组全局关系的定义。

- 分片模式——全局关系可以划分为若干不相交的部分，每个部分就是一个片段。分片模式定义片段以及全局关系到片段的映像。一个全局关系可以定义多个片段，每个片段只能来源于一个全局关系。
- 分布模式——一个片段可以物理地分配在网络的不同节点上，分片模式定义片段的存放节点。如果一个片段存放在多个节点，就是冗余的分布式数据库，否则是非冗余的分布式数据库。

由分布模式到各个局部数据库的映像，把存储在局部节点的全局关系或全局关系的片段映像为各个局部概念模式。局部概念模式采用局部节点上 DBMS 所支持的数据模型。分片模式和分布模式是定义全局的，在分布式数据库系统中增加这些模式和映像使得分布式数据库系统具有了分布透明性。

分布透明性是分布式数据库系统的重要特征，透明性层次越高，应用程序的编写就越简单、方便。分布透明性包括分片透明性、位置透明性和数据模式透明性。

- 分片透明性：分片透明性是最高层次的分布透明性。用户或应用程序只考虑对全局关系的操作而不必考虑关系的分片，当分布模式改变时，通过全局模式到分片模式的映像(映像 2)，使得全局模式不变，从而应用程序不变，这就是分片透明性。
- 位置透明性：是分片透明性的下一层。用户或应用程序不必了解片段的具体存储地点(场地)，当场地改变时，通过分片模式到分布模式的映像(映像 3)，使得应用程序不变。并且即使在冗余存储的情况下，用户也不必考虑如何保持副本的数据的一致性，这就是位置透明性。
- 数据模式透明性：用户或应用程序不必考虑场地使用的是哪种数据模式和哪种数据库语言，这些转换是通过分布模式与局部概念模式之间的映像(映像 4)来实现的。

针对分布式数据库系统由为其工作的分布式数据库管理系统进行各类数据处理的问题，特别是有关查询优化和并发控制问题，这方面软件的工作要大大复杂于集中式数据库系统。

12.2.3 云数据库系统

云计算是计算机技术发展的最新趋势，是继计算机、互联网后的第三次信息革命。与前两次技术革命不同，云计算的信息技术获取处理方式发生了巨大的改变。云计算基于分布式处理、并行处理和网格计算等技术，把计算基础设施和服务进行高度整合，以租售的方式交付给用户，是一种新兴的共享基础架构的方法。

随着云计算技术的持续发展，它对各领域产生巨大的影响，其中比较典型的包括数据库领域。将数据库部署或虚拟化到云计算环境中，能够实现按需付费、按需扩展、高可用性以及存储整合等优势。这样的数据库被称为云数据库(CloudDB)。它能够将企业数据库部署到云还可以实现存储整合。比如，一个有多个部门的大公司肯定也有多个数据库，可以把这些数据库在云环境中整合成一个数据库管理系统(DBMS)。

1. 云数据库的特性

云数据库能使用户按照存储容量和带宽的需求付费，并能够按需移植、扩展，并具有高可用性(HA)。将数据库部署到云可以支持和确保云中的业务应用程序作为软件即服务(SaaS)部署的一部分。总结起来，它具有以下特性：

(1) 动态可扩展性。理论上云数据库具有无限可扩展性，可以满足不断增加的数据存储需求。在面对不断变化的数据存储需求时，云数据库能表现出很好的弹性。例如，对于一个产品零售领域的电子商务公司，会存在季节性或突发性的产品需求变化；或者对于某个网络社区站点，可能会经历一个指数级的增长阶段。这时，就可以分配额外的数据库存储资源来处理增加的需求，这个过程只需要几分钟。一旦完成需求条件，就能立即释放这些资源。

(2) 高可用性。在云数据库中不存在单点失效问题。若一个节点失效，则剩余的节点会接管未完成的事务。而且在云数据库中，数据通常是复制的，在地理上也是分布的。例如 Google、Amazon 等大型云计算供应商具有分布在世界范围内的数据中心，通过在不同地理区间内进行数据复制，可以提供高水平的容错能力。例如 Amazon SimpleDB 会在不同的区间内进行数据复制。因此，即使整个区域内的云设施发生失效，也能保证数据继续可用。

(3) 高效性。通常采用多租户(multi-tenancy)形式。这种共享资源的形式对于用户而言可以节省开销，而且用户采用按需付费的方式使用云计算环境中的各种软、硬件资源，不会产生不必要的资源浪费。另外，云数据库底层存储通常采用大量廉价的商业服务器，这也大幅度降低了用户开销。

(4) 易用性。使用云数据库的用户不必控制运行原始数据库的机器，也不必了解它身在何处。通过交互界面，用户只需要一个有效的链接字符串就可以开始使用云数据库。

(5) 大规模并行处理。支持几乎实时的面向用户的应用、科学应用和新类型给出商务的解决方案。

2. 云数据库产品

云数据库供应商主要包含传统的数据库厂商(如 Oracle、Teradata、IBM DB2、Microsoft SQL Server 等)、涉足数据库市场的云供应商(如 Yahoo、Amazon、Google 等)和一些新兴小公司(如 Vertica、LongJump、EnterpriseDB 等)。

现阶段虽然一些云数据库产品如 Google BigTable、SimpleDB 和 HBase 在一定程度上实现了对海量数据的管理，但是这些系统暂时还不完善，只是云数据库的雏形。如何让这些系统支持更加丰富的操作以及更加完善的数据管理功能(比如复杂查询和事务处理)，以满足更加丰富的应用，仍然需要不断的探索和创新。表 12-1 给出了目前市场上常见的云数据库产品。

表 12-1　常见云数据库产品

云数据库供应商	云数据库产品
Amazon	Dynamo，SimpleDB，RDS
Google	BigTable，FusionTable
Microsoft	Microsoft SQL Server Data Services 或 SQL Azure
Oracle	Oracle Cloud
Yahoo	PNUTS
Vertica	Analytic Database v3.0 for the Cloud
EnterpriseDB	Postgres Plus in the Cloud
开源项目	Hbase，Hypertable
其他	EnterpriseDB，FathomDB，ScaleDB，Objectivity/DB，M/DB：X

12.3　面向应用领域的数据库新技术

数据库技术被应用到特定的领域中，出现了数据仓库、工程数据库、统计数据库、空间数据库、科学数据库、云数据库等多种数据库。这些数据库系统都明显地带有某一领域应用需求的特征。由于传统数据库系统具有局限性，无法直接使用当前 DBMS 市场上销售的通用的 DBMS 来管理和处理这些领域内的数据对象，因而广大数据库工作者针对各个领域的数据库特征探索和研制了各种特定的数据库系统。

12.3.1　数据仓库与数据挖掘

1. 数据仓库简介

随着数据库技术的发展，企业或组织建立了各类数据库用于存储大量数据，却也面临着由于使用不同数据库产品造成的数据转换和共享难点以及如何将大量数据转换为能够辅助企业决策的信息等问题。数据库系统为事务处理需求设计和建立，是成熟的信息基础设施，但它不能很好地支持决策分析。企业或组织的决策者做出决策时，需综合分析公司中各部门的大量数据，比如为正确分析公司的贸易情况、需求和发展趋势，不仅需要访问当前数据，还需要访问历史数据。这些数据可能在不同的位置，甚至由不同的系统管理。数据仓库可以满足这类分析的需要，它将来自于多个数据源的历史数据和当前数据按照决策主题进行集成，扩展了 DBMS 技术，提供了对决策的支持。

数据仓库之父——W. H. Inmon 对数据仓库的定义是：在支持管理的决策制定过程中，一个面向主题的、集成的、时变的、非易失的数据集合。在该定义中可以得到数据仓库的特点体现在如下几个方面。

- 面向主题的：因为数据仓库是围绕大的企业主题（如顾客、产品、销售量）而组织集成的，来自于不同数据源的面向应用的数据集成在数据仓库中。
- 集成的：数据仓库的数据是经过加工与集成，进行过统一编码和构建数据结构的数据。
- 时变的：数据仓库的数据只在某些时间点或时间区间上是精确的、有效的。
- 非易失的：数据仓库的数据基本不进行更新，只能由系统定期地刷新。刷新时仅添加新数据，而不修改旧数据。

数据仓库的最终目的是将企业范围内的全体数据集成到一个数据仓库中，用户可以方便地从中进行信息查询、产生报表和进行数据分析等。数据仓库是一个决策支撑环境，它从不同的数据源得到数据，组织数据，使得数据有效地支持企业决策。它被广泛应用于快消、航空、统计等各个行业。数据仓库的成功实现能为一个企业带来的主要益处有：

- 提高公司决策能力。数据仓库集成多个部门数据，给决策者提供全面可靠的数据，让决策者完成更多、更有效的分析。
- 竞争优势。由于决策者能方便地存取大量数据，并使用户能同时快速访问许多数据源，可以使决策者短时间内做出更可靠有效的决策，从而为企业带来巨大的竞争优势。
- 潜在的高投资回报。企业必须投入大量的资金来构建数据仓库，但其具有很高的投资回报率。据 IDC（国际数据公司）1996 年的研究，对数据仓库 3 年的投资利润就可达 40%。

2. 数据仓库结构

1）数据源

数据源一般是 OLTP 系统生成和管理的数据（又称操作数据），数据仓库中的源数据来自于：

- 企业中心数据库系统的数据和企业的操作数据。
- 企业各部门维护的数据库或文件系统中的部门数据。
- 在工作站和私有服务器的私有数据。
- 外部系统，如 Internet 信息服务商的数据库、企业的供应商或顾客的数据库的数据。

2）装载管理器

装载管理器又叫前端部件，完成所有与数据抽取和装入数据仓库有关的操作。有许多商品化的数据装载工具，可根据需要选择和裁剪。

3）数据仓库管理器

完成管理仓库中数据的有关操作，包括：

- 分析数据，以确保数据一致性；
- 从暂存转换、合并源数据到数据仓库的基表中；
- 创建数据仓库的基表上的索引和视图；
- 若需要，使数据非规范化；
- 若需要，产生聚集；

• 备份和归档数据。

数据仓库管理器可通过扩展现有的 DBMS,例如关系型 DBMS 的功能来实现。

4）查询管理器

查询管理器又叫后端部件。完成所有与用户查询管理有关的操作。这一部分通常由终端用户的存取工具、数据仓库监控工具、数据库的实用程序和用户建立的程序组成。它完成的操作包括解释执行查询和对查询进行调度。

5）数据存储区

数据存储区包含存储所有数据库模式中详细数据（不能联机存取）的数据存储区；存储有所有过程使用中元数据定义的元数据存储区，元数据主要被用于数据抽取和装载过程以及数据仓库管理过程，可以将数据源映射为数据仓库中公用的数据视图及自动产生汇总表；存储详细汇总过的归档和备份用的数据的归档/备份数据存储区，该存储区的数据将被转换到磁盘或光盘上；以及存储所有经仓库管理器预先轻度和高度汇总（聚集）过的数据的主要数据存储区，该区域的数据是变化的，随执行的查询改变而改变。总之，数据仓库的目的是为公司战略决策提供信息。同样，数据挖掘技术也是通过提取数据中的信息来对企业进行辅助决策的。接下来对数据挖掘技术进行介绍。

3. 数据挖掘技术

数据仓库将数据按照不同主题进行提取、转换和集成，为数据挖掘提供了高质、广泛的数据源。数据挖掘技术也是从数据中提取有用信息辅助决策的重要技术。面对日益激烈的市场竞争，客户对迅速应答各种业务问题的能力的要求不断提高，不仅要求回答发生什么，为何发生，还要回答将发生什么。数据挖掘技术正是支持回答“将发生什么”这类业务问题的。

1）数据挖掘的概念

数据挖掘是运用数据库技术、统计分析、人工智能技术、机器学习等方法发现数据的模型和结构、发现有价值的关系或知识的一门交叉学科，是从大量数据中通过算法搜索发现并提取隐藏在内的、人们事先不知道的但又可能有用的信息和知识的一种新技术。其目的是帮助决策者寻找数据间潜在的关联，发现经营者被忽略的要素，而这些要素对预测趋势、决策行为也许是十分有用的信息，它使决策支持系统（Decision Support System，DSS）跨入了一个新阶段。

2）数据挖掘和传统分析方法的区别

传统的 DSS 系统通常是在某个假设的前提下通过数据查询和分析来验证或否定这个假设。数据挖掘与传统的数据分析（如查询、报表、联机应用分析）的本质区别在于数据挖掘是在没有明确假设的前提下去挖掘信息，发现知识的。

数据挖掘方法是由数据驱动而非用户驱动来获得意外的、有用的决策信息。它基于大量的来自实际应用的数据，进行自动分析、归纳推理，从中发掘出数据间潜在的模式，或产生联想，建立新的业务模型帮助决策者调整企业发展策略，进行正确决策。数据挖掘所得到的信息应具有事先未知、有效和实用 3 个特征，主要应用于统计、数据分析、数据库和管理信息系统领域。

3）数据挖掘的功能

数据挖掘的功能主要有：

(1) 数据总结。通过对数据的浓缩给出数据的紧凑描述。传统的统计方法如求和值、平均值、方差值等都是有效方法。另外还能用直方图、饼状图等图形表示这些值。

(2) 关联分析。寻找数据库中值的相关性。两种常用的技术是关联规则和序列模式。若两个或多个变量的取值之间存在某种规律性，就称为关联。包括相关关联和因果关联。关联规则不仅是单维关联，也可能是多维之间的关联。关联规则是寻找同一事件中出现的不同项的相关性，而序列模式是寻找事件之间时间上的相关性。

(3) 分类预测。构造分类函数或模型来描述和区分数据类之间的区别，并用这些函数和模型对未来进行预测。这些数据类是事先已知的。分类的结果表示为决策树、分类规则或神经网络。

(4) 聚类。将数据分为不同群组，使得类内部数据之间的差异最小，而类之间数据的差异最大。与分类不同的是，聚类前并不知道类的个数。聚类技术主要包括传统的模式识别方法和数学分类学等，可以通过聚类分析来找出特性相似的群体，以制定针对不同群体的决策方案。

(5) 偏差检测。对分析对象少数、极端的孤立点进行分析，揭示其内在原因。孤立点是指数据中的整体表现行为不一致的那些数据集合。这些数据虽然是一些特例，但在错误检查和特例分析中往往是很有用的。

一个典型的数据挖掘系统的体系结构如图 12-6 所示。

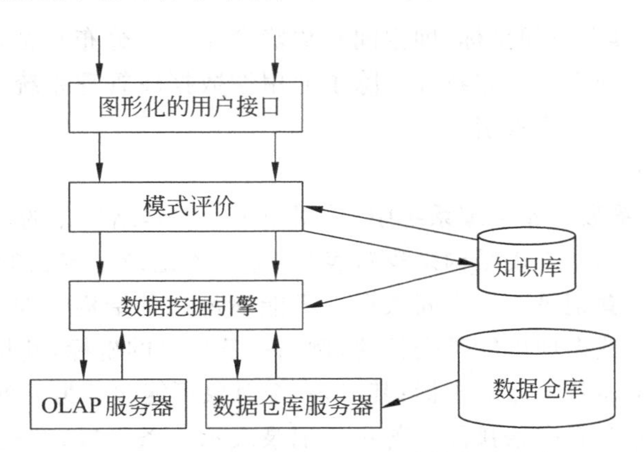

图 12-6 典型的数据挖掘系统的体系结构

在进行挖掘之前首先要明确挖掘的任务，比如说是要进行分类、聚类或寻找关联规则等，然后根据这些任务来对所选择数据进行预处理，之后再选择具体的算法进行挖掘。最后要对挖掘出来的模式进行评价，削减其中重复的部分，将最终的结果展现出来。

数据挖掘技术从一开始就是面向应用的，尤其在银行、电信、保险、交通、零售(如超级市场)等商业领域有着极其广泛的应用前景。

12.3.2 空间数据库

空间数据库系统(Spatial Data Base System,SDBS)是描述、存储和处理空间数据及其属性数据的数据库系统。空间数据库是随着地理信息系统(Geographic Information System,GIS)的开发和应用发展起来的数据库新技术。目前,空间数据库系统不是独立存在的系统,它和应用紧密结合,大多数作为地理信息系统的基础和核心的形式出现。

目前,各大 GIS 厂商和数据库公司发展了最新的空间数据和属性数据的全关系型数据库管理方式,利用关系型数据库来存储和处理空间数据,实现了空间数据和属性数据的无缝集成和一体化存储管理。在比较大型的数据库中,MapInfo 公司针对 SQL Server、Sybase 等提供了 Spatial Ware 插件,利用该插件 MapX 就可以与数据库连接,在数据库中存放空间数据,并提供比较复杂的空间运算和操作。而作为大型的数据库之一的 Oracle 在与 MpaInfo 的合作过程中,逐步推出一个与 MpaInfo 及 MapX 实现了良好的互操作的空间数据库组件 Oracle Spatial。

1. 空间数据

空间数据是用于表示空间物体的位置、形状、大小和分布特征等诸方面信息的数据,适用于描述所有二维、三维和多维分布的关于区域的现象,分为矢量数据和栅格数据两大类。空间数据的特点是不仅包括物体本身的空间位置及状态信息,还包括表示物体的空间关系(即拓扑关系)的信息。归纳起来它具有以下 5 个基本特征。

1) 空间特征

每个空间对象都具有空间坐标,即空间对象隐含了空间分布特征。这意味着在空间数据组织方面,要考虑它的空间分布特征。除了通用性数据库管理系统或文件系统关键字的索引以外,一般需要建立空间索引。

2) 非结构化特征

在当前通用的关系数据库管理系统中,数据记录一般是结构化的,即它满足关系数据模型的第一范式要求,可用二维表结构来逻辑表达,每一条记录是定长的,数据项表达的只能是原子数据,不允许嵌套记录。而空间数据则不能满足这种结构化要求。若将一条记录表达一个空间对象,它的数据项可能是变长的,例如一条弧段的坐标,其长度是不可限定的,它可能是两对坐标,也可能是十万对坐标;其二,一个对象可能包含另外的一个或多个对象,例如一个多边形,它可能含有多条弧段。若一条记录表示一条弧段,在这种情况下,一条多边形的记录就可能嵌套多条弧段的记录,所以它不满足关系数据模型的范式要求,这也就是为什么空间图形数据难以直接采用通用的关系数据管理系统的主要原因。

3) 空间关系特征

除了前面所述的空间坐标隐含了空间分布关系外,空间数据中记录的拓扑信息表达了多种空间关系。这种拓扑数据结构一方面方便了空间数据的查询和空间分析,另一方面也给空间数据的一致性和完整性维护增加了复杂性。特别是有些几何对象,没有直接记录空间坐标的信息,仅记录组成它的弧段的标识,因而进行查找、显示和分析操作时都要操纵和检索多个数据文件方能得以实现。

4）多尺度特征

多尺度是空间数据的另一个重要特征。由于空间认知水平、认知精度和比例尺等不同，地理实体的表现形式也不同。空间数据的多尺度特征可以从空间和时间多尺度两个方面进行解释。空间多尺度指的是根据地学过程或地理地球系统中各部分规模的大小，分为不同层次；时间多尺度指地学过程或地理特征时间周期长短不同，具有一定的自然节律性。

5）时态特征

随着时间推移，地理现象特征等空间数据会发生变化。除空间特征之外，时态是地理实体和地理现象本身固有的另一个基本特征。当数据发生变化时，新数据将代替旧数据，成为另一个瞬时状态。如何组织、管理地理实体随时间变化信息（或时空信息），是当今空间数据库面临的新课题。当数据更新时，需要对数据的更新变化进行分析，预测未来趋势。在很多应用领域（地籍变更、交通管理、环境监测等）要求数据库系统能够提供管理时空数据的基本能力。

正是由于空间数据具有以上多种复杂和特殊的特征，一般的商用数据库管理系统难以满足要求。因而，围绕空间数据管理方法，出现了几种不同的空间数据库模式。

2. 空间数据库系统组成结构

- 空间数据库，即存储在磁带、磁盘、光盘或其他外存介质上，按一定结构组织在一起的相关数据集合。
- 空间数据库管理系统（SDBMS），一组能完成描述、管理、维护数据库的程序系统，按照一种公用的和可控制的方法完成插入数据、修改和检索原有数据的操作。
- 数据库管理员（DBA）。
- 用户和应用程序。

在不引起混淆的情况下，一般把空间数据库系统简称为空间数据库。

3. 几种常见的空间数据模型和管理系统

1）文件与关系数据库混合管理系统

大部分 GIS 软件采用混合管理的模式，即用文件系统管理几何图形数据，用商用关系数据库管理系统管理属性数据，它们之间的联系通过目标标识或者内部连接码进行连接，如图 12-7 所示。

OID	图形数据
	属性数据

图 12-7　GIS 中图形数据与属性数据的连接

在这种管理模式中，几何图形数据与属性数据除它们的图形实体标识字段 OID 作为连接关键字段以外，两者几乎是独立地组织、管理与检索的。就几何图形而言，由于 GIS 系统采用高级语言编程，可以直接操纵数据文件，所以图形用户界面与图形文件处理是一体的，中间没有裂缝。但对属性数据来说，则因系统和历史发展而异。早期系统由于属性数据必须通过关系数据库管理系统，图形处理的用户界面和属性的用户界面是分开的，它们只是通过一个内部码连接，如图 12-8 所示。导致这种连接方式的主要原因是早期的数据库管理系统不提供编程的高级语言，如 Fortran 或 C 的接口，只能采用数据库操纵语言。这样通常要同时启动两个系统(GIS 图形系统和关系数据库管理系统),甚至在两个系统间来回切换,使用起来很不方便。

最近几年,随着数据库技术的发展,越来越多的数据库管理系统提供高级编程语言 C 和 Fortran 等接口,使得地理信息系统可以在 C 语言的环境下,直接操纵属性数据,并通过 C 语言的对话框和列表框显示属性数据,或通过对话框输入 SQL 语句,并将该语句通过 C 语言与数据库的接口查询属性数据库,并在 GIS 的用户界面下,显示查询结果。这种工作模式下,并不需要启动一个完整的数据库管理系统,用户甚至不知道何时调用了关系数据库管理系统,图形数据和属性数据的查询与维护完全在一个界面之下。

在 ODBC 推出之前,每个数据库厂商提供一套自己的与高级语言的接口程序,这样,GIS 软件商就要针对每个数据库开发一套与 GIS 的接口程序,所以往往在数据库的使用上受到限制。在推出了 ODBC 之后,GIS 软件商可以通过 DBMS 提供的高级编程语言接口,直接操纵属性数据,查询属性数据库,显示查询结果。只要开发 GIS 与 ODBC 的接口软件,就可以将属性数据与任何一个支持 ODBC 协议的关系数据库管理系统连接。

无论是通过 C 或是通过 ODBC 与关系数据库连接,GIS 用户都是在一个界面下处理图形和属性数据,它比前面分开的界面要方便得多。这种模式称为混合处理模式,如图 12-9 所示。

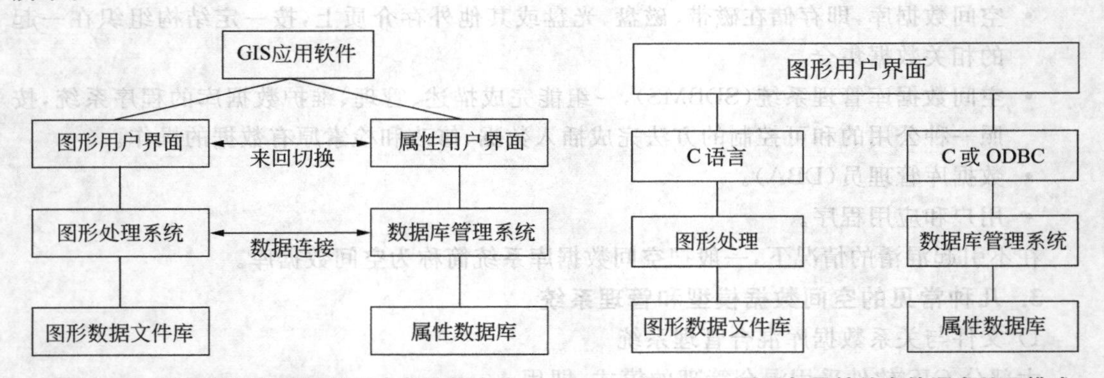

图 12-8 图形数据与属性数据内部连接方式　　图 12-9 图形与属性结合的混合处理模式

采用文件与关系数据库管理系统的混合管理模式,还不能说建立了真正意义上的空间数据库管理系统,因为文件管理系统的功能较弱,特别是在数据的安全性、一致性、完整性、并发控制以及数据损坏后的恢复方面缺少基本的功能。多用户操作的并发控制比起商用数据库管理系统来要逊色得多,因而 GIS 软件商一直在寻找采用商用数据库管理系统来同时管理图形和属性数据。

2) 全关系型空间数据库管理系统

在全关系型空间数据库管理系统中,图形和属性数据都用现有的关系数据库管理系统管理。关系数据库管理系统的软件厂商不作任何扩展,由 GIS 软件商在此基础上进行开发,使之不仅能管理结构化的属性数据,而且能管理非结构化的图形数据。用关系数据库管理系统管理图形数据有两种模式。一种是传统的基于关系模型的方式,图形数据按照关系数据模型组织。这种组织方式由于涉及一系列关系连接运算，相当费时。另一种方式是将图形数据的变长部分处理成二进制块 Block 字段。目前大部分关系数据库管理系统都提供了二进制块的字段域，以适应管理多媒体数据或可变长文本字符。GIS 利用这种功能，通常把图形的坐标数据，当作一个二进制块，交由关系数据库管理系统进行存储和管理。这种存储方式，虽然省去了前面所述的大量关系连接操作，且便于数据的维护，但是二进制块的读写效率要比定长的属性字段慢得多，造成存储速率的下降，只适用于功能简单的 GIS。

3）对象-关系数据库管理系统

由于直接采用通用的关系数据库管理系统的效率不高，而非结构化的空间数据又十分重要，所以许多数据库管理系统的软件商纷纷在关系数据库管理系统中进行扩展，使之能直接存储和管理非结构化的空间数据，如 INGRES、Informix 和 Oracle 等都推出了空间数据管理的专用模块，定义了操纵点、线、面、圆、长方形等空间对象的 API 函数。这些函数将各种空间对象的数据结构进行了预先的定义，用户使用时必须满足它的数据结构要求，用户不能根据 GIS 要求（即使是 GIS 软件商）再定义。例如，这种函数涉及的空间对象一般不带拓扑关系，多边形的数据是直接跟随边界的空间坐标，那么 GIS 用户就不能将设计的拓扑数据结构采用这种对象-关系模型进行存储。

这种扩展的空间对象管理模块主要解决了空间数据变长记录的管理问题，由于由数据库软件商进行扩展，空间数据查询速度变快，效率也要比前面所述的二进制块的管理高得多。但是它仍然没有解决对象的嵌套问题，空间数据结构也不能由用户任意定义，使用上仍受到一定限制。

4）面向对象空间数据库管理系统

面向对象模型最适应于空间数据的表达和管理，它既支持变长记录，又支持对象的嵌套、信息的继承与聚集。面向对象的空间数据库管理系统允许用户定义对象和对象的数据结构以及它的操作。这样，我们可以将空间对象根据 GIS 的需要，定义出合适的数据结构和一组操作。这种空间数据结构可以是不带拓扑关系的面向对象数据结构，也可以是拓扑数据结构，当采用拓扑数据结构时，往往涉及对象的嵌套、对象的连接和对象与信息聚集。

当前已经推出了若干个面向对象数据库管理系统，如 O2、Object store otorn 等，也出现了一些基于面向对象的数据库管理系统的地理信息系统，如 GDE 等。但由于面向对象数据库管理系统还不够成熟，价格又昂贵，目前在 GIS 领域还不太通用。相反，基于对象-关系的空间数据库管理系统将可能成为 GIS 空间数据管理的主流。

4. 最新型的空间数据库管理系统

以上所述的空间数据库管理系统主要是针对图形矢量空间数据的管理而采取的方案。当前除图形矢量数据以外，还存在大量影像数据和 DEM 数据，如何将矢量数据、影像数据、DEM 数据和属性数据进行统一管理，已成为空间数据库的一个重要研究方向。

面向对象的矢栅一体化数据模型是面向对象技术与空间数据库技术相结合的产物，它将矢量面对目标的方法和栅格元子充填的方法结合起来，既能保留矢量的全部性质，又能建立栅格与地物的关系。面向对象技术已成为现代计算机技术的主流技术，在众多领域里，面向对象技术已成为新一代软件体系结构的基石。面向对象数据模型和面向对象的空间数据管理一直是地理信息系统领域追求的目标。早在 20 世纪 80 年代末、90 年代初，人们就相当重视面向对象技术在 GIS 领域中的应用，软件技术也在不断发生变革，较早推出的面向对象 GIS 软件 System 9，对面向对象方法在 GIS 中的应用起了较大推动作用，之后的 SmallWord 和最近的 ARC/INFO 8.0，已使面向对象 GIS 达到了普及应用阶段。武汉大学测绘学院开发的地理信息系统软件 GeoStar 从一开始设计就采用面向对象数据模型和面向对象技术，中国的地球空间数据交换格式也是以面向对象的逻辑模型为主要设计思想的。

在面向对象数据模型中，其核心是对象(Object)，对象是客观世界中的实体在问题空间的抽象。空间对象是地面物体或者说地理现象的抽象。空间对象有两个明显的特征：一个是几何特征，它有大小、形态和位置；另一个是物理特征，即地物要素的属性特征，它是道路，还是河流或房屋。就物理特征来说，一般将空间对象进行编码，国家亦有空间要素的分类编码标准。从几何特征而言，空间对象在二维 GIS 中可以抽象为零维对象、一维对象和二维对象。实际上，我们将零维对象均抽象为点对象，一维对象称为线对象，二维对象抽象为面对象。为了直观地表达空间对象及周围环境的状态和性质，一般需要注记，亦可称为注记对象。

如图 12-10 所示为 GeoStar 中面向对象集成化的数据模型。在这种数据模型中，有 4 类空间实体对象：点对象、线对象、面对象、注记对象，可以将它们看成是所有空间地物的超类。每个对象又根据它们的物理(属性)特征划分成地物类型。一个或多个地物类组成一个地物层。地物层是逻辑上的，一个地物类可能跨越几个地物层，这样就大大方便了数据处理。例如，一条通行的河流可以在水系层，也可以在交通层，这样，它不需要像在 Coverage 模型中那样，需要从一个层拷贝到另一个层进行处理。这里的地物类是核心。

在地物层之上是工作区，一个工作区是一个工作范围，包含该范围内的所有地物层，或者是几个地物层。多个工作区可以相互叠加在一起，组成一个工程。这里的工程是所研究区域或一项 GIS 工程所涉及的范围，如一个城市、一个省，也可能是一个国家。

为了将影像和 DEM 与矢量化的空间对象集成在一起管理，定义影像和格网 DEM 作为两个层。这两个层的操作和管理与地物层相似。但它的存储方式不同。影像层和 DEM 层可以置于工作区中，也可以置于工程中。当置于工作区时，它们可以是单幅图的影像或 DEM。但是在工程中，它们需预先建立影像数据库和 DEM 数据库，此时做到矢量数据库、影像数据库和 DEM 数据库的集成化管理。

在实现面向对象的矢栅一体化空间数据库管理系统时，影像、矢量、DEM 集成化空间数据库在逻辑上仍然是 3 个独立的数据库，如图 12-11 所示。3 个数据库可以分别建库，亦即采用 3 种类型数据库管理系统。在建立了各种类型的数据库之后，可以分别进行空间数据的查询、分析与制图。另外，为了与其他两种类型的数据集成管理，可各自提供一套动态链接库函数，使之能在矢量数据库管理系统中调用影像数据库和 DEM 数据库。同样在 DEM 数据库管理模块中也可以通过动态链接库调用矢量数据库和影像数据库，进行深层次、多数据源的空间查询、分析与制图。

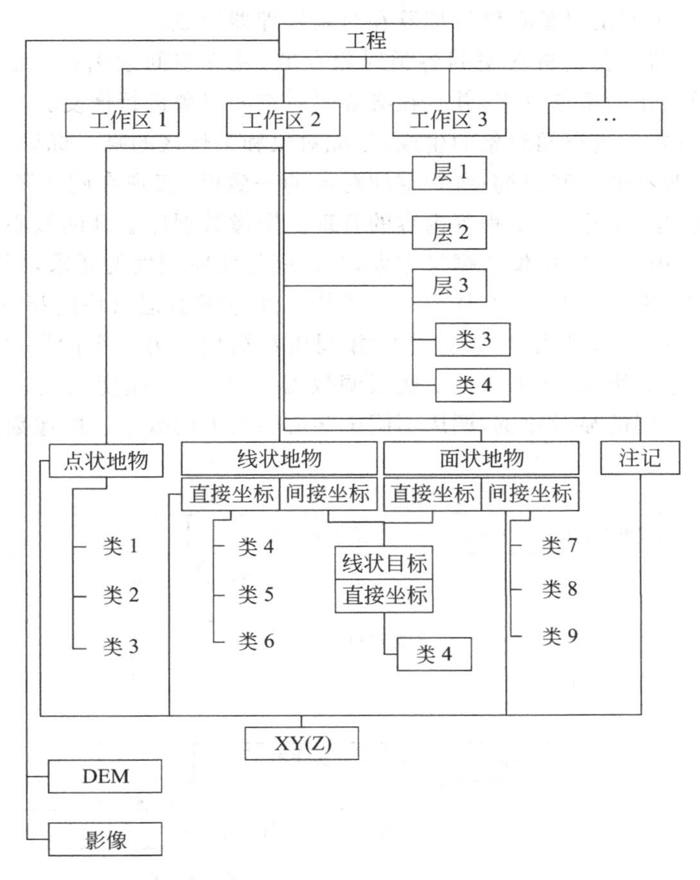

图 12-10 面向对象集成化的数据模型

对于矢量数据管理而言，可直接采用面向对象技术。为此，我们开发了一个面向对象的空间数据管理的引擎，负责空间对象的操作与管理，如图 12-12 所示。

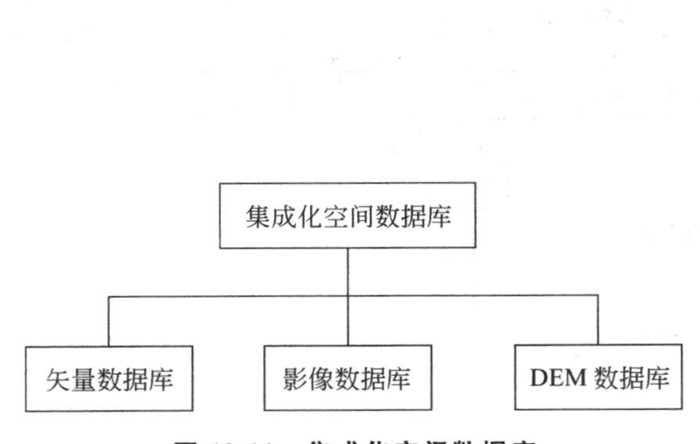

图 12-11 集成化空间数据库

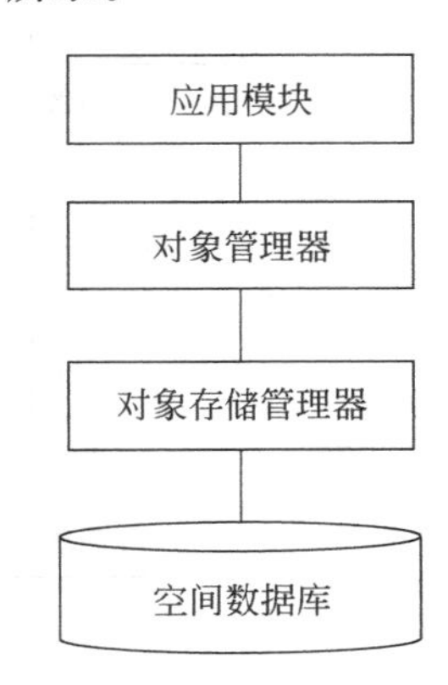

图 12-12 面向对象的空间数据管理

空间对象管理主要由对象存储管理器和对象管理器组成。

对象存储管理器主要负责对空间各类对象存取，建立空间索引；实现对持久对象的存储，以及记录空间操作的事务日志，并且在必要时对空间对象进行恢复。

对象管理器主要负责空间对象的生成，分配对象和工作区的唯一标识，实现对空间对象的调度；完成各种基本的空间查询；维护空间对象的一致性；实现在网络环境下的多用户控制；实现对地物类、层、工作区、工程等内容的管理。影像数据库管理的核心是将影像分块和建立影像金字塔。由于一幅影像数据量太大，难以满足实时调度的要求，所以需将分幅的影像进一步分块存放，例如 512×512 作为一个子块。通过索引记录块的指针，使得在影像漫游时，根据空间位置，索引到指针，直接指向并调用数据块。另一个问题是，当比例尺缩小时，需要看到更抽象的影像，如果直接从底层调数据后再抽取，速度太慢。所以需要建立影像金字塔，可根据不同的显示比例，调用不同金字塔层次上的数据。影像数据库的数据结构如图 12-13 所示。

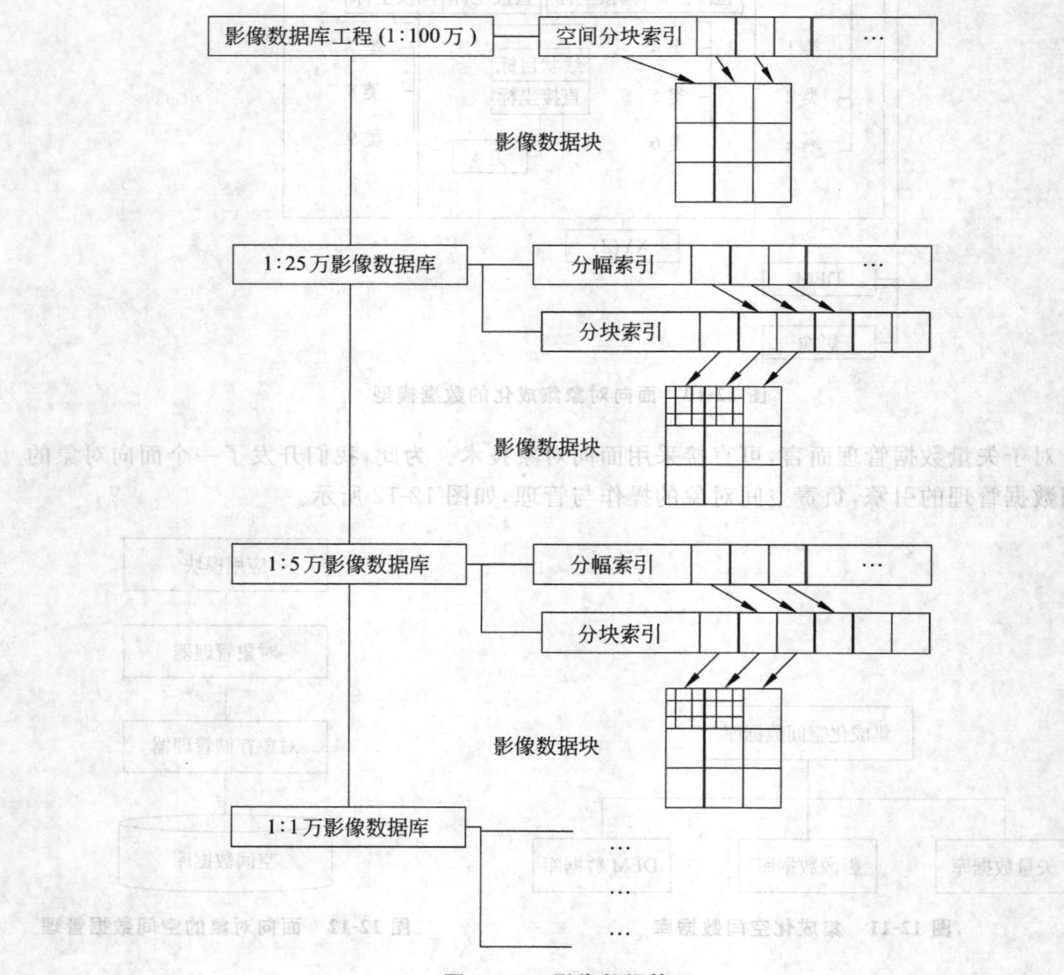

图 12-13 影像数据管理

DEM 建库的目的就是要将所有相关的数据有效地组织起来，并根据其地理分布建立统一的空间索引，进而可以快速调度数据库中任意范围的数据，达到对整个地形的无缝漫游。同样，采用金字塔数据结构，根据显示范围的大小可以灵活方便地自动调入不同层次的数据。比如，既可能一览全貌，也可以看到局部地方的微小细节。通过“工程-工作区-行列”结构，便可唯一地确定 DEM 数据库范围内任意空间位置的高度。为了提高对整体数据的浏览效率，DEM 数据库采用金字塔层次结构和根据显示范围的大小来自动调入不同层次数据的机制。金字塔层次结构的 DEM 数据库设计如图 12-14 所示。

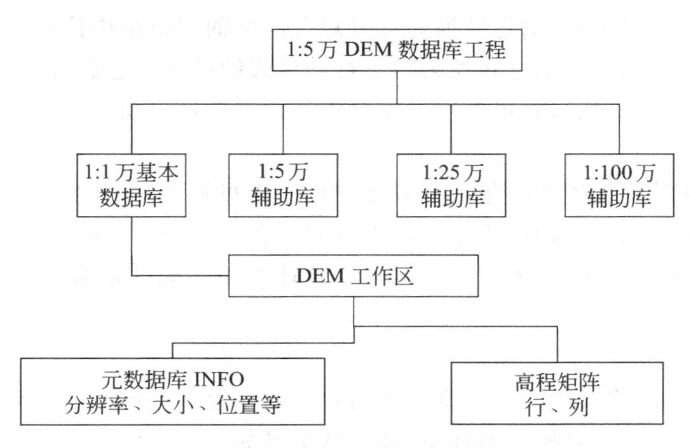

图 12-14 DEM 数据库结构

12.3.3 机器学习

机器是一种“能完成某种功能的工具或装置”，机器学习通过设计一些让机器自动“学习”的算法，分析已有数据，获得隐藏规律，并利用这些规律对未知数据进行预测和分析。随着移动互联网的高速发展，数据大量产生以及工业界对于计算速度和成本要求的提升，传统的大型机已经很难满足工业界的需求。分布式计算和机器学习的结合成为学术界和工业界研究的重点。如果机器能够获取各领域的大量数据并利用它们，在以后的类似经验中提升它的表现，就称为机器学习。机器学习的研究领域是发明计算机算法，把数据转化为智能行动。数据量的增加使得计算能力增强成为必需条件，而计算能力的增强反过来促进了分析大数据的统计方法的发展。这就创造了一个闭环式的发展，它使得更多数据得以收集。图 12-15 描述了机器学习闭环式的发展。

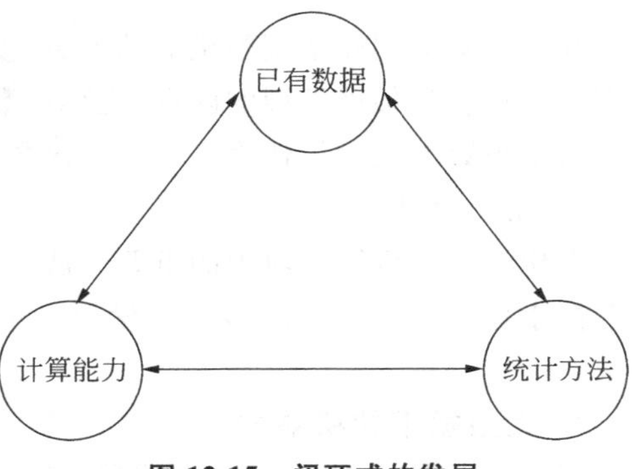

图 12-15 闭环式的发展

1. 机器学习的步骤

1）数据收集和存储

收集如组合成像文本文件、电子表格、数

据库等单一数据源，生成可行动知识学习材料，并应用一些存储设备以一定形式对数据进行存储。

2）抽象化数据

将原始数据赋予抽象的含义，能够将原始的包含不同感官信息在内的数据转变为具有逻辑结构的信息。用于抽象化的模型包括各类关系图、函数方程、逻辑关系表达等。根据学习任务和可用数据类型类选择模型来表现数据，对数据集进行拟合和抽象。

3）一般化数据

在抽象化数据信息过后，信息转换为具有意义洞察的逻辑结构信息，但此时并不具有行动洞察。一般化是把抽象化信息转换为用于行动形式的过程。它通过快速缩小搜索可能模型空间的方法（启发式方法），将可能模型集合中的元素数量控制在一个可管理范围内。

4）模型评估

由于每个机器学习模型在抽象和一般化过程中无可避免地会产生一些错误和偏差，所以评估初始数据集基础上的训练模型是很重要的。在采用测试数据集来评价模型的准确性后，推测新未知数据的好坏，或者针对目标应用设计模型性能的检验标准，对于机器学习来说是至关重要的环节。

5）模型改进

针对评估结果，对比实际需求程度与可达程度的差异。若现有性能未达到相应要求，就需要进一步探索新方法提高模型的性能，甚至从头开始，尝试改变描述数据的模型；或者是补充数据，完善数据结构，增加数据描述的精确性。

2. 机器学习类型

机器学习所要处理的问题一般分为 3 类：无反馈条件下对数据的推断、将数据拟合为某个函数或函数逼近、进行有奖励和回报的比赛或游戏。根据相应问题将机器学习分为无监督学习、有监督学习和强化学习 3 类。

1）无监督学习

目标是探索数据呈现特殊性的原因。无监督学习只分析数据，在学习过程中由自身来提供输出结果。它不规定计算机学习的方式，而是通过计算分析过程的本身来学习。例如根据数据点相似性进行分组分类，或确定哪些变量更优。

2）有监督学习

利用已知类别样本调整机器的参数，使整个机器效果达到要求的过程。监督学习依据给定数据拟合为某种类型的函数，也称函数逼近。通过优化，我们希望依据学习数据拟合出一个与未来数据取得最佳逼近效果的函数。

3）强化学习

强化学习是机器学习中的重要方法。其目标是通过设置激励函数，对每一阶段生成“回报”，探索如何进行有效的多阶段学习。可将强化学习看作是对某物生命周期进行优化的算法。

3. 大数据下的机器学习

随着大数据时代的到来，大数据的理论方法逐渐成为学术界和各领域关注的热点。大规模数据库、搜索引擎、语音识别等技术都是对大数据技术的应用。大数据算法涉及的方面广泛，包括大规模并行计算、流算法、云技术等。由于大数据存在复杂、高维、多变等特点，如何从真实、凌乱和复杂的大数据中挖掘出人类感兴趣的知识，迫切需要更深刻的机器学习理论进行指导。

在大数据时代，传统机器学习将面临新的挑战。目前，虽然包含大规模数据的机器学习问题普遍存在，但由于现有的许多机器学习算法基于内存，大数据却无法装入计算机内存，所以现有的诸多机器学习算法不能用于大数据。这时需要考虑采用并行化的方法。对于大数据分析，现有的机器学习方法中的半监督学习、集成学习、迁移学习等技术十分重要。

(1) 半监督学习是模式识别和机器学习领域研究的重点问题，是监督学习与无监督学习相结合的一种学习方法。它主要考虑如何利用少量的标注样本和大量的未标注样本进行训练和分类的问题。在半监督学习中还有很多类型的关系还未得到创造性的利用，利用这些信息集成到半监督学习算法中具有很重要的实际意义。

(2) 集成学习是使用一系列机器进行并行学习，并使用某种规则把不同学习结果进行整合从而获得比单个学习机器更好的学习效果的一种机器学习方法。传统的学习方法往往面临可用假设的选择和统计问题，而用集成学习能够对多个假设赋予权重，从而避免了由于计算复杂性而造成的局部最优风险问题。

(3) 迁移学习是利用一种学习对另一种学习的影响进行学习。在大数据环境下，大量新的数据在大量不同领域呈爆炸性增长，要在这些新领域应用传统的机器学习方法，就需要大量有标识的训练数据。但如果对每个领域都标识大量训练数据，会耗费大量的人力与物力。提高机器学习能力的一个关键问题就在于，要让机器能够继承和发展过去学到的知识，这其中的关键就是让机器学会迁移学习。

12.3.4　大数据分析技术

大数据(big data)是一个新兴的概念，主要是指大量的、非结构化的数据。这些数据的产生主要是由于近几年传感技术、社会网络和移动设备的快速发展和大规模普及，导致数据量以指数形式快速增加并且数据的类型和相互关系也变得更加复杂多样。根据 IBM 的统计，现在世界上每天大约产生 250 亿亿字节的数据；2012 年 EMC/IDC 的调查显示，世界上的数据总量在过去两年翻了一番，达到 2.8ZB。大数据体量庞大、增长迅速，而且来源广泛、类型繁多。根据这些特点可以知道，与以往的大型数据集相比，一方面，通过挖掘大量的、相互关联的大数据能够得到更多有价值的信息。另一方面，由于数据量及数据类型的急剧增加，现有的数据处理技术很难在合理的时间内对大数据进行有效的处理。

1. 大数据的特征

大数据并非是容量非常大的数据集合，如果单是数据量的问题，就不能深入理解大数据的内容意义。用 4 个特征相结合来定义大数据，也简称 4V，即数据量巨大、流动速度快和数据种类繁多以及数据价值高。

1）数据量巨大（Volume）

如今，存储的数据数量正在急剧增长中，各种意想不到的来源都能产生数据。用现有技术无法管理的数据量，从现状来看，有关数据量的对话已从TB级别转向PB级别，并且不可避免地会转向ZB级别。可是，随着可供企业使用的数据量的不断增长，可处理、理解和分析的数据的比例却不断下降。

2）数据种类繁多（Variety）

随着传感器种类的激增、智能设备及社交协作技术的流行，数据类型也变得更加复杂多样化，因为它不仅包含传统的关系型数据，还包含来自浏览的网页、互联网日志文件、搜索索引、社交媒体论坛、电子邮件、文档、主动和被动系统的传感器数据等原始、半结构化和非结构化数据。

3）流动速度快（Velocity）

数据产生和更新的频率也是衡量大数据的一个重要特征。如今传输速度有了很大的提升，但是数据量也开始急剧增加，现在强调的数据的动态变化，形成流式数据是大数据的一个重要特征。

4）数据价值高（Value）

大数据由于体量不断加大，单位数据的价值密度就不断降低，然而数据的整体价值在不断提高。大数据最大的价值在于通过对大量不相关的各类型数据的分析处理，挖掘对未来趋势有价值的数据，发现新规律、新知识，应用到各个领域，从而提高生产效率。

2. 大数据分析

大数据处理和分析的终极目标是借助对数据的理解辅助人们在各类应用中做出合理的决策。在此过程中，深度学习和可视化起到了相辅相成的作用。

1）深度学习提高精度

要挖掘大数据的大价值必然要对大数据进行内容上的分析与计算，而传统的数据表达模型和方法通常是简单的浅层模型学习，效果不尽人意。深度学习可以对人类难以理解的底层数据特征进行层层抽象，凝练具有物理意义的特征，从而提高数据学习的精度。因此，深度学习是大数据分析的核心技术。

2）强可视化辅助决策

对大数据查询和分析的实用性和实效性对于人们能否及时获得决策信息非常重要。而强大的可视化技术，不仅可以对数据分析结果进行更有效展示，而且可以在大数据分析过程中发挥重要作用。

3. 大数据的价值实现

大数据价值的有效实现离不开三大要素，即大分析、大内容和大带宽。

1）大分析

通过创新性的数据分析方法实现对大量数据的快速、高效、及时的分析与计算，得出跨数据间的、隐含于数据中的规律、关系和内在逻辑，帮助用户理清事件背后的原因、预测发展趋势、获取新价值。

2）大内容

只有在数据内容足够丰富、数据量足够大的前提下，隐含于大数据中的规律、特征才能被识别出来。

3）大带宽

通过大带宽提供良好的基础设施，以便在更大范围内进行数据的收集，以更快的速度进行数据的传输，为大数据的分析、计算等环节提供时间和数据量方面的基本保障。

4. 大数据产品

作为大数据的基础支撑技术，能和 Hadoop 一样受到越来越多关注的就是 NoSQL 数据库了。传统的关系型数据库管理系统(RDBMS)是通过 SQL 这种标准语言来对数据库行操作的。NoSQL 数据库是对 RDBMS 所不擅长的部分进行的补充，下面介绍一些有代表性的 NoSQL 成熟产品。

1）HBase

HBase——Hadoop Database，是一个构建在 Apache Hadoop 上的列数据库。它具有高性能、高可靠、列存储和可伸缩的特点，很好地弥补了 HDFS 随机读写的不足。HBase 是基于 Hadoop HDFS 和 Hadoop Zookeeper 的分布式存储系统。利用该技术可以在廉价的 PC 服务器上搭建起大规模结构化存储集群。

HBase 的数据模型和关系模型有两点不同。首先，在关系模型中，如果指定了行和列，就可以定位到具体的数据，称之为一个 Cell(细胞)。在 HBase 中存储的最小单元也是 Cell，但区别是 HBase 的 Cell 还具有版本号，空白 Cell 在物理上是不进行存储的。其次，在 HBase 中，若干列可以组合成一个列族。在物理上，一个 Column Family(列族)的所有成员在文件系统上都是存储在一起的。尽管在概念上，表被看成是稀疏的行的集合，但在物理上，它和 Column Family 的存储是有区别的。数据可以直接加入到某一事先没有经过声明的列中，但是 Column Family 则必须像关系数据库一样先声明后才能使用。HBase 的架构比较简洁，由 HMaster 和 HRegionServer 组成，如图 12-16 所示。

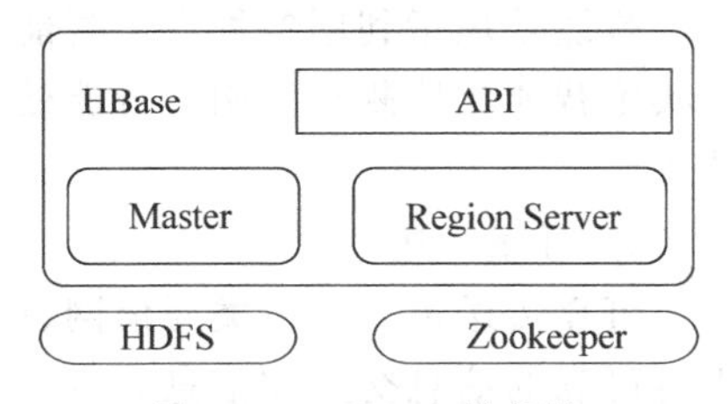

图 12-16　HBase 的架构

2）MongoDB

MongoDB 是一个开源的可扩展文档型 NoSQL 产品。它和关系型数据库不同，数据模型是类似于 JSON 的文档，有可以存储复杂数据的接口，也可以动态定义模式。MongoDB 作为文档型存储，非常适合于这些场景，即归档日志、文档或者内容管理、游戏、地理位置、网站应用、敏捷开发和数据分析。它主要包括 Ad hoc 查询、索引、主从复制、负载均衡、文件存储、聚集操作、JavaScript 集成和支持固定大小的表等多样化的功能。在 NoSQL 产品中 MongoDB 是功能最丰富，同时也是最受欢迎的产品。

MongoDB 是一个单机数据库，它的架构非常简单，可以直接安装运行，并支持全部功能。在使用一些官方或者第三方提供的工具后，它还可以以集群的方式运行。从架构上来说，MongoDB 集群和 MySQL 集群非常类似。

3）Redis

Redis 是用标准 C 语言编写由 VMware 公司赞助的开源内存键值存储系统，支持多种内存数据结构，如列表、集合和 Map，可以说是最快的高性能 NoSQL。Redis 最适合共享缓存、共享 Session 存储，以及简单的消息队列等场景，Redis 的设计很精练，除了操作系统调用外，没有使用第三方库。特别值得一提的是，它不支持多核，但是仍然有极好的性能，这和当前的多核潮流背道而驰。从最外层来看，Redis 就是一个键值存储，就像一个大字典一样，每一个键对应于一个值。但由于其是键值存储，并且可以通过散列算法来进行分区，这样甚至可以不使用其他组件，就能进行水平扩展。

12.3.5 物联网技术

物联网(Internet of Things)是指通过各类信息传感设备和技术，如红外感应器、射频识别技术、全球定位系统等，实时采集任何需要监控、连接、互动的物体或过程，采集其声、光、热、电等各类信息，通过各种可能的接入结合成一个巨大网络，实现物与物、物与人及所有实体与网络的连接，实现对物品的识别、管理、控制。

1. 物联网的特点

物联网具有全面感知、智能处理、可靠传送 3 大特点。

1）全面感知

物联网要将大量物体接入网络并进行通信活动，对各物体的全面感知是十分重要的。全面感知是指利用射频识别、传感器、网络等测量、感知、捕获等手段，随时随地对物体进行信息获取和采集。

2）智能处理

智能处理指利用各种人工智能、云计算技术对海量的数据和信息进行分析和处理，对物体实施智能化检测与控制。智能处理利用的是包含云计算、数据挖掘在内的各类智能计算技术。

3）可靠传送

可靠传送指通过各类通信网、广电网与互联网的融合，将物体信息接入网络，随时随地进行可靠的信息交互和信息共享。

2. 物联网的基本构架

目前公认的物联网构架分为 3 层：感知层、传输层和应用层。当物联网技术与其他技术相融合时，层次的划分会略微有所不同。

1）感知层

感知层是物联网的感觉器官，用于采集外界环境中的事件和数据信息。感知层包含终端的数据采集、处理、传输，终端网络的部署协同，如无线传感器和 RFID、EPC 技术等。它由各类采集和控制模块如各类感应器、二维码识读器、RFID 读写器等组成。

2）传输层

传输层是物联网的神经系统，用于信息传递以实现广泛的互相联结，使其能适应各类复杂环境。在传输层中，互联网技术、移动通信网等相互融合，以接入网作为连接的核心纽带。接入网即现有通信网络，人们通过接入网将数据最终传入互联网。

3）应用层

应用层由应用服务子层和应用支撑平台子层构成，能够完成数据的处理和分析，并将其与各领域应用结合，实现在不同复杂环境下的功能。应用服务子层包括环境监测、交通医疗、工业监控等应用领域系统；而应用支撑平台子层主要由各类中间件和信息平台组成，能够实现跨平台、跨系统、跨领域的信息共享和互联。

3. 物联网的关键技术

物联网的发展离不开相关技术的发展，技术的发展是物联网发展的重要基础和保障。感知层涉及的主要技术包括 EPC 技术、RFID 技术、传感技术等。传输层包含汇聚网、接入网和承载网 3 部分。汇聚网关键技术主要为短距离通信技术，如 ZigBee、Bluetooth、UWB 等。接入网主要采用的是 6LoWPAN、M2M 及全 IP 融合架构。承载网指各种核心承载网络，如 GSM、GPRS、WiMax、3G/4G、WLAN、三网融合等。应用层关键技术包括中间件技术、对象名称解析服务、嵌入式智能、物联网业务平台及安全等技术。

1）感知层技术

（1）EPC 技术。

EPC（Electronic Product Code）的核心是编码，通过射频识别系统的读写器可以实现对 EPC 标签信息的读取。读写器获取 EPC 标签信息，并把标签信息送入互联网 EPC 体系中实体标记语言（Physical Mark-up Language，PML）服务器，服务器根据标签信息完成对物品信息的采集和追踪。然后利用 EPC 体系中的网络中间件等，可实现对所采集的 EPC 标签信息的利用。

（2）RFID 技术。

射频识别（Radio Frequency Identification）又称无线射频识别或电子标签。它利用感应、无线电波等进行双向通信，通过无线信号自动识别特定目标并读写相关数据，而无须在识别系统与特定目标间建立机械或光学接触。一个典型的 RFID 应用系统通常以标签的形式出现，主要由 3 部分组成：RFID 标签、阅读器以及相关的服务器。RFID 技术不需要人工干预，可工作于各类恶劣环境，应用领域十分广泛。

2）传输层技术

（1）ZigBee 技术。

ZigBee 基于 IEEE 802.15.4 标准，它因模拟蜜蜂通信方式而得名。它是一种低能耗、低速率、低成本的无线通信技术，主要应用于短距离，传输速度要求不高或周期性、间歇性反应时间的数据传输。ZigBee 网络可组成星形网、网状网和树形网 3 种拓扑结构。协议框架包含物理层、数据链路层、网络层和应用层。由于它在短距离无线通信中的绝对优势，ZigBee 在低速率无限传感器网络中扮演着非常重要的角色。

（2）UWB 技术。

UWB（Ultra-Wide Band）超宽带技术是一种脉冲无线电技术，它与传统的通信技术有很大差异，它不是利用载波信号来传输数据，而是通过收发信机之间的纳秒级极短脉冲来完成数据的传输。超宽带信号是任何相对带宽不小于20%或者绝对带宽不小于500MHz并满足功率谱限制的信号。超宽带系统具有系统容量大,传输速度快;发射功率低,多径分辨率高;系统保密性好;穿透能力强,定位精度高等特点,广泛应用于消防、智能化工厂、机场安检、军事训练等领域。

(3) M2M技术。

机器对机器(Machine-to-Machine,M2M)实质上是一种无线通信技术,是一种旨在实现人与机器间便携、智能通信而增强机器设备通信和网络能力的技术。M2M系统分为应用层、网络传输层和设备终端层3层。应用层提供各种平台和用户界面以及数据的存储功能,应用层通过中间件与网络传输层相连,通过无线网络传输数据到设备终端。当机器设备有通信需求时,会通过通信模块和外部硬件发送数据信号,通过通信网络传输到相应的M2M网关,然后进行业务分析和处理,最终到达用户界面,人们可以对数据进行读取,也可以远程操控机器设备。应用层的业务服务器也可以实现机器之间的互相通信,来完成总体的任务。

12.3.6 云计算

1. 云计算技术概述

云计算(Cloud Computing)的概念由2006年Google首席执行官埃里克·施密特首次提出。该概念源于Google工程师克里斯托弗·比希利亚所做的"Google 101"项目中的"云端计算"。它指的是一种能够通过网络以便利的、按需付费的方式获取计算资源并提高其可用性的模式。这些资源来自一个共享的、可配置的资源池,并能够以最省力和无人干预的方式获取和释放。云计算是继20世纪80年代大型计算机到客户端、服务器的转变之后的又一次巨变,是分布式计算、并行计算、效用计算、网络存储、虚拟化、负载均衡等传统计算机和网络技术发展融合的产物。

云计算基础设施主要由各种可靠的服务组成,这些服务通过数据中心交付,并使用不同层次的虚拟化技术在服务器上构建。商业服务应符合客户对服务质量的要求,通常要提供服务水平协议(SLA)。云部署模式主要包括以下4种:

1) 社区云

云基础设施由共享基础设施的有着共同利益(例如,任务、安全需求、政策、合规考虑等)和共同计划的机构一起创立的,可以由该机构的第三方管理,存在本地运行和远程运行两种模式。

2) 公共云

云基础设施不论对一般公众还是大型的行业组织都公开使用权,由销售云服务的机构所有。

3) 私有云

云基础设施是为机构单独使用而建的,并通过防火墙与外界隔离。在私有云中,计算能力覆盖整个企业,并根据需要进行分配。

4）混合云

不同的云（私有云和公共云）协同工作，通过云之间的代理协调数据、应用、用户信息、安全性能以及其他细节。混合云之间相互独立，通过标准化技术或专有技术绑定在一起，云之间实现数据和应用程序的可移植性。

2. 云计算架构

云计算的架构由 4 大部分组成，分别为显示层、中间件层、基础设施层和管理层，如图 12-17 所示。云计算的本质是通过网络提供服务，所以其体系结构以服务为中心。但有时候云计算可以根据用户不同的要求，按需提供弹性资源，或者是根据企业运营模式和研发体系的不同，它的表现形式也会发生一系列变化。

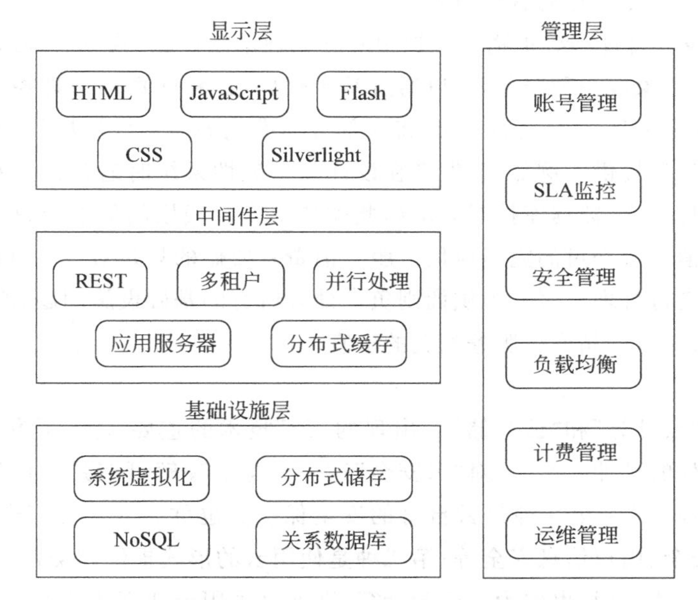

图 12-17 技术角度的云计算架构

结合当前云计算的应用与研究，其体系构架可分为核心服务、服务管理、用户访问接口 3 层，核心服务层将硬件基础设施、软件运行环境、应用程序抽象成服务，这些服务具有可靠性强、可用性高、规模可伸缩等特点，可满足多样化的应用需求。服务管理层为核心服务提供支持，进一步确保核心服务的可靠性、可用性和安全性。

3. 云计算相关概念

1）云存储

云存储是指通过集群应用、网格技术或分布式文件系统等功能，将网络中大量的、不同类型的存储设备通过应用软件集合起来协同工作，共同对外提供数据存储和业务访问功能的一个系统。当云计算系统运算和处理的核心是大量数据的存储和管理时，云计算系统中就需要配置大量的存储设备，那么云计算系统就转变成为一个云存储系统。云存储是一个以数据存储和管理为核心的云计算系统。

2）云服务

云计算服务（服务）是指将大量用网络连接的计算资源统一管理调度，构成一个计算资源池向用户提供按需服务，用户通过网络以按需、易扩展方式获得所需的资源和服务。目前，从云计算的服务类型方面来说，普遍被认可的是将云计算提供的服务分为 IPS-3 层：基础设施即服务（IaaS）、平台即服务（PaaS）、软件即服务（SaaS）。每种云服务模式都通过某种程度上的资源抽象，来降低消费者构建和部署系统的复杂性。不同的服务模式所拥有的资源不同，提供给用户的云服务也不相同。基础设施提供商向平台运营商与平台开发商提供硬件设备的虚拟化服务，平台提供商为平台运营商提供网络化平台，软件服务提供商则向广大用户提供个性化与专业化的软件服务。

在 IaaS 中，设计管理和维护物理数据中心和物理基础设施（服务器、磁盘存储、网络等）的许多工作，都被抽象成一种服务，可以通过基于代码或/和网页的管理控制台进行访问和自动化部署。PaaS 在 IaaS 的上面一层，将大部分标准化的应用栈堆层的功能抽象出来，将之以服务的形式对外提供。例如，开发者在设计高扩展性系统时通常必须写大量代码来处理缓存。异步消息传递、数据库扩展等诸如此类的工作。栈堆的最上层是 SaaS，SaaS 是一种以服务形式向消费者交付的完整应用。服务消费者要做的只是对一些具体的应用参数进行配置和对用户进行管理。服务提供商则负责处理所有的基础设施问题，所有的应用逻辑、部署，以及所有与交付产品或者服务相关的事宜。

3）云安全

云安全是继“云计算”和“云存储”后出现的“云”技术的重要应用，是传统 IT 领域安全概念在云计算时代的延伸。然而，对“云安全”这一概念的理解可谓是见仁见智。现阶段在业界主要存在两种观点：第一种是云自身的安全保护。也称为云计算安全，包括应用系统安全、应用服务安全、用户信息安全等；第二种是使用云的形式提供和交付安全，即云计算技术在安全领域的具体应用，也称为安全云计算，即通过采用云计算技术来提升安全系统的服务性能。

目前，对云安全的研究主要分为 3 个方向：

(1) 云计算安全，主要研究如何保障云自身及其上的各种应用的安全，包括云计算系统安全，用户数据的安全存储与隔离、用户接入认证，信息传输安全、网络攻击防护、合规审计等；

(2) 安全基础设置的云化，主要研究如何采用云计算技术新建与整合安全基础设施资源，优化安全防护机制，包括通过云计算技术构建超大规模安全事件，信息采集与处理平台。实现对海量信息的采集与关联分析，提升全网安全事件把控能力及风险控制能力；

(3) 云安全服务，主要研究各种基于云计算平台为用户提供的安全服务，如防病毒服等。

习题 12

1. 目前,数据库技术在哪些方面已经出现新的突破或发展?具体包括哪些新的发展方向?

2. 对象关系数据库系统除了具有原来关系数据库的各种特点外,还应该具有哪些特点?试详述之。

3. 分布式数据库系统的体系结构具体包括哪些模式和映像?

4. 简述云数据库的定义、特性以及主要的云数据库产品。

5. 简述数据仓库的定义。与数据库有哪些不同之处?

6. 目前,主要有哪几种空间数据库技术?它们未来的发展方向是什么?

7. 简述大数据的主要特点。简述 NoSQL 的主要产品。

8. 简述物联网的基本构架。物联网中的关键技术有哪些?

9. 云计算的架构是怎样的?简述几种主要的云部署模式。

附录 A　系统内置函数

分类	函数表达式	功　能
数学函数	ABS(n)	返回数字表达式 n 的绝对值(也就是说负数值返回的结果就是正数)。例：SELECT ABS(－5.767)＝5.767，select ABS(6.384)＝6.384
	ACOS(n)	计算 n 的反余弦值，结果属于 FLOAT 数据类型
	ASIN(n)	计算 n 的正弦值，结果属于 FLOAT 的数据类型
	ATAN(n)	计算 n 的反正切值，结果属于 FLOAT 数据类型
	ATN2(n,m)	返回以弧度表示的角，其正切值介于两个指定的 float 表达式之间
	CEILING(n)	返回的整数值大于或等于具体参数。例：SELECT CEILING(4.88)＝5，SELECT CEILING(－4.88)＝－4
	COS(n)	计算 n 的余弦值，结果值属于 FLOAT 数据类型
	COT(n)	计算 n 的余切值，并且结果值属于 FLOAT 数据类型
	DEGREES(n)	将弧度转变成度数。例：SELECT DEGREES(PI()/2)＝90.0，SELECT DEGREES(0.75)＝42.97
	EXP(n)	计算 e^n 的值。例：select EXP(1)＝2.7183
	FLOOR(n)	计算小于或等于给定值 n 的最大整数值。例：SELECT FLOOR(4.88)＝4
	LOG(n)	计算 n 的自然对数(也就是说，基数为 e)。例：SELECT LOG(4.67)＝1.54，SELECT LOG(0.12)＝－2.12
	LOG10(n)	计算 n 的对数(基数为 10)
	PI()	返回圆周率值(3.14)
	POWER(x,y)	计算 x^y 值。例：select POWER(3.12,5)＝295.65，SELECT POWER(81,0.5)＝9
	RADIANS(n)	将度数转换成弧度。如：SELECT RADIANS(90.0)＝1.57，SELECT RADIANS(42.97)＝0.75
	RAND	返回 0～1 的任意值，结果属于 FLOAT 数据类型
	ROUND(n,p,[t])	对 n 进行四舍五入，精确度为 p。p 为正数时，就对小数点右边的数字进行四舍五入。如果是负数的话，就对小数点左边的数字进行四舍五入。可选参数 t 就删除了 n。例：SELECT ROUND(5.4567,3)＝5.4570，SELECT ROUND(345.4567，－1)＝350.0000，SELECT ROUND(345.4567,－1,1)＝340.0000
	ROWCOUNT_BIG	返回系统执行的、受最后一行 T-SQL 语句影响的行数。该函数的返回值为 BIGINT 数据类型

续表

分类	函数表达式	功能
数学函数	SIGN(n)	返回 n 值的符号数字（+1 为正数，−1 为负数，0 就是 0）。例：SELECT SIGN(0.88)=1
	SIN(n)	计算 n 的正弦，结果值属于 FLOAT 数据类型
	SQRT(n)	计算 n 的平方根
	SQUARE(n)	返回给定式的平方值。例：SELECT SQUARE(9)=81
	TAN(n)	计算 n. n 的正切，结果值属于 FLOAT 数据类型
日期函数	GETDATE()	返回目前系统日期和时间。例：SELECT GETDATE()=2008-01-01 13:03:31.390
	DATEPART（item, date)	返回日期指定的 item，date 为一个整数。例：SELECT DATEPART (month,'01. 01. 2005')=1（1=January)，SELECT DATEPART (weekday,'01. 01. 2005')=7（7=Sunday)
	DATENAME（item, date)	返回日期指定的 item，date 为一个字符串。例：SELECT DATENAME (weekday,'01. 01. 2005')=Saturday
	DATEDIFF（item, dat1,dat2)	计算两个日期部分 dat1 和 dat2 之间的区别，返回的结果为 item 表示单元的整数值。例：SELECT DATEDIFF (year, BirthDate, GETDATE ()) AS age FROM employee；—>返回每个员工的年龄
	DATEADD(i,n,d)	将 i 值单元里的数字 n 增加到指定日期 d。例：SELECT DATEADD (DAY,3,HireDate) AS age FROM employee；—>在每个员工聘用日期的基础上增加 3 天
	Year(date)	返回表示指定 date 的“年”部分的整数
	Month(date)	返回表示指定 date 的“月”部分的整数
	Day(date)	返回表示指定 date 的“日”部分的整数
字符串函数	ASCII(character)	将具体的字符转换为相应的整数(ASCII)代码。返回结果为正数。例：SELECT ASCII('A')=65
	CHAR(integer)	将 ASCII 代码转换为相应的字符。例：SELECT CHAR(65)='A'
	CHARINDEX(z1,z2)	返回部分字符串 z1 在字符串 z2 中首次出现的起始位置。如果 z1 没有在 z2 中出现，那么返回值就为 0。例：SELECT CHARINDEX('bl', 'table')=3
	DIFFERENCE(z1,z2)	返回值为 0～4 的整数，这就是 z1 和 z2 这两个字符串 SOUNDEX 之间的区别。SOUNDEX 返回的数字指定的是字符串的语音。这种方法能够判断有相同发音的字符串，例：SELECT DIFFERENCE ('spelling', 'telling')=2(发音有些相近，0=发音不相同)
	LEFT(z,length)	返回字符串 z 中的第一个字符长度
	LEN(z)	返回指定的字符串表达式的字符个数而不是字节个数，包括后面的空格
	LOWER(z1)	将字符串 z1 中所有的大写字母转换成小写字母。小写字母和数字以及其他的字母保持不变。例：SELECT LOWER('BiG')='big'

续表

分类	函数表达式	功　能
字符串函数	LTRIM(z)	去掉字符串 z 开头的空格。例：SELECT LTRIM(' String')='String'
	NCHAR(i)	返回由统一码标准定义的、有指定整数代码的统一码字符。例：SELECT NCHAR(65)='A'
	QUOTENAME(char_string)	返回有分隔符的统一码字符串，使输入字符串变成有效分隔符。例：SELECT QUOTENAME('string')=[string]
	PATINDEX(%p%, expr)	返回指定表达式 expr 中模式 p 第一次出现的起始位置，如果没有找到这个模式，那么返回值就为零。例：select PATINDEX('%gs%', 'longstring')=4
	REPLACE(str1,str2, str3)	将所有 str1 中出现的 str2 替换为 str3。例：SELECT REPLACE ('shave','s','be')=behave
	REPLICATE(z,i)	将字符串 z 重复 i 次。例：SELECT REPLICATE('a',10)='aaaaaaaaaa'
	REVERSE(z)	将字符串 z 显示为倒序。例：SELECT REVERSE('calculate')='etaluclac'
	RIGHT(z,length)	在字符串 z 中返回最后字符的长度。例：SELECT RIGHT ('Notebook', 4)='book'
	RTRIM(z)	取消字符串 z 最后的空格。例：SELECT RTRIM('Notebook ')='Notebook'
	SOUNDEX(a)	返回四个字符的 SOUNDEX 代码判断两个字符串中的相似性。例：SELECT SOUNDEX('spelling')=S145
	SPACE(length)	返回一个字符串，length 为其指定的空间长度。例：SELECT SPACE=''
	STR(f,[len [,d]])	将指定的 float 表达式 f 转换成字符串。len 是指字符串的长度，包括小数点、正负号、数字和空格(默认值为 10)，d 为小数点右边的被返回的数字。例：SELECT STR(3.45678,4,2)='3.46'
	STUFF(z1,a,length, z2)	用字符串 z2 中的位于 a 处的部分字符串代替 z1 中的部分字符串，代替 z1 中的 length 字符。例：SELECT STUFF('Notebook',5,0,' in a ')='Note in a book',SELECT STUFF('Notebook',1,4,'Hand')='Handbook'
	SUBSTRING(z, a, length)	在字符串 z 中的 a 处创建部分字符串，length 为新创建字符串的长度。例：SELECT SUBSTRING('wardrobe',1,4)='ward'
	UNICODE	返回由统一码定义的整数值，该值为输入表达式的第一个字符
	UPPER(z)	将字符串 z 中的所有小写字母转换成大写字母。大写字母和数字不变。例：SELECT UPPER('loWer')='LOWER'
系统函数	CAST (a AS type [(length)])	将表达式 a 转换成指定的数据类型 type (如果可能的话)。A 可以是任一有效表达式。例：SELECT CAST(3000000000 AS BIGINT)=3000000000
	COALESCE(a1, a2, …)	返回给定清单上的表达式 a1、a2、……并且第一个表达式的返回值不是 NULL 值
	COL_LENGTH(obj, col)	返回 col 列的长度，该长度值属于数据库对象(表或视图)obj 。例：SELECT COL_LENGTH('customers','cust_ID')=10

续表

分类	函数表达式	功　　能
系统函数	CONVERT(type [(length)],a)	和 CAST 相等,但是对这两个参数指定条件不同。CONVERT 能用于任意数据类型
	CURRENT_ TIMESTAMP	返回目前的日期和时间。例：select CURRENT _ TIMESTAMP = '2008-01-01 17:22:55.670'
	CURRENT_USER	返回目前用户的姓名
	DATALENGTH(z)	计算表达式 z 的结果长度(字节)例：SELECT DATALENGTH (ProductName) FROM products(该查询返回每个域名的长度)
	GETANSINULL ('dbname')	如果按照 ANSI SQL 标准在数据库 dbname 中使用 NULL 值,那么返回值为 1。例：SELECT GETANSINULL('AdventureWorks')=1
	ISNULL(expr,value)	如果 expr 不为零,就返回 expr 值;否则就返回 value
	ISNUMERIC (expression)	判断表达式是否属于无效的数字型
	NEWID()	创建由 16 个字节组成的二进制字符串存储 UNIQUEIDENTIFIER 数据类型
	NEWSEQUEN-TIALID()	在指定的计算机上创建 GUID,它比该函数之前产生的 GUID 值要大。我们只可以将这个函数设置为默认值
	NULLIF(expr1, expr2)	如果表达式 expr1 和 expr2 相等,返回 NULL 值。例：SELECT NULLIF(project_no,'p1') FROM projects(该查询返回带有 project_no='p1'的项目值为 NULL)
	SERVERPROPERTY (propertyname)	返回数据库服务器的属性信息
	SYSTEM_USER	返回目前用户的登录 ID。例：SELECT SYSTEM _ USER = LTB13942dusan
	USER _ ID ([user _ name])	返回用户 user_name 的标识符。如果没有指定名字,就检索当前用户的标识符。例：SELECT USER_ID('guest')=2
	USER_NAME([id])	返回带有标识符 id 的用户名字。如果没有指定用户名,就检索当前用户的名字。例：SELECT USER_NAME='guest'
元数据函数	COL_NAME(tab_id, col_id)	返回列名,这些列都属于带有 ID tab_id 以及列 ID col_id 的表。例：SELECT COL_NAME(OBJECT_ID('employee') ,3)='emp_lname'
	COLUMNPROPERTY (id,col,property)	返回指定列的信息。例：SELECT COLUMNPROPERTY(object_id ('project'),'project_no','PRECISION')=4
	DATABASEPROPERTY (database,property)	返回指定的数据库和属性指定数据库属性值。例：SELECT DATABASEPROPERTY('sample','IsNullConcat')=0.(IsNullConcat 属性和 CONCAT_NULL_YIELDS_NULL 选项一致,在本章末尾进行了介绍。)
	DB_ID([db_name])	返回数据库 db_name 的标识符,即返回当前数据库的标识符。例：SELECT DB_ID('AdventureWorks')=6
	DB_NAME([db_id])	返回带有标识符 db_id 的数据库名。如果没有指定标识符,就显示当前数据库名称。例：SELECT DB_NAME(6)='AdventureWorks'

续表

分类	函数表达式	功　　能
元数据函数	INDEX_COL(table, i,no)	返回表 table 中的索引列,该索引列由索引标识符 i 及该列在索引中的位置 no 指定
	INDEXPROPERTY (obj_id,index_name, property)	返回指定表标识号、索引或统计名称及属性名称的指定索引值或统计属性值
	OBJECT_NAME (obj_id)	返回有标识符 obj_id 的数据库对象名称,例:SELECT OBJECT_NAME(453576654)='products'
	OBJECT_ID(obj_name)	返回数据库对象 obj_name 的标识符。例:SELECT OBJECT_ID('products')=453576654
	OBJECTPROPERTY (obj_id,property)	返回当前数据库对象
	COL_NAME(tab_id, col_id)	返回列名,这些列都属于带有 ID tab_id 以及列 ID col_id 的表。例:SELECT COL_NAME(OBJECT_ID('employee'),3)='emp_lname'
	COLUMNPROPERTY (id,col,property)	返回指定列的信息。例:SELECT COLUMNPROPERTY(object_id('project'),'project_no','PRECISION')=4
	DATABASEPROPERTY (database,property)	返回指定的数据库和属性指定数据库属性值。例:SELECT DATABASEPROPERTY('sample','IsNullConcat')=0。(IsNullConcat 属性和 CONCAT_NULL_YIELDS_NULL 选项一致,在本章末尾进行了介绍。)
	DB_ID([db_name])	返回数据库 db_name 的标识符,即返回当前数据库的标识符。例:SELECT DB_ID('AdventureWorks')=6
	DB_NAME([db_id])	返回带有标识符 db_id 的数据库名。如果没有指定标识符,就显示当前数据库名称。例:SELECT DB_NAME(6)='AdventureWorks'
	INDEX_COL(table, i,no)	返回表 table 中的索引列,该索引列由索引标识符 i 及该列在索引中的位置 no 指定
	INDEXPROPERTY (obj_id,index_name, property)	返回指定表标识号、索引或统计名称及属性名称的指定索引值或统计属性值
	OBJECT_NAME (obj_id)	返回有标识符 obj_id 的数据库对象名称。例:SELECT OBJECT_NAME(453576654)='products'
	OBJECT_ID(obj_name)	返回数据库对象 obj_name 的标识符。例:SELECT OBJECT_ID('products')=453576654
	OBJECTPROPERTY (obj_id,property)	返回当前数据库对象

附录 B　SQL Server 中常用的全局变量

全局变量名称	功　　能
@CONNECTIONS	返回 SQL Server 自上次启动以来尝试的连接数
@CPU_BUSY	返回 SQL Server 自上次启动后的工作时间
@@CURSOR_ROWS	返回连接上打开的上一个游标中的当前限定行的数目，确定当其被调用时检索了游标符合条件的行数
@@DATEFIRST	针对会话返回 SET DATEFIRST 的当前值，SET DATEFIRST 表示指定的每周的第一天
@@DBTS	返回当前数据库的当前 timestamp 数据类型的值，这一时间戳值在数据库中必须是唯一的
@@ERROR	返回执行的上一个 T-SQL 语句的错误号，如果前一个 T-SQL 语句执行没有错误，则返回 0
@@FETCH_STATUS	返回针对连接当前打开的任何游标发出的上一条游标 FETCH 语句的状态
@@IDENTITY	返回上次插入的标识值
@@IDLE	返回 SQL Server 自上次启动后的空闲时间。结果以 CPU 时间增量或“时钟周期”表示，并且是所有 CPU 的累积
@@IO_BUSY	返回自从 SQL Server 最近一次启动以来，Microsoft SQL Server 已经用于执行输入和输出操作的时间。其结果是 CPU 时间增量(时钟周期)，并且是所有 CPU 的累积值
@@LANGID	返回当前使用的语言的本地语言标识符(ID)
@@LANGUAGE	返回当前所用语言的名称
@@LOCK_TIMEOUT	返回当前会话的当前锁定超时设置(毫秒)
@@MAX_CONNECTIONS	返回 SQL Server 实例允许同时进行的最大用户连接数。返回的数值不一定是当前配置的数值
@@MAX_PRECISION	按照服务器中的当前设置，返回 decimal 和 numeric 数据类型所用的精度级别
@@NESTLEVEL	返回对本地服务器上执行的当前存储过程的嵌套级别(初始值为 0)
@@OPTIONS	返回有关当前 SET 选项的信息
@@PACK_RECEIVED	返回 SQL Server 自上次启动后从网络读取的输入数据包数
@@PACK_SENT	返回 SQL Server 自上次启动后写入网络的输出数据包个数

续表

全局变量名称	功　能
@@PACKET_ERRORS	返回自上次启动 SQL Server 后，在 SQL Server 连接上发生的网络数据包错误数
@@PROCID	返回 T-SQL 当前模块的对象标识符(ID)。T-SQL 模块可以是存储过程、用户定义函数或触发器
@@REMSERVER	返回远程 SQL Server 数据库服务器在登录记录中显示的名称
@@ROWCOUNT	返回受上一语句影响的行数
@@SERVERNAME	返回运行 SQL Server 的本地服务器的名称
@@SERVICENAME	返回 SQL Server 正在其下运行的注册表项的名称。若当前实例为默认实例，则@@SERVICENAME 返回 M SSQLSERVER
@@SPID	返回当前用户进程的会话 ID
@@TEXTSIZE	返回 SET 语句中的 TEXTSIZE 选项的当前值
@@TIMETICKS	返回每个时钟周期的微秒数
@@TOTAL_ERRORS	返回 SQL Server 自上次启动之后所遇到的磁盘写入错误数
@@TOTAL_READ	返回 SQL Server 自上次启动后读取磁盘(不是读取高速缓存)的次数
@@TOTAL_WRITE	返回 SQL Server 自上次启动以来所执行的磁盘写入次数
@@TRANCOUNT	返回当前连接的活动事务数
@@VERSION	返回当前的 SQL Server 安装的版本、处理器体系结构、生成日期和操作系统

参考文献

[1] 王珊，张翠萍. 数据库技术与应用[M]. 北京：清华大学出版社，2006.
[2] 王珊，萨师煊. 数据库系统概论[M]. 北京：高等教育出版社，2006.
[3] 孙建伶，林怀忠. 数据库原理与应用[M]. 北京：高等教育出版社，2006.
[4] 范玉顺. 信息化管理战略与方法[M]. 北京：清华大学出版社，2008.
[5] Abraham Silberschatz，Henry F Korth，S Sudarshan. Database system concepts[M]. 北京：Higher Education Press：McGraw-Hill Education (Asia) Co.，2006.
[6] Ramez Elmasri，Shamkant B Navathe. 数据库系统基础：英文注释版·高级篇[M]. 4版. 孙瑜，注释. 北京：人民邮电出版社，2009.
[7] 李红. 数据库原理与应用[M]. 北京：高等教育出版社，2003.
[8] 王珊，张坤龙. 网格环境下的数据库系统[J]. 计算机应用，2004，24(10).
[9] 邵超，张斌，张巧荣. 数据库实用教程：SQL Server 2008[M]. 北京：清华大学出版社，2009.
[10] 赵杰，杨丽丽，陈雷. 数据库原理与应用：SQL Server [M]. 北京：人民邮电出版社，2006.
[11] 闪四清. 数据库系统原理与应用教程 [M]. 2版. 北京：清华大学出版社，2004.
[12] 李雁翎. 数据库技术及应用：SQL Server[M]. 北京：高等教育出版社，2007.
[13] 郭建校，陈翔. 数据库技术及应用教程：SQL Server 版[M]. 北京：北京大学出版社，2008.
[14] 李雁翎. 数据库技术及应用：SQL Server[M]. 北京：高等教育出版社，2007.
[15] 刘红岩. 数据库技术及应用[M]. 北京：清华大学出版社，2007.
[16] 李建中，王珊. 数据库系统原理[M]. 北京：电子工业出版社，2004.
[17] 李雁翎，王丛林，周鸿玲. 数据库技术及应用：习题与实验指导[M]. 北京：高等教育出版社，2008.
[18] 王珊. 数据库技术与应用[M]. 北京：清华大学出版社，2005.
[19] 万常选. 数据库系统原理与设计[M]. 北京：清华大学出版社，2009.
[20] 范明. 数据库原理教程[M]. 北京：科学出版社，2008.
[21] 李红. 数据库原理与应用 [M]. 2版. 北京：高等教育出版社，2007.
[22] 李春葆，曾慧. SQL Server 2000 应用系统开发教程[M]. 2版. 北京：清华大学出版社，2008.
[23] http://technic.xkq.com/20090225/25967.html
[24] http://dong.orgfree.com/search.htm
[25] http://se-express.com/about/about2.htm
[26] https://www.microsoft.com/zh-cn/sql-server/sql-server-2016
[27] 孙罡. 云数据中心资源管理与调度技术[M]. 北京：科学出版社，2016.
[28] 林子雨，赖永炫，林琛，谢怡，邹权. 云数据库研究[J]. 软件学报，2012，23(5)：1148-1166.
[29] 布雷特·兰茨. 机器学习与R语言[M]. 李洪成，等，译. 北京：机械工业出版社，2017.
[30] 马修·克里克. 机器学习实践[M]. 北京：人民邮电出版社，2015.
[31] 何清，李宁，罗文娟等. 大数据下的机器学习算法综述[C]//中国计算机学会人工智能会议. 2013.
[32] 陈康，向勇，喻超. 大数据时代机器学习的新趋势[J]. 电信科学，2012，28(12)：88-95.
[33] 黄刘生，田苗苗，黄河. 大数据隐私保护密码技术研究综述[J]. 软件学报，2015，26(4)：945-959.
[34] 梁循，杨小平，赵吉超. 大数据物联网复杂信息系统[M]. 北京：清华大学出版社，2017.

[35] 周苏，冯婵璟，王硕苹. 大数据技术与应用[M]. 北京：机械工业出版社，2016.
[36] 程学旗，靳小龙，王元卓，郭嘉丰等. 大数据系统和分析技术综述[J]. 软件学报，2014，25(9)：1889-1908.
[37] 孙大为，张广艳，郑纬民. 大数据流式计算：关键技术及系统实例[J]. 软件学报，2014，25(4)：839-862.
[38] 王正伟. 零距离接触互联网[M]. 北京：化学工业出版社，2016.
[39] 陈红松. 云计算与物联网信息融合[M]. 北京：清华大学出版社，2017.
[40] 张鸿涛，徐连明，刘臻. 物联网关键技术及系统应用[M]. 北京：机械工业出版社，2017.
[41] 桂小林，安健. 物联网技术原理[M]. 北京：高等教育出版社，2016.
[42] 刘志成，林东升，彭勇. 云计算技术与应用基础[M]. 北京：人民邮电出版社，2017.
[43] Vic(J R)Winkler. 云计算安全：架构、战略、标准与运营[M]. 北京：机械工业出版社，2013.
[44] 刘黎明，杨晶. 云计算应用基础[M]. 成都：西南交通大学出版社，2015.
[45] 迈克尔 J 凯维斯. 让云落地：云计算服务模式(SaaS、PaaS 和 IaaS)设计决策[M]. 北京：电子工业出版社，2015.
[46] 陈驰. 云计算安全体系[M]. 北京：科学出版社，2014.
[47] 于戈，申德荣. 分布式数据库系统：大数据时代新型数据库技术[M]. 北京：机械工业出版社，2016.
[48] 陈文伟. 数据仓库与数据挖掘教程[M]. 北京：清华大学出版社，2011.
[49] 程昌秀. 空间数据库管理系统概论[M]. 北京：科学出版社，2012.
[50] 李於洪. 数据仓库与数据挖掘导论[M]. 北京：经济科学出版社，2012.
[51] 360 百科：半监督学习(https://baike.baidu.com/item/半监督学习/9075473?fr=aladdin).
[52] 360 百科：集成学习(https://baike.baidu.com/item/集成学习/3440721?fr=aladdin).
[53] 王珊，张翠萍. 数据库技术与应用[M]. 北京：清华大学出版社，2006.
[54] 赵杰，杨丽丽，陈雷. 数据库原理与应用[M]. 北京：人民邮电出版社，2006.
[55] 孙建伶，林怀忠. 数据库原理与应用[M]. 北京：高等教育出版社，2006.
[56] 范玉顺. 信息化管理战略与方法[M]. 北京：清华大学出版社，2008.
[57] http://technic.xkq.com/20090225/25967.html.
[58] http://dong.orgfree.com/search.htm.
[59] http://se-express.com/about/about2.htm.
[60] 王珊，张坤龙. 网格环境下的数据库系统[J]. 计算机应用，2004，24(10).